조리기능사

필기 초단기합격

한식 | 양식 | 중식 | 일식

KB210578

2025 한식 · 양식 · 중식 · 일식 통합

조리기능사 필기 초단기합격

Always with you

사람이 길에서 우연하게 만나거나 함께 살아가는 것만이 인연은 아니라고 생각합니다.
책을 펴내는 출판사와 그 책을 읽는 독자의 만남도 소중한 인연입니다.
시대에듀는 항상 독자의 마음을 헤아리기 위해 노력하고 있습니다.
늘 독자와 함께하겠습니다.

PREFACE

머리말

급속한 경제 성장과 국민 소득의 증대로 국민들의 생활은 풍족해진 반면, 바쁜 일과와 식생활 형태의 변화 등으로 오히려 국민 건강은 위협받고 있는 실정입니다. 그러므로 풍요롭고 안락한 사회가 보장되려면 먼저 국민 전체의 건강이 보장되어야 할 것입니다.

한 나라의 문화수준은 그 나라 국민들의 식생활에서 비교되는 만큼 식생활과 관련하여 위생적이고 균형 있는 영양관리가 절실히 요구되며, 건강한 식생활 문화를 이끌어갈 조리기능사의 사회적 요구도 증가하고 있습니다.

21세기 유망직종 중 하나인 조리사가 되기 위해서는 국가기술자격법에 의한 조리기능사 자격을 획득한 후 조리사 면허를 취득해야 합니다. 이에 조리사를 꿈꾸는 수험생들이 한국산업인력공단에서 실시하는 조리 기능사 자격시험에 효과적으로 대비할 수 있도록 본서를 출간하게 되었습니다.

이 책은 조리기능사를 처음 접하는 사람도 쉽게 다가갈 수 있도록 군더더기 없는 확실한 이론과 문제로만 구성되어 있습니다.

❶ NCS 기반 최신 출제기준을 반영하였으며, 이론과 문제 풀이를 동시에 학습할 수 있도록 구성하였습니다.

❷ Part 1~5는 한식·양식·중식·일식조리기능사의 공통 이론으로 구성하였으며, Part 6~9는 한식·양식·중식·일식 조리 이론을 담았습니다.

❸ 종목별 최근 기출복원문제를 수록하였으며, 명쾌한 풀이와 관련 이론까지 꼼꼼하게 정리한 상세한 해설을 통해 문제의 핵심을 파악할 수 있습니다.

이 책이 조리기능사 자격시험에 도전하는 수험생 여러분에게 최종 합격의 길잡이가 되기를 바라며, 미흡한 점이 있다면 앞으로 충실하게 보완해 나갈 것을 약속드립니다.
수험생 여러분, 모두 좋은 결과가 있기를 기원합니다.

편저자 **배은자**

시험안내

개요

한식 · 양식 · 중식 · 일식 조리의 메뉴 계획에 따라 식재료를 선정, 구매, 검수, 보관 및 저장하며 맛과 영양을 고려하여 안전하고 위생적으로 조리 업무를 수행하며 조리기구와 시설을 위생적으로 관리 · 유지하여 음식을 조리 · 제공하는 전문인력을 양성하기 위하여 자격제도를 제정하였다.

수행직무

한식 · 양식 · 중식 · 일식의 메뉴 계획에 따라 식재료를 선정, 구매, 검수, 보관 및 저장하며 맛과 영양을 고려하여 안전하고 위생적으로 음식을 조리하고 조리기구와 시설관리를 수행한다.

진로 및 전망

① 식품접객업 및 집단급식소 등에서 조리사로 근무하거나 운영이 가능하다. 업체 간, 지역 간의 이동이 많은 편이고 고용과 임금에 있어서 안정적이지는 못한 편이지만, 조리에 대한 전문가로 인정받게 되면 높은 수익과 직업적 안정성을 보장받게 된다.

② 식품위생법상 집단급식소 운영자와 대통령령으로 정하는 식품접객업자는 조리사를 두어야 하고, 조리사가 되려는 자는 특별자치시장 · 특별자치도지사 · 시장 · 군수 · 구청장의 면허를 받아야 한다.

시험요강

① 시행처 : 한국산업인력공단

② 시험과목

　㉠ 필기 : 한식(양식 · 중식 · 일식) 재료관리, 음식조리 및 위생관리

　㉡ 실기 : 한식(양식 · 중식 · 일식) 조리 실무

③ 검정방법

　㉠ 필기 : 객관식 4지 택일형, 60문항(60분)

　㉡ 실기 : 작업형

④ 접수방법 : 인터넷 접수(www.q-net.or.kr)

⑤ 합격기준 : 100점 만점에 60점 이상

⑥ 합격자 발표 : CBT 필기시험은 시험 종료 즉시 합격 여부 확인 가능

위생상태 및 안전관리 세부기준

구 분	세부기준
위생복 상의	• 전체 흰색, 손목까지 오는 긴소매 - 조리과정에서 발생 가능한 안전사고(화상 등) 예방 및 식품위생(체모 유입 방지, 오염도 확인 등) 관리를 위한 기준 적용 - 조리과정에서 편의를 위해 소매를 접어 작업하는 것은 허용 - 부직포, 비닐 등 화재에 취약한 재질이 아닐 것, 팔 토시는 긴팔로 불인정 • 상의 여밈은 위생복에 부착된 것이어야 하며 벨크로(일명 찍찍이), 단추 등의 크기, 색상, 모양, 재질은 제한하지 않음(단, 핀 등 별도 부착한 금속성은 제외)
위생복 하의	• 색상·재질무관, 안전과 작업에 방해가 되지 않는 발목까지 오는 긴바지 - 조리기구 낙하, 화상 등 안전사고 예방을 위한 기준 적용
위생모	• 전체 흰색, 빈틈이 없고 바느질 마감처리가 되어 있는 일반 조리장에서 통용되는 위생모[모자의 크기, 길이, 모양, 재질(면, 부직포 등)은 무관]
앞치마	• 전체 흰색, 무릎 아래까지 덮이는 길이 - 상하일체형(목끈형) 가능, 부직포, 비닐 등 화재에 취약한 재질이 아닐 것
마스크	• 침액을 통한 위생상의 위해 방지용으로 종류는 제한하지 않음(단, 「감염병의 예방 및 관리에 관한 법률」에 따른 마스크 착용 의무화 기간 중 '투명 위생 플라스틱 입가리개'는 마스크 착용으로 인정하지 않음)
위생화(작업화)	• 색상 무관, 굽이 높지 않고 발가락, 발등, 발뒤꿈치가 덮여 안전사고를 예방할 수 있는 깨끗한 운동화 형태
장신구	• 일체의 개인용 장신구 착용 금지(단, 위생모 고정을 위한 머리핀 허용)
두 발	• 단정하고 청결할 것, 머리카락이 길 경우 흘러내리지 않도록 머리망을 착용하거나 묶을 것
손/손톱	• 손에 상처가 없어야 하나, 상처가 있을 경우 보이지 않도록 할 것(시험위원 확인하에 추가 조치 가능) • 손톱은 길지 않고 청결하며 매니큐어, 인조손톱 등을 부착하지 않을 것
폐식용유 처리	• 사용한 폐식용유는 시험위원이 지시하는 적재장소에 처리할 것
교차오염	• 교차오염 방지를 위한 칼, 도마 등 조리기구 구분 사용은 세척으로 대신하여 예방할 것 • 조리기구에 이물질(예 청테이프)을 부착하지 않을 것
위생관리	• 재료, 조리기구 등 조리에 사용되는 모든 것은 위생적으로 처리하여야 하며, 조리용으로 적합한 것일 것
안전사고 발생 처리	• 칼 사용(손 빔) 등으로 안전사고 발생 시 응급조치를 하여야 하며, 응급조치에도 지혈이 되지 않을 경우 시험 진행 불가
눈금표시 조리도구	• 눈금표시된 조리기구 사용 허용(실격처리되지 않음) - 눈금표시에 재어가며 재료를 써는 조리작업은 조리기술 및 숙련도 평가에 반영
부정 방지	• 위생복, 조리기구 등 시험장 내 모든 개인물품에는 수험자의 소속 및 성명 등의 표식이 없을 것(위생복의 개인 표식 제거는 테이프로 부착 가능)
테이프 사용	• 위생복 상의, 앞치마, 위생모의 소속 및 성명을 가리는 용도로만 허용

※ 위 내용은 식품안전관리인증기준(HACCP) 평가(심사) 매뉴얼, 위생등급 가이드라인 평가기준 및 시행상의 운영사항을 참고하여 작성된 기준입니다.

한식·양식·중식·일식 한권으로 끝내기

'공통 이론' 학습 후 원하는 '종목'만 선택!

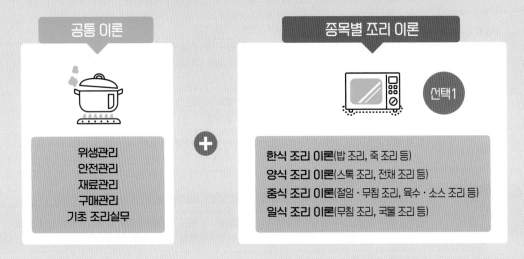

공통 이론

위생관리
안전관리
재료관리
구매관리
기초 조리실무

종목별 조리 이론

선택1

한식 조리 이론(밥 조리, 죽 조리 등)
양식 조리 이론(스톡 조리, 전채 조리 등)
중식 조리 이론(절임·무침 조리, 육수·소스 조리 등)
일식 조리 이론(무침 조리, 국물 조리 등)

공통 출제기준

필기 과목명	주요항목	세부항목	
재료관리, 음식조리 및 위생관리	음식 위생관리	• 개인 위생관리 • 작업장 위생관리 • 식품위생 관계 법규	• 식품 위생관리 • 식중독 관리 • 공중보건
	음식 안전관리	• 개인 안전관리 • 작업환경 안전관리	• 장비·도구 안전작업
	음식 재료관리	• 식품재료의 성분 • 식품과 영양	• 효 소
	음식 구매관리	• 시장조사 및 구매관리 • 원 가	• 검수관리
	기초 조리실무	• 조리 준비 • 식생활 문화	• 식품의 조리원리

※ Part 6~9는 한식·양식·중식·일식의 출제기준 세부항목에 따라 이론이 구성되어 있습니다. 종목별 출제기준을 더 자세히 알고 싶으신 분께서는 한국산업인력공단 홈페이지(www.q-net.or.kr)에서 확인하실 수 있습니다.

이 책의 목차

PART 01

위생관리

개인 위생관리

1. 개인 위생관리

(1) 위생관리의 의의

위생관리란 음료수 처리, 쓰레기, 분뇨, 하수와 폐기물 처리, 공중위생, 접객업소와 공중이용시설 및 위생용품의 위생관리, 조리, 식품 및 식품첨가물과 이에 관련된 기구·용기 및 포장의 제조와 가공에 관한 위생관리 업무를 말한다.

(2) 위생관리의 필요성

① 식중독 위생사고 예방
② 식품위생법 및 행정처분 강화
③ 상품의 가치 상승(안전한 먹거리)
④ 점포의 이미지 개선(청결한 이미지)
⑤ 고객 만족(매출 증진)
⑥ 대외적 브랜드 이미지 관리

(3) 손 위생관리

① 조리하기 전, 배식 전후, 화장실에 다녀온 후 반드시 손을 깨끗이 씻는다.
② 특히 겨울철에도 증식하는 노로 바이러스는 입자가 작고 표면 부착력이 강하므로 30초 이상 비누나 세정제를 이용하여 손가락, 손등까지 깨끗이 씻고 흐르는 물로 헹궈야 한다.

(4) 상처 및 질병

① 식품 취급자 및 음식 조리자는 자신의 건강 상태를 확인하고, 개인 위생에 주의를 기울인다.
② 조리작업에 참여하면 안 되는 경우
  ㉠ 음식물을 통해 전염 가능한 병원균 보균자인 경우
  ㉡ 복통, 설사, 구토, 황달, 기침, 콧물, 가래, 오한, 발열 등의 증상이 있는 경우

---

01 다음 중 조리 취급자가 유의해야 할 사항으로 옳지 않은 것은?

① 조리 관계자 외에는 조리장 출입을 하지 않도록 한다.
② 손톱과 머리를 짧게 깎고 청결한 복장을 한다.
③ 위생복은 청결 상태를 확인한 후 착용한다.
④ 손의 물기를 앞치마나 위생복에 닦는다.

정답 ④

02 식품 취급자의 개인위생에 대한 설명 중 옳은 것은?

① 위생복에 손을 닦는다.
② 피부는 세균 증식의 장소이므로 자주 씻는다.
③ 손목시계를 착용하여 수시로 조리시간을 확인할 수 있도록 한다.
④ 반지를 끼는 것은 위생상 문제가 되지 않는다.

정답 ②

③ 위장염 증상, 부상으로 인한 화농성 질환, 피부병, 베인 부위가 발견된 경우 상급자에게 보고 후 작업을 중단한다.

(5) 개인 위생수칙

① 작업장에 들어가기 전에 보호구(모자, 작업복, 앞치마, 신발, 장갑, 마스크 등)의 청결 상태를 확인 후 착용한다.

② 손톱은 짧게 깎고, 매니큐어 및 짙은 화장은 피한다.

③ 작업장에서 사용하는 모든 설비 및 도구는 항상 청결한 상태로 유지하고, 불필요한 개인 용품(음식물, 담배, 장신구 등)을 반입하지 않는다.

④ 작업장 내에서는 흡연, 껌 씹기, 음식물 먹기 등의 행위를 하지 않는다.

⑤ 작업장의 출입은 반드시 지정된 출입구를 이용해야 하며, 작업장 내에서는 지정된 이동 경로를 따라 이동한다.

⑥ 허가를 받지 않은 자는 작업장에 출입하지 않도록 한다.

⑦ 모든 종업원은 작업장 내에서의 교차오염 또는 이차오염의 발생을 방지한다.

TIP
잘못된 개인 위생습관
• 조리작업 시 손으로 머리를 긁거나 입을 닦는 것
• 엄지손가락에 침을 묻혀 종이를 넘기는 것
• 작업 중 음식을 먹거나 차를 마시고 껌을 씹는 것, 담배를 피는 것
• 국자나 스푼으로 직접 음식을 맛보는 것(적당량의 음식물을 채취한 후 개별 접시에 담고 깨끗한 스푼을 이용하여 맛을 봐야 함)
• 손의 물기를 앞치마나 위생복에 문질러 닦는 경우

2. 식품 위생에 관련된 질병

(1) 식품 취급 시 위생관리

① 식품은 항상 청결하고 위생적으로 취급하여 병원미생물, 먼지, 유해물질 등에 의하여 오염되지 않도록 한다.

② 식품종사자의 손에 의하여 식품이 오염되거나, 병원균이나 유독물질을 혼입시키는 일이 없도록 주의를 기울인다.

③ 조리된 식품을 보관할 때 사람의 손, 파리, 바퀴, 쥐, 먼지 등에 의하여 오염되는 일이 없도록 한다.

④ 살충제, 살균제, 기타 유독 약품류는 보관을 철저히 하여 식품첨가물로 오용하는 일이 없도록 주의한다.

---

03 식품위생 대책에 대한 설명으로 틀린 것은?

① 한 번 가열・조리된 식품은 저장 시 미생물의 오염 염려가 없다.

② 젖은 행주는 미생물이 증식하기 쉬우므로 건조한 상태를 유지한다.

③ 식품 찌꺼기는 철저히 처리한다.

④ 식품취급자는 손의 수세 및 소독에 유의한다.

[해설] 한 번 가열, 조리된 식품이라도 미생물의 오염 우려가 있다.

[정답] ①

04 다음 중 식품위생법에서 다루는 내용은?

① 영양사의 면허 결격사유

② 디프테리아 예방

③ 공중이용시설의 위생관리

④ 가축전염병의 검역 절차

[해설] ② 감염병의 예방 및 관리에 관한 법률
③ 공중위생관리법
④ 가축전염병예방법

[정답] ①

(2) **건강진단**

① 대상자 : 식품 또는 식품첨가물(화학적 합성품 또는 기구 등의 살균·소독제는 제외)을 채취·제조·가공·조리·저장·운반 또는 판매하는 일에 직접 종사하는 영업자 및 종업원으로 한다. 다만, 완전포장된 식품 또는 식품첨가물을 운반하거나 판매하는 일에 종사하는 사람은 제외한다(식품위생법 시행규칙 제49조제1항).

② 횟수 : 매년 1회(식품위생 분야 종사자의 건강진단 규칙 제2조제2항)

(3) **영업에 종사하지 못하는 질병의 종류**

① 결핵(비감염성인 경우는 제외한다)

② 콜레라, 장티푸스, 파라티푸스, 세균성 이질, 장출혈성대장균감염증, A형간염

③ 피부병 또는 그 밖의 고름형성(화농성) 질환

④ 후천성면역결핍증(성매개감염병에 관한 건강진단을 받아야 하는 영업에 종사하는 사람만 해당)

---

05 다음 중 조리사의 결격사유에 해당되지 않는 것은?

① 위산과다환자
② 정신질환자
③ 감염병환자
④ 마약중독자

해설 조리사의 결격사유(식품위생법 제54조)
정신질환자, 감염병환자, 마약이나 그 밖의 약물중독자 등
정답 ①

06 식품위생법상 영업에 종사하지 못하는 질병의 종류가 아닌 것은?

① 화농성 질환
② 세균성 이질
③ 장티푸스
④ 비감염성 결핵

해설 비감염성 결핵인 경우 제외된다.
정답 ④

식품 위생관리

1. 미생물의 종류와 특성

미생물은 사람에게 병을 일으키는 병원성 미생물과 병을 일으키지 않는 비병원성 미생물로 구분한다. 비병원성 미생물에는 식품의 부패나 변패의 원인이 되는 유해한 것과 주류나 장류 등에 유익하게 이용되는 미생물이 포함된다.

(1) 바이러스(Virus)

① 세균여과기를 통과하는 여과성 미생물이며 미생물 중 가장 크기가 작다.
② 완전한 세포형태를 갖추지 못하여, 살아 있는 세포에만 증식한다.
③ 경구감염병의 원인이 되기도 한다.

(2) 세균(Bacteria)

① 형태에 따라 구균(구형, Cocci), 간균(막대형, Bacilli), 나선균(나선형, Spirillum)으로 구분된다.
② 2분법으로 증식한다.
③ 세포벽의 염색성에 따라 그람 양성균과 그람 음성균으로 구분된다.
④ pH 중성에서 잘 자라며 산성에서는 억제된다.
⑤ 내열성과 내건성이 높은 포자(아포)를 형성하는 것도 있다.
⑥ 공기 중의 산소의 필요성에 따라 호기성균과 혐기성균으로 나뉜다.

TIP
미생물의 크기
곰팡이 > 효모 > 스피로헤타 > 세균 > 리케차 > 바이러스

(3) 곰팡이(Mold)

① 곰팡이는 분류학상 진균류로 분류되며, 자연계와 인간의 생활에서 흔히 볼 수 있는 미생물이다.
② 실모양의 균사체로 되어 있으며 색깔이 있는 포자를 형성한다.
③ 건조하거나 습한 상태의 환경에서도 잘 번식한다.
④ 일부 곰팡이는 식품 속에서 독을 생성하는 것도 있다.

---

07 식품위생의 목적이 아닌 것은?

① 식품으로 인한 위생상의 위해방지
② 식품영양의 질적 향상
③ 식품에 관한 올바른 정보 제공
④ 식품의 판매 촉진

[해설] ①·②·③과 국민 건강의 보호·증진에 이바지함을 목적으로 한다. [정답] ④

08 우리나라에서 식품위생행정을 담당하는 부서는?

① 질병관리본부
② 산업통상자원부
③ 식품의약품안전처
④ 행정안전부

[해설] 식품위생행정은 식품의약품안전처에서 지휘·감독한다. [정답] ③

TIP

오염원별 주요 미생물
• 공기 : 바실러스, 방선균, 곰팡이, 효모 등
• 토양 : 바실러스, 클로스트리듐, 마이크로코쿠스, 방선균 등
• 물 : 아크로모박터, 알칼리게네스, 플라보박테륨, 비브리오 등
• 분변 : 클로스트리듐, 엔테로코쿠스, 에스체리치아, 프로테우스 등

(4) 리케차(Rickettsia)
① 세균과 바이러스의 중간에 속하며 원형, 타원형 등의 형태를 나타낸다.
② 2분법으로 증식하며 세포 속에서만 증식한다.

(5) 효모(Yeast)
① 출아법으로 증식하며 구형, 달걀형, 타원형, 소시지형 등이 있다.
② 산소의 존재와 상관없이 증식한다(통성혐기성).
③ 발육 최적온도는 25~30℃이며, 40℃ 이상이 되면 죽는다.

(6) 스피로헤타(Spirochaeta)
① 나선형의 형태를 띠고 있으며 단세포 생물과 다세포 생물의 중간이다.
② 매독의 병원체가 된다.

2. 미생물 생육에 필요한 조건
미생물은 적당한 영양소, 수분, 온도, 산소, pH(수소이온농도)가 있어야 생육할 수 있다.

(1) 영양소
발육과 증식에는 탄소원(당질), 질소원(아미노산, 무기질소), 무기물, 비타민 등이 필요하다.

(2) 수 분
미생물의 몸체를 구성하고 생리기능을 조절하는 성분으로 일반적으로 세균의 발육을 위해서는 약 40%의 수분이 필요하며 곰팡이는 15% 이상에서 잘 번식한다. 수분이 13% 이하일 경우 세균과 곰팡이의 발육을 억제할 수 있다. 소금물과 당액에서는 요구 수분함량의 부족으로 미생물 발육이 억제된다.

---

09 다음 중 크기가 가장 작아 세균여과기로도 분리할 수 없는 미생물은?
① 세 균
② 곰팡이
③ 효 모
④ 바이러스

해설 미생물의 크기
곰팡이 > 효모 > 세균 > 리케차 > 바이러스 순이다.
정답 ④

10 다음 중 미생물의 발육에 필요한 조건에 해당하지 않는 것은?
① 영양소
② 수 분
③ 수소이온농도
④ 식 품

해설 미생물은 적당한 영양소, 수분, 온도, 수소이온농도, 산소가 있어야 잘 자란다.
정답 ④

(3) 온 도

미생물	증식 최적온도	종 류
저온균	15~20℃	식품에 부패를 일으키는 부패균
중온균	25~37℃	대부분의 병원성 세균
고온균	50~60℃	온천수에 서식하는 온천균

(4) 산 소

① 호기성 세균 : 산소가 있어야 발육 가능한 세균(초산균, 고초균, 결핵균 등)

② 혐기성 세균 : 산소가 없어도 발육 가능한 세균

ㄱ 통성혐기성 세균 : 산소의 유무에 상관없이 발육하는 세균(대장균, 효모 등)

ㄴ 편성혐기성 세균 : 산소를 절대적으로 기피하는 세균(보툴리누스균, 파상풍균 등)

(5) 수소이온농도(pH)

① 곰팡이와 효모 : pH 4~6의 약산성

② 세균 : pH 6.5~7.5의 중성 또는 약알칼리성

3. 식품의 변질 및 보존법

(1) 식품의 변질

식품을 보존하지 않고 장기간 방치하게 되면 외관이 변하고 성분이 파괴되며 향기·맛 등이 달라지는데, 이때 식품의 원래 특성을 잃게 되는 현상을 변질이라 한다.

(2) 변질의 종류

① 부패 : 단백질 식품이 혐기성 세균에 의해 분해되어 변질되는 현상

② 후란 : 단백질 식품이 호기성 미생물에 의해 분해되어 변질되는 현상

③ 변패 : 단백질 이외의 식품(탄수화물 등)이 미생물에 의해서 변질되는 현상

TIP

오염원별 주요 미생물

- 곡류 : 토양 중 세균, 들판 작물의 질병곰팡이, 저장곡류의 내건성 곰팡이
- 채소류 : 토양 중 세균, 분해력 높은 세균
- 육류 : 장내세균, 토양세균, 저온성 세균
- 어패류 : 수중세균
- 과실 : 펙틴 분해력이 높은 곰팡이, 당류 발효효모
- 통조림 : 포자형성 세균
- 우유 : 저온성 세균
- 밥 : 포자형성 세균지표미생물

---

11 식품의 변질 중 미생물에 의해 일어나는 현상이 아닌 것은?

① 발 효
② 부 패
③ 산 패
④ 변 패

해설 산패는 지방에 의해 일어난다.

정답 ③

12 식품의 변질 중 식생활에 유용하게 사용되는 것은?

① 부 패
② 변 패
③ 발 효
④ 산 패

해설 발효는 탄수화물이 미생물의 분해 작용을 받아서 유기산, 알코올 등이 발생되는 것으로, 식생활에 유용하게 이용된다.

정답 ③

④ 산패 : 유지(油脂)가 산소, 일광, 금속(Cu・Fe)에 의해 변질되는 현상
⑤ 발효 : 탄수화물이 미생물의 작용을 받아 유기산, 알코올 등을 생성하게 되는 현상

(3) 부패판정법
① 관능시험 : 냄새 발생, 색의 변화, 조직의 변화(탄력성・유연성), 맛의 변화
② 생균수의 측정 : 생균수가 식품 1g당 $10^7 \sim 10^8$일 때 초기부패 단계로 판정
③ 휘발성 염기질소량 측정 : 휘발성 염기질소량이 식품 100g당 30~40mg (30~40mg%)일 때 초기부패 단계로 판정
④ 트라이메틸아민(TMA) : 생선의 비린내 성분으로 3~4mg%이면 초기부패로 판정
⑤ 수소이온농도(pH) : pH 6.0~6.2일 때 초기부패로 판정

4. 식품의 보존법

(1) 물리적 방법
① 탈수건조법 : 미생물 발육에 필요한 수분을 제거함으로써 부패를 방지하여 보존하는 방법이며 자연건조법, 인공건조법이 있다.
② 가열살균법
㉠ 저온살균법(LTLT) : 62~65℃에서 30분간 가열하는 방법(우유, 술, 주스, 과즙, 맥주 등)
㉡ 고온단시간살균법(HTST) : 72~75℃에서 15~20초간 가열하는 방법(우유, 과즙 등)
㉢ 고온장시간살균법(HTLT) : 95~120℃에서 30~60분간 가열하는 방법(통조림 등)
㉣ 초고온순간살균법(UHT) : 130~150℃에서 2초간 가열하는 방법(우유, 과즙 등)

---

13 발효가 부패와 다른 점은?
① 미생물이 작용한다.
② 성분의 변화가 일어난다.
③ 식용으로 이용한다.
④ 가스가 발생한다.

해설 발 효
탄수화물이 미생물의 작용으로 분해되어 유용한 물질이 생성된 것
정답 ③

14 우유를 130~150℃에서 0.5~5초로 살균하는 방법은 무엇인가?
① 고온순간살균법
② 간헐살균법
③ 초고온순간살균법
④ 건열살균법

해설 초고온순간살균법(UHT)
130~150℃에서 2초간 가열하는 방법(우유, 과즙 등)
정답 ③

③ 열장고보관 : 가열된 식품을 고온(70~80℃)으로 보존하는 방법

④ 냉장보관 : 0~10℃ 범위에서 식품을 보존하는 방법

⑤ 냉동보관 : 0℃ 이하에서 식품을 동결하여 보존하는 방법

⑥ 자외선조사 : 태양광선 중 자외선을 조사하여 살균하는 방법

⑦ 방사선조사 : ^{60}Co(코발트60)을 식품에 조사시키며, 곡류, 청과물, 축산물의 살균처리 시 사용하는 방법

(2) 화학적 방법

① 염장법 : 농도 10~20% 정도의 소금에 절이는 방법(젓갈)

② 당장법 : 농도 50% 이상의 설탕에 절이는 방법(잼, 젤리)

③ 산저장 : 초산, 젖산, 구연산 등을 이용하여 식품을 초산 농도 3~4% 이상에서 저장하는 방법(피클)

④ 화학물질 첨가 : 인체에 해가 없는 화학물질을 첨가하여 효소의 작용을 억제하는 방법

(3) 종합적 처리 방법

① 훈연법 : 육류나 어류를 염장하여 탈수시킨 다음 수지가 적은 나무(참나무, 벚나무, 떡갈나무, 향나무 등)를 불완전 연소시켜서 발생하는 연기에 그을려 저장하는 방법(햄, 소시지, 베이컨 등)

② 염건법 : 소금을 첨가한 후 건조시켜 저장하는 방법

③ 밀봉법 : 밀봉용기에 식품을 넣고 수분의 증발과 흡수, 해충의 침범, 공기(산소)의 통과 등을 막아 보존하는 방법(통조림, 진공포장, 레토르트파우치 등)

④ CA저장법(가스치환법) : 불활성 가스(질소, 이산화탄소 등)로 식품의 호흡작용, 산화작용 등에 의한 성분변화를 방지하는 방법(채소, 과일, 달걀, 곡류 등)

> **TIP**
> 식품에 미생물을 발육시키는 방법
> 특수한 미생물을 발육시켜 그 식품에 다른 미생물이 번식하는 것을 방지하는 방법으로 김치, 치즈 등이 해당된다.

---

15 음식물의 부패 여부를 진단하는 초기 관능검사 항목과 관련이 적은 것은?

① 냄 새

② 변 색

③ 점 성

④ 무 게

해설 관능검사란 사람의 감각으로 측정하여, 그 식품의 특성을 조사하는 것을 말한다. **정답** ④

16 CA저장에 가장 적합한 식품은?

① 과일류

② 육 류

③ 우 유

④ 생선류

해설 CA저장은 냉장실의 온도와 공기조성을 함께 제어하여 냉장하는 방법으로, 주로 청과물의 저장에 많이 사용된다. **정답** ①

5. 기생충과 예방

(1) 채소류에서 감염되는 기생충
① 중간숙주가 없으며 채소류는 매개체가 된다.
② 회충 : 경구감염으로, 우리나라에서는 가장 감염률이 높다.
③ 구충(십이지장충) : 경피감염된다.
④ 요충 : 경구감염, 집단감염, 항문 주위에 산란한다.
⑤ 편충 : 경구감염된다.

(2) 어패류에서 감염되는 기생충
① 간디스토마(간흡충) : 왜우렁이(제1중간숙주) – 민물고기(제2중간숙주)
② 폐디스토마(폐흡충) : 다슬기(제1중간숙주) – 민물게, 가재(제2중간숙주)
③ 요코가와흡충 : 다슬기(제1중간숙주) – 민물고기(제2중간숙주)
④ 광절열두조충(긴촌충) : 물벼룩(제1중간숙주) – 민물고기(제2중간숙주)
⑤ 유극악구충 : 물벼룩(제1중간숙주) – 민물고기(제2중간숙주)
⑥ 아니사키스 : 바다갑각류(제1중간숙주) – 바닷물고기(제2중간숙주)

(3) 수육에서 감염되는 기생충
① 무구조충(민촌충) : 소
② 유구조충(갈고리촌충) : 돼지
③ 선모충 : 돼지
④ 톡소플라스마 : 돼지, 개, 고양이
⑤ 만손열두조충 : 닭

---

17 다음 기생충 중 경피감염을 하는 것은?
① 회 충
② 폐흡충
③ 십이지장충
④ 요 충

해설 구충(십이지장충)은 유충이 부착된 채소 및 물을 섭취하거나 피낭유충이 피부를 통해 감염되는 기생충이다. **정답** ③

18 채소류를 통하여 감염되는 기생충이 아닌 것은?
① 십이지장충
② 선모충
③ 요 충
④ 편 충

해설 선모충은 돼지, 개, 고양이, 쥐에 공통으로 기생하다가 덜 익은 돼지고기를 먹었을 때 사람에게 감염되며 근육과 작은 창자에서 기생한다. **정답** ②

6. 살균 및 소독법

(1) 물리적 방법

① 가열멸균법

　　㉠ 건열멸균법 : 유리기구나 주사바늘 등을 건열멸균기(Dry Oven)에 넣고 160~170℃에서 30분 이상 가열한다.

　　㉡ 화염멸균법 : 도자기류, 유리봉, 금속류 등 불에 타지 않는 물건을 소독하는 방법으로 알코올 램프, 천연가스 등의 불꽃에 20초 이상 가열한다.

　　㉢ 습열멸균법

　　　• 자비소독법 : 약 100℃의 끓는 물에서 15~20분간 소독하는 방법(식기류, 행주, 의류 등)

　　　• 고압증기멸균법 : 고압솥을 이용하여 121℃에서 15~20분간 소독, 아포를 포함한 모든 균 사멸(통조림)

　　　• 저온살균법 : 62~65℃에서 30분간 가열한 후 급랭(우유)

　　　• 초고온순간살균법 : 130~150℃에서 2초간 가열한 후 급랭(우유)

　　　• 간헐멸균법 : 100℃의 유통증기에서 24시간마다 15~20분씩 3회 계속하는 방법

② 무가열멸균법

　　㉠ 자외선멸균법 : 자외선의 살균력은 2,600~2,800 Å 에서 가장 강하며 무균실, 수술실 등에서 공기, 기구, 용기 등의 소독에 사용됨

　　㉡ 방사선멸균법 : 식품에 방사선을 방출하는 ^{60}Co, ^{137}Cs 등의 물질을 조사시켜 균을 사멸

　　㉢ 세균여과법 : 음료수나 액체식품 등을 세균여과기로 걸러서 균을 제거하는 방법

TIP

용어의 정의

• 멸균 : 모든 미생물을 사멸시켜 완전히 무균 상태로 만드는 방법

• 소독 : 병원성 미생물을 사멸시켜 감염 및 증식력을 없애는 방법

• 방부 : 미생물의 증식, 발육을 저지 또는 정지시켜 부패나 발효를 방지

※ 미생물에 작용하는 강도 : 멸균 > 소독 > 방부

TIP

살 균

비교적 약한 살균력을 작용시켜 병원 미생물의 생활력을 파괴하여 감염의 위험성을 제거하는 것

---

19 아포 형성균의 멸균에 가장 좋은 방법은?

① 저온소독법
② 일광소독법
③ 초고온순간살균법
④ 고압증기멸균법

[해설] 고압증기멸균법은 아포를 포함한 모든 균을 사멸하며, 초자기구, 시약, 배지 등을 소독한다. [정답] ④

20 원유에 오염된 병원성 미생물을 사멸시키기 위하여 130~150℃의 고온·기압하에서 우유를 2초간 살균하는 방법은?

① 저온살균법　　② 고압증기멸균법
③ 고온단시간살균법　　④ 초고온순간살균법

[해설] 우유살균은 초고온순간살균법 외에 62~65℃에서 30분 가열 후 급랭하는 저온살균법이 있다. [정답] ④

TIP
자외선 멸균의 장점
• 모든 균종에 효과적임
• 살균효과가 큼
• 균에 내성이 생기지 않음

자외선 멸균의 단점
• 살균효과가 표면에 한정적임
• 지방류의 산패
• 단백질이 많은 식품은 살균력이 떨어짐

(2) 화학적 방법
① 소독약품의 구비조건
ㄱ 살균력이 강할 것
ㄴ 사용이 간편하고 가격이 저렴할 것
ㄷ 인축에 대한 독성이 적을 것
ㄹ 소독 대상물에 부식성과 표백성이 없을 것
ㅁ 용해성이 높으며 안전성이 있을 것
ㅂ 불쾌한 냄새가 나지 않을 것
② 소독작용에 미치는 영향
ㄱ 농도가 짙을수록, 접촉시간이 길수록, 온도가 높을수록 효과가 큼
ㄴ 유기물이 있을 때는 효과가 감소됨
ㄷ 같은 균이라도 균주에 따라 균의 감수성이 상이함
③ 소독약품의 종류
ㄱ 석탄산 : 석탄산은 소독제의 살균력 비교 시 이용되는 소독약이다.
• 사용농도 : 3% 수용액
• 소독 : 변소(분뇨), 하수도, 진개 등의 오물소독
• 각종 소독약의 소독력을 나타내는 기준(지표)

• 석탄산계수 $= \dfrac{\text{소독약의 희석배수}}{\text{석탄산의 희석배수}}$

• 피부점막에 대한 자극성, 금속 부식성
ㄴ 크레졸 비누액
• 사용농도 : 3% 수용액
• 소독 : 변소(분뇨), 하수도, 진개 등의 오물, 손소독에 사용
• 석탄산에 비해 2배 강한 소독력
ㄷ 역성비누(양성비누)
• 사용농도 : 원액(10%)을 200~400배 희석하여 0.001~0.1%로 만들어 사용

---

21 다음 미생물에 작용하는 강도의 순으로 표시한 것으로 옳은 것은?

① 소독 > 멸균 > 방부
② 멸균 > 소독 > 방부
③ 소독 > 방부 > 멸균
④ 방부 > 멸균 > 소독

해설 소독력이 강한 순서는 멸균, 소독, 방부 순이다.
정답 ②

22 다음 중 소독제의 살균력을 비교하기 위해서 이용되는 소독약은?

① 과산화수소
② 알코올
③ 크레졸
④ 석탄산

해설 석탄산은 각종 소독약의 소독력을 나타내는 기준이 된다.
정답 ④

- 소독 : 식품 및 식기, 조리자의 손(무색, 무취, 무자극성, 무독성)
- 보통 비누와 함께 사용하거나, 유기물이 존재하면 살균효과 감소됨

㉣ 에틸알코올
- 사용농도 : 70% 에탄올
- 소독 : 손소독, 초자기구, 금속기구 등

㉤ 승홍수
- 사용농도 : 0.1% 수용액
- 소독 : 비금속 기구소독
- 금속부식성, 온도 상승에 따라 살균력도 비례하여 증가

㉥ 과산화수소
- 사용농도 : 2.5~3.5% 수용액
- 소독 : 피부나 상처소독에 적합하며, 특히 입 안의 상처소독에 사용

㉦ 머큐로크롬
- 사용농도 : 3% 수용액
- 소독 : 피부상처, 점막

㉧ 생석회
- 공기에 노출되면 살균력 저하
- 소독 : 주로 변소(분뇨), 하수도, 진개 등 오물소독

㉨ 염소, 차아염소산나트륨
- 수돗물의 잔류 염소량 : 0.2ppm(음용수), 0.4ppm
- 소독 : 상수도, 수영장, 식기류, 채소, 식기, 과일, 음료수 등 소독

㉩ 폼알데하이드(기체)
- 사용농도 : 포르말린 1~1.5% 수용액
- 소독 : 실내(병원, 도서관, 거실 등)

㉪ 표백분(클로르칼크, 클로르석회) : 우물, 수영장 소독 및 채소·식기소독에 사용

㉫ 중성세제(합성세제) : 살균작용은 없고 세정력만 있음, 식기 세척 시 중성세제 농도 0.1~0.2%

TIP

음료수의 소독
- 화학적 방법 : 표백분, 염소, 차아염소산나트륨
- 물리적 방법 : 자비소독, 자외선소독

조리기구의 소독
- 화학적 방법 : 역성비누, 차아염소산나트륨
- 물리적 방법 : 자비소독, 증기소독, 일광소독

수건·식기의 소독
- 화학적 방법 : 역성비누, 염소
- 물리적 방법 : 자비소독, 증기소독, 일광소독

조리장·식품창고의 소독
- 화학적 방법 : 역성비누, 차아염소산나트륨, 표백분, 오존

---

23 화학물질에 의한 식중독으로 일반 중독증상과 시신경 염증으로 실명의 원인이 되는 물질은?

① 납
② 수 은
③ 청산가리
④ 메틸알코올

[해설] 메틸알코올(메탄올)에 의한 식중독은 두통, 현기증, 구토가 생기고 심할 경우 시신경 염증으로 실명의 원인이 된다.
[정답] ④

24 다음 중 분변소독에 가장 적합한 것은?

① 생석회
② 약용비누
③ 과산화수소
④ 표백분

[해설] 생석회
분변소독에 잘 사용되며 공기에 노출되면 살균력이 저하된다.
[정답] ①

ⓜ 약용비누
  • 비누의 기제에 각종 살균제를 첨가하여 만든 것
  • 세척효과와 살균제에 의한 소독 효과가 있음
  • 소독 : 손, 피부

7. 식품의 위생적 취급기준

(1) 식자재의 위생관리

① 식자재는 소비기한이 경과된 것, 보존 상태가 나쁜 것은 저렴해도 구입하지 않는다.
② 냉장식품의 비냉장 상태, 냉동식품의 해동 흔적, 통조림의 찌그러짐 및 팽창이 있어서는 안 된다.
③ 식자재는 반드시 재고 수량을 파악한 후 적정량을 구입한다.
④ 보존한 식품은 선입선출(FIFO ; First In, First Out) 방식으로 사용한다.
⑤ 판매 유효기간이 지난 상품은 반드시 버리고, 유효기간 내에 있더라도 신선도가 떨어지는 것은 세균이 증식되었을 수 있으므로 폐기한다.
⑥ 매일 남은 야채는 폐기하고, 야채용 플라스틱 용기를 세척한다.
⑦ 식품 조리 시 물은 주기적으로 점검 및 관리한다.
⑧ 원부재료, 포장지 등은 사용 적합 여부를 판정하기 위한 검사가 필수적으로 이루어져야 하고, 그 기록이 유지되어야 한다.
⑨ 모니터링에 사용되는 장비는 적절하게 교정하고 관리한다.

(2) 식품 조리 시 위생관리

① 냉장, 냉동고의 세척 및 살균은 최대한 자주 한다.
② 식자재와 음식물이 직접 닿는 랙(Rack)이나 내부 표면, 용기는 매일 세척 및 살균한다.
③ 조리대와 작업대는 매일 세제를 묻혀 세척한 뒤 건조한다.
④ 음식 보관 시 뚜껑을 덮거나 랩으로 씌워 냉장보관한다.

---

25 다음 중 조리기구의 소독에 사용하는 약품은?

① 석탄산수, 크레졸수, 포르말린수
② 염소, 표백분, 차아염소산나트륨
③ 석탄산수, 크레졸수, 생석회
④ 역성비누, 차아염소산나트륨

[해설] ①은 병실, ②는 음료수, ③은 화장실 및 하수구 소독에 사용된다. **정답** ④

26 구매한 식품의 재고관리 시 적용되는 방법 중 최근에 구입한 식품부터 사용하는 것으로 가장 오래된 물품이 재고로 남게 되는 것은?

① 선입선출법(First-In, First-Out)
② 후입선출법(Last-In, First-Out)
③ 총평균법
④ 최소-최대관리법

정답 ②

8. 식품첨가물과 유해물질

(1) 식품첨가물의 정의
식품의 제조 · 가공 · 조리 또는 보존하는 과정에서 감미, 착색, 표백 또는 산화방지 등을 목적으로 식품에 사용되는 물질을 말한다.

(2) 식품첨가물공전
식품첨가물공전은 식품의약품안전처장이 지정한 식품첨가물의 종류와 기준, 규격이 수록된 것이다.

(3) 식품첨가물의 구비조건
① 인체에 유해한 영향이 없을 것
② 소량으로도 사용 목적에 충분한 효과를 발휘할 것
③ 식품 자체의 영양가를 유지할 것
④ 식품 제조 및 가공에 꼭 필요한 것
⑤ 식품에 유해한 변화는 없을 것
⑥ 첨가물을 확인할 수 있어야 할 것
⑦ 식품의 외관을 좋게 할 것
⑧ 식품을 소비자에게 이롭게 할 것

9. 식품첨가물의 종류와 용도

(1) 보존성을 높이는 것
미생물의 생육을 억제하여 식품의 신선도를 유지시키기 위하여 첨가하는 물질이다.
① 보존료(방부제)
   ㉠ 디하이드로초산 : 치즈, 버터, 마가린 등에 사용
   ㉡ 소르브산(Sorbic Acid) : 식육 · 어육제품, 각종 절임식초, 장류 등
   ㉢ 안식향산 : 청량음료, 간장, 식초

TIP
식품첨가물의 안전성 평가
• 급성 독성시험 : 실험동물 50%가 사망할 때의 투여량(LD_{50})
• 아급성 독성시험 : 실험동물 수명의 1/10 정도 기간의 치사량
• 만성 독성시험 : 시험물질을 장기간 투여했을 때 중독증상을 관찰하는 방법

---

27 다음 식품첨가물과 식품과의 연결 중 잘못된 것은?
① 소르브산 – 어육, 연제품
② 디하이드로초산 – 버터
③ 이산화철 – 바나나
④ 안식향산 – 된장

해설 안식향산은 청량음료수, 간장, 알로에즙 등에 사용되는 보존료이다. **정답** ④

28 식품첨가물의 사용 목적이 아닌 것은?
① 식품의 기호성 증대
② 식품의 유해성 입증
③ 식품의 부패와 변질을 방지
④ 식품의 제조 및 품질 개량

해설 식품첨가물이란 식품을 제조 · 가공 · 조리 또는 보존하는 과정에서 감미, 착색, 표백 또는 산화방지 등을 목적으로 식품에 사용되는 물질을 말한다. **정답** ②

ⓔ 프로피온산 : 빵 및 생과자
② 살균제(소독제)
　　㉠ 식품의 부패 원인균 또는 감염병 등의 병원균을 사멸시키기 위하여
　　　사용되는 첨가물
　　㉡ 표백분, 차아염소산나트륨, 에틸렌옥사이드 등
③ 산화방지제(항산화제) : 식품성분의 산화를 방지하기 위하여 사용되는
　첨가물
　　㉠ 수용성 : 에리토브산, 에리토브산나트륨, 아스코르브산(비타민 C)
　　㉡ 지용성 : BHA(뷰틸하이드록시아니솔), BHT(다이뷰틸하이드록시
　　　톨루엔), 몰식자산프로필

(2) 관능을 만족시키는 것
① 착색제 : 변색된 식품의 색을 복원하거나 외관을 좋게 하기 위해 사용되
　는 첨가물
　　㉠ 타르색소
　　　• 타르색소를 사용할 수 없는 식품 : 면류, 겨자류, 단무지, 차류,
　　　　젓갈류, 고춧가루, 후춧가루, 케첩, 식빵, 묵류, 식용유, 버터, 마가
　　　　린, 천연식품 등
　　　• 타르색소를 사용할 수 있는 식품 : 분말청량음료, 소시지, 아이스크
　　　　림 등
② 발색제 : 식품의 색을 고정하거나 선명하게 하기 위한 첨가물
　　㉠ 육류발색제 : 아질산나트륨, 질산나트륨, 질산칼륨(소시지, 햄, 명
　　　란젓 등)
　　㉡ 과실류 및 채소류 발색제 : 황산제일철, 소명반(완두콩 등)
③ 감미료 : 식품에 감미(甘味 : 단맛)를 부여하기 위하여 사용되는 첨가물
　　㉠ 사카린나트륨
　　　• 사용 가능한 식품 : 건빵, 생과자, 청량음료
　　　• 사용 불가능한 식품 : 식빵, 이유식, 설탕, 포도당, 물엿, 꿀, 된장 등
　　㉡ D-소르비톨 : 시원한 단맛, 습윤제, 변성방지제 등

TIP

첨가물의 분류
• 식품의 변질·변패 방지 : 보존
　료, 살균제, 산화방지제, 피막제
• 기호성 향상 및 관능 만족 : 조미
　료, 산미료, 감미료, 착색료, 착향
　료, 발색제
• 품질 개량·유지 : 밀가루 개량
　제, 품질 개량제, 호료, 유화제,
　이형제
• 식품 제조 : 팽창제, 소포제, 추출
　제, 껌 기초제

---

29 다음 중 산화방지제의 설명이 옳은 것은?
　① 식품에 함유된 유지의 산패 속도를 억제하는 물질
　② 식품 중 세균이나 감염병 원인균을 사멸시키는 약제
　③ 식품에 발생하는 해충을 멸살시키는 약제
　④ 식품의 변질 및 부패를 방지하고 보존하는 물질

해설 산화방지제는 유지나 유지를 함유하는 식품 등의 보존 시
　　공기 중의 산소에 의해 일어나는 변질, 즉 산패를 방지하기
　　위해 첨가하는 물질을 말한다. 정답 ①

30 유해성 식품 보존제와 가장 거리가 먼 것은?
　① 디하이드로초산
　② 폼알데하이드
　③ 붕 산
　④ 플루오린화물

해설 디하이드로초산은 치즈, 버터, 마가린의 보존료이다.
　　　　　　　　　　　　　　　　　　　정답 ①

      ⓒ 아스파탐 : 청량음료

      ⓔ 스테비오사이드 : 소주의 감미료

  ④ 조미료

      ㉠ 식품의 본래의 맛을 강화하거나 개인의 기호에 맞게 조절하여 첨가 되는 물질

      ⓛ 글루타민산나트륨(MSG), 글루타민산, 이노신산나트륨, 호박산나 트륨(어패류의 맛), 구아닐산나트륨(표고버섯의 맛)

  ⑤ 산미료

      ㉠ 식품에 산미(酸味 : 신맛)를 부여하기 위하여 사용되는 첨가물

      ⓛ 구연산, 주석산, 젖산, 초산

  ⑥ 표백제

      ㉠ 식품의 본래의 색을 없애거나 퇴색을 방지하기 위하여 사용하는 첨가물

      ⓛ 과산화수소, 아황산나트륨

  ⑦ 착향료

      ㉠ 식품 자체의 냄새를 없애거나 강화시키기 위해 사용되는 첨가물

      ⓛ 천연향료 : 레몬오일, 오렌지오일, 천연과즙 등

      ⓒ 합성향료 : 지방산, 알코올에스테르, 바닐린 등

(3) 식품의 품질 개량 및 품질유지를 위해 첨가하는 것

  ① 밀가루 개량제

      ㉠ 밀가루의 표백과 숙성기간을 단축시키고, 제빵 효과 및 저해 물질을 파괴시키기 위하여 사용되는 첨가물

      ⓛ 과산화벤조일, 브로민산칼륨, 염소

  ② 피막제

      ㉠ 과일, 채소의 신선도 유지를 위해 표면 처리하는 식품첨가물

      ⓛ 초산비닐수지, 몰포린지방산염

> **TIP**
>
> 착향료
> • 식품 자체의 냄새를 없애거나 강화시키기 위해 사용되는 첨가물
> • 상온에서의 휘발성은 특유한 방향을 느끼게 함
> • 식욕을 증진할 목적
> • 천연향료 : 레몬오일, 오렌지오일, 천연과즙 등
> • 합성향료 : 지방산, 알코올에스테르, 바닐린 등
> • 알칼리 성분이나 공기나 금속에 의해 쉽게 변질됨

---

31 다음 탄수화물 중에서 단맛이 있어 감미료로 사용되며 물에 쉽게 용해되는 것은?

  ① 한 천
  ② 펙 틴
  ③ 과 당
  ④ 전 분

[해설] 과당은 당류 중 단맛이 가장 강하며, 물에 쉽게 용해된다.
      [정답] ③

32 다음 첨가물 중 소맥분 개량제로 사용되는 것이 아닌 것은?

  ① 염화암모늄
  ② 과산화벤조일
  ③ 과붕산나트륨
  ④ 브로민산칼륨

[해설] 소맥분 개량제는 과산화벤조일, 과붕산나트륨, 브로민산칼륨 이외에 과황산암모늄, 이산화염소 등이 있다.
      [정답] ①

③ 호료(증점제)
  ㉠ 식품의 점착성을 증가시켜 유화안전성을 좋게 하기 위해 사용되는 첨가물
  ㉡ 알긴산나트륨, 카세인나트륨, 한천
④ 유화제
  ㉠ 서로 혼합이 잘 되지 않는 두 종류의 액체를 유화시키기 위하여 사용하는 첨가물
  ㉡ 대두인지질(레시틴), 지방산에스테르

(4) 식품의 제조 과정에서 필요하여 첨가하는 것
  ① 팽창제
    ㉠ 빵이나 과자를 만들 때 가스를 발생시켜 부풀게 함으로써 연하고 맛이 좋게 하기 위해 사용하는 첨가물
    ㉡ 인공팽창제 : 탄산수소나트륨, 탄산수소암모늄, 탄산암모늄, 명반, 소명반
    ㉢ 천연팽창제 : 이스트, 효모
  ② 소포제 : 식품의 제조 과정에서 생기는 거품을 소멸·억제할 목적으로 사용함(규소수지 – 실리콘수지)

(5) 기 타
  ① 이형제 : 빵이 형틀에 달라붙지 않게 하고 모양을 그대로 유지하기 위해 사용하는 첨가물(유동파라핀)
  ② 껌기초제 : 껌에 적당한 점성과 탄력성을 갖게 하여 그 풍미를 유지시키기 위한 첨가물(초산비닐수지, 에스테르검)
  ③ 추출제 : 식품의 원료 물질에서 특정한 성분을 추출하기 위해 사용되는 첨가물(헥산 또는 n–헥산)

TIP

품질개량제(결착제)
• 식품의 결착성을 높임
• 식욕 향상, 변색 및 변질 방지, 맛의 조화, 풍미 향상, 조직의 개량
• 피로인산염, 폴리인산염, 메타인산염 등
• 사용제한 없음

---

33 관능을 만족시키는 첨가물이 아닌 것은?
  ① 발색제
  ② 조미료
  ③ 강화제
  ④ 산미료

해설 강화제는 식품영양 강화에 사용되는 첨가물이다.
정답 ③

34 다음 소독약의 희석 농도가 잘못된 것은?
  ① 알코올 – 75%
  ② 승홍 – 0.01%
  ③ 석탄산 – 3%
  ④ 크레졸 비누액 – 3%

해설 승홍은 비금속기구의 소독에 사용되고 희석농도는 0.1%이다.
정답 ②

작업장 위생관리

1. 작업장 위생 위해요소

(1) 개인 복장관리

① **작업 전 점검** : 위생복, 위생모, 위생화의 청결을 유지한다.

② **작업복, 장갑**

　㉠ 앞치마는 조리용, 세척용, 배식용으로 구분하여 사용한다.

　㉡ 장갑은 수시로 새것을 사용한다.

(2) 작업 위생관리

① 바닥으로 인한 오염 방지 : 작업은 바닥으로부터 60cm 이상 높이에서 실시한다.

② 교차오염 방지 : 칼, 도마, 조리용구 등을 용도별로 수시로 교체, 소독, 세척한다.

(3) 식품 조리기구의 위생관리

① 장비, 용기 및 도구는 청소가 쉬운 디자인이고, 표면 재질은 비독성이면서 세제와 소독약품에 잘 견디고 녹슬지 않아야 한다.

② 주방장 또는 주방의 위생관리 담당자는 사용하는 조리설비, 용기 및 도구를 구매하거나 부품을 교환할 때 구매 전에 구매하고자 하는 물건이 구매 사양과 일치하는지를 확인한다.

③ 작업 종료 후 지정한 인원은 매일 작업 시작 전에 작업장의 모든 장비, 용기, 바닥을 물로 청소하고, 식품 접촉 표면은 염소계 소독제 200ppm을 사용하여 살균한 후 습기를 제거한다.

---

35 조리장 관리에 대한 설명으로 적절하지 않은 것은?

① 충분한 내구력이 있는 구조일 것

② 배수 및 청소가 쉬운 구조일 것

③ 창문, 출입구 등은 방서, 방충을 위한 금속망을 갖춘 구조일 것

④ 바닥과 바닥으로부터 10cm까지 내벽은 내수성 자재의 구조일 것

해설 ④ 바닥과 바닥으로부터 1m까지이다.　　정답 ④

36 주방의 바닥 조건으로 맞는 것은?

① 산이나 알칼리에 약하고 습기, 열에 강해야 한다.

② 바닥 전체의 물매는 20분의 1이 적당하다.

③ 조리작업을 드라이 시스템화할 경우의 물매는 100분의 1 정도가 적당하다.

④ 고무타일, 합성수지타일 등이 잘 미끄러지지 않으므로 적합하다.

정답 ④

2. 식품안전관리인증기준(HACCP)

(1) HACCP 제도

① 식품의 원료관리, 제조·가공 및 유통의 각 단계에서 발생할 수 있는 유해한 물질이 해당 식품에 오염되는 것을 방지하기 위하여 전 과정을 중점관리하는 기준을 말한다.

② HACCP은 Hazard Analysis(위해요소 분석)와 Critical Control Point (중요관리점)의 합성어로 '해썹', '식품안전관리인증기준'으로 지칭한다.

(2) HACCP 수행단계

위해요소 분석 → 중요관리점(CCP) 결정 → 한계기준 설정 → CCP에 대한 모니터링 방법 설정 → 개선조치 방법 수립 → 검증방법 설정 → 문서화 기록유지 확립

3. 작업장 교차오염 발생 요소

(1) 주방 내 교차오염 발생 장소 및 개선방안

① 발생 장소 : 바닥, 트렌치, 생선과 채소 및 과일 준비 코너, 행주, 바닥, 생선 취급 코너 등에서 발생한다.

② 개선방안 : 많은 양의 식품을 원재료 상태로 들여와 준비하는 과정에서 교차오염 발생 가능성이 높으므로 식재료의 전처리 과정에서 더욱 세심한 청결 상태 유지와 식재료 관리가 필요하다.

(2) 시설물 용도에 따른 위생관리

① 냉동·냉장시설 : 식자재와 음식물이 직접 닿는 랙(Rack)이나 내부 표면 용기는 매일 세척 및 살균한다.

② 상온창고 : 진공청소기로 바닥의 먼지를 제거하고 대걸레로 청소한 후 자연 건조시킨다.

---

37 다음 중 식품안전관리인증기준(HACCP)을 수행하는 단계에 있어서 가장 먼저 실시하는 것은?

① 중요관리점 규명
② 관리기준의 설정
③ 기록유지 방법의 설정
④ 식품의 위해요소 분석

정답 ④

38 기존 위생관리법과 비교하였을 때 HACCP의 특징에 대한 설명으로 옳은 것은?

① 주로 완제품 위주의 관리이다.
② 위생상의 문제 발생 후 조치하는 사후적 관리이다.
③ 시험분석 방법에 장시간이 소요된다.
④ 가능성 있는 모든 위해요소를 예측하고 대응할 수 있다.

정답 ④

③ 배수로 : 하부에 부착된 찌꺼기까지 청소를 하여 해충이 발생하지 않도록 한다.
④ 배기후드 : 배기후드 내의 거름망을 분리하여 세척제에 불린 후 부드러운 수세미에 세척제를 묻혀 배기후드의 내부와 외부를 청소한다. 세척제를 잘 제거한 후 마른 수건으로 닦아 건조시킨다.
⑤ 화장실 : 변기는 특히 관리를 철저히 해야 하며 유리창, 벽면, 천장 환기팬 등에 먼지가 있어서는 안 된다.
⑥ 청소도구 : 빗자루, 걸레를 방치해서는 안 되며, 청소 후에는 깨끗이 세척하고 건조하여 지정된 장소에 보이지 않도록 보관한다.

(3) 주방 쓰레기의 관리
① 일반 및 음식물 쓰레기 수거를 용이하게 하기 위해 전용 운반도구를 갖춘다.
② 쓰레기 처리장소는 식품 저장장소와 분리하고, 환기가 잘되고 세척 및 소독이 용이해야 하며 자주 청소를 실시한다.
③ 일반 및 음식물 쓰레기 처리 집하장소는 쥐나 곤충, 해충의 침입을 막을 수 있도록 설계하고, 정기적으로 방역·방충작업을 실시한다.
④ 음식물의 잔반 처리는 내부 고객뿐만 아니라 이면도로의 행인에게 보이지 않게 주의한다.

TIP
쓰레기통의 관리
• 쓰레기통은 흡수성이 없으며 단단하고 내구성이 있는 것을 구입하여 사용한다.
• 반드시 뚜껑을 사용하며, 더러운 냄새가 나거나 액체가 새지 않도록 관리한다.
• 지정된 장소에 보관하며 80% 이상 채우지 않고 자주 치운다.
• 더러움이 심한 쓰레기통은 가성소다로 씻어 건조시키고, 일반적으로 세제청소 후 락스로 헹궈 건조시킨다.

39 다음 중 교차오염의 개선방법으로 옳지 않은 것은?
① 칼, 도마 등 조리기구는 용도별로 구분하여 사용한다.
② 청결도가 다른 것들이 교차되지 않도록 관리한다.
③ 식품 취급 등의 작업은 바닥으로부터 60cm 이상 높이에서 실시한다.
④ 용기를 충분히 세척한 후에는 건조시킬 필요가 없다.
해설 용기는 세척·소독 후 반드시 건조시켜 사용한다.
정답 ④

40 생활쓰레기의 분류 중 부엌에서 나오는 동·식물성 유기물은?
① 주 개 　② 가연성 진개
③ 불연성 진개 　④ 재활용성 진개
해설 주개란 가정이나 음식점, 호텔 등의 주방에서 배출되는 식품의 쓰레기로 육류, 채소, 과일, 곡류 등 악취의 원인이 되고 부패하기 쉽다.
정답 ①

식중독 관리

1. 세균성 식중독

식중독 중 가장 많이 발생하며 식품에 오염된 원인균(감염형) 또는 균이 생성한 독소(독소형)에 의해 발생되고 대부분 급성 위장 증상을 나타낸다.

(1) 감염형 식중독

식품에 병원체가 증식하며 인체 내에 식품과 함께 들어와 생리적으로 이상을 일으킨다.

① 살모넬라 식중독
- ㉠ 원인균 : 살모넬라균, 인수공통적 특성
- ㉡ 감염경로 : 1차 오염된 식품, 2차 쥐·파리·바퀴벌레 등에 의한 식품의 오염
- ㉢ 증상 : 급성위장염, 복통 및 발열(38~40℃)
- ㉣ 잠복기 : 12~24시간(평균 18시간)
- ㉤ 원인식품 : 육류 및 가공품, 어패류 및 가공품, 우유 및 유제품, 채소 샐러드, 알 등
- ㉥ 예방법 : 쥐·파리·바퀴벌레 등에 의한 식품오염 방지, 냉장·냉동 보관, 가열섭취(62~65℃, 30분)

② 장염비브리오 식중독
- ㉠ 원인균 : 비브리오균, 3~4%의 식염농도에서 잘 자라는 호염성 세균
- ㉡ 감염경로 : 1차 오염된 근해산 어패류 생식 또는 조리 기구를 통해 2차 오염된 식품 섭취
- ㉢ 증상 : 급성위장염
- ㉣ 잠복기 : 10~18시간(평균 12시간)
- ㉤ 원인식품 : 어패류 및 그 가공품
- ㉥ 예방법 : 여름철 어패류의 생식금지, 조리기구의 열탕소독, 냉장보관, 담수에 세척

TIP

식중독 발생 시 대책
- 신고 : 의사 → 시장·군수·구청장 → 시·도지사 및 식품의약품안전처장
- 환자 : 원인식품, 분변, 구토물의 정확한 자료제공·보관

식중독 발생시기
세균의 발육이 왕성하여 식품이 부패되기 쉬운 6~9월에 가장 많다.

식중독 원인
비브리오, 살모넬라, 포도상구균 등의 식중독 세균에 노출된 음식물을 섭취하여 발생하며 전체 식중독 중 세균성 식중독이 80% 이상 차지하고 있다.

식중독 증상
설사와 복통이 가장 일반적이며 구토, 발열, 두통이 나타나기도 한다.

---

41 식품 중에 생균수가 몇 개 이상일 때를 초기부패 단계로 판정하는가?

① 10^3개 　　② 10^5개
③ 10^7개 　　④ 10^{10}개

해설 식품의 신선도 판정
식품 1g당 생균수가 $10^7 \sim 10^8$마리일 때 초기부패로 판정한다.
　　　　　　　　　　　　　　　　　정답 ③

42 60℃에서 20분이면 사멸되고, 소·돼지 등은 물론 달걀·오리알 등의 동물로 인한 감염원으로 식중독을 일으키는 것은?

① 살모넬라균 　　② 장염비브리오균
③ 웰치균 　　　　④ 바실러스세레우스균

해설 살모넬라는 감염형 식중독으로 가열해 섭취하면 예방할 수 있다.
　　　　　　　　　　　　　　　　　정답 ①

③ 병원성 대장균 식중독
  ㉠ 원인균 : 병원성 대장균, 동물의 장관 내에 서식하는 세균, 흙 속에도 존재
  ㉡ 감염경로 : 식품이나 물이 분변에 직접 또는 간접적으로 오염된 식품
  ㉢ 증상 : 두통, 발열, 설사, 복통 등
  ㉣ 잠복기 : EHEC 3~8일, EIEC 10~18시간, EPEC 9~12시간, ETEC 10~12시간
  ㉤ 원인식품 : 우유, 햄, 치즈, 소시지, 가정에서 만든 마요네즈
  ㉥ 예방법 : 동물의 배설물이 주오염원이므로 **분변오염**이 되지 않도록 주의
④ 웰치균 식중독
  ㉠ 원인균 : A, B, C, D, E, F의 6형이 있는데, 식중독의 원인균은 A형임
  ㉡ 감염경로 : 사람이나 동물의 분변, 토양, 하수 등에 분포하며 식품에 오염되어 증식
  ㉢ 증상 : 복통, 설사, 구토 등
  ㉣ 잠복기 : 8~20시간(평균 12시간)
  ㉤ 원인식품 : 단백질을 많이 함유한 식품(육류 및 가공품, 어패류 및 가공품, 튀김두부 등)
  ㉥ 예방법 : 분변의 오염 방지, 조리된 식품은 냉장·냉동보관

(2) 독소형 식중독
식품에 병원체가 증식하여 생성한 독소가 체내에 식품과 함께 들어와 생기는 식중독이다.
① 포도상구균 식중독
  ㉠ 원인균 : 포도상구균, 화농성 질환의 대표적인 원인균
  ㉡ 원인독소 : **엔테로톡신**(Enterotoxin, 장독소), **열에 강하여** 일반 조리법으로 파괴되지 않음
  ㉢ 감염경로 : 식품 중에 포도상구균이 증식하여 장독소를 생산, 이를 섭취하면 식중독 발생

TIP
○ 웰치균 식중독
• 웰치균은 편성혐기성균이고, 아포를 형성하여 열에 강한 균이다.
• 웰치균 식중독을 중간형 식중독으로 분류할 수 있다. 중간형은 감염형과 유사하나, 병원균이 소화관 내에서 증식할 때 독소를 생성하여 식중독의 원인이 된다.

아리조나균
• 원인균 : 가금류와 파충류의 정상적인 장내 세균, 살모넬라 식중독과 비슷함
• 원인식품 : 가금류, 난류와 그 가공품
• 잠복기 : 18~24시간
• 증상 : 메스꺼움, 설사, 구토, 발열

43 다음 중 살모넬라균 식중독의 주요 감염원은?
① 과 일
② 식 육
③ 채 소
④ 생 선
[해설] 살모넬라 원인식품 : 육류 및 가공품, 어패류 및 가공품, 우유 및 유제품 등   [정답] ②

44 세균성 식중독 중에서 독소형에 속하는 것은?
① 포도상구균 식중독
② 장염비브리오 식중독
③ 살모넬라 식중독
④ 리스테리아 식중독
[해설] 독소형 식중독
포도상구균 식중독, 보툴리누스 식중독   [정답] ①

세레우스균
• 원인균 : 135℃에서 4시간 가열해도 견디는 내열성으로 토양, 물, 곡물 등 자연에 널리 분포
• 원인식품 : 수프, 바닐라 소스, 푸딩, 밥, 떡 등
• 잠복기 : 설사형(8~16시간), 구토형(1~5시간)
• 증상 : 복통, 설사, 메스꺼움, 구토 등
• 예방법 : 제조된 식품은 즉시 섭취하고 보관 시에는 즉시 냉각 후 냉장 또는 60℃ 이상으로 보존

ⓔ 증상 : 구토, 복통, 설사 등

ⓜ 잠복기 : 1~6시간(평균 3시간으로 잠복기가 짧음)

ⓗ 원인식품 : 유가공품(우유, 크림, 버터, 치즈)이나 조리식품(떡, 콩가루, 김밥, 도시락)

ⓢ 예방법 : 식품의 멸균, 오염방지, 냉장보관, 화농소가 있는 사람의 식품취급 금지

② 클로스트리듐 보툴리눔 식중독

ㄱ 원인균 : 보툴리눔균

ㄴ 원인독소 : 뉴로톡신(Neurotoxin, 신경독소)은 열에 의해 파괴됨

ㄷ 감염경로 : 식품 중에 증식한 세균이 분비하는 신경독소에 의하여 발생

ㄹ 증상 : 신경마비증상, 세균성 식중독 중 치명률이 가장 높음(40%)

ㅁ 잠복기 : 12~36시간

ㅂ 원인식품 : 살균이 불충분한 통조림, 햄, 소시지, 병조림 등

ㅅ 예방법 : 음식물의 가열처리, 원인식품의 위생적 보관과 가공을 철저히 함

③ 세균성 식중독과 소화기계 감염병의 비교

구 분	세균성 식중독	소화기계 감염병(경구감염병)
감염원	식중독균에 오염된 식품	오염된 식품과 음용수
감염균량	많은 양의 균과 독소(수십만~수백만)	적은 양의 균(수십~수백)
잠복기	짧다(12~24시간).	길다(2~7일).
2차 감염	없다(살모넬라, 장염비브리오 제외).	2차 감염이 있다.
면역성	면역성이 없다.	면역성이 있다.

2. 화학적 식중독

유독한 화학물질에 오염된 식품을 섭취하면서 중독 증상을 일으킨다.

(1) 유해 첨가물에 의한 식중독

① 유해착색료 : 아우라민(Auramine), 로다민 B(Rhodamine B), 파라나이트로아닐린

---

45 다음 중 세균성 식중독의 원인이 되는 것은?

① 청산가리
② 병원미생물
③ 수 은
④ 카드뮴

해설 병원성 식중독의 원인은 병원성 세균이다.

정답 ②

46 통조림, 병조림과 같은 밀봉 식품의 부패가 원인이 되는 식중독과 가장 관계가 깊은 것은?

① 포도상구균 식중독
② 클로스트리듐 보툴리눔 식중독
③ 리스테리아 식중독
④ 살모넬라 식중독

해설 보툴리눔 식중독은 살균이 불충분한 통조림, 햄, 병조림 등에서 발생한다.

정답 ②

② 유해보존료 : 붕산(H_3BO_3), 폼알데하이드(Formaldehyde), 승홍, 플루 오린화합물

③ 유해표백제 : 론갈리트(Rongalite), 삼염화질소(NCl_3), 형광표백제

④ 유해감미료 : 둘신(Dulcin), 에틸렌글라이콜(Ethyleneglycol), 나이트 로아닐린(Nitroaniline), 사이클라메이트(Cyclamate) 등

(2) 농약에 의한 식중독

① 유기인제 : 파라티온, 말라티온 등이 있으며 맹독성, 신경마비 증상을 일으킨다. 수확 15일 전에 살포금지해야 한다.

② 유기염소제 : DDT, BHC 등이 있으며 **신경독**, 시력감퇴, 전신권태 등의 증상을 일으킨다.

③ 비소화합물 : 비산칼슘, 비산나트륨 등이 있으며 식욕부진, 발열, 구토, 설사, 색소침착 등의 증상을 일으킨다.

TIP

농약에 의한 식중독 예방법 살포 시 흡입하지 않도록 주의하며, 과일은 유기인제 농약 살포 후 1개월 이후에, 채소는 15일 이후에 수확하고 산성용액으로 세척한 후 섭취한다.

(3) 유해성 금속물질에 의한 식중독

금속물질	중독경로	중독증상
수은 (Hg)	• 콩나물 재배 시의 소독제 사용 • 수은을 포함한 공장폐수로 인한 어패류 오염	미나마타병(지각이상, 언어장애, 보행곤란)
카드뮴 (Cd)	• 법랑용기나 도자기의 안료 • 도금공장, 광산폐수에 의한 어패류와 농작물의 오염	이타이이타이병(신장장애, 폐기종, 골연화증, 단백뇨 등)
납 (Pb)	• 통조림 • 도자기나 법랑용기의 안료	• 헤모글로빈 합성 장애에 의한 빈혈 • 구토, 구역질, 복통, 사지 마비(급성) • 피로, 지각상실, 시력장애
비소 (As)	• 순도가 낮은 식품첨가물 중 불순물로 혼입 • 도자기, 법랑용기의 안료 • 비소제농약	• 급성중독 : 위장장애(설사), 구토 • 만성중독 : 피부이상 및 신경장애, 운동마비
구리(Cu)	구리로 만든 식기, 주전자, 냄비 등의 부식	구토, 위통
주석(Sn)	통조림관의 도금재료	구토, 설사, 복통, 메스꺼움

(4) 기 타

① 메틸알코올(메탄올) : 과실주나 정제가 불충분한 에탄올·증류주, 심할 경우 시신경에 염증을 일으켜 실명이나 사망에 이른다.

---

47 소량씩 장시간 섭취할 경우 피로, 소화기장애, 체중감소 등과 같은 만성중독 증상을 보이며, 옹기류, 수도관 등을 통하여 식품에 혼입되는 것은?

① 주 석
② 비 소
③ 구 리
④ 납

해설 납은 통조림의 땜납, 도자기의 안료를 통해 중독된다.

정답 ④

48 경구감염병과 비교할 때 세균성 식중독이 가지는 일반적인 특징은?

① 잠복기가 짧다.
② 폭발적·집단적으로 발생한다.
③ 소량의 균으로 발생한다.
④ 2차 발병률이 높다.

해설 세균성 식중독의 감염균은 대량 증식된 균이며 2차 감염과 면역이 안 된다.

정답 ①

기타 어패류 독
독꼬치, 곤들메기 등에도 유독성
분이 있으며, 열대·아열대 해역
에 사는 여러 종류의 어패류는 신
경계 마비를 일으키는 독소를 함유
하고 시가테라(Ciguatera)중독을
일으키기도 한다.

② 벤조알파피렌(Benzo-α-pyrene) : 석유, 석탄, 목재, 식품, 담배 등을 태울 때 불완전한 연소로 생성되며 발암성이 매우 강하다.

③ 지질 과산화물 : 유지 중의 불포화지방산의 산패로 생성된다.

3. 자연독 식중독

(1) 동물성 식중독

① 복어 중독

ㄱ 원인독소 : 테트로도톡신(Tetrodotoxine)

ㄴ 치사량 : 2mg

ㄷ 함유량 : 복어의 난소 > 간 > 내장 > 피부 순으로 다량 함유되어 있으며, 끓여도 파괴되지 않음

ㄹ 중독증상 : 식후 30분 ~ 5시간 만에 발병되고 구토, 지각이상, 호흡 장애, 의식불명, 신경마비 등 치사율은 60%로 높음

ㅁ 예방대책

- 전문조리사만 조리
- 독소가 함유되어 있는 난소, 간, 내장 부위 제거
- 특히 독이 가장 많은 산란 직전 시기(5~6월)에는 주의

② 조개류 중독

조개류	독 소	특 징
모시조개, 바지락, 굴, 고동 등	베네루핀 (Venerupin)	• 열에 안정한 간독소(끓여도 파괴되지 않음) • 간기능 저하, 토혈, 혈변 등 • 유독시기 : 5~9월 • 치사율 : 50%
섭조개(검은 조개), 대합, 홍합 등	삭시톡신 (Saxitoxin)	• 열에 안정한 신경마비성 독소 • 혀·입술의 마비, 호흡곤란 • 유독시기 : 2~4월 • 치사율 : 10%

---

49 화농성 상처가 있는 식품취급업자에 의해 감염되기 쉬운 식중독균은?

① 포도상구균

② 살모넬라균

③ 장염비브리오균

④ 클로스트리듐 보툴리눔

해설 포도상구균은 화농성 질환의 대표적인 원인균이다.

정답 ①

50 식품의 자연독과 연결이 틀린 것은?

① 독버섯 – 무스카린(Muscarine)

② 감자 – 솔라닌(Solanine)

③ 살구씨 – 파세오루나틴(Phaseolunatin)

④ 목화씨 – 고시폴(Gossypol)

해설 살구씨, 청매, 목화씨 등은 아미그달린과 연결된다.

정답 ③

(2) 식물성 식중독

① 독버섯 중독

㉠ 유독성분 : 무스카린(Muscarine), 무스카리딘(Muscaridine), 뉴린 (Neurine), 팔린(Phallin), 아마니타톡신(Amanitatoxin), 필즈톡 신(Pilztoxin), 콜린(Choline) 등

㉡ 독버섯 감별법 : 색이 아름답고 선명한 것, 악취가 나고 쓴맛·신맛을 내는 것, 버섯의 살이 세로로 쪼개지지 않는 것, 공기 중에서 변색하 는 것, 은수저의 색이 검게 변하는 것, 줄기 부분이 거친 것

② 감자중독

㉠ 유독성분 : 솔라닌(Solanine, 감자의 녹색 부위와 발아 부위에 해당), 셉신(Sepsin, 썩은 감자에서 생성)

㉡ 증상 : 구토, 복통, 설사, 언어장애

③ 기타 유독물질

㉠ 청매(덜 익은 매실), 살구씨, 복숭아씨 : 아미그달린(Amygdaline)

㉡ 독미나리 : 시큐톡신(Cicutoxin)

㉢ 독맥(독보리) : 테물린(Temuline)

㉣ 미치광이풀 : 아트로핀(Atropin)

㉤ 목화씨(면실유) : 고시폴(Gossypol)

㉥ 두류(콩) : 사포닌(Saponin)

㉦ 피마자씨 : 리신(Ricin)

4. 곰팡이 중독(Mycotoxin)

(1) 아플라톡신 중독(Aflatoxin)

① 땅콩, 곡류 등 탄수화물이 풍부한 식품에 아스페르길루스 플라버스 (*Aspergillus flavus*)라는 곰팡이가 증식하여 **아플라톡신** 독소를 생성 하여 인체에 간장독을 일으킨다.

TIP
독버섯 중독증상
• 구토, 설사, 복통 등의 위장염 증상 : 무당버섯, 화경버섯
• 경련, 헛소리, 탈진, 혼수상태 등의 콜레라 증상 : 알광대버섯, 마귀곰보버섯
• 광증, 침흘리기, 발한, 근육경련 등의 뇌 및 중추신경 장애 증상 : 미치광이버섯, 광대버섯, 파리버섯

---

51 버섯에 대한 일반적인 설명으로 거리가 먼 것은?

① 엽록소가 들어 있다.
② 불검화물이 많다.
③ 단백질 급원 식품이 아니다.
④ 비교적 소화율이 낮다.

해설 버섯은 엽록소가 없다. 정답 ①

52 식품에 따라 독성분이 잘못 연결된 것은?

① 독미나리 – 시큐톡신
② 감자 – 솔라닌
③ 모시조개 – 베네루핀
④ 복어 – 무스카린

해설 • 복어 : 테트로도톡신
• 독버섯 : 무스카린 정답 ④

② 수분 16% 이상, 습도 80% 이상, 온도 25~30℃인 환경에서 전분질성 곡류 중 독소가 잘 생성된다.

③ 인체에 간장독을 일으킨다.

(2) 황변미 중독

① 저장 중인 쌀에 **페니실륨**(*Penicillium*) 속 곰팡이가 번식하여 쌀을 누렇게 변질시킨다.

② 시트리닌, 시트레오비리딘, 아이슬랜디톡신 등의 독소를 생성하여 신장독, 신경독, 간장독을 일으킨다.

③ 쌀 저장 시 습기가 차면 황변미독이 생성될 수 있다.

(3) 맥각 중독

① 보리, 호밀 등 곡물에 맥각균(클라비셉스 푸르푸레아 : *Claviceps purpurea*)이 발생한다.

② 에르고톡신, 에르고메트린, 에르고타민 등의 독소를 생성하여 인체에 간장독을 일으킨다.

③ 많이 섭취할 경우 구토·복통·설사 등을 유발하고 임산부는 유산이나 조산의 위험성이 있다.

(4) 알레르기성 중독

① 원인식품 : 꽁치나 고등어와 같은 붉은 살 어류 및 그 가공품이다.

② 원인균 및 물질 : 프로테우스 모르가니(*Proteus morganii*)라는 균이 원인식품에 증식하여 히스타민이 생산되는데 이것이 다른 부패 아민류와 합동으로 알레르기 증상을 일으킨다.

③ **치료법** : 항히스타민제를 복용한다.

---

53 곰팡이에 의해 생성되는 독소가 아닌 것은?

① 아플라톡신(Aflatoxin)

② 시트리닌(Citrinin)

③ 엔테로톡신(Enterotoxin)

④ 파툴린(Patulin)

[해설] 곰팡이 중독 : 아플라톡신 중독, 황변미 중독, 맥각 중독, 알레르기성 중독　　　　　　　　　[정답] ③

54 식중독 원인균 중 히스타민을 생성·축적하여 알레르기 증상을 일으키는 균은?

① 살모넬라균　　　② 아리조나균

③ 장염비브리오균　④ 모르가니균

[해설] *Proteus morganii*
사람이나 동물의 장내에 상주하며 알레르기를 일으키는 히스타민을 만든다.　　　　　[정답] ④

제1장 총 칙

1. 목적(법 제1조)

이 법은 식품으로 인하여 생기는 위생상의 위해(危害)를 방지하고 식품영양의 질적 향상을 도모하며 식품에 관한 올바른 정보를 제공함으로써 국민 건강의 보호·증진에 이바지함을 목적으로 한다.

2. 용어의 정의(법 제2조)

① **식품** : 모든 음식물(의약으로 섭취하는 것은 제외한다)을 말한다.

② **식품첨가물** : 식품을 제조·가공·조리 또는 보존하는 과정에서 감미(甘味), 착색(着色), 표백(漂白) 또는 산화방지 등을 목적으로 식품에 사용되는 물질을 말한다. 이 경우 기구(器具)·용기·포장을 살균·소독하는 데에 사용되어 간접적으로 식품으로 옮아갈 수 있는 물질을 포함한다.

③ **화학적 합성품** : 화학적 수단으로 원소(元素) 또는 화합물에 분해 반응 외의 화학 반응을 일으켜서 얻은 물질을 말한다.

④ **기구** : 다음의 어느 하나에 해당하는 것으로서 식품 또는 식품첨가물에 직접 닿는 기계·기구나 그 밖의 물건(농업과 수산업에서 식품을 채취하는 데에 쓰는 기계·기구나 그 밖의 물건 및 위생용품은 제외한다)을 말한다.

　㉠ 음식을 먹을 때 사용하거나 담는 것

　㉡ 식품 또는 식품첨가물을 채취·제조·가공·조리·저장·소분·운반·진열할 때 사용하는 것

⑤ **용기·포장** : 식품 또는 식품첨가물을 넣거나 싸는 것으로서 식품 또는 식품첨가물을 주고받을 때 함께 건네는 물품을 말한다.

⑥ **공유주방** : 식품의 제조·가공·조리·저장·소분·운반에 필요한 시설 또는 기계·기구 등을 여러 영업자가 함께 사용하거나, 동일한 영업자가 여러 종류의 영업에 사용할 수 있는 시설 또는 기계·기구 등이 갖춰진 장소를 말한다.

⑦ **위해** : 식품, 식품첨가물, 기구 또는 용기·포장에 존재하는 위험요소로서 인체의 건강을 해치거나 해칠 우려가 있는 것을 말한다.

⑧ **영업** : 식품 또는 식품첨가물을 채취·제조·가공·조리·저장·소분·운반 또는 판매하거나 기구 또는 용기·포장을 제조·운반·판매하는 업(농업과 수산업에 속하는 식품 채취업은 제외한다)을 말한다. 이 경우 공유주방을 운영하는 업과 공유주방에서 식품제조업 등을 영위하는 업을 포함한다.

⑨ **영업자** : 영업허가를 받은 자나 영업신고를 한 자 또는 영업등록을 한 자를 말한다.

⑩ **식품위생** : 식품, 식품첨가물, 기구 또는 용기·포장을 대상으로 하는 음식에 관한 위생을 말한다.

⑪ **집단급식소** : 영리를 목적으로 하지 아니하면서 특정 다수인에게 계속하여 음식물을 공급하는 다음의 어느 하나에 해당하는 곳의 급식시설로서 대통령령으로 정하는 시설을 말한다.

　㉠ 기숙사, ㉡ 학교, 유치원, 어린이집, ㉢ 병원, ㉣ 사회복지시설, ㉤ 산업체, ㉥ 국가, 지방자치단체 및 공공기관, ㉦ 그 밖의 후생기관 등

⑫ **식품이력추적관리** : 식품을 제조·가공단계부터 판매 단계까지 각 단계별로 정보를 기록·관리하여 그 식품의 안전성 등에 문제가 발생할 경우 그 식품을 추적하여 원인을 규명하고 필요한 조치를 할 수 있도록 관리하는 것을 말한다.

3. 식품 등의 취급(법 제3조)

① 누구든지 판매(판매 외의 불특정 다수인에 대한 제공을 포함한다)를 목적으로 식품 또는 식품첨가물을 채취·제조·가공·사용·조리·저장·소분·운반 또는 진열을 할 때에는 깨끗하고 위생적으로 하여야 한다.

② 영업에 사용하는 기구 및 용기·포장은 깨끗하고 위생적으로 다루어야 한다.

③ ① 및 ②에 따른 식품, 식품첨가물, 기구 또는
용기·포장(이하 식품 등)의 위생적인 취급에 관
한 기준은 총리령으로 정한다.

제2장 식품과 식품첨가물

1. 위해식품 등의 판매 등 금지(법 제4조)

누구든지 다음의 어느 하나에 해당하는 식품 등을
판매하거나 판매할 목적으로 채취·제조·수입·
가공·사용·조리·저장·소분·운반 또는 진열하
여서는 아니 된다.

① 썩거나 상하거나 설익어서 인체의 건강을 해칠
우려가 있는 것

② 유독·유해물질이 들어 있거나 묻어 있는 것 또
는 그러할 염려가 있는 것. 다만, 식품의약품안전
처장이 인체의 건강을 해칠 우려가 없다고 인정
하는 것은 제외한다.

③ 병(病)을 일으키는 미생물에 오염되었거나 그러할
염려가 있어 인체의 건강을 해칠 우려가 있는 것

④ 불결하거나 다른 물질이 섞이거나 첨가(添加)된
것 또는 그 밖의 사유로 인체의 건강을 해칠 우려
가 있는 것

⑤ 안전성 심사 대상인 농·축·수산물 등 가운데
안전성 심사를 받지 아니하였거나 안전성 심사에
서 식용(食用)으로 부적합하다고 인정된 것

⑥ 수입이 금지된 것 또는 수입신고를 하지 아니하
고 수입한 것

⑦ 영업자가 아닌 자가 제조·가공·소분한 것

2. 병든 동물 고기 등의 판매 등 금지(법 제5조)

누구든지 총리령으로 정하는 질병에 걸렸거나 걸렸
을 염려가 있는 동물이나 그 질병에 걸려 죽은 동물의
고기·뼈·젖·장기 또는 혈액을 식품으로 판매하
거나 판매할 목적으로 채취·수입·가공·사용·
조리·저장·소분 또는 운반하거나 진열하여서는
아니 된다.

> **판매 등이 금지되는 병든 동물 고기 등(규칙 제4조)**
> • 축산물 위생관리법 시행규칙 별표 3 제1호 다목에 따라
>   도축이 금지되는 가축전염병
> • 리스테리아병, 살모넬라병, 파스튜렐라병 및 선모충증

3. 기준·규격이 정하여지지 아니한 화학적 합성품 등의 판매 등 금지(법 제6조)

누구든지 다음의 어느 하나에 해당하는 행위를 하여
서는 아니 된다. 다만, 식품의약품안전처장이 식품
위생심의위원회(이하 심의위원회)의 심의를 거쳐 인
체의 건강을 해칠 우려가 없다고 인정하는 경우에는
그러하지 아니하다.

① 기준·규격이 정하여지지 아니한 화학적 합성품
인 첨가물과 이를 함유한 물질을 식품첨가물로
사용하는 행위

② ①에 따른 식품첨가물이 함유된 식품을 판매하거
나 판매할 목적으로 제조·수입·가공·사용·
조리·저장·소분·운반 또는 진열하는 행위

제3장 기구와 용기·포장

1. 유독기구 등의 판매·사용 금지(법 제8조)

유독·유해물질이 들어 있거나 묻어 있어 인체의 건
강을 해칠 우려가 있는 기구 및 용기·포장과 식품
또는 식품첨가물에 직접 닿으면 해로운 영향을 끼쳐
인체의 건강을 해칠 우려가 있는 기구 및 용기·포장
을 판매하거나 판매할 목적으로 제조·수입·저장·
운반·진열하거나 영업에 사용하여서는 아니 된다.

2. 기구 및 용기·포장에 관한 기준 및 규격(법 제9조)

① 식품의약품안전처장은 국민보건을 위하여 필요
한 경우에는 판매하거나 영업에 사용하는 기구
및 용기·포장에 관하여 다음의 사항을 정하여
고시한다.

　㉠ 제조 방법에 관한 기준

　㉡ 기구 및 용기·포장과 그 원재료에 관한 규격

② 식품의약품안전처장은 ①에 따라 기준과 규격이 고시되지 아니한 기구 및 용기·포장의 기준과 규격을 인정받으려는 자에게 ①의 사항을 제출하게 하여 식품·의약품분야 시험·검사 등에 관한 법률에 따라 식품의약품안전처장이 지정한 식품전문 시험·검사기관 또는 같은 조 제4항 단서에 따라 총리령으로 정하는 시험·검사기관의 검토를 거쳐 ①에 따라 기준과 규격이 고시될 때까지 해당 기구 및 용기·포장의 기준과 규격으로 인정할 수 있다.

③ 수출할 기구 및 용기·포장과 그 원재료에 관한 기준과 규격은 ① 및 ②에도 불구하고 수입자가 요구하는 기준과 규격을 따를 수 있다.

④ ① 및 ②에 따라 기준과 규격이 정하여진 기구 및 용기·포장은 그 기준에 따라 제조하여야 하며, 그 기준과 규격에 맞지 아니한 기구 및 용기·포장은 판매하거나 판매할 목적으로 제조·수입·저장·운반·진열하거나 영업에 사용하여서는 아니 된다.

⑤ 식품의약품안전처장은 거짓이나 그 밖의 부정한 방법으로 ②에 따른 기준 및 규격의 인정을 받은 자에 대하여 그 인정을 취소하여야 한다.

제4장 표 시

1. 유전자변형식품 등의 표시(법 제12조의2)

① 다음의 어느 하나에 해당하는 생명공학기술을 활용하여 재배·육성된 농산물·축산물·수산물 등을 원재료로 하여 제조·가공한 식품 또는 식품첨가물(이하 유전자변형식품 등)은 유전자변형식품임을 표시하여야 한다. 다만, 제조·가공 후에 유전자변형 디엔에이(DNA, Deoxyribo-nucleic Acid) 또는 유전자변형 단백질이 남아 있는 유전자변형식품 등에 한정한다.

    ㉠ 인위적으로 유전자를 재조합하거나 유전자를 구성하는 핵산을 세포 또는 세포 내 소기관으로 직접 주입하는 기술

    ㉡ 분류학에 따른 과(科)의 범위를 넘는 세포융합기술

② ①에 따라 표시하여야 하는 유전자변형식품 등은 표시가 없으면 판매하거나 판매할 목적으로 수입·진열·운반하거나 영업에 사용하여서는 아니 된다.

③ ①에 따른 표시의무자, 표시대상 및 표시방법 등에 필요한 사항은 식품의약품안전처장이 정한다.

제5장 식품 등의 공전(公典)

1. 식품 등의 공전(법 제14조)

식품의약품안전처장은 다음의 기준 등을 실은 식품 등의 공전을 작성·보급하여야 한다.

① 식품 또는 식품첨가물의 기준과 규격

② 기구 및 용기·포장의 기준과 규격

제6장 검사 등

1. 위해평가(법 제15조)

① 식품의약품안전처장은 국내외에서 유해물질이 함유된 것으로 알려지는 등 위해의 우려가 제기되는 식품 등이 제4조 또는 제8조에 따른 식품 등에 해당한다고 의심되는 경우에는 그 식품 등의 위해요소를 신속히 평가하여 그것이 위해식품 등인지를 결정하여야 한다.

② 식품의약품안전처장은 ①에 따른 위해평가가 끝나기 전까지 국민건강을 위하여 예방조치가 필요한 식품 등에 대하여는 판매하거나 판매할 목적으로 채취·제조·수입·가공·사용·조리·저장·소분·운반 또는 진열하는 것을 일시적으로 금지할 수 있다. 다만, 국민건강에 급박한 위해가 발생하였거나 발생할 우려가 있다고 식품의약품안전처장이 인정하는 경우에는 그 금지조치를 하여야 한다.

③ 식품의약품안전처장은 ②에 따른 일시적 금지조치를 하려면 미리 심의위원회의 심의·의결을 거쳐야 한다. 다만, 국민건강을 급박하게 위해할 우려가 있어서 신속히 금지조치를 하여야 할 필요가 있는 경우에는 먼저 일시적 금지조치를 한 뒤 지체 없이 심의위원회의 심의·의결을 거칠 수 있다.

④ 심의위원회는 ③의 본문 및 단서에 따라 심의하는 경우 대통령령으로 정하는 이해관계인의 의견을 들어야 한다.

⑤ 식품의약품안전처장은 ①에 따른 위해평가나 ③에 따른 사후 심의위원회의 심의·의결에서 위해가 없다고 인정된 식품 등에 대하여는 지체 없이 ②에 따른 일시적 금지조치를 해제하여야 한다.

⑥ ①에 따른 위해평가의 대상, 방법 및 절차, 그 밖에 필요한 사항은 대통령령으로 정한다.

2. 출입·검사·수거 등(법 제22조)

① 식품의약품안전처장(대통령령으로 정하는 그 소속기관의 장을 포함한다), 시·도지사 또는 시장·군수·구청장은 식품 등의 위해방지·위생관리와 영업질서의 유지를 위하여 필요하면 다음의 구분에 따른 조치를 할 수 있다.

　㉠ 영업자나 그 밖의 관계인에게 필요한 서류나 그 밖의 자료의 제출 요구

　㉡ 관계 공무원으로 하여금 다음에 해당하는 출입·검사·수거 등의 조치

　　• 영업소(사무소, 창고, 제조소, 저장소, 판매소, 그 밖에 이와 유사한 장소를 포함한다)에 출입하여 판매를 목적으로 하거나 영업에 사용하는 식품 등 또는 영업시설 등에 대하여 하는 검사

　　• 검사에 필요한 최소량의 식품 등의 무상 수거

　　• 영업에 관계되는 장부 또는 서류의 열람

② 식품의약품안전처장은 시·도지사 또는 시장·군수·구청장이 ①에 따른 출입·검사·수거 등의 업무를 수행하면서 식품 등으로 인하여 발생하는 위생 관련 위해방지 업무를 효율적으로 하기 위하여 필요한 경우에는 관계 행정기관의 장, 다른 시·도지사 또는 시장·군수·구청장에게 행정응원(行政應援)을 하도록 요청할 수 있다.

이 경우 행정응원을 요청받은 관계 행정기관의 장, 시·도지사 또는 시장·군수·구청장은 특별한 사유가 없으면 이에 따라야 한다.

③ ① 및 ②의 경우에 출입·검사·수거 또는 열람하려는 공무원은 그 권한을 표시하는 증표 및 조사기간, 조사범위, 조사담당자, 관계 법령 등 대통령령으로 정하는 사항이 기재된 서류를 지니고 이를 관계인에게 내보여야 한다.

④ ②에 따른 행정응원의 절차, 비용 부담 방법, 그 밖에 필요한 사항은 대통령령으로 정한다.

3. 자가품질검사 의무(법 제31조)

① 식품 등을 제조·가공하는 영업자는 총리령으로 정하는 바에 따라 제조·가공하는 식품 등이 기준과 규격에 맞는지를 검사하여야 한다.

② 식품 등을 제조·가공하는 영업자는 ①에 따른 검사를 식품·의약품분야 시험·검사 등에 관한 법률 제6조제3항제2호에 따른 자가품질위탁 시험·검사기관에 위탁하여 실시할 수 있다.

③ ①에 따른 검사를 직접 행하는 영업자는 ①에 따른 검사 결과 해당 식품 등이 국민 건강에 위해가 발생하거나 발생할 우려가 있는 경우에는 지체 없이 식품의약품안전처장에게 보고하여야 한다.

④ ①에 따른 검사의 항목·절차, 그 밖에 검사에 필요한 사항은 총리령으로 정한다.

4. 식품위생감시원(법 제32조)

① 관계 공무원의 직무와 그 밖에 식품위생에 관한 지도 등을 하기 위하여 식품의약품안전처(대통령령으로 정하는 그 소속 기관을 포함한다), 특별시·광역시·특별자치시·도·특별자치도(이하 시·도) 또는 시·군·구(자치구를 말한다)에 식품위생감시원을 둔다.

② ①에 따른 식품위생감시원의 자격·임명·직무범위, 그 밖에 필요한 사항은 대통령령으로 정한다.

5. 식품위생감시원의 직무(영 제17조)

식품위생감시원의 직무는 다음과 같다.

① 식품 등의 위생적인 취급에 관한 기준의 이행 지도

② 수입·판매 또는 사용 등이 금지된 식품 등의 취급여부에 관한 단속

③ 식품 등의 표시·광고에 관한 법률에 따른 표시 또는 광고기준의 위반 여부에 관한 단속

④ 출입·검사 및 검사에 필요한 식품 등의 수거

⑤ 시설기준의 적합 여부의 확인·검사

⑥ 영업자 및 종업원의 건강진단 및 위생교육의 이행 여부의 확인·지도

⑦ 조리사 및 영양사의 법령 준수사항 이행 여부의 확인·지도

⑧ 행정처분의 이행 여부 확인

⑨ 식품 등의 압류·폐기 등

⑩ 영업소의 폐쇄를 위한 간판 제거 등의 조치

⑪ 그 밖에 영업자의 법령 이행 여부에 관한 확인·지도

6. 식품위생감시원의 교육(영 제17조의2)

① 식품의약품안전처장, 시·도지사 또는 시장·군수·구청장은 식품위생감시원을 대상으로 제17조에 따른 직무 수행에 필요한 전문지식과 역량을 강화하는 교육 프로그램을 운영하여야 한다.

② 식품의약품안전처장, 시·도지사 또는 시장·군수·구청장은 ①에 따른 교육 프로그램을 국내외 교육기관 등에 위탁하여 실시할 수 있다.

③ 식품위생감시원은 ①에 따른 교육을 받아야 한다. 이 경우 교육의 방법·시간·내용 및 그 밖에 교육에 필요한 사항은 총리령으로 정한다.

제7장 영 업

1. 시설기준(법 제36조)

① 다음의 영업을 하려는 자는 총리령으로 정하는 시설 기준에 맞는 시설을 갖추어야 한다.

　㉠ 식품 또는 식품첨가물의 제조업, 가공업, 운반업, 판매업 및 보존업

　㉡ 기구 또는 용기·포장의 제조업

　㉢ 식품접객업

　㉣ 공유주방 운영업(여러 영업자가 함께 사용하는 공유주방을 운영하는 경우로 한정)

② ①에 따른 영업의 세부 종류와 그 범위는 대통령령으로 정한다.

영업의 종류(영 제21조)

영업의 세부 종류와 그 범위는 다음과 같다.

- 식품제조·가공업　　· 즉석판매제조·가공업
- 식품첨가물제조업　　· 식품운반업
- 식품소분·판매업　　· 식품보존업
- 용기·포장류제조업　· 공유주방 운영업
- 식품접객업

　- 휴게음식점영업 : 주로 다류(茶類), 아이스크림류 등을 조리·판매하거나 패스트푸드점, 분식점 형태의 영업 등 음식류를 조리·판매하는 영업으로서 음주행위가 허용되지 아니하는 영업. 다만, 편의점, 슈퍼마켓, 휴게소, 그 밖에 음식류를 판매하는 장소(만화가게 및 인터넷컴퓨터게임시설제공업을 하는 영업소 등 음식류를 부수적으로 판매하는 장소를 포함한다)에서 컵라면, 일회용 다류 또는 그 밖의 음식류에 물을 부어 주는 경우는 제외한다.

　- 일반음식점영업 : 음식류를 조리·판매하는 영업으로서 식사와 함께 부수적으로 음주행위가 허용되는 영업

　- 단란주점영업 : 주로 주류를 조리·판매하는 영업으로서 손님이 노래를 부르는 행위가 허용되는 영업

　- 유흥주점영업 : 주로 주류를 조리·판매하는 영업으로서 유흥종사자를 두거나 유흥시설을 설치할 수 있고 손님이 노래를 부르거나 춤을 추는 행위가 허용되는 영업

　- 위탁급식영업 : 집단급식소를 설치·운영하는 자와의 계약에 따라 그 집단급식소에서 음식류를 조리하여 제공하는 영업

　- 제과점영업 : 주로 빵, 떡, 과자 등을 제조·판매하는 영업으로서 음주행위가 허용되지 아니하는 영업

2. 영업허가 등(법 제37조)

① 대통령령으로 정하는 영업을 하려는 자는 대통령령으로 정하는 바에 따라 영업 종류별 또는 영업소별로 식품의약품안전처장 또는 특별자치시장·특별자치도지사·시장·군수·구청장의 허가를 받아야 한다. 허가받은 사항 중 대통령령으로 정하는 중요한 사항을 변경할 때에도 또한 같다.

> **허가를 받아야 하는 영업 및 허가관청(영 제23조)**
> 허가를 받아야 하는 영업 및 해당 허가관청은 다음과 같다.
> • 식품조사처리업 : 식품의약품안전처장
> • 단란주점영업과 유흥주점영업 : 특별자치시장·특별자치도지사 또는 시장·군수·구청장

② 식품의약품안전처장 또는 특별자치시장·특별자치도지사·시장·군수·구청장은 ①에 따른 영업허가를 하는 때에는 필요한 조건을 붙일 수 있다.

③ ①에 따라 영업허가를 받은 자가 폐업하거나 허가받은 사항 중 같은 항 후단의 중요한 사항을 제외한 경미한 사항을 변경할 때에는 식품의약품안전처장 또는 특별자치시장·특별자치도지사·시장·군수·구청장에게 신고하여야 한다.

④ 대통령령으로 정하는 영업을 하려는 자는 대통령령으로 정하는 바에 따라 영업 종류별 또는 영업소별로 식품의약품안전처장 또는 특별자치시장·특별자치도지사·시장·군수·구청장에게 신고하여야 한다. 신고한 사항 중 대통령령으로 정하는 중요한 사항을 변경하거나 폐업할 때에도 또한 같다.

⑤ 대통령령으로 정하는 영업을 하려는 자는 대통령령로 정하는 바에 따라 영업 종류별 또는 영업소별로 식품의약품안전처장 또는 특별자치시장·특별자치도지사·시장·군수·구청장에게 등록하여야 하며, 등록한 사항 중 대통령령으로 정하는 중요한 사항을 변경할 때에도 또한 같다. 다만, 폐업하거나 대통령령으로 정하는 중요한 사항을 제외한 경미한 사항을 변경할 때에 식품의약품안전처장 또는 특별자치시장·특별자치도지사·시장·군수·구청장에게 신고하여야 한다.

⑥ ①, ④ 또는 ⑤에 따라 식품 또는 식품첨가물의 제조업·가공업(공유주방에서 식품을 제조·가공하는 영업을 포함)의 허가를 받거나 신고 또는 등록을 한 자가 식품 또는 식품첨가물을 제조·가공하는 경우에는 총리령으로 정하는 바에 따라 식품의약품안전처장 또는 특별자치시장·특별자치도지사·시장·군수·구청장에게 그 사실을 보고하여야 한다. 보고한 사항 중 총리령으로 정하는 중요한 사항을 변경하는 경우에도 또한 같다.

⑦ 식품의약품안전처장 또는 특별자치시장·특별자치도지사·시장·군수·구청장은 영업자(④에 따른 영업신고 또는 ⑤에 따른 영업등록을 한 자만 해당한다)가 「부가가치세법」에 따라 관할 세무서장에게 폐업신고를 하거나 관할 세무서장이 사업자등록을 말소한 경우에는 신고 또는 등록 사항을 직권으로 말소할 수 있다.

⑧ ③부터 ⑤까지의 규정에 따라 폐업하고자 하는 자는 규정에 따른 영업정지 등 행정 제재처분기간과 그 처분을 위한 절차가 진행 중인 기간 중에는 폐업신고를 할 수 없다.

⑨ 식품의약품안전처장 또는 특별자치시장·특별자치도지사·시장·군수·구청장은 ⑦의 직권 말소를 위하여 필요한 경우 관할 세무서장에게 영업자의 폐업여부에 대한 정보 제공을 요청할 수 있다. 이 경우 요청을 받은 관할 세무서장은 전자정부법에 따라 영업자의 폐업여부에 대한 정보를 제공한다.

⑩ 식품의약품안전처장 또는 특별자치시장·특별자치도지사·시장·군수·구청장은 ①에 따른 허가 또는 변경허가의 신청을 받은 날부터 총리령으로 정하는 기간 내에 허가 여부를 신청인에게 통지하여야 한다.

⑪ 식품의약품안전처장 또는 특별자치시장·특별자치도지사·시장·군수·구청장이 ⑩에서 정한 기간 내에 허가 여부 또는 민원 처리 관련 법령

에 따른 처리기간의 연장을 신청인에게 통지하지 아니하면 그 기간(민원 처리 관련 법령에 따라 처리기간이 연장 또는 재연장된 경우에는 해당 처리기간을 말한다)이 끝난 날의 다음 날에 허가를 한 것으로 본다.

⑫ 식품의약품안전처장 또는 특별자치시장·특별자치도지사·시장·군수·구청장은 다음의 어느 하나에 해당하는 신고 또는 등록의 신청을 받은 날부터 3일 이내에 신고수리 여부 또는 등록 여부를 신고인 또는 신청인에게 통지하여야 한다.

　㉠ ③에 따른 변경신고

　㉡ ④에 따른 영업신고 또는 변경신고

　㉢ ⑤에 따른 영업의 등록·변경등록 또는 변경신고

⑬ 식품의약품안전처장 또는 특별자치시장·특별자치도지사·시장·군수·구청장이 ⑫에서 정한 기간 내에 신고수리 여부, 등록 여부 또는 민원 처리 관련 법령에 따른 처리기간의 연장을 신고인이나 신청인에게 통지하지 아니하면 그 기간(민원 처리 관련 법령에 따라 처리기간이 연장 또는 재연장된 경우에는 해당 처리기간을 말한다)이 끝난 날의 다음 날에 신고를 수리하거나 등록을 한 것으로 본다.

3. 영업신고를 하여야 하는 업종(영 제25조)

① 특별자치시장·특별자치도지사 또는 시장·군수·구청장에게 신고를 하여야 하는 영업은 다음과 같다.

　㉠ 즉석판매제조·가공업

　㉡ 식품운반업

　㉢ 식품소분·판매업

　㉣ 식품냉동·냉장업

　㉤ 용기·포장류제조업(자신의 제품을 포장하기 위하여 용기·포장류를 제조하는 경우는 제외한다)

　㉥ 휴게음식점영업, 일반음식점영업, 위탁급식영업 및 제과점영업

② ①에도 불구하고 다음의 어느 하나에 해당하는 경우에는 신고하지 아니한다.

　㉠ 양곡관리법에 따른 양곡가공업 중 도정업을 하는 경우

　㉡ 수산식품산업의 육성 및 지원에 관한 법률에 따라 수산물가공업(수산동물유 가공업, 냉동·냉장업 및 선상가공업만 해당한다)의 신고를 하고 해당 영업을 하는 경우

　㉢ 축산물 위생관리법에 따라 축산물가공업의 허가를 받아 해당 영업을 하거나 식육즉석판매가공업 신고를 하고 해당 영업을 하는 경우

　㉣ 건강기능식품에 관한 법률에 따라 건강기능식품제조업 및 건강기능식품판매업의 영업허가를 받거나 영업신고를 하고 해당 영업을 하는 경우

　㉤ 식품첨가물이나 다른 원료를 사용하지 아니하고 농산물·임산물·수산물을 단순히 자르거나, 껍질을 벗기거나, 말리거나, 소금에 절이거나, 숙성하거나, 가열하는 등의 가공과정 중 위생상 위해가 발생할 우려가 없고 식품의 상태를 관능검사(官能檢査)로 확인할 수 있도록 가공하는 경우. 다만, 다음의 어느 하나에 해당하는 경우는 제외한다.

　　• 집단급식소에 식품을 판매하기 위하여 가공하는 경우

　　• 식품의약품안전처장이 기준과 규격을 정하여 고시한 신선편의식품(과일, 채소, 새싹 등을 식품첨가물이나 다른 원료를 사용하지 아니하고 단순히 자르거나, 껍질을 벗기거나, 말리거나, 소금에 절이거나, 숙성하거나, 가열하는 등의 가공과정을 거친 상태에서 따로 씻는 등의 과정 없이 그대로 먹을 수 있게 만든 식품을 말한다)을 판매하기 위하여 가공하는 경우

ⓗ 농업·농촌 및 식품산업 기본법에 따른 농업인과 수산업·어촌 발전 기본법에 따른 어업인 및 농어업경영체 육성 및 지원에 관한 법률에 따른 영농조합법인과 영어조합법인이 생산한 농산물·임산물·수산물을 집단급식소에 판매하는 경우. 다만, 다른 사람으로 하여금 생산하거나 판매하게 하는 경우는 제외한다.

4. 영업허가 등의 제한(법 제38조)

① 다음의 어느 하나에 해당하면 영업허가를 하여서는 아니 된다.
  ㉠ 해당 영업 시설이 시설기준에 맞지 아니한 경우
  ㉡ 영업허가가 취소되거나 영업허가가 취소되고 6개월이 지나기 전에 같은 장소에서 같은 종류의 영업을 하려는 경우. 다만, 영업시설 전부를 철거하여 영업허가가 취소된 경우에는 그러하지 아니하다.
  ㉢ 영업허가가 취소되거나 영업허가가 취소되고 2년이 지나기 전에 같은 장소에서 식품접객업을 하려는 경우
  ㉣ 영업허가가 취소되거나 영업허가가 취소되고 2년이 지나기 전에 같은 자(법인인 경우에는 그 대표자를 포함한다)가 취소된 영업과 같은 종류의 영업을 하려는 경우
  ㉤ 영업허가가 취소되거나 영업허가가 취소된 후 3년이 지나기 전에 같은 자(법인인 경우에는 그 대표자를 포함한다)가 식품접객업을 하려는 경우
  ㉥ 영업허가가 취소되고 5년이 지나기 전에 같은 자(법인인 경우에는 그 대표자를 포함한다)가 취소된 영업과 같은 종류의 영업을 하려는 경우
  ㉦ 식품접객업 중 국민의 보건위생을 위하여 허가를 제한할 필요가 뚜렷하다고 인정되어 시·도지사가 지정하여 고시하는 영업에 해당하는 경우

  ㉧ 영업허가를 받으려는 자가 피성년후견인이거나 파산선고를 받고 복권되지 아니한 자인 경우
② 다음의 어느 하나에 해당하는 경우에는 영업신고 또는 영업등록을 할 수 없다.
  ㉠ 등록취소 또는 영업소 폐쇄명령을 받고 6개월이 지나기 전에 같은 장소에서 같은 종류의 영업을 하려는 경우. 다만, 영업시설 전부를 철거하여 등록취소 또는 영업소 폐쇄명령을 받은 경우에는 그러하지 아니하다.
  ㉡ 영업소 폐쇄명령을 받거나 영업소 폐쇄명령을 받은 후 1년이 지나기 전에 같은 장소에서 식품접객업을 하려는 경우
  ㉢ 등록취소 또는 영업소 폐쇄명령을 받고 2년이 지나기 전에 같은 자(법인인 경우에는 그 대표자를 포함한다)가 등록취소 또는 폐쇄명령을 받은 영업과 같은 종류의 영업을 하려는 경우
  ㉣ 영업소 폐쇄명령을 받거나 영업소 폐쇄명령을 받고 2년이 지나기 전에 같은 자(법인인 경우에는 그 대표자를 포함한다)가 식품접객업을 하려는 경우
  ㉤ 등록취소 또는 영업소 폐쇄명령을 받고 5년이 지나지 아니한 자(법인인 경우에는 그 대표자를 포함한다)가 등록취소 또는 폐쇄명령을 받은 영업과 같은 종류의 영업을 하려는 경우

5. 영업 승계(법 제39조)

① 영업자가 영업을 양도하거나 사망한 경우 또는 법인이 합병한 경우에는 그 양수인·상속인 또는 합병 후 존속하는 법인이나 합병에 따라 설립되는 법인은 그 영업자의 지위를 승계한다.
② 다음의 어느 하나에 해당하는 절차에 따라 영업시설의 전부를 인수한 자는 그 영업자의 지위를 승계한다. 이 경우 종전의 영업자에 대한 영업 허가·등록 또는 그가 한 신고는 그 효력을 잃는다.

⊙ 민사집행법에 따른 경매

ⓛ 채무자 회생 및 파산에 관한 법률에 따른 환가

ⓒ 국세징수법, 관세법 또는 지방세징수법에 따른 압류재산의 매각

ⓔ 그 밖에 ⊙부터 ⓒ까지의 절차에 준하는 절차

③ ① 또는 ②에 따라 그 영업자의 지위를 승계한 자는 총리령으로 정하는 바에 따라 1개월 이내에 그 사실을 식품의약품안전처장 또는 특별자치시장·특별자치도지사·시장·군수·구청장에게 신고하여야 한다.

④ 식품의약품안전처장 또는 특별자치시장·특별자치도지사·시장·군수·구청장은 ③에 따른 신고를 받은 날부터 3일 이내에 신고수리 여부를 신고인에게 통지하여야 한다.

⑤ 식품의약품안전처장 또는 특별자치시장·특별자치도지사·시장·군수·구청장이 ④에서 정한 기간 내에 신고수리 여부 또는 민원 처리 관련 법령에 따른 처리기간의 연장을 신고인에게 통지하지 아니하면 그 기간(민원 처리 관련 법령에 따라 처리기간이 연장 또는 재연장된 경우에는 해당 처리기간을 말한다)이 끝난 날의 다음 날에 신고를 수리한 것으로 본다.

⑥ ① 및 ②에 따른 승계에 관하여는 제38조(영업허가 등의 제한)를 준용한다. 다만, 상속인이 제38조 ①의 ⓒ에 해당하면 상속받은 날부터 3개월 동안은 그러하지 아니하다.

6. 건강진단(법 제40조)

① 총리령으로 정하는 영업자 및 그 종업원은 건강진단을 받아야 한다. 다만, 다른 법령에 따라 같은 내용의 건강진단을 받는 경우에는 이 법에 따른 건강진단을 받은 것으로 본다.

② ①에 따라 건강진단을 받은 결과 타인에게 위해를 끼칠 우려가 있는 질병이 있다고 인정된 자는 그 영업에 종사하지 못한다.

③ 영업자는 ①을 위반하여 건강진단을 받지 아니한 자나 ②에 따른 건강진단 결과 타인에게 위해를 끼칠 우려가 있는 질병이 있는 자를 그 영업에 종사시키지 못한다.

④ ①에 따른 건강진단의 실시방법 등과 ② 및 ③에 따른 타인에게 위해를 끼칠 우려가 있는 질병의 종류는 총리령으로 정한다.

7. 식품위생교육(법 제41조)

① 대통령령으로 정하는 영업자 및 유흥종사자를 둘 수 있는 식품접객업 영업자의 종업원은 매년 식품위생에 관한 교육(이하 식품위생교육)을 받아야 한다.

② 영업을 하려는 자는 미리 식품위생교육을 받아야 한다. 다만, 부득이한 사유로 미리 식품위생교육을 받을 수 없는 경우에는 영업을 시작한 뒤에 식품의약품안전처장이 정하는 바에 따라 식품위생교육을 받을 수 있다.

③ ① 및 ②에 따라 교육을 받아야 하는 자가 영업에 직접 종사하지 아니하거나 두 곳 이상의 장소에서 영업을 하는 경우에는 종업원 중에서 식품위생에 관한 책임자를 지정하여 영업자 대신 교육을 받게 할 수 있다. 다만, 집단급식소에 종사하는 조리사 및 영양사(국민영양관리법에 따라 영양사 면허를 받은 사람을 말한다)가 식품위생에 관한 책임자로 지정되어 교육을 받은 경우에는 ① 및 ②에 따른 해당 연도의 식품위생교육을 받은 것으로 본다.

④ ②에도 불구하고 조리사, 영양사 또는 위생사의 면허를 받은 자가 식품접객업을 하려는 경우에는 식품위생교육을 받지 아니하여도 된다.

⑤ 영업자는 특별한 사유가 없는 한 식품위생교육을 받지 아니한 자를 그 영업에 종사하게 하여서는 아니 된다.

⑥ ① 및 ②에 따른 교육의 내용, 교육비 및 교육 실시 기관 등에 관하여 필요한 사항은 총리령으로 정한다.

제8장 조리사 등

1. 조리사(법 제51조)

① 집단급식소 운영자와 대통령령으로 정하는 식품접객업자는 조리사(調理師)를 두어야 한다. 다만, 다음의 어느 하나에 해당하는 경우에는 조리사를 두지 아니하여도 된다.

    ㉠ 집단급식소 운영자 또는 식품접객영업자 자신이 조리사로서 직접 음식물을 조리하는 경우

    ㉡ 1회 급식인원 100명 미만의 산업체인 경우

    ㉢ 영양사가 조리사의 면허를 받은 경우. 다만, 총리령으로 정하는 규모 이하의 집단급식소에 한정한다. [시행일 : 2025. 2. 21.]

② 집단급식소에 근무하는 조리사는 다음의 직무를 수행한다.

    ㉠ 집단급식소에서의 식단에 따른 조리업무[식재료의 전(前)처리에서부터 조리, 배식 등의 전 과정을 말한다]

    ㉡ 구매식품의 검수 지원

    ㉢ 급식설비 및 기구의 위생·안전 실무

    ㉣ 그 밖에 조리실무에 관한 사항

2. 결격사유(법 제54조)

다음의 어느 하나에 해당하는 자는 조리사 면허를 받을 수 없다.

① 정신건강증진 및 정신질환자 복지서비스 지원에 관한 법률에 따른 정신질환자. 다만, 전문의가 조리사로서 적합하다고 인정하는 자는 그러하지 아니하다.

② 감염병의 예방 및 관리에 관한 법률에 따른 감염병 환자. 다만, B형간염환자는 제외한다.

③ 마약류관리에 관한 법률에 따른 마약이나 그 밖의 약물 중독자

④ 조리사 면허의 취소처분을 받고 그 취소된 날부터 1년이 지나지 아니한 자

3. 교육(법 제56조)

① 식품의약품안전처장은 식품위생 수준 및 자질의 향상을 위하여 필요한 경우 조리사와 영양사에게 교육(조리사의 경우 보수교육을 포함한다)을 받을 것을 명할 수 있다. 다만, 집단급식소에 종사하는 조리사와 영양사는 1년마다 교육을 받아야 한다.

② ①에 따른 교육의 대상자·실시기관·내용 및 방법 등에 관하여 필요한 사항은 총리령으로 정한다.

③ 식품의약품안전처장은 ①에 따른 교육 등 업무의 일부를 대통령령으로 정하는 바에 따라 관계 전문기관이나 단체에 위탁할 수 있다.

4. 면허취소 등(법 제80조)

① 식품의약품안전처장 또는 특별자치시장·특별자치도지사·시장·군수·구청장은 조리사가 다음의 어느 하나에 해당하면 그 면허를 취소하거나 6개월 이내의 기간을 정하여 업무정지를 명할 수 있다. 다만, 조리사가 ㉠ 또는 ㉤에 해당할 경우 면허를 취소하여야 한다.

    ㉠ 결격사유의 어느 하나에 해당하게 된 경우

    ㉡ 교육을 받지 아니한 경우

    ㉢ 식중독이나 그 밖에 위생과 관련한 중대한 사고 발생에 직무상의 책임이 있는 경우

    ㉣ 면허를 타인에게 대여하여 사용하게 한 경우

    ㉤ 업무정지기간 중에 조리사의 업무를 하는 경우

② ①에 따른 행정처분의 세부기준은 그 위반 행위의 유형과 위반 정도 등을 고려하여 총리령으로 정한다.

제9장 식품위생심의위원회

1. 식품위생심의위원회의 설치 등(법 제57조)

식품의약품안전처장의 자문에 응하여 다음의 사항을 조사·심의하기 위하여 식품의약품안전처에 식품위생심의위원회를 둔다.

① 식중독 방지에 관한 사항

② 농약·중금속 등 유독·유해물질 잔류 허용 기준에 관한 사항

③ 식품 등의 기준과 규격에 관한 사항

④ 그 밖에 식품위생에 관한 중요 사항

2. 심의위원회의 조직과 운영(법 제58조)

① 심의위원회는 위원장 1명과 부위원장 2명을 포함한 100명 이내의 위원으로 구성한다.

② 심의위원회의 위원은 다음의 어느 하나에 해당하는 사람 중에서 식품의약품안전처장이 임명하거나 위촉한다. 다만, ⓒ의 사람을 전체 위원의 3분의 1 이상 위촉하고, ⓛ과 ⓔ의 사람을 합하여 전체 위원의 3분의 1 이상 위촉하여야 한다.

　ⓐ 식품위생 관계 공무원

　ⓑ 식품 등에 관한 영업에 종사하는 사람

　ⓒ 시민단체의 추천을 받은 사람

　ⓓ 동업자조합 또는 한국식품산업협회(이하 식품위생단체)의 추천을 받은 사람

　ⓔ 식품위생에 관한 학식과 경험이 풍부한 사람

제10장 식품위생단체 등

영업자는 영업의 발전과 국민 건강의 보호·증진을 위하여 대통령으로 정하는 영업 또는 식품의 종류별로 동업자조합을 설립할 수 있다(법 제59조).

제11장 시정명령과 허가취소 등 행정 제재

1. 행정 제재처분 효과의 승계(법 제78조)

영업자가 영업을 양도하거나 법인이 합병되는 경우 제57조 또는 제76조를 위반한 사유로 종전의 영업자에게 행한 행정 제재처분의 효과는 그 처분기간이 끝난 날부터 1년간 양수인이나 합병 후 존속하는 법인에 승계되며, 행정 제재처분 절차가 진행 중인 경우에는 양수인이나 합병 후 존속하는 법인에 대하여 행정 제재처분 절차를 계속할 수 있다. 다만, 양수인

이나 합병 후 존속하는 법인이 양수하거나 합병할 때에 그 처분 또는 위반사실을 알지 못하였음을 증명하는 때에는 그러하지 아니하다.

2. 청문(법 제81조)

식품의약품안전처장, 시·도지사 또는 시장·군수·구청장은 다음의 어느 하나에 해당하는 처분을 하려면 청문을 하여야 한다.

① 규정에 따른 인정의 취소 또는 안전성 승인의 취소

② 식품안전관리인증기준적용업소의 인증취소

③ 교육훈련기관의 지정취소

④ 규정에 따른 영업허가 또는 등록의 취소나 영업소의 폐쇄명령

⑤ 면허의 취소

제12장 보 칙

1. 식중독에 관한 조사 보고 등(법 제86조)

① 다음의 어느 하나에 해당하는 자는 지체 없이 관할 특별자치시장·시장(제주특별자치도 설치 및 국제자유도시 조성을 위한 특별법에 따른 행정시장을 포함)·군수·구청장에게 보고하여야 한다. 이 경우 의사나 한의사는 대통령으로 정하는 바에 따라 식중독 환자나 식중독이 의심되는 자의 혈액 또는 배설물을 보관하는 데에 필요한 조치를 하여야 한다.

　ⓐ 식중독 환자나 식중독이 의심되는 자를 진단하였거나 그 사체를 검안(檢案)한 의사 또는 한의사

　ⓑ 집단급식소에서 제공한 식품 등으로 인하여 식중독 환자나 식중독으로 의심되는 증세를 보이는 자를 발견한 집단급식소의 설치·운영자

② 특별자치시장·시장·군수·구청장은 ①에 따른 보고를 받은 때에는 지체 없이 그 사실을 식품의약품안전처장 및 시·도지사(특별자치시장은 제외한다)에게 보고하고, 대통령으로 정하는 바에 따라 원인을 조사하여 그 결과를 보고하여야 한다.

※ 법령 개정으로 "보고하고"가 "통보하고"로, "보고하여야"가 "제출하여야"로 변경된다.
[시행일 : 2025. 3. 21.]

③ 식품의약품안전처장은 ②에 따른 보고의 내용이 국민 건강상 중대하다고 인정하는 경우에는 해당 시·도지사 또는 시장·군수·구청장과 합동으로 원인을 조사할 수 있다.

※ 법령 개정으로 "보고의 내용"이 "통보의 내용"으로 변경된다. [시행일 : 2025. 3. 21.]

④ 식품의약품안전처장은 식중독 발생의 원인을 규명하기 위하여 식중독 의심환자가 발생한 원인시설 등에 대한 조사절차와 시험·검사 등에 필요한 사항을 정할 수 있다.

2. 집단급식소(법 제88조)

① 집단급식소를 설치·운영하려는 자는 총리령으로 정하는 바에 따라 특별자치시장·특별자치도지사·시장·군수·구청장에게 신고하여야 한다. 신고한 사항 중 총리령으로 정하는 사항을 변경하려는 경우에도 또한 같다.

② 집단급식소를 설치·운영하는 자는 집단급식소 시설의 유지·관리 등 급식을 위생적으로 관리하기 위하여 다음의 사항을 지켜야 한다.

ㄱ 식중독 환자가 발생하지 아니하도록 위생관리를 철저히 할 것

ㄴ 조리·제공한 식품의 매회 1인분 분량을 총리령으로 정하는 바에 따라 144시간 이상 보관할 것

ㄷ 영양사를 두고 있는 경우 그 업무를 방해하지 아니할 것

ㄹ 영양사를 두고 있는 경우 영양사가 집단급식소의 위생관리를 위하여 요청하는 사항에 대하여는 정당한 사유가 없으면 따를 것

ㅁ 그 밖에 식품 등의 위생적 관리를 위하여 필요하다고 총리령으로 정하는 사항을 지킬 것

③ 특별자치시장·특별자치도지사·시장·군수·구청장은 ①에 따른 신고 또는 변경신고를 받은 날부터 3일 이내에 신고수리 여부를 신고인에게 통지하여야 한다.

④ 특별자치시장·특별자치도지사·시장·군수·구청장이 ③에서 정한 기간 내에 신고수리 여부 또는 민원 처리 관련 법령에 따른 처리기간의 연장을 신고인에게 통지하지 아니하면 그 기간(민원 처리 관련 법령에 따라 처리기간이 연장 또는 재연장된 경우에는 해당 처리기간을 말한다)이 끝난 날의 다음 날에 신고를 수리한 것으로 본다.

⑤ ①에 따라 신고한 자가 집단급식소 운영을 종료하려는 경우에는 특별자치시장·특별자치도지사·시장·군수·구청장에게 신고하여야 한다.

⑥ 집단급식소의 시설기준과 그 밖의 운영에 관한 사항은 총리령으로 정한다.

제13장 벌 칙

1. 벌칙(법 제94조)

① 다음의 어느 하나에 해당하는 자는 10년 이하의 징역 또는 1억원 이하의 벌금에 처하거나 이를 병과할 수 있다.

ㄱ 위해식품, 병든 동물 고기, 기준·규격이 정하여지지 아니한 화학적 합성품 등의 판매 등 금지(집단급식소에서 준용하는 경우를 포함)를 위반한 자

ㄴ 유독기구 등의 판매·사용 금지(집단급식소에서 준용하는 경우를 포함)를 위반한 자

ㄷ 식품의약품안전처장 또는 특별자치시장·특별자치도지사·시장·군수·구청장의 영업허가를 받지 않은 자

② ①의 죄로 금고 이상의 형을 선고받고 그 형이 확정된 후 5년 이내에 다시 ①의 죄를 범한 자는 1년 이상 10년 이하의 징역에 처한다.

③ ②의 경우 그 해당 식품 또는 식품첨가물을 판매한 때에는 그 판매금액의 4배 이상 10배 이하에 해당하는 벌금을 병과한다.

2. 벌칙(법 제95조)

다음의 어느 하나에 해당하는 자는 5년 이하의 징역 또는 5천만원 이하의 벌금에 처하거나 이를 병과할 수 있다.

① 식품 또는 식품첨가물에 관한 기준 및 규격, 기구 및 용기·포장에 관한 기준 및 규격 또는 인정받지 않은 재생원료의 기구 및 용기·포장에의 사용 등 금지 규정을 위반한 자

② 거짓이나 그 밖의 부정한 방법으로 규정에 따른 인정 또는 안전성 심사를 받은 자

③ 대통령령으로 정하는 영업을 하려는 자는 대통령령으로 정하는 바에 따라 영업 종류별 또는 영업소별로 식품의약품안전처장 또는 특별자치시장·특별자치도지사·시장·군수·구청장에게 등록해야 하는데 이를 위반한 자

④ 영업 제한을 위반한 자

⑤ 위해식품 등의 회수 규정 전단을 위반한 자

⑥ 폐기처분 또는 위해식품 등의 공표 규정에 따른 명령을 위반한 자

⑦ 영업정지 명령을 위반하여 영업을 계속한 자(영업허가를 받은 자만 해당한다)

3. 과태료(법 제101조)

① 다음의 어느 하나에 해당하는 자에게는 1천만원 이하의 과태료를 부과한다.

ㄱ 현장조사를 거부하거나 방해한 자

ㄴ 식중독에 관한 조사 보고 규정을 위반한 자

ㄷ 집단급식소 설치·운영을 신고하지 아니하거나 허위의 신고를 한 자

ㄹ 집단급식소 규정을 위반한 자(총리령으로 정하는 경미한 사항을 위반한 자는 제외)

② 다음의 어느 하나에 해당하는 자에게는 500만원 이하의 과태료를 부과한다.

ㄱ 식품 등의 취급 규정을 위반한 자

ㄴ 검사기한 내에 검사를 받지 아니하거나 자료 등을 제출하지 아니한 영업자

ㄷ 영업허가 등의 규정을 위반하여 보고를 하지 아니하거나 허위의 보고를 한 자

ㄹ 소비자로부터 이물 발견신고를 받고 보고하지 아니한 자

ㅁ 식품안전관리인증기준적용업소 명칭 사용 규정(집단급식소에서 준용하는 경우를 포함)을 위반한 자

ㅂ 시설 개수명령(집단급식소에서 준용하는 경우를 포함한다)에 따른 명령에 위반한 자

③ 다음의 어느 하나에 해당하는 자에게는 300만원 이하의 과태료를 부과한다.

ㄱ 건강진단 규정을 위반한 자

ㄴ 위생관리책임자의 업무를 방해한 자

ㄷ 위생관리책임자 선임·해임 신고를 하지 아니한 자

ㄹ 직무 수행내역 등을 기록·보관하지 아니하거나 거짓으로 기록·보관한 자

ㅁ 위생관리책임자의 식품위생교육을 받지 아니한 자

ㅂ 책임보험에 가입하지 아니한 자

ㅅ 식품이력추적관리 등록사항이 변경된 경우 변경사유가 발생한 날부터 1개월 이내에 신고하지 아니한 자

ㅇ 식품이력추적관리정보를 목적 외에 사용한 자

ㅈ 집단급식소를 설치·운영하는 자가 지켜야 할 사항 중 총리령으로 정하는 경미한 사항을 지키지 아니한 자

③ 과태료는 대통령령으로 정하는 바에 따라 식품의약품안전처장, 시·도지사 또는 시장·군수·구청장이 부과·징수한다.

식품위생 관계 법규

1. 농수산물의 원산지 표시 등에 관한 법률

(1) 목적(법 제1조)

농산물·수산물과 그 가공품 등에 대하여 적정하고 합리적인 원산지 표시와 유통이력 관리를 하도록 함으로써 공정한 거래를 유도하고 소비자의 알권리를 보장하여 생산자와 소비자를 보호하는 것을 목적으로 한다.

(2) 원산지 표시대상

① 대상 음식점(법 제5조제3항) : 휴게음식점영업, 일반음식점영업 또는 위탁급식영업을 하는 영업소나 집단급식소
② 대상 종목(영 제3조제5항)
  ㉠ 농축산물
    • 소고기, 돼지고기, 닭고기, 오리고기, 양고기, 염소고기 등(식육, 포장육, 식육가공품을 포함한다)
    • 밥·죽·누룽지에 사용하는 쌀, 배추김치의 원료인 배추와 고춧가루, 두부류(가공두부, 유바는 제외한다), 콩비지, 콩국수에 사용하는 콩
  ㉡ 수산물 : 넙치, 조피볼락, 참돔, 미꾸라지, 뱀장어, 낙지, 명태(황태, 북어 등 건조한 것은 제외한다), 고등어, 갈치, 오징어, 꽃게, 참조기, 다랑어, 아귀, 주꾸미, 가리비, 우렁쉥이, 전복, 방어 및 부세(해당 수산물가공품을 포함한다), 조리하여 판매·제공하기 위하여 수족관 등에 보관·진열하는 살아있는 수산물

(3) 원산지의 표시기준(시행령 별표 1)

① 국산 농수산물
  ㉠ 국산 농산물 : "국산"이나 "국내산" 또는 그 농산물을 생산·채취·사육한 지역의 시·도명이나 시·군·구명을 표시한다.

  ㉡ 국산 수산물 : "국산"이나 "국내산" 또는 "연근해산"으로 표시한다. 다만, 양식 수산물이나 연안정착성 수산물 또는 내수면 수산물의 경우에는 해당 수산물을 생산·채취·양식·포획한 지역의 시·도명이나 시·군·구명을 표시할 수 있다.
② 원산지가 다른 동일 품목을 혼합한 농수산물
  ㉠ 국산 농수산물로서 그 생산 등을 한 지역이 각각 다른 동일 품목의 농수산물을 혼합한 경우에는 혼합 비율이 높은 순서로 3개 지역까지의 시·도명 또는 시·군·구명과 그 혼합 비율을 표시하거나 "국산", "국내산" 또는 "연근해산"으로 표시한다.
  ㉡ 동일 품목의 국산 농수산물과 국산 외의 농수산물을 혼합한 경우에는 혼합비율이 높은 순서로 3개 국가(지역, 해역 등)까지의 원산지와 그 혼합비율을 표시한다.
③ 2개 이상의 품목을 포장한 수산물 : 서로 다른 2개 이상의 품목을 용기에 담아 포장한 경우에는 혼합 비율이 높은 2개까지의 품목을 대상으로 기준에 따라 표시한다.
④ 수입 농수산물과 그 가공품 및 반입 농수산물과 그 가공품
  ㉠ 수입 농수산물과 그 가공품은 대외무역법에 따른 원산지를 표시한다.
  ㉡ 남북교류협력에 관한 법률에 따라 반입한 농수산물과 그 가공품은 같은 법에 따른 원산지를 표시한다.

(4) 농수산물의 원산지 표시의 심의(법 제4조)

농산물·수산물 및 그 가공품 또는 조리하여 판매하는 쌀·김치류, 축산물 및 수산물 등의 원산지 표시 등에 관한 사항은 농수산물품질관리심의회에서 심의한다.

(5) 과태료(법 제18조)

① 다음의 어느 하나에 해당하는 자에게는 1천만원 이하의 과태료를 부과한다.
  ㉠ 원산지 표시를 하지 아니한 자
  ㉡ 원산지의 표시방법을 위반한 자
  ㉢ 임대점포의 임차인 등 운영자가 거짓 표시 등에 해당하는 행위를 하는 것을 알았거나 알 수 있었음에도 방치한 자
  ㉣ 원산지 표시 등의 조사 규정을 위반하여 수거·조사·열람을 거부·방해하거나 기피한 자
  ㉤ 발급받은 원산지 등이 기재된 영수증이나 거래명세서 등을 비치·보관하지 아니한 자

② 다음의 어느 하나에 해당하는 자에게는 500만원 이하의 과태료를 부과한다.
  ㉠ 원산지 표시 위반에 대한 교육 이수명령을 이행하지 아니한 자
  ㉡ 유통이력을 신고하지 아니하거나 거짓으로 신고한 자
  ㉢ 유통이력을 장부에 기록하지 아니하거나 보관하지 아니한 자
  ㉣ 유통이력 신고의무가 있음을 알리지 아니한 자
  ㉤ 유통이력관리 수입농산물 등의 사후관리 규정을 위반하여 수거·조사 또는 열람을 거부·방해 또는 기피한 자

2. 식품 등의 표시·광고에 관한 법률

(1) 목적(법 제1조)

식품 등에 대하여 올바른 표시·광고를 하도록 하여 소비자의 알 권리를 보장하고 건전한 거래질서를 확립함으로써 소비자 보호에 이바지함을 목적으로 한다.

(2) 정의(법 제2조)

① 표시 : 식품, 식품첨가물, 기구, 용기·포장, 건강기능식품, 축산물(이하 "식품 등"이라 한다) 및 이를 넣거나 싸는 것(그 안에 첨부되는 종이 등을 포함한다)에 적는 문자·숫자 또는 도형을 말한다.

② 영양표시 : 식품, 식품첨가물, 건강기능식품, 축산물에 들어있는 영양성분의 양(量) 등 영양에 관한 정보를 표시하는 것을 말한다.

③ 건강기능식품 : 인체에 유용한 기능성을 가진 원료나 성분을 사용하여 제조(가공을 포함한다)한 식품을 말한다(해외에서 국내로 수입되는 건강기능식품을 포함한다).

④ 나트륨 함량 비교 표시 : 식품의 나트륨 함량을 동일하거나 유사한 유형의 식품의 나트륨 함량과 비교하여 소비자가 알아보기 쉽게 색상과 모양을 이용하여 표시하는 것을 말한다.

⑤ 광고 : 라디오·텔레비전·신문·잡지·인터넷·인쇄물·간판 또는 그 밖의 매체를 통하여 음성·음향·영상 등의 방법으로 식품 등에 관한 정보를 나타내거나 알리는 행위를 말한다.

⑥ 소비기한 : 식품 등에 표시된 보관방법을 준수할 경우 섭취하여도 안전에 이상이 없는 기한을 말한다.

※ 2023년 1월 1일부터 식품 포장 겉면에 유통기한 대신 소비기한으로 표시되고 있다(23개 식품유형 80개 품목의 소비기한 안내서 배포).

> **영양성분을 0으로 표시할 수 있는 경우(식품 등의 표시기준 별지 1)**
> • 탄수화물, 지방, 단백질의 단위는 그램(g)으로 표시하되, 0.5g 미만은 "0"으로 표시할 수 있다(트랜스지방은 제외).
> • 트랜스지방은 0.2g 미만은 "0"으로 표시할 수 있다.
> • 콜레스테롤의 단위는 밀리그램(mg)으로 표시하되, 2mg 미만은 "0"으로 표시할 수 있다.
> • 나트륨의 단위는 밀리그램(mg)으로 표시하되, 5mg 미만은 "0"으로 표시할 수 있다.

공중보건

TIP

세계보건기구(WHO)
• 1948년 4월 7일 창설
• 우리나라는 1949년 6월 65번째로 가입
• 본부 : 스위스 제네바
• 주요 기능
 – 국제적인 보건사업의 지휘 및 조정
 – 회원국에 기술자원 및 자료 공급
 – 전문가 파견에 의한 기술 자문 활동

1. 공중보건의 정의

(1) 세계보건기구(WHO)의 정의
질병을 예방하고 건강을 유지·증진하며 육체적·정신적 능력을 충분히 발휘할 수 있게 하기 위한 과학이며, 그 지식을 사회의 조직적 노력에 의해서 사람들에게 적용하는 기술이다.

(2) 윈슬로(C.E.A Winslow)의 정의
조직적인 지역사회의 공동 노력을 통하여 질병을 예방하고 생명을 연장시키며 신체적·정신적 효율을 증진시키는 기술이며 과학이다.

(3) 건강(Health)의 정의
단순한 질병이나 허약의 부재상태만이 아니라, 육체적·정신적·사회적 안녕의 완전한 상태이다.

2. 공중보건의 대상과 보건수준의 평가지표

(1) 공중보건의 대상
최소단위는 지역사회의 인간집단(시, 군, 구)이며, 개인이 아닌 지역사회이다.

TIP

건강의 3요소
• 환 경
• 유 전
• 개인의 행동 및 습관

(2) 보건수준의 평가지표
한 지역이나 국가의 보건수준을 나타내는 지표로 그 국가의 영아사망률, 일반사망률, 비례사망지수 등이 있다.
① 영아사망률 : 지역사회의 보건수준을 나타내는 가장 대표적인 지표
② 평균수명
③ 모성사망률
④ 비례사망률
⑤ 조사망률

---

55 세계보건기구의 기능이 아닌 것은?

① 자료제공
② 무상원조
③ 기술자문
④ 기술지원

해설 세계보건기구의 주요 기능
• 국제적인 보건사업의 지휘 및 조정
• 회원국에 대한 기술지원 및 자료제공
• 전문가 파견에 의한 기술자문 활동   정답 ②

56 공중보건의 정의는?

① 질병예방, 생명연장, 건강증진
② 생명연장, 건강증진, 조기발견
③ 조기치료, 질병예방, 건강증진
④ 조기치료, 조기발견, 건강증진

해설 공중보건의 3대 요소
• 질병의 예방
• 생명의 연장
• 신체적·정신적 효율의 증진   정답 ①

3. 환경위생 및 환경오염

(1) 일광 및 온열조건

① 자외선(건강선)
- ㉠ 일광 중 파장이 가장 짧다.
- ㉡ 260~280nm(2,600~2,800Å)에서 살균작용이 가장 강하다.
- ㉢ 2,900~3,200Å은 생명선 또는 Dorno의 건강선이라고도 한다.
- ㉣ 비타민 D를 형성하며 구루병을 예방한다.
- ㉤ 신진대사 촉진, 적혈구 생성촉진, 혈압 강하작용을 한다.
- ㉥ 피부의 홍반 및 색소침착, 수포형성, 피부암 등 발생한다.
- ㉦ 홍반 및 결막염, 설안염, 백내장 등 발생한다.
- ㉧ 피부결핵 및 관절염의 치료 효과가 있다.

② 가시광선(4,000~7,700Å) : 눈의 망막을 자극하여 색채와 명암을 구별하게 한다.

③ 적외선(열선)
- ㉠ 파장이 가장 길며(780nm = 7,800Å), 7,800Å 이상의 광선으로 열작용을 하기 때문에 열선이라고도 한다.
- ㉡ 기상의 기온을 좌우한다(온열).
- ㉢ 혈관확장, 홍반, 피부온도 상승 등이 발생한다.
- ㉣ 장시간 노출 시 두통, 현기증, 열경련, 열사병, 백내장의 원인이 된다.

(2) 온열요인

구 분	내 용
기온(온도)	• 지상 1.5m에서의 건구온도 • 쾌감온도 : 18±2℃(16~20℃) • 최고기온 : 오후 2시경, 최저기온 : 일출 30분 전
기습(습도)	• 일정 온도의 공기 중에 포함되어 있는 수분량(수증기) • 쾌감습도 : 40~70%

TIP

자외선의 파장에 따른 작용
- 2,000~3,100Å : 미생물을 3~4시간 내에 사멸시킴
- 2,800Å : 비타민 D 형성, 구루병 예방
- 2,900~3,200Å : 가장 강력한 반응을 일으키는 빛(건강선)
- 3,300Å : 혈액의 재생기능 촉진, 신진대사 항진
- 3,000~4,000Å : 스모그를 발생시켜 대기오염 발생

---

57 자외선의 작용과 거리가 먼 것은?

① 피부암 유발
② 비타민 D 형성
③ 관절염 유발
④ 살균작용

[해설] 자외선의 작용
- 비타민 D 형성, 신진대사 및 적혈구 생성촉진, 혈압 강하작용
- 피부 색소침착, 수포형성, 피부암, 결막염, 설안염, 백내장 발생

[정답] ③

58 온열요소가 아닌 것은?

① 기 압
② 기 류
③ 기 습
④ 기 온

[해설] 온열의 3요소
기온, 기습, 기류

[정답] ①

구 분	내 용
기류 (공기의 흐름)	• 공기의 흐름 • 쾌감기류 : 1m/s(1초당 1m 이동의 공기흐름)
복사열	• 물체에서 방출하는 전자기파를 직접 물체가 흡수하여 열로 변했을 때의 에너지 • 복사열 측정은 흑구온도계로 15~20분간 측정
온열지수	• 3요소 : **기온, 기습, 기류** • 온열인자 : 기온, 기습, 기류, 복사열 • 기온역전현상 : 상부기온이 하부기온보다 높은 현상(대기층의 온도는 100m 상승할 때마다 1℃씩 낮아지므로 상부기온이 하부기온보다 낮다) • 불쾌지수(Discomfort Index) : DI가 70이면 10%, 75이면 50%, 80이면 거의 모든 사람이 불쾌감을 느낌

(3) 공 기

① 공기의 조성(0℃, 1기압 하에서의 화학적 조성)

    ㉠ 질소(N_2)

        • 공기 중 가장 많이 차지함(78%)

        • 고압환경에서 잠함병(잠수병), 저압환경에서 고산병 유발

    ㉡ 산소(O_2)

        • 호흡에서 가장 중요하며, 공기 중 21%를 차지함

        • 산소의 양이 10% 이하면 호흡곤란, 7% 이하면 질식사 발생

    ㉢ 이산화탄소(CO_2)

        • 정상 공기 중에는 약 0.03% 함유

        • 실내공기오염지표로 이용 : 위생학적 허용한계 0.1%(= 1,000ppm)

        • 실내 사람의 밀집도가 높을수록 CO_2 증가

    ㉣ 기타 : 헬륨, 네온, 아르곤, 크립톤 등 미량의 원소 포함

② 공기 오염

    ㉠ 군집독

        • 많은 사람이 밀집된 실내에서 공기가 물리적·화학적 조성의 변화를 일으킴

---

59 다수인이 밀집한 실내 공기 조성의 변화로 두통, 불쾌감, 현기증, 권태 등이 일어나는 현상은?

  ① 산소중독   ② 군집독

  ③ 열중증   ④ 열허탈증

해설 **군집독**
- 고온, 고습, 무기류 상태에서 유해가스 및 취기 등에 의한 복합적 원인
- 불쾌감, 권태, 두통, 현기증, 식욕저하, 구토 등의 이상현상

정답 ②

60 실내공기 오염의 지표로 사용되는 것은?

  ① 이산화탄소

  ② 일산화탄소

  ③ 산 소

  ④ 질 소

해설 **위생학적 CO_2 허용한계** : 0.1%(= 1,000ppm)

정답 ①

- 산소(O_2) 감소, 이산화탄소(CO_2) 증가, 고온·고습의 상태에서 유해가스 및 취기, 구취, 체취 등으로 인하여 공기의 조성이 변함
- 현기증, 구토, 권태감, 불쾌감, 두통 등의 증상
ⓛ 먼지(Dust)
- 공기 중에 확산되지 않고 중력에 의해 가라앉음
- 위생학적 허용한계 : 400개/mL 이하, 10mg/m^3 이하
- 먼지에 의한 피해 : 진폐증, 점막성 질환(결막염·기관지염), 알레르기 반응, 금속중독(납·수은)
ⓒ 일산화탄소(CO)
- 물체의 불완전 연소 시 발생하는 무색, 무취, 무미, 무자극성 가스
- 혈액 속의 헤모글로빈(Hb)과의 친화력이 산소보다 250~300배 강하여 산소결핍 초래
- 위생학적 허용한계 : 8시간 기준 0.01%(100ppm)
ⓔ 아황산가스(SO_2)
- **실외공기오염지표**(대기오염지표) : 연평균 0.02ppm 이하
- 도시공해의 주범(자동차의 배기가스 등)
- 식물의 황사 및 고사 현상, 호흡곤란, 금속의 부식을 초래
③ 공기의 자정작용
ⓐ 공기자체의 희석작용
ⓛ 강우, 강설 등의 세정작용
ⓒ 산소, 오존 및 과산화수소 등에 의한 산화작용
ⓔ 자외선에 의한 살균작용
ⓜ 식물의 탄소동화작용에 의해서 이산화탄소와 산소의 교환작용

TIP
정상적인 건조공기와 체적 백분율
- 산소 : 20% 정도
- 이산화탄소 : 0.03%
- 질소 : 78% 정도
- 수소, 오존 : 미량

61 농작물 및 각종 식품에 가장 크게 피해를 주는 대기오염 물질은?
① 아황산가스(SO_2)
② 일산화탄소(CO)
③ 이산화질소(NO_2)
④ 이산화탄소(CO_2)

해설 **아황산가스(SO_2)**
산성비의 원인이 되는 공해 물질로, 식물의 황사 및 고사 현상에 영향을 주는 기체 정답 ①

62 수영장 물의 수질등급은 무엇을 기준으로 나누는가?
① 물의 온도
② 생물화학적 산소요구량
③ 대장균수
④ 화학적 산소요구량

해설 **수영장의 수질등급(100cc당 대장균수)**
- A급 : 50 이하, B급 : 51~500, C급 : 501~1,000, D급 : 1,000 이상
- 수영장의 수질기준 : MPN은 1,000, 일반 세균수는 1cc당 200 정답 ③

(4) 물

① 물의 기능
- ㉠ 인체의 주요 구성 성분으로 체중의 약 60~70%(2/3)를 차지
- ㉡ 인체 내의 물을 10% 상실하면 신체기능에 저하가 오고 20% 상실하면 생명이 위험해짐
- ㉢ 성인 하루 필요량 : 2.0~2.5L
- ㉣ 인체 내의 영양소와 노폐물을 운반하고 체온 조절
- ㉤ 체액 구성 및 정상농도 유지

② 물에 의한 질병
- ㉠ 수인성 감염병 : 장티푸스, 파라티푸스, 세균성 이질, 콜레라, 유행성 간염, 소아마비 등
- ㉡ 우치와 반상치 : 플루오린이 없거나 적게 함유된 물(우치), 과다하게 함유된 물을 장기 음용 시(반상치) 발생
- ㉢ 청색아(Blue Baby) : 소아가 질산염이 다량 함유된 물을 장기 음용 시 청색증 유발
- ㉣ 설사 : 황산마그네슘(MgSO$_4$)이 다량 함유된 물 섭취 시 설사 유발

③ 먹는 물의 수질 기준
- ㉠ 일반 세균 : 1mL 중 100CFU(Colony Forming Unit) 이하
- ㉡ 대장균 : 100mL 중 음성(검출되지 아니함), 수질오염의 지표
- ㉢ 색도 5도 이하, 탁도 1NTU(Nephelometric Turbidity Unit) 이하
- ㉣ 수소이온농도 pH 5.8~8.5

④ 상·하수도
- ㉠ 상수도
  - 상수도의 정수 과정 : 취수 → 침전 → 여과 → 소독 → 급수
  - 물의 자정작용 : 희석작용, 침전작용, 살균작용(자외선), 산화작용 (산소·오존), 수중 생물에 대한 식균작용
  - 물 소독법 : 자비(열탕), 자외선, 오존(O$_3$), 염소(0.2ppm), 표백분 등 사용

TIP

음료수에 적당한 플루오린의 양 0.8~1ppm

음료수 수질 기준
질산염 45mg/L,
질산성 질소 10mg/L 이하

BOD측정 : 20℃에서 5일간 안정화 후

---

63 식품에서 대장균이 검출되었을 때 식품위생상 중요한 의미는?

① 대장균 자체가 병원성이므로 위험하다.
② 음식물이 변패 또는 부패되었다.
③ 대장균은 비병원성이므로 위생적이다.
④ 병원미생물의 오염 가능성이 있다.

[해설] 대장균은 검출방법이 간편하고 다른 미생물이나 분변 오염을 추측할 수 있어 수질오염의 생물학적 지표로 이용된다.

정답 ④

64 다음 중 환경위생에 속하지 않는 것은?

① 상하수도 관리
② 음료수의 위생관리
③ 예방접종 관리
④ 쓰레기 처리 관리

[해설] 예방접종 관리는 감염병 관리에 속한다.

정답 ③

ⓛ 하수도
- 하수 처리과정 : 예비처리 → 본처리 → 오니처리
- 하수처리의 위생검사 : 생화학적 산소요구량(BOD) 측정 시 20ppm 이하, 용존산소량(DO) 측정 시 5ppm 이상, 화학적 산소요구량(COD)

(5) 쓰레기(진개) 처리법
① 매립법 : 땅속에 묻고 흙으로 덮는 방법
② 소각법 : 가장 위생적인 방법이지만 대기오염의 발생원인이 됨
③ 비료화법 : 발효시켜 퇴비로 이용하는 방법

(6) 위생해충 및 쥐 구제의 일반적인 원칙
① 발생원인 및 서식처를 제거(가장 근본적인 구제 방법)
② 구충·구서는 발생 초기에 광범위하게 동시에 실시
③ 대상동물의 생태·습성에 따라 실시

(7) 공 해
공해에는 대기오염, 소음, 토양오염, 진동, 악취, 수질오염, 산업폐기물, 방사능오염 등이 있다.
① 대기오염
㉠ 대기오염원 : 자동차, 공장, 화력발전소, 항공기, 선박 등
ⓛ 대기오염 물질 : 먼지, 연기, 매연(Smoke), 가스, 분진 등
② 수질오염
㉠ 수질오염원 : 농업, 공업, 광업, 도시하수 등
ⓛ 수질오염 물질 : 유기수은, 카드뮴, 시안, 농약, PCB

TIP
기온역전현상
- 대기층의 상부기온온도가 하부 기온온도보다 높을 때 발생한다.
- LA스모그, 런던스모그 등

---

65 구충·구서의 가장 근본적인 대책은?
① 발생원 및 서식처 제거
② 동시에 구제
③ 광범위하게 제거
④ 대상동물의 생태·습성에 따라 실시

해설 구충·구서의 가장 근본적인 대책은 발생원 및 서식처 제거이다. 정답 ①

66 다음 중 기온역전현상의 발생 조건은?
① 상부기온이 하부기온보다 낮을 때
② 상부기온이 하부기온보다 높을 때
③ 상부기온과 하부기온이 같을 때
④ 안개와 매연이 심할 때

해설 지표면 하부기온의 온도가 낮고, 상부기온이 높아지면 기온역전현상이 나타난다. 정답 ②

4. 산업보건

(1) 정 의

모든 작업에서 일하는 근로자들이 육체적·정신적·사회적으로 건강을 유지·증진시키면서 작업조건으로 인한 질병을 예방하고 건강에 유해한 작업을 방지하며 생리적·심리적으로 적합한 작업환경에서 종사할 수 있게 함이 목적이다.

(2) 직업병의 종류

① **고열환경(이상기온)** : 열중증(열경련, 열허탈증, 열사병, 열쇠약증)

② **저온환경(이상저온)** : 참호족염, 동상, 동창

③ **고압환경(이상기압)** : 잠함병(잠수작업)

④ **저압환경(이상저압)** : 고산병

⑤ **조명 불량** : 안정피로, 근시, 안구진탕증

⑥ **소음** : 직업성 난청, 두통, 불면증

⑦ **분진** : 진폐증(먼지), 규폐증(유리규산), 석면폐증(석면)

⑧ **방사선** : 백혈병, 피부 점막의 궤양과 암, 생식기 장애, 백내장

⑨ **자외선 및 적외선** : 피부 및 눈의 장애, 시력저하

⑩ **중금속 중독**

　㉠ 납(Pb) : 권태, 체중감소, 염기성 과립적혈구 수의 증가, 요독증 등 증세

　㉡ 수은(Hg) : 언어장애, 지각이상, 보행곤란의 증세(미나마타병 원인 물질)

　㉢ 크로뮴(Cr) : 비염, 인두염, 기관지염, 비중격천공

　㉣ 카드뮴(Cd) : 폐기종, 신장장애, 골연화증, 단백뇨의 증세(이타이이타이병 원인 물질)

---

67 중금속 오염과 관계되는 질병은?

① 잠함병
② 결 핵
③ 이타이이타이병
④ 세균성 식중독

해설 중금속 오염과 관계되는 질병 : 미나마타병(수은), 비중격천공증(크로뮴), 이타이이타이병(카드뮴) 등　　정답 ③

68 작업장의 부적당한 조명과 가장 관계가 적은 것은?

① 열경련
② 안정피로
③ 가성근시
④ 재해발생의 원인

해설 열경련이란 극심한 고온 환경에서 발한에 의한 근육의 경련이다.　　정답 ①

5. 질병과 감염병

(1) 감염병 발생의 3대 요인
① 병원체(감염원) : 세균, 바이러스, 리케차, 진균(곰팡이), 기생충 등
② 감염경로(환경) : 감수성 있는 숙주에게 병원체가 운반되는 과정
③ 숙주(사람) : 숙주의 감수성은 침입한 병원체에 대하여 감염이나 발병을 저지할 수 없는 상태

(2) 질병의 원인별 분류
① 양친에게서 감염되거나 유전되는 질병 : 혈우병, 정신분열증, 정신박약, 색맹 등
② 병원 미생물로 감염되는 질병 : 각종 감염병
③ 식사의 부적합으로 일어나는 질병 : 비만증, 관상동맥, 심장질환, 고혈압, 당뇨병, 빈혈 등
④ 공해로부터 일어나는 병 : 미나마타병(수은), 이타이이타이병(카드뮴), 만성 기관지염 및 기관지천식 혹은 폐기종(SO_2에 의한 대기오염)

6. 감염병의 분류

(1) 병원체에 따른 감염병의 분류
① 세균(박테리아) : 백일해, 디프테리아, 콜레라, 세균성 이질, 장티푸스, 파라티푸스, 페스트, 결핵, 한센병, 탄저, 브루셀라증(파상열), 리스테리아증 등
② 리케차(Rickettsia) : 발진티푸스, 발진열, 쯔쯔가무시증(양충병)
③ 바이러스(Virus) : 홍역, 일본뇌염, 두창, 회백수염(소아마비, 폴리오), 감염성 간염, 유행성 출혈열, 광견병, 유행성 이하선염 등
④ 스피로헤타 : 매독, 렙토스피라증, 서교증
⑤ 원충 : 말라리아, 아메바성 이질, 톡소플라스마, 아프리카수면병

TIP

감염병의 생성 과정
병원체 → 병원소 → (병원소로부터 병원체 탈출) → 전파 → (병원체의 침입) → 숙주의 감수성
이 중에 한 단계라도 빠지면 감염병은 생기지 않는다.

---

69 감염병을 예방할 수 있는 3대 요소가 아닌 것은?

① 숙 주
② 병 인
③ 물리적 요인
④ 환 경

해설 감염경로(환경), 감염원(병인), 숙주(감수성과 면역성)
정답 ③

70 다음 감염병 중 생후 가장 먼저 실시하는 것은?

① 홍 역　　② 백일해
③ 결 핵　　④ 파상풍

해설 결 핵
• 환자의 조기발견과 치료, 집단검진 → 투베르쿨린 검사, X선 간접촬영
• 예방접종(BCG : 결핵예방주사)
정답 ③

(2) 인체 침입구에 따른 분류

① 호흡기계 감염병 : 디프테리아, 홍역, 백일해, 천연두(두창), 유행성 이하선염, 풍진, 성홍열, 인플루엔자, 레지오넬라증, 수막구균성 수막염, 중증급성호흡기증후군 등

② 소화기계 감염병 : 콜레라, 장티푸스, 파라티푸스, 소아마비, 세균성 이질, 유행성 간염, 아메바성 이질

③ 경피침입 감염병 : 파상풍, 매독, 한센병 등

④ 절족동물 감염병

　㉠ 벼룩 : 페스트, 발진열, 재귀열

　㉡ 모기 : 말라리아, 일본뇌염, 황열, 사상충증, 뎅기열

　㉢ 파리 : 콜레라, 파라티푸스, 이질, 장티푸스, 결핵, 디프테리아

　㉣ 바퀴 : 이질, 콜레라, 장티푸스, 폴리오, 파상풍, 살모넬라증

　㉤ 쥐 : 재귀열, 발진열, 페스트, 유행성 출혈열

　㉥ 개 : 광견병

　㉦ 진드기 : 쯔쯔가무시증(양충병), 유행성 뇌염, 유행성 출혈열

(3) 기타 감염경로에 따른 분류

① 직접접촉 감염 : 피부병, 성병(매독, 임질), 풍진

② 간접접촉 감염

　㉠ 비말감염 : 환자의 기침, 재채기, 담화 등에 의한 감염(디프테리아, 성홍열, 인플루엔자, 백일해, 결핵)

　㉡ 진애감염 : 먼지에 의한 감염(결핵, 천연두, 디프테리아)

③ 개달물 감염 : 의복, 침구, 서적, 완구 등에 의한 감염(결핵, 트라코마, 천연두)

④ 수인성 감염병 : 콜레라, 장티푸스, 이질, 파라티푸스, 폴리오

⑤ 토양감염 : 파상풍, 구충(십이지장충)

⑥ 음식물 감염 : 콜레라, 이질, 장티푸스, 소아마비, 유행성 간염

---

71 다음 중 감염병의 감염원이 될 수 없는 것은?

① 환 자
② 보균자
③ 매개곤충
④ 광 선

해설 광선은 감염병의 감염원이 아니다.　　정답 ④

72 경구감염병의 독성과 거리가 먼 것은?

① 2차 감염과 면역성이 있다.
② 균이 미량이라도 감염된다.
③ 잠복기가 비교적 짧다.
④ 파상적으로 전파된다.

해설 잠복기가 짧고 2차 감염이 없는 것은 세균성 식중독의 특징이다.　　정답 ③

(4) 법정 감염병의 종류(감염병의 예방 및 관리에 관한 법률)

① 제1급 감염병

㉠ 생물테러감염병 또는 치명률이 높거나 집단 발생의 우려가 커서 발생 또는 유행 즉시 신고하여야 하고, 음압격리와 같은 높은 수준의 격리가 필요한 감염병

㉡ 에볼라바이러스병, 마버그열, 라싸열, 크리미안콩고출혈열, 남아메리카출혈열, 리프트밸리열, 두창, 페스트, 탄저, 보툴리눔독소증, 야토병, 신종감염병증후군, 중증급성호흡기증후군(SARS), 중동호흡기증후군(MERS), 동물인플루엔자 인체감염증, 신종인플루엔자, 디프테리아

② 제2급 감염병

㉠ 전파가능성을 고려하여 발생 또는 유행 시 24시간 이내에 신고하여야 하고, 격리가 필요한 감염병

㉡ 결핵, 수두, 홍역, 콜레라, 장티푸스, 파라티푸스, 세균성이질, 장출혈성대장균감염증, A형간염, 백일해, 유행성이하선염, 풍진, 폴리오, 수막구균 감염증, b형헤모필루스인플루엔자, 폐렴구균 감염증, 한센병, 성홍열, 반코마이신내성황색포도알균(VRSA) 감염증, 카바페넴내성장내세균목(CRE) 감염증, E형간염

③ 제3급 감염병

㉠ 그 발생을 계속 감시할 필요가 있어 발생 또는 유행 시 24시간 이내에 신고하여야 하는 감염병

㉡ 파상풍, B형간염, 일본뇌염, C형간염, 말라리아, 레지오넬라증, 비브리오패혈증, 발진티푸스, 발진열, 쯔쯔가무시증, 렙토스피라증, 브루셀라증, 공수병, 신증후군출혈열, 후천성면역결핍증(AIDS), 크로이츠펠트-야콥병(CJD) 및 변종크로이츠펠트-야콥병(vCJD), 황열, 뎅기열, 큐열(Q熱), 웨스트나일열, 라임병, 진드기매개뇌염, 유비저, 치쿤구니야열, 중증열성혈소판감소증후군(SFTS), 지카바이러스 감염증, 매독

TIP
법정 감염병
우리나라에서는 감염병의 발생과 유행을 방지하여 국민보건을 향상·증진시킬 목적으로 감염병예방법을 제정하였다.

---

73 집단감염이 잘 되며 항문 부위의 소양증이 있는 기생충은?

① 구 충 　② 회 충
③ 요 충 　④ 십이지장충

해설 요충 감염
• 기생충이 알을 낳는 밤에 항문 주위가 심하게 가렵다.
• 손으로 긁으면 항문 주위에 염증이 발생한다.
• 가벼운 복통 증상이 있다. 　정답 ③

74 다음 중 제2급 감염병이 아닌 것은?

① B형간염
② A형간염
③ 백일해
④ 성홍열

해설 B형간염은 제3급 감염병이다. 　정답 ①

④ 제4급 감염병

　㉠ 제1급 감염병부터 제3급 감염병까지의 감염병 외에 유행 여부를 조사하기 위하여 표본감시 활동이 필요한 감염병

　㉡ 인플루엔자, 회충증, 편충증, 요충증, 간흡충증, 폐흡충증, 장흡충증, 수족구병, 임질, 클라미디아감염증, 연성하감, 성기단순포진, 첨규콘딜롬, 반코마이신내성장알균(VRE) 감염증, 메티실린내성황색포도알균(MRSA) 감염증, 다제내성녹농균(MRPA) 감염증, 다제내성아시네토박터바우마니균(MRAB) 감염증, 장관감염증, 급성호흡기감염증, 해외유입기생충감염증, 엔테로바이러스감염증, 사람유두종바이러스 감염증

(5) 인수공통감염병

① 동물과 사람 간에 상호 전파되는 병원체에 의하여 발생되는 감염병 중 보건복지부장관이 고시하는 감염병

② 종류 : 장출혈성대장균감염증, 일본뇌염, 브루셀라증, 탄저, 공수병, 동물인플루엔자 인체감염증, 중증급성호흡기증후군(SARS), 변종크로이츠펠트-야콥병(vCJD), 큐열, 결핵

(6) 면역과 질병

① 면역의 종류

　㉠ 선천적 면역(자연면역) : 자연적으로 형성된 면역

　㉡ 후천적 면역

　　• 능동면역 : 자연능동면역(질병 감염 후 획득한 면역), 인공능동면역(예방접종으로 획득한 면역)

　　• 수동면역 : 자연수동면역(모체로부터 얻은 면역), 인공수동면역(면역혈청 등을 주사해서 얻어진 면역)

TIP

영구면역이 잘 되는 질병
홍역, 수두, 풍진, 유행성 이하선염, 백일해, 폴리오, 황열, 천연두 등

약한 면역만 형성되는 질병
인플루엔자, 이질, 디프테리아 등

면역이 형성되지 않는 질병(감염면역)
매독, 이질, 말라리아 등

---

75 인수공통감염병이 아닌 것은?

① 장티푸스, 구제역
② 브루셀라증, 일본뇌염
③ 결핵, Q열
④ 탄저, 공수병

[해설] 인수공통감염병으로 탄저, 결핵, Q열, 브루셀라증, 일본뇌염 등이 있다. [정답] ①

76 사람과 동물이 같은 병원체에 의하여 발생하는 질병은?

① 기생충성 질병
② 세균성 식중독
③ 법정 감염병
④ 인수공통감염병

[해설] 사람과 동물이 같은 병원체에 의하여 감염되는 감염병을 인수공통감염병이라고 한다. [정답] ④

② 예방접종(인공능동면역)
  ㉠ 기본접종
    • BCG(결핵예방주사) : 생후 4주 이내
    • 소아마비, DPT : 생후 6개월 이내 3회 접종
    • 홍역, 볼거리, 풍진 : 15개월
    • 일본뇌염 : 3~15세
  ㉡ 추가접종
    • DPT : 18개월, 4~6세, 11~13세 추가접종
    • 일본뇌염 : 매년
  ㉢ 인공능동면역을 위한 백신
    • 생균(독)백신 : 홍역, 결핵, 황열, 회백수염(소아마비), 탄저병
    • 사균(독)백신 : 콜레라, 백일해, 장티푸스, 파라티푸스, 일본뇌염, 폴리오
    • 순화독소(Toxoid) : 디프테리아, 파상풍
③ 잠복기를 갖는 감염병
  ㉠ 1주일 이내 잠복기 감염병 : 콜레라(가장 짧음), 성홍열, 이질, 파라티푸스, 디프테리아, 뇌염, 인플루엔자, 황열 등
  ㉡ 잠복기 1~2주일 : 발진티푸스, 홍역, 백일해, 폴리오, 장티푸스, 유행성 이하선염, 풍진
  ㉢ 잠복기가 가장 긴 것 : 한센병, 결핵

(7) 감염병의 예방대책
  ① 환자와 보균자를 조기에 발견하여 격리·치료한다.
  ② 동물이나 곤충은 조기에 박멸한다.
  ③ 면역력을 증강시켜 병원체에 대한 저항력을 기른다.

TIP
DPT : 디프테리아, 백일해, 파상풍

TIP
보균자
병의 증상은 나타나지 않지만 몸 안에 병원균을 가지고 있어 평상시 혹은 때때로 병원체를 배출하고 있는 자로서 건강 보균자, 잠복기 보균자, 병후 보균자가 있다.

건강 보균자
증상이 전혀 나타나지 않으면서 병원체를 배출하는 자

잠복기 보균자
잠복기 중 감염성이 있는 자

병후 보균자
임상 증상 소실 후 계속 병원체를 배출하는 자

---

77 공중보건상 감염병 관리 측면에서 가장 문제가 되는 것은?

① 동물 병원소   ② 환 자
③ 토양과 물   ④ 건강 보균자

해설 **건강 보균자**
증상이 전혀 나타나지 않으면서 병원체를 배출하는 자로, 공중보건상 감염병 관리면에서 가장 중요하고 어려운 자이다.

정답 ④

78 감염병 예방대책 중에서 감염경로에 대한 대책에 속하는 것은?

① 환자와의 접촉을 피한다.
② 보균자를 색출하여 격리한다.
③ 면역혈청을 주시한다.
④ 손을 소독한다.

해설 • 감염경로 대책 : 환경위생, 개인위생, 소독철저
• 감염원 대책 : 환자와의 접촉을 피하고, 보균자 색출 및 격리 수용
• 감수성 대책 : 예방접종 실시

정답 ④

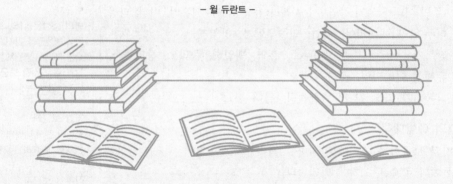

교육은 우리 자신의 무지를 점차 발견해 가는 과정이다.

- 윌 듀란트 -

PART 02

안전관리

개인 안전관리

1. 개인 안전사고 예방 및 사후조치

(1) 안전사고 예방 과정

위험요인 제거 → 위험요인 차단(안전방벽 설치) → 안전사고를 초래할 수 있는 오류(인적·기술적·조직적)의 예방 및 교정 → 제한(재발 방지를 위한 대응 및 개선)

(2) 개인 안전관리 점검표

구 분	내 용
인간(Man)	• 심리적 원인 : 망각, 걱정, 무의식적인 행동, 위험감각, 생략행위, 억측판단, 착오 등 • 생리적 원인 : 피로, 수면 부족, 신체기능, 알코올, 질병, 노화 등 • 작업환경적 원인 : 직장 내 인간관계, 리더십, 팀워크, 커뮤니케이션 등
기계(Machine)	• 기계설비의 설계상 결함 • 방호장치의 불량 • 안전의식의 부족(인간공학적 배려에 대한 이해 부족) • 표준화의 부족 • 점검 장비의 부족
매체(Media)	• 작업자세, 작업동작의 결함 • 부적절한 작업정보 및 방법 • 작업 공간 및 환경의 불량
관리(Management)	• 관리조직의 결함 • 불비 또는 불철저한 규정·매뉴얼 • 안전관리 계획의 불량 • 교육훈련의 부족 • 부하에 대한 지도 및 감독 부족 • 불충분한 적성 배치 • 건강관리 불량

---

01 다음 중 안전사고 예방 내용으로 옳지 않은 것은?

① 위험요인 제거
② 품질 향상
③ 위험발생 경감
④ 사고피해 경감

해설 품질 향상은 개인 안전사고 예방과 거리가 멀다.

정답 ②

02 재해의 원인 요소에 속하지 않는 것은?

① 인 간
② 기 계
③ 관 리
④ 환 경

해설 재해의 4가지 기본 원인(4M)은 Man, Machine, Media, Management이다.

정답 ④

(3) 개인 안전사고 사후조치

① **안전교육 실시** : 안전교육을 통해 상해, 사망 또는 재산 피해를 일으키는 불의의 사고를 예방할 수 있도록 한다.

② 응급조치

　㉠ 사고현장에서 부상자나 급성질환자에게 즉시 취하는 조치를 말하며, 전문 의료기관(119)에 신고하는 것도 포함한다.

　㉡ 응급상황 시 행동단계 : 현장조사 → 의료기관에 신고 → 처치 및 도움

2. 작업 안전관리

(1) 주방 내 재해 유형

① 절단, 찔림과 베임(주방에서 가장 많이 발생하는 사고)
② 화상과 데임
③ 미끄러짐
④ 끼임
⑤ 전기감전 및 누전
⑥ 유해화합물로 인한 피부질환

(2) 칼의 안전관리

① 칼 사용 시 정신을 집중하고 안정된 자세로 작업에 임한다.
② 칼로 캔을 따지 말고 기타 본래 목적 이외에는 사용하지 않는다.
③ 칼을 떨어뜨렸을 경우 잡으려 하지 말고 한 걸음 물러서서 피한다.
④ 칼을 들고 다른 장소로 이동 시 칼끝을 정면으로 두지 않으며 지면을 향하게 하고 칼날을 뒤로 가게 한다.
⑤ 칼을 보이지 않는 곳에 두거나 물이 든 싱크대 등에 담가 놓지 않는다.
⑥ 칼을 사용하지 않을 때에는 안전함에 넣어서 보관한다.

TIP
안전교육의 목적
• 불의의 사고를 예방한다.
• 일상생활에서 필요한 안전에 대한 지식, 기능, 태도 등을 이해시킨다.
• 안전한 생활을 위한 습관을 형성시킨다.
• 인간 생명의 존엄성에 대해 인식시킨다.

TIP
주방 내 사고 발생 시 대처 방법
• 작업을 중단하고 즉시 관리자에게 보고한다.
• 출혈이 있는 경우 상처부위를 눌러 지혈시키고 출혈부위를 심장보다 높게 한다.
• 환자가 움직일 수 있는 상황이면, 사고가 발생한 조리 장소로부터 격리한다.

03 다음 중 안전교육의 목적이 아닌 것은?

① 안전한 생활을 위한 습관을 형성한다.
② 불의의 사고를 사후에 예방한다.
③ 일상생활에서 필요한 안전에 대한 지식, 기능, 태도 등을 이해시킨다.
④ 인간 생명의 존엄성에 대해 인식시킨다.

해설 안전교육은 불의의 사고가 발생하지 않도록 사전에 예방하는 것이다. **정답 ②**

04 다음 중 주방에서 가장 많이 발생하는 재해 유형은?

① 절단, 찔림과 베임
② 화상과 데임
③ 미끄러짐
④ 전기감전

해설 절단, 찔림과 베임은 주방에서 가장 많이 발생하는 재해 유형이다. **정답 ①**

장비·도구 안전작업

1. 조리장비·도구 안전관리 지침

(1) 조리도구의 분류

구 분	목 적	종 류
준비도구	재료 손질과 조리 준비에 필요한 용품	앞치마, 머릿수건, 양수바구니, 야채바구니, 가위 등
조리도구	준비된 재료를 조리하는 과정에 필요한 용품	솥, 냄비, 팬 등
보조도구		주걱, 국자, 뒤집개, 집게 등
식사도구	식탁에 올려서 먹기 위해 사용되는 용품	그릇 및 용기, 쟁반류, 상류, 수저 등
정리도구	도구를 세척하고 보관하기 위해 사용되는 용품	수세미, 행주, 식기건조대, 세제 등

(2) 조리장비·도구 관리의 원칙

① 모든 조리장비와 도구는 사용방법과 기능을 충분히 숙지하고 전문가의 지시에 따라 정확히 사용해야 한다.

② 장비의 사용용도 이외 사용을 금해야 한다.

③ 장비나 도구에 무리가 가지 않도록 유의해야 한다.

④ 장비나 도구에 이상이 있을 경우 즉시 사용을 중지하고 적절한 조치를 취해야 한다.

⑤ 전기를 사용하는 장비나 도구의 경우 전기사용량과 사용법을 확인한 다음 사용해야 하며, 특히 수분의 접촉 여부에 신경을 써야 한다.

⑥ 사용 도중 모터에 물이나 이물질 등이 들어가지 않도록 항상 주의하고 청결하게 유지해야 한다.

(3) 조리장비·도구의 안전점검

① 일상점검 : 주방관리자가 매일 조리기구 및 장비를 사용하기 전에 육안으로 점검한다.

② 정기점검 : 안전관리책임자가 매년 1회 이상 정기적으로 점검한다.

③ 긴급점검 : 관리주체가 필요하다고 판단될 때 실시한다.

---

05 조리기기의 재질별 관리방법으로 옳지 않은 것은?

① 알루미늄제 냄비는 거친 솔을 사용하여 알칼리성 세제로 닦는다.

② 주철로 만든 국솥 등은 수세 후 습기를 건조시킨다.

③ 스테인리스 작업대는 중성세제로 닦는다.

④ 철강제의 구이 기계류는 세제로 씻고 건조시킨다.

해설 알루미늄제 냄비는 부드러운 솔을 사용해 중성세제로 닦는다.

정답 ①

06 다음 중 조리도구 결함이 의심되거나 사용 제한 중인 시설물의 사용 여부 등을 판단하기 위해 실시하는 점검은?

① 일상점검

② 정기점검

③ 긴급점검

④ 특별점검

정답 ④

　　　㉠ 손상점검 : 재해나 사고로 인한 구조적 손상 등에 의하여 긴급히 시행한다.

　　　㉡ 특별점검 : 결함이 의심되거나 사용 제한 중인 시설물의 사용 여부를 확인하고자 할 때 시행한다.

2. 조리장비 · 도구별 사고 예방방법

(1) 조리용 칼

① 작업 용도에 맞게 사용하고 사용이 끝나거나 운반할 때에는 칼집에 넣는다.

② 칼의 방향은 몸의 반대쪽으로 한다.

(2) 튀김기

① 적정량의 기름을 사용한다.

② 기름탱크에는 조리 시 물기가 튀지 않도록 주의하고, 청소 후에는 물기를 완전히 제거한다.

(3) 음식절단기

① 재료를 넣을 때에는 손으로 직접 넣지 않도록 한다.

② 작업 전 칼날의 상태와 이물질 등이 없는지 확인한다.

(4) 가스레인지

① 가스레인지 주변의 작업 공간을 충분히 확보한다.

② 가스관은 작업에 지장을 주지 않는 곳에 설치한다.

③ 가스레인지 사용 후 즉시 밸브를 잠근다.

---

07 가스레인지 사용 시 사고 예방방법으로 옳지 않은 것은?

① 가스레인지 주변의 작업 공간을 충분히 확보한다.

② 가스관은 작업에 지장을 주지 않는 곳에 설치한다.

③ 가스 누출 시에만 가스관을 점검한다.

④ 가스레인지 사용 후 즉시 밸브를 잠근다.

[해설] 정기적으로 가스관을 점검해야 한다.　　　[정답] ③

08 조리장비 및 도구의 사고 예방방법이 틀린 것은?

① 조리용 칼은 작업 용도에 맞게 사용하며, 칼의 방향은 몸의 앞쪽으로 한다.

② 음식절단기는 작업 전 칼날의 상태와 이물질 등이 있는지 확인한다.

③ 튀김기름은 적정량을 사용한다.

④ 가스레인지는 사용 후 즉시 밸브를 잠근다.

[해설] ① 칼의 방향은 몸의 반대쪽으로 한다.　　　[정답] ①

작업환경 안전관리

1. 작업장 환경관리

(1) 작업장의 시설관리

① 조명은 형광등 파손에 의한 유리조각의 비산을 막기 위하여 보호 커버가 설치되어 있어야 한다.
② 작업실 조도는 정해진 기준 이상(143~161lx)으로 유지되도록 하여야 한다.
③ 바닥 부분은 배수의 흐름으로 인한 교차오염이 없어야 하고, 파손, 구멍이 나거나 침하된 곳이 없어야 한다.
④ 내벽 부분은 파손, 구멍, 물이 새지 않고 배관, 환기구 등의 연결 부위가 밀폐되어 있어야 한다.
⑤ 작업장 환기 부분은 환기상태가 양호하여야 하며, 구역별 공기 흐름 상태가 적합해야 하고 급·배기시설의 관리상태가 양호해야 한다.
⑥ 작업장 배관 부분은 배관의 용도별로 구분이 되며, 배관 및 패킹의 재질이 적절하고, 파손으로 인한 제품오염 발생 가능성이 없어야 한다.

(2) 작업환경 안전관리

① 온도 및 습도관리
　㉠ 적정 온도 : 겨울에는 18.3~21.2℃, 여름에는 20.6~22.8℃ 사이를 유지
　㉡ 적정 습도 : 40~60%
② 조명과 바닥관리
　㉠ 조리작업장의 권장 조도는 143~161lx이다.
　㉡ 대부분의 작업장은 백열등이나 형광등을 사용한다.
　㉢ 스테인리스로 된 작업 테이블 및 기계는 작업장 내 눈부심의 주요 원인이다.
　㉣ 작업대에서 사용되는 날카로운 조리기구 등은 미끄럼 사고 등의 원인으로 재해로 발전할 수 있다.

---

09 다음 중 급식소의 배수시설에 대한 설명으로 옳은 것은?
① S트랩은 수조형에 속한다.
② 배수를 위한 물매는 1/10 이상으로 한다.
③ 찌꺼기가 많은 경우는 곡선형 트랩이 적합하다.
④ 트랩을 설치하면 하수도로부터의 악취를 방지할 수 있다.

해설 배수관의 악취방지 및 해충 등의 침입을 방지하기 위하여 트랩을 설치한다.
정답 ④

10 다음 중 조리실 바닥 재질의 조건으로 적합하지 않은 것은?
① 산, 알칼리, 열에 강해야 한다.
② 습기와 기름이 스며들지 않아야 한다.
③ 공사비와 유지비가 저렴하여야 한다.
④ 요철이 많아 미끄러지지 않도록 해야 한다.

해설 ④ 요철이 많으면 물과 오물이 고일 우려가 있다.
정답 ④

③ 채 광
⊙ 창의 방향은 남향으로 한다.
ⓛ 창의 면적은 방바닥 면적의 1/5~1/7, 벽 면적의 70%가 적당하고 조리장은 바닥 면적의 1/2~1/5가 적당하다.
ⓒ 입사각은 28°, 개각은 4~5° 이상이 좋다(입사각이 클수록 밝다).
ⓔ 창의 높이는 높을수록 밝다.
ⓜ 천장에 창이 있는 경우 보통 창의 3배 정도 밝은 효과를 얻을 수 있다.

④ 냉·난방
⊙ 적정 실내온도 : 실내의 최적온도는 18±2℃(16~20℃), 습도 40~70% 정도를 유지할 수 있도록 하고, 실내온도의 또 다른 조건은 하부와 상부의 온도가 일정해야 한다.
ⓛ 냉방 : 실내온도 26℃ 이상 시 필요하며, 실내외 온도차는 5~7℃ 이내가 적당하다.
ⓒ 난방 : 실내온도 10℃ 이하 시 필요하다.

2. 작업장 안전관리

(1) 작업장 내 안전사고의 발생 원인
① 인적 요인
⊙ 재난방지 관련 교육의 부재로 인한 안전지식의 결여
ⓛ 올바르지 못한 기구 등 시설물 사용
② 환경적 요인
⊙ 고온, 다습한 환경
ⓛ 노후된 시설

TIP
조리장비 사용 시 안전수칙
• 전기장비 사용 시 조리작업자의 손에 물기가 없어야 한다.
• 가스레인지 및 오븐은 사용 전후 전원 상태를 확인한다.
• 냉장, 냉동시설의 잠금장치를 확인한다.
• 조리장비의 사용방법을 철저히 익힌다.

---

11 채광에 지장이 없도록 하려면 창문의 입사각과 개각은 얼마 이상이 적당한가?
① 입사각 25°, 개각 1°
② 입사각 28°, 개각 5°
③ 입사각 20°, 개각 10°
④ 입사각 15°, 개각 3°
[해설] 입사각은 28°, 개각은 4~5° 이상이 좋다. [정답] ②

12 다음 중 냉방이 필요한 실내온도는?
① 30℃ 이상
② 26℃ 이상
③ 20℃ 이상
④ 15℃ 이상
[해설] 실내온도 26℃ 이상 시 냉방이 필요하다. [정답] ②

(2) 작업장 안전관리

① 안전관리시설 및 안전용품 관리

  ㉠ 사용 목적에 맞는 보호구를 갖추고 작업 시 반드시 착용한다.

  ㉡ 항상 사용할 수 있도록 하고 청결하게 보존, 유지한다.

  ㉢ 개인 전용으로 사용하도록 한다.

  ㉣ 작업자는 보호구의 착용을 생활화하여야 한다.

② 조리작업자의 안전수칙

  ㉠ 안전한 자세로 조리한다.

  ㉡ 규정된 조리복장을 착용한다.

  ㉢ 짐을 옮길 때 너무 무리하지 않으며 주변의 충돌을 감지한다.

  ㉣ 뜨거운 것을 만질 때는 장갑을 착용한다.

3. 화재 예방 및 조치방법

(1) 화재의 원인 점검

① 화재진압기 배치 및 사용

  ㉠ 인화성 물질의 적정 보관 여부를 점검한다.

  ㉡ 화재안전기준에 따른 소화전함, 소화기를 비치·관리한다.

  ㉢ 소화전함의 관리 상태를 점검한다.

② 화재 발생 시 대피 방안 확보

  ㉠ 출입구 및 복도, 통로 등에 적재물 비치 여부를 점검한다.

  ㉡ 비상통로 위치, 비상조명등 예비 전원 작동 상태를 점검한다.

  ㉢ 자동 확산 소화용구 설치의 적합성을 점검한다.

(2) 화재 발생 시 대처 요령

① 화재 시 경보를 울리고, 큰 소리로 주위에 알린다.

② 화재의 원인을 제거한다.

③ 소화기나 소화전을 사용하여 불을 끈다.

TIP

소화기의 종류
- 일반화재용(백색 바탕에 A표시) : 종이, 섬유, 나무 등 가연성 물질로 인한 화재 발생 시 사용
- 유류화재용(황색 바탕에 B표시) : 페인트, 알코올, 휘발유 등 가연성 액체나 기체로 인한 화재 발생 시 사용
- 전기화재용(청색 바탕에 C표시) : 전선, 전기기구 등에 인한 화재 발생 시 사용

---

13 조리장비 사용 시 안전수칙으로 옳지 않은 것은?

 ① 전기장비 사용 시 조리 작업자에 손에 물기가 조금 있어도 된다.

 ② 냉장·냉동시설의 잠금장치를 확인한다.

 ③ 조리장비의 사용방법을 철저히 숙지한다.

 ④ 가스레인지 및 오븐 사용 전후 전원 상태를 확인한다.

[해설] 전기 작업 시 절대 손에 물기가 있으면 안 된다.

정답 ①

14 화재 시 소화 작업으로 틀린 것은?

 ① 가열물질의 공급원을 차단시킨다.

 ② 산소의 공급을 차단한다.

 ③ 유류화재 시 표면에 물을 붓는다.

 ④ 점화원을 발화점 이하로 낮춘다.

[해설] 유류화재 시 표면에 물을 부으면 유류가 물 위에 떠서 불이 더욱 확산되므로 포말소화기, 이산화탄소소화기, 분말소화기 등을 사용해야 한다.

정답 ③

4. 산업안전보건법 및 관련 지침

(1) 산업안전보건법의 목적

산업안전 및 보건에 관한 기준을 확립하고 그 책임의 소재를 명확하게 하여 산업재해를 예방하고 쾌적한 작업환경을 조성함으로써 노무를 제공하는 사람의 안전 및 보건을 유지·증진함을 목적으로 한다.

(2) 산업보건의 의의

① 직업병의 예방과 작업능률의 향상에 의한 생산성 증대
② 근로자의 건강유지 및 관리에 의한 근로자의 권익보호
③ 산업환경 정비 및 산업재해 예방과 관리를 통한 기업 손실 방지

(3) 산업보건법 관련 지침

① **작업환경의 정비**
   ㉠ 채광, 환경, 진동, 소음, 방수, 재해예방 설비, 폐기물 처리시설 등을 정비한다.
   ㉡ 근로자의 후생복지시설(탈의실, 휴게실 등)을 설비한다.
② **산업의 합리화** : 근로자를 적재적소에 배치하고 작업시간 배분, 작업조건, 작업동작, 작업 강도에 따른 작업관리 등을 합리화한다.
③ **근로와 영양** : 근로 강도의 종류에 알맞은 열량과 영양소를 공급한다.
④ **여성 및 연소근로자 보호**

(4) 중대재해 발생 시 사업주의 조치

① 사업주는 중대재해가 발생하였을 때에는 즉시 해당 작업을 중지시키고 근로자를 작업장소에서 대피시키는 등 안전 및 보건에 관하여 필요한 조치를 하여야 한다.
② 사업주는 중대재해가 발생한 사실을 알게 된 경우에는 고용노동부령으로 정하는 바에 따라 지체 없이 고용노동부장관에게 보고하여야 한다. 다만, 천재지변 등 부득이한 사유가 발생한 경우에는 그 사유가 소멸되면 지체 없이 보고하여야 한다.

TIP
산업안전보건법 제54조 참고

---

15 산업보건의 의의와 거리가 먼 것은?

① 직업병 예방과 작업능률의 향상에 의한 생산성 증대
② 근로자의 건강유지 및 관리에 의한 근로자의 권익보호
③ 산업재해 예방과 관리를 통한 기업 손실 방지
④ 사업주를 위한 이익 추구

정답 ④

16 튀김기름에서 화재가 났을 때 적합한 소화방법은?

① 질식소화법
② 유화소화법
③ 제거소화법
④ 냉각소화법

정답 ②

교육이란 사람이 학교에서 배운 것을 잊어버린 후에 남은 것을 말한다.

– 알버트 아인슈타인 –

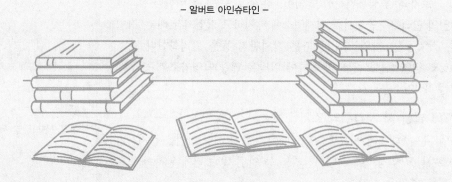

PART 03

재료관리

1. 수 분

(1) 수분의 종류

① 유리수(자유수) : 식품 중에 유리 상태로 존재하는 보통의 물

② 결합수 : 식품 중에 분자 간의 결합으로 분자의 일부분을 형성하는 물

(2) 유리수와 결합수의 차이점

① 유리수(자유수)

ㄱ 미생물의 생육 가능

ㄴ 건조로 쉽게 제거

ㄷ 0℃ 이하에서 동결

ㄹ 비점과 표면장력 ─┐

ㅁ 비중과 점성 ─────┘ 비점과 융점이 높음

ㅂ 용매로 작용

② 결합수

ㄱ 미생물 생육 불가능

ㄴ 쉽게 건조되지 않음

ㄷ 0℃ 이하에서도 동결되지 않음

ㄹ 100℃ 이상에서 가열해도 제거되지 않음

ㅁ 유리수보다 밀도가 큼

ㅂ 용매로 작용하지 못함

(3) 수분의 성질

① 인체 내에서 영양소의 운반, 노폐물의 제거·배설

② 체온을 일정하게 유지

③ 건조 상태의 것을 원상태로 회복

④ 열과 운동의 전달

TIP

수분의 중요성
물은 사람 체중의 약 2/3를 차지하므로 10% 이상 손실되면 발열, 경련, 혈액순환 장애가 생기고 20% 이상 상실하면 생명이 위험하다. 건강한 사람은 보통 1일 2~3L의 물을 섭취해야 한다.

---

01 식품 중 존재하는 수분에 대한 설명으로 바른 것은?

① 식품 중에서 유리수와 결합수는 각각 독립적으로 존재한다.

② 식품 내의 모든 수분은 0℃ 이하에서 모두 동결된다.

③ 식품 중 수분은 편의상 유리수와 결합수로 분류된다.

④ 식품 내의 수분은 압착하면 모두 제거될 수 있다.

[해설] 유리수는 0℃ 이하에서 동결되지만, 결합수는 0℃ 이하에서도 동결되지 않으며, 결합수는 쉽게 건조되지 않는 특징이 있다.

[정답] ③

02 자유수와 결합수에 대한 설명 중 틀린 것은?

① 자유수는 식품 내의 총수분량에서 결합수를 뺀 양이다.

② 식품을 냉동시키면 자유수, 결합수 모두 동결된다.

③ 식품 내의 여러 성분 물질을 녹이거나 분산시키는 물을 자유수라고 한다.

④ 식품 내의 어떤 물질과 결합되어 있는 물을 결합수라고 한다.

[해설] 결합수는 0℃ 이하에서도 동결되지 않는다.

[정답] ②

(4) 수분활성도(Aw ; Activity of Water)

① 임의의 어떤 온도에서 식품이 나타내는 수증기압을 그 온도의 순수한 물의 최대 수증기압으로 나눈 것이다.

② 수분활성도(Aw) = $\dfrac{\text{식품이 나타내는 수증기압(P)}}{\text{순수한 물의 최대 수증기압}(P_0)}$

③ 물의 수분활성도는 1이다.

④ 일반 식품의 수분활성도는 항상 1보다 작다[일반 식품의 수분활성도 (Aw) < 1].

⑤ 미생물은 수분활성도가 낮으면 생육이 억제된다.

⑥ 과실 및 채소, 어패류의 Aw는 0.90~0.98이며 곡류·콩류와 같이 수분이 적은 식품은 0.60~0.64이다.

2. 탄수화물

(1) 탄수화물의 특성

① **구성 원소** : 탄소(C), 수소(H), 산소(O)

② 탄수화물은 크게 소화되는 당질과 소화되지 않는 섬유소로 나뉜다.

③ 다량 섭취 시 간과 근육에 글리코젠으로 저장된다.

④ 대사과정에 비타민 B_1이 반드시 필요하다.

(2) 탄수화물의 분류

① **단당류** : 가수분해에 의하여 더이상 분해되지 않는 탄수화물이다.

㉠ 포도당(Glucose)
- 포유동물의 혈액 속에 약 0.1% 함유되어 있다.
- 동물체에는 글리코젠(Glycogen) 형태로 저장한다.
- 식물성 식품에 광범위하게 분포(포도 및 과실)한다.

TIP
미생물의 생육 수분 활성치
- 세균 : 0.94~0.99
- 효모 : 0.88
- 곰팡이 : 0.80

TIP
탄수화물의 기능
- 에너지의 공급원(1g당 4kcal)
- 높은 체내 소화 흡수율(98%)
- 단백질의 절약작용
- 지방의 완전 연소에 관여
- 혈당량 유지(0.1%)

---

03 수분활성도(Aw)에 대한 설명으로 틀린 것은?

① 말린 과일은 생과일보다 Aw가 낮다.
② 세균은 생육최저 Aw가 미생물 중에서 가장 낮다.
③ 효소활성은 Aw가 클수록 증가한다.
④ 소금이나 설탕은 가공식품의 Aw를 낮출 수 있다.

해설 순수한 물의 Aw는 1이며, Aw는 1보다 작다. 일반세균 0.90 이상, 효모 0.88 이상, 곰팡이 0.80 이상에서 성장이 가능하다. 효소활동과 갈변반응은 Aw가 낮은 만큼 반응이 억제된다.
정답 ②

04 다음 식품 중 열량원이 아닌 것은?

① 쌀
② 감 자
③ 풋고추
④ 돼지고기

해설 풋고추는 무기질 및 비타민의 함량이 높은 식품군이다.
정답 ③

TIP

당질의 감미도
- 과당 : 100~170
- 전화당 : 90~130
- 설탕 : 100
- 포도당 : 50~74
- 맥아당 : 35~60
- 갈락토스 : 33
- 유당 : 16~28

감미도가 강한 순서
과당 > 전화당 > 설탕 > 포도당 > 맥아당(엿당) > 갈락토스 > 유당(젖당)

ⓒ 과당(Fructose) : 당류 중 가장 단맛이 강하며 과일, 꽃 등에 존재하고 특히 벌꿀에 많다.

ⓒ 갈락토스(Galactose) : 포유동물의 유즙에 존재하며, 해조류나 두류에 다당류 형태로 존재한다.

ⓔ 만노스(Mannose) : 곤약, 감자, 백합뿌리 등에 존재한다.

② 이당류 : 수용성이며 단맛이 나는 2분자의 단당류가 결합된 당류이다.

ⓙ 자당(설탕, 서당 : Sucrose)
- 포도당과 과당이 결합된 당이다.
- 60℃ 전후에서 녹기 시작해 200℃에서 캐러멜화된다.
- 단맛이 강한 표준 감미료이다.
- 사탕수수나 사탕무에 함유되어 있다.
- 전화당 : 포도당과 과당이 1:1 비율로 섞여 있는 상태(벌꿀에 많음)이다.

ⓙ 맥아당(엿당 : Maltose)
- 포도당 두 분자가 결합된 당이다.
- 엿기름에 많고 소화·흡수가 빠르다.

ⓒ 젖당(유당 : Lactose)
- 포도당과 갈락토스가 결합된 당이다.
- 동물의 유즙에 함유되어 있다.
- 당류 중 단맛이 가장 약하다.
- 유산균, 젖산균의 살균작용과 정장작용에 도움을 준다.
- 칼슘과 인의 흡수에 도움을 준다.

③ 다당류 : 단맛이 없으며 불용성인 다수의 단당류가 결합된 것이다.

ⓙ 전분(녹말 : Starch)
- 다수의 포도당으로 구성된 당이다.
- 냉수에는 잘 녹지 않고, 열탕에 의해 팽윤·용해되어 풀처럼 된다.
- 단맛은 거의 없고, 식물의 뿌리·줄기·잎 등에 존재한다.

---

05 다음 영양소 중 우리 몸을 구성하는 기능을 하는 영양소는?

① 비타민, 수분
② 탄수화물, 지방
③ 단백질, 무기질
④ 단백질, 비타민

[해설] 구성영양소
인체조직을 구성하는 영양소 : 단백질, 지질, 무기질, 수분 등

정답 ③

06 다음 중 전화당의 구성성분과 그 비율이 옳은 것은?

① 포도당 : 과당이 1:1인 당
② 포도당 : 맥아당이 2:1인 당
③ 포도당 : 과당이 3:2인 당
④ 포도당 : 자당이 4:1인 당

[해설] 전화당은 포도당과 과당이 1:1 비율로 섞여 있는 상태를 말한다.

정답 ①

ⓛ 글리코젠(Glycogen) : 동물체의 저장 탄수화물로 간, 근육, 조개류에 많이 함유되어 있다.

ⓒ 섬유소(Cellulose) : 체내에서 분해효소가 없어 소화되지 않으나 정장작용을 촉진시켜 변비를 예방한다.

ⓔ 펙틴(Pectin)
- 세포벽에 존재하는 감귤류의 껍질에 많이 함유되어 있다.
- 과실의 뿌리, 줄기, 잎 등에서 세포벽과 세포벽을 결착시켜 준다.
- 겔화시키는 성질 때문에 잼이나 젤리를 만드는 데 이용한다.

ⓜ 키틴(Chitin) : 새우, 게 껍질에 함유되어 있다.

ⓗ 이눌린(Inulin)
- 과당의 결합체이다.
- 우엉, 돼지감자에 많이 함유되어 있다.

ⓢ 아가(Agar : 한천)
- 우뭇가사리와 같은 홍조류의 세포성분이다.
- 양갱이나 젤리 등에 이용된다.

ⓞ 알긴산(Alginic Acid)
- 미역과 같은 갈조류의 세포막 성분이다.
- 아이스크림이나 냉동과자의 안정제로 쓰인다.

3. 단백질

(1) 단백질의 특성

① 탄소(C), 수소(H), 산소(O), 질소(N)로 구성되어 있고, 그 밖에 황(S), 인(P) 등도 함유하고 있다.

② 수천·수만 개의 아미노산의 펩타이드 결합(CO–NH)으로 이루어져 있다.

③ 질소 함량이 평균 16%로 식품 중의 질소함량에 6.25를 곱하면 단백질의 양이 된다.

TIP

전분의 이용
맥아(엿기름) : 보리를 8일간 20~25℃에서 1.7~2.0배가 되도록 발아시킨 것
- 단맥아 : 고온에서 발아시켜 싹이 짧은 것(맥주 양조용)
- 장맥아 : 저온에서 발아시켜 싹의 길이가 긴 것(식혜)

---

07 다음 중 당질의 구성요소가 아닌 것은?

① 탄 소
② 산 소
③ 질 소
④ 수 소

해설 당질의 구성은 탄소(C), 수소(H), 산소(O)가 1 : 2 : 1의 비율로 되어 있다.
정답 ③

08 다음 중 경단백질로서 가열에 의해 유도단백질로 변하는 것은?

① 히스톤(Histone)
② 엘라스틴(Elastin)
③ 케라틴(Keratin)
④ 콜라겐(Collagen)

해설 콜라겐은 동물의 뼈, 가죽, 연골 등을 구성하는 경단백질로 끓이면 유도단백질인 젤라틴이 된다.
정답 ④

(2) 단백질의 분류

① 영양학적 분류

㉠ 완전단백질 : 생명유지와 성장에 필요한 모든 필수아미노산이 충분히 들어 있는 단백질(달걀, 우유 등의 모든 동물성 단백질, 콩 단백질)

㉡ 부분적 불완전단백질 : 동물성장과 생육에 필요한 필수아미노산을 모두 함유하고 있으나 아미노산의 함량이 부족한 단백질(식물성 단백질인 쌀의 오리제닌, 보리의 홀데인)

㉢ 불완전단백질 : 생명을 유지하거나 어린이들이 성장하기에 충분한 양의 필수아미노산을 갖고 있지 못한 단백질로 불완전단백질을 섭취해서는 동물의 성장과 유지가 어려움(젤라틴, 옥수수의 제인)

② 구성성분에 따른 분류

㉠ 단순단백질 : 아미노산으로만 구성된 단백질(알부민, 글로불린류, 글루테닌류, 프롤라민, 히스톤 등)

㉡ 복합단백질 : 단백질과 비단백질 성분으로 구성된 복합형 단백질(핵단백질, 인단백질, 당단백질, 지단백질 등)

㉢ 유도단백질 : 단백질이 열, 산, 알칼리 등의 작용으로 변성되거나 분해된 단백질

- 1차 유도단백질 : 콜라겐을 물과 가열할 때 얻어지는 젤라틴, 프로테인 등
- 2차 유도단백질 : 프로테오스(Proteose), 펩톤, 펩타이드, 아미노산 등

(3) 아미노산 보강

① 불완전한 단백질을 영양적으로 보완시키는 것

② 쌀(라이신 부족) + 콩(라이신 풍부) = 콩밥(단백질 공급이 완전한 형태)

---

09 필수아미노산 중 어린이에게 필요한 필수아미노산은?

① 트레오닌

② 류 신

③ 아르지닌

④ 아이소류신

[해설] 아르지닌은 성장기까지는 필수아미노산이나 성인이 되면 체내에서 합성이 가능하여 비필수아미노산이 된다. [정답] ③

10 꽁치 160g의 단백질 양은?(단, 꽁치 100g당 단백질 양 : 24.9g)

① 28.7g ② 34.6g

③ 39.8g ④ 43.2g

[해설] $100 : 24.9 = 160 : x$

$x = 39.84g$ [정답] ③

(4) 단백질의 기능

① **성장 및 체조직의 구성**(체조직, 혈액단백질, 피부, 효소, 항체, 호르몬 구성)

② **생리적 조절** : 삼투압, 체내의 수분함량, 체내의 pH 조절

③ 1g당 4kcal의 에너지를 발생시킴

④ 전체 에너지 섭취량의 15% 섭취

4. 지 질

(1) 지질의 특성

① 탄소(C), 수소(H), 산소(O)로 구성된다.

② 지방산과 글리세롤이 결합한 에스테르(Ester)이다.

③ 물에 녹지 않고 유기용매(에테르, 벤젠, 클로로포름, 사염화탄소 등)에 녹는다.

(2) 지질의 분류

① **단순지질(중성지방)** : 지방산과 글리세롤이 결합한 에스테르(지방, 왁스)

② **복합지질** : 단순지질에 다른 화합물이 더 결합된 지질(인지질 = 단순지질 + 인, 당지질 = 단순지질 + 당)

③ **유도지질** : 단순지질과 복합지질의 가수분해로 생성되는 물질(스테로이드 콜레스테롤, 에르고스테롤, 스콸렌 등)

(3) 지방산의 분류

① **포화지방산**

㉠ 이중 결합이 없고 융점이 높아 상온에서 고체로 존재한다.

㉡ 동물성 지방에 많이 함유되어 있다(스테아르산, 팔미트산 등).

② **불포화지방산**

㉠ 융점이 낮아 상온에서 액체로 존재하며 이중 결합이 있는 지방산이다.

㉡ 식물성 유지 또는 어류에 많이 함유되어 있다.

> **TIP**
> **왁스(Wax)**
> 왁스는 고급 알코올과 고급지방산의 에스테르로서 동식물 표면의 보호물질로 수분증발을 막는다.

---

11 트랜스지방은 식물성 기름에 어떤 원소를 첨가하는 과정에서 발생하는가?

① 수 소
② 질 소
③ 산 소
④ 탄 소

[해설] 트랜스지방은 식물성 기름에 산패를 억제하기 위해 수소를 첨가하는 과정에서 발생하는 지방이다.　　　[정답] ①

12 다음 중 지방질이 아닌 것은?

① 당지질
② 왁 스
③ 글리코젠
④ 콜레스테롤

[해설] 글리코젠은 동물의 저장 탄수화물로 주로 간, 근육, 조개류에 함유되어 있다.　　　[정답] ③

   © 올레산(Oleic Acid), 리놀레산(Linoleic Acid), 리놀렌산(Linolenic Acid), 아라키돈산(Arachidonic Acid) 등이 있다.
  ③ 필수지방산
   ⊙ 성장에 필수적인 것으로 비타민 F라고도 하며, 체내에서 합성되지 않기 때문에 식사를 통해 공급받아야 하는 지방산이다.
   © 대두유, 옥수수유, 식물성유와 생선의 간유에 다량 함유되어 있다.
   © 종류 : 리놀레산, 리놀렌산, 아라키돈산 등이 있다.
   ② 결핍증 : 피부염, 성장지연 등이 나타난다.

(4) 지질의 기능적 성질
  ① 유화(에멀션화 : Emulsification) : 다른 물질과 기름이 잘 섞이게 하는 작용으로 수중유적형(O/W)과 유중수적형(W/O)이 있다.
   ⊙ 수중유적형(O/W) : 물에 기름이 분산되어 있는 형태(우유, 마요네즈 등)
   © 유중수적형(W/O) : 기름 중에 물이 분산되어 있는 형태(버터, 마가린 등)
  ② 가수소화(경화 : Hardening of Oil) : 액체 상태의 기름에 H_2(수소)를 첨가하고 Ni(니켈), Pt(백금)을 넣어 고체형의 기름으로 만든 것을 말한다(마가린, 쇼트닝).
  ③ 연화작용(Shortening) : 밀가루 반죽에 유지를 첨가하면 반죽 내에서 지방을 형성하여 전분과 글루텐과의 결합을 방해한다.
  ④ 가소성(Plasticity) : 외부조건에 의하여 유지의 상태가 변했다가 외부조건을 원상태로 복구해도 유지의 변형상태로 그대로 유지되는 성질을 의미한다.
  ⑤ 검화(비누화 : Saponification) : 지방이 NaOH(수산화나트륨)에 의하여 가수분해되어 지방산의 Na염(비누)을 생성하는 현상을 말한다. 저급 지방산이 많을수록 비누화가 잘 된다.

---

13 다음 중 수중유적형(Oil in Water : O/W) 식품끼리 짝지어진 것은?

 ① 마요네즈, 버터
 ② 우유, 마요네즈
 ③ 우유, 마가린
 ④ 마가린, 버터

해설 버터, 마가린은 유중수적형(W/O)에 해당한다. 정답 ②

14 지질의 구성성분은?

 ① 산소와 질소
 ② 포도당과 지방산
 ③ 아미노산
 ④ 지방산과 글리세롤

해설 지질의 구성성분
지방산(3분자)과 글리세롤(1분자)의 에스테르 결합
 정답 ④

⑥ 아이오딘가(불포화도) : 유지 100g 중에 첨가되는 아이오딘의 g수를 아이오딘가라 한다. 아이오딘가가 높다는 것은 불포화도가 높다는 것을 의미한다.

(5) 지질의 기능

① 필수지방산과 지용성 비타민 A, D, E, K의 흡수를 좋게 한다.
② 발생하는 열량이 높고(1g당 9kcal), 포만감이 있다.
③ 지방조직과 세포막·호르몬 등의 구성성분으로 생리작용에 관여한다.
④ 콜레스테롤은 담즙산과 호르몬의 전구체이다.

5. 비타민

비타민은 크게 기름에 용해되는 지용성 비타민(비타민 A, D, E, K)과 물에 잘 용해되는 수용성 비타민(비타민 B군, C, 나이아신)으로 크게 나뉜다. 인체 내 미량으로 필요한 유기물로서 식품을 통해 공급받아야 하며, 대사작용의 조절물질로 이용된다.

(1) 지용성 비타민과 수용성 비타민

① 지용성 비타민
  ㉠ 기름에 잘 용해된다.
  ㉡ 기름과 함께 섭취했을 때 흡수율이 증가한다.
  ㉢ 과잉 섭취 시 체내에 저장된다.
  ㉣ 결핍증이 서서히 나타난다.
  ㉤ 매일 식사 때마다 공급받을 필요는 없다.
② 수용성 비타민
  ㉠ 물에 잘 용해된다.
  ㉡ 과잉 섭취 시 필요한 만큼만 체내에 남고 모두 몸 밖으로 배출된다.
  ㉢ 결핍증이 바로 나타난다.
  ㉣ 매일 식사에서 필요로 하는 양만큼 충분히 섭취해야 한다.

TIP

기초대사량
• 체표면적이 클수록 높다.
• 지방질보다 근육질이 높다.
• 여자보다 남자가 높다.
• 기온이 높을 때보다 낮을 때가 높다.

트랜스지방산
• 불포화지방산인 식물성 기름을 가공식품으로 만들 때 산패를 억제하기 위해 수소를 첨가하는 과정에서 생기는 지방산
• 액체 상태의 식물성 기름을 마가린·쇼트닝 같은 유지나 마요네즈 같은 양념 등 고체·반고체 상태로 가공할 때 산패를 억제할 목적으로 수소를 첨가하는 과정에서 생성되는 지방산

---

15 지용성 비타민만으로 된 항목은?

① 비타민 A, D, E, K
② 비타민 A, B, E, P
③ 비타민 B, C, P, K
④ 비타민 C, D, E, P

해설 • 지용성 비타민 : 비타민 A, D, E, K
• 수용성 비타민 : 비타민 B₁, B₂, B₆, B₁₂, C, H, L, P, 니코틴산, 폴산, 이노시톨, 콜린, 판토텐산   정답 ①

16 비타민의 특성 또는 기능인 것은?

① 에너지로 사용된다.
② 많은 양이 필요하다.
③ 일반적으로 체내에서 합성된다.
④ 체내에서 조절물질로 사용된다.

해설 비타민은 체내의 생리작용을 조절하는 역할을 한다.
정답 ④

비타민 C 파괴효소
(Ascorbinase : 아스코르비나제)
당근, 무, 오이 등에는 비타민 C를
파괴하는 아스코르비나제라는 효
소가 함유되어 있어서 아스코르비
나제가 많이 들어 있는 식품과 비
타민 C가 많은 식품을 섞어서 방치
하면 비타민 C의 파괴가 크다.

(2) 비타민의 기능과 특성

① 인체 내에 없어서는 안 될 필수 물질이지만 미량 필요하다.

② 에너지나 신체 구성물질로 사용되지 않는다.

③ 대사작용 조절물질, 즉 보조효소의 역할을 한다.

④ 여러 가지 결핍증을 예방한다.

⑤ 대부분 체내에서 합성되지 않으므로 음식을 통해서 공급되어야 한다.

(3) 비타민의 종류와 특성

① 지용성 비타민

  ㉠ 비타민 A(Retinol : 레티놀)

  • 생리작용 : 상피세포를 보호하고 눈의 작용을 좋게 한다.

  • 특징 : 식물성 식품에는 카로틴이라는 물질이 포함되어 있어서 동물의 몸에 들어오면 비타민 A로서의 효력을 갖는다.

  • 결핍증 : **야맹증**, 안구 건조증 등

  • 급원식품 : 간, 난황, 버터, 시금치, 당근 등

  ㉡ 비타민 D(Calciferol : 칼시페롤)

  • 생리작용 : 골격과 치아의 발육을 돕는다.

  • 특징 : 비타민 D는 반드시 식품에서 섭취하지 않아도 자외선에 의해 인체 내에서 합성된다.

  • 비타민 D의 기원 : 에르고스테롤 $\xrightarrow{\text{자외선}}$ 에르고스칼시페롤

  • 결핍증 : **구루병**

  • 급원식품 : 건조식품(말린 생선류, 버섯류)

  ㉢ 비타민 E(Tocopherol : 토코페롤)

  • 생리작용 : 불포화지방산에 대한 **항산화제**로의 역할을 하고 인체 내에서는 노화를 방지한다.

  • 특징 : 지질 섭취 시 흡수율이 좋아진다.

  • 결핍증 : 사람에게는 **노화촉진**, 동물에게는 불임증을 일으킨다.

  • 급원식품 : 곡물의 배아, 식물성유, 푸른잎 채소 등

---

17 비타민 A의 전구물질로 당근, 호박, 고구마, 시금치에 많이 들어 있는 성분은?

① 안토시안(Anthocyan)

② 카로틴(Carotene)

③ 에르고스테롤(Ergosterol)

④ 라이코펜(Lycopene)

해설 카로틴은 녹황색 채소에 많이 함유되어 있고 체내에 흡수되면 비타민 A로 전환한다. 정답 ②

18 카로틴(Carotene)은 동물 체내에서 어떤 비타민으로 변하는가?

① 비타민 D

② 비타민 B₁

③ 비타민 A

④ 비타민 C

해설 카로틴은 당근, 시금치, 풋고추, 살구 등에 많이 함유되어 있으며, 체내에서 비타민 A로 전환되어 시각·광합성 등에 중요한 기능을 한다. 정답 ③

ⓔ 비타민 K₁(Phylloquinone : 필로퀴논)

- 생리작용 : 혈액응고에 관여하여 지혈작용을 한다.
- 특징 : 장내세균에 의해 인체 내에서 합성
- 결핍증 : **혈액응고가 지연**된다.
- 급원식품 : 녹색 채소, 토마토, 콩, 달걀 등

② **수용성 비타민**

ⓐ 비타민 B₁(Thiamine : 티아민)

- 생리작용 : 탄수화물 대사작용에 필수적인 보조효소로 식사 중 당질을 많이 섭취하는 한국인에게 꼭 필요한 요소이다.
- 특징 : 마늘의 매운맛 성분인 알리신에 의하여 흡수율이 증가한다.
- 결핍증 : **각기병**
- 급원식품 : 돼지고기, 곡류의 배아 등

ⓑ 비타민 B₂(Riboflavin : 리보플라빈)

- 생리작용 : 성장촉진과 피부점막 보호작용을 한다.
- 결핍증 : **구순염, 구각염**
- 급원식품 : 우유, 간, 고기, 씨눈

ⓒ 비타민 B₆(Pyridoxine : 피리독신)

- 생리작용 : 항피부염 인자로서 단백질 대사작용과 지방합성에 관여
- 특징 : 열에는 안정하나 빛에는 분해됨
- 결핍증 : **피부염**
- 급원식품 : 간, 효모, 배아

ⓓ 비타민 B₁₂(Cyanocobalamin : 사이아노코발라민)

- 생리작용 : 성장 촉진작용과 조혈작용에 관여한다.
- 특징 : Co(코발트)와 P(인)을 함유하고 있는 비타민이다.
- 결핍증 : **악성빈혈**
- 급원식품 : 살코기, 선지 등

TIP
각기병
쌀의 도정 과정에서 비타민 B₁이 제거되기 때문에 정제된 쌀을 주식으로 하는 사람에게 주로 발생한다. 이 병은 19세기 이전 아시아에서 주로 발생하였고 팔·다리에 부종이 나타나며 주로 신경계, 피부, 근육, 소화기, 심혈관계에 영향을 끼친다.

---

19 영양결핍 증상과 원인이 되는 영양소가 잘못 연결된 것은?

① 구각염 – 비타민 B₁₂
② 빈혈 – 철분
③ 괴혈증 – 비타민 C
④ 야맹증 – 비타민 A

[해설] 비타민 B₂의 결핍 시 구각염이 발생한다. B₁₂의 결핍 시에는 악성빈혈이 발생한다. [정답] ①

20 다음 중 수용성 비타민의 특징이 아닌 것은?

① 물에 잘 용해된다.
② 기름과 함께 섭취하면 흡수율이 증가한다.
③ 비타민 B군, 비타민 C, 나이아신은 수용성 비타민이다.
④ 결핍증이 바로 나타난다.

[해설] ②는 지용성 비타민의 특징이다. [정답] ②

ⓜ 나이아신(Nicotinic Acid : 니코틴산)
- 생리작용 : 탄수화물의 대사작용을 증진시키며 펠라그라 피부염을 예방한다.
- 특징 : 필수아미노산인 트립토판 60mg으로 나이아신 1mg을 생성한다.
- 결핍증 : **펠라그라**(설사, 피부병, 우울증)
- 급원식품 : 닭고기, 생선, 유제품, 땅콩, 두류 등
ⓑ 비타민 C(Ascorbic Acid : 아스코르브산)
- 생리작용 : 체내의 산화·환원작용에 관여하고 세포질의 성장을 촉진시키는 단백질 대사에 작용한다.
- 특징 : 물에 잘 녹고 열에 의해 쉽게 파괴되므로 조리 시 가장 많이 손실되는 영양소이다.
- 결핍증 : **괴혈병**
- 급원식품 : 신선한 채소, 과일

6. 무기질

식품이 함유하고 있는 무기질의 종류에 따라 산성 식품과 알칼리성 식품으로 나뉜다.

(1) 무기질의 기능
① 산과 염기의 평형을 유지한다.
② 신경의 자극전달에 필수적이다.
③ 생리적 반응을 위한 촉매제로 이용한다.
④ 수분의 평형유지에 관여한다.
⑤ 세포의 삼투압을 조절한다.
⑥ **뼈**, 치아의 구성성분이다.

TIP
알칼리성 식품
나트륨, 칼슘, 칼륨, 마그네슘을 함유한 식품 → 채소, 과일, 우유, 기름, 굴 등

산성 식품
인, 황, 염소를 함유한 식품 → 곡류, 육류, 어패류, 달걀류

---

21 쌀에서 섭취한 전분이 체내에서 에너지를 발생하기 위해 반드시 필요한 것은?

① 비타민 A
② 비타민 B_1
③ 비타민 C
④ 비타민 D

[해설] 비타민 B_1은 탄수화물의 대사를 촉진한다. [정답] ②

22 일반적으로 채소의 조리 시 가장 손실되기 쉬운 성분은?

① 비타민 E
② 비타민 A
③ 비타민 B_6
④ 비타민 C

[해설] 비타민 C는 수용성이기 때문에 물에 씻겨 나갈 우려가 있고, 철과 접촉하면 쉽게 산화되며 열에 약하다. [정답] ④

(2) 무기질의 종류

① 칼슘(Ca)
㉠ 골격과 치아를 구성한다.
㉡ 비타민 K와 함께 혈액응고에 관여한다.
㉢ 비타민 D와 함께 섭취 시 칼슘 흡수를 촉진한다.
㉣ 칼슘 흡수를 방해하는 인자는 수산으로 칼슘과 결합하여 결석을 형성한다.
㉤ 결핍증 : 골다공증, 골격과 치아의 발육 불량
㉥ 급원식품 : 우유 및 유제품, 멸치, 뼈째 먹는 생선

② 인(P)
㉠ 인지질과 핵단백질의 구성성분이다.
㉡ 칼슘과 함께 뼈와 치아를 구성한다.
㉢ 칼슘과 인의 섭취비율은 정상 성인 1 : 1, 성장기 어린이 2 : 1이다.
㉣ 결핍증 : 골격과 치아의 발육불량
㉤ 급원식품 : 곡류

③ 나트륨(Na)
㉠ 수분균형 유지 및 삼투압 조절을 한다.
㉡ 산과 염기의 평형유지, 근육수축에 관여한다.
㉢ 과다 섭취 시 고혈압과 심장병 유발 원인이 된다.

④ 칼륨(K)
㉠ 삼투압 조절, 수분균형 유지, 신경의 자극전달 작용을 한다.
㉡ NaCl과 같은 작용을 하며 세포 내에 존재한다.

⑤ 철(Fe)
㉠ 헤모글로빈(혈색소)을 구성하는 성분이다.
㉡ 결핍증 : 철분 결핍성 빈혈
㉢ 급원식품 : 간, 난황, 육류, 녹황색 채소류 등

TIP
칼슘(Ca)
• 칼슘 흡수를 도와주는 영양성분은 비타민 D이므로 등푸른 생선, 꽁치, 고등어, 무말랭이, 표고버섯 등을 같이 먹으면 효과적이다.
• 칼슘 흡수를 방해하는 음식은 시금치의 옥살산이 있다. 칼슘과 결합하여 물에 녹지 않아 흡수를 방해한다.

---

23 무기질의 기능과 무관한 것은?
① 열량원
② 효소작용 촉진
③ 체액의 pH 조절
④ 체액의 삼투압 조절

[해설] 무기질은 체내의 생리작용을 조절하여 대사를 원활하게 하는 영양소이다. **정답 ①**

24 무기질의 종류에 따른 특징이 잘못 연결된 것은?
① 칼슘 – 뼈·치아를 구성한다.
② 나트륨 – 산·염기의 평형을 조절한다.
③ 철분 – 삼투압을 조절한다.
④ 아이오딘 – 갑상선 호르몬의 구성성분이다.

[해설] 철분은 헤모글로빈을 구성하는 성분이다. **정답 ③**

⑥ 플루오린(F)

　　㉠ 골격과 치아를 단단하게 한다.

　　㉡ 결핍증 : **우치(충치)**

　　㉢ 과잉증 : **반상치**

　　㉣ 급원식품 : 해조류 등

⑦ 아이오딘(I)

　　㉠ 갑상선 호르몬(티록신)을 구성하는 성분이다.

　　㉡ 유즙 분비 촉진작용을 한다.

　　㉢ 결핍증 : **갑상선종**, 발육정지

　　㉣ 과잉증 : 바세도우씨병, 말단 비대증, 갑상선 기능 항진증

　　㉤ 급원식품 : 해조류, 미역, 다시마 등

⑧ 코발트(Co)

　　㉠ 비타민 B_{12}의 구성성분이다.

　　㉡ 헤모글로빈 생성에 필요하다.

　　㉢ 조혈작용을 한다.

　　㉣ 효소작용의 활성화에 참여한다.

　　㉤ 결핍증 : 빈혈

　　㉥ 급원식품 : 쌀, 콩

7. 식품의 맛

(1) 기본적인 맛(Henning의 4원미)

① 단 맛

　　㉠ 포도당, 과당, 맥아당 등의 단당류, 이당류

　　㉡ 천연 감미료 : 당류, 당알코올, 아미노산 및 펩타이드

　　㉢ 인공 감미료 : 아스파탐

---

25 칼슘의 흡수를 방해하는 인자는?

① 유 당

② 위 액

③ 옥살산

④ 비타민 C

해설 수산(옥살산)은 시금치, 근대 등의 채소에 함유되어 있으며 칼슘의 흡수를 방해한다. 비타민 D는 칼슘 흡수를 촉진시키는 인자이다.　　정답 ③

26 칼슘의 기능이 아닌 것은?

① 골격, 치아 구성

② 혈액의 응고작용

③ 헤모글로빈 형성

④ 신경의 전달

해설 헤모글로빈 구성은 철(Fe)의 기능이다.　　정답 ③

② 짠맛 : 염화나트륨(소금)

③ 신맛 : 식초산, 구연산(감귤류, 살구), 주석산(포도)

④ 쓴 맛

　㉠ 카페인 : 커피

　㉡ 테오브로민(Theobromine) : 코코아

　㉢ 타닌(Tannin), 테인(Theine) : 차류

　㉣ 후물론 : 맥주(호프)

　㉤ 오이의 녹색 꼭지 부분 : 쿠쿠르비타신(Cucurbitacin)

TIP
맛을 느끼는 최적 온도
- 쓴맛 : 40~50℃
- 짠맛 : 30~40℃
- 매운맛 : 50~60℃
- 단맛 : 20~50℃
- 신맛 : 5~25℃

(2) 기타 보조적인 맛

① 맛난맛

　㉠ 이노신산 : 가다랑어(가다랭이) 말린 것(가다랑어포), 멸치

　㉡ 글루타민산 : 다시마, 된장

　㉢ 시스테인, 라이신 : 육류, 어류

　㉣ 호박산 : 조개류

② 매운맛

　㉠ 매운맛은 미각신경을 강하게 자극할 때 형성되는 맛으로 통각에
　　가까움

　㉡ 매운맛은 60℃ 정도에서 가장 강하게 느껴짐

③ 떫은맛

　㉠ 미숙한 과일에서 느껴지는 불쾌한 맛

　㉡ 단백질의 응고작용으로 발생

　㉢ 타닌 성분 : 미숙한 과일에 포함되어 있는 떫은맛의 폴리페놀 성분(타
　　닌은 인체 내에서 변비 유발)

④ 아린맛

　㉠ 쓴맛과 떫은맛이 혼합된 맛

　㉡ 죽순, 토란, 고사리에서 느낄 수 있는 맛

TIP
미각 분포도
- 단맛 : 혀의 앞부분(끝부분)
- 짠맛 : 혀 전체
- 신맛 : 혀의 양쪽 둘레
- 쓴맛 : 혀의 안쪽 부분

---

27 마늘의 매운맛과 향을 내는 것은?

① 마이로신(Myrosine)

② 알리신(Allicin)

③ 아스타신(Astacin)

④ 알라닌(Alanine)

[해설] 알리신은 매운맛 성분으로 비타민 B_1과 결합하여 비타민 B_1의 흡수를 돕는다.　　[정답] ②

28 차, 커피, 코코아, 과일 등에서 수렴성 맛을 주는 성분은?

① 타 닌

② 엽록소

③ 카로틴

④ 안토시안

[해설] 타닌은 수렴성(떫은맛)이다.　　[정답] ①

⑤ 식품의 특수성분

ㄱ 고추 : 캡사이신(Capsaicin)

ㄴ 참기름 : 세사몰(Sesamol)

ㄷ 마늘 : 알리신(Allicin)

ㄹ 후추 : 차비신(Chavicine)

ㅁ 생강 : 진저론(Zingerone), 쇼가올(Shogaol)

ㅂ 겨자 : 시니그린(Sinigrin)

ㅅ 생선 비린내 성분 : 트라이메틸아민(Trimethylamin)

ㅇ 와사비 : 알릴아이소사이오사이아네이트(Allylisothiocyanate)

(3) 맛의 여러 가지 현상

① 맛의 대비현상(강화현상)

ㄱ 서로 다른 두 가지 맛이 작용하여 주된 맛 성분이 강해지는 현상

ㄴ 단팥죽에 약간의 소금을 첨가하면 단맛이 증가

② 맛의 변조현상

ㄱ 한 가지 맛을 느낀 직후 다른 맛을 느끼지 못하는 현상

ㄴ 오징어를 먹은 후 바로 밀감을 먹으면 쓰게 느껴지고, 쓴 약을 먹고 난 후 물을 마시면 물맛이 달게 느껴짐

③ 미맹현상 : PTC(Phenylthiocarbamide)라는 화합물에 대하여 쓴맛을 느끼지 못하는 현상

④ 맛의 상쇄현상

ㄱ 정미 성분이 다른 두 종류의 성분을 혼합함으로써 각각의 맛은 느껴지지 않고 조화된 맛으로 느껴지는 현상

ㄴ 커피와 설탕, 지나친 신맛의 과일과 설탕

⑤ 맛의 억제현상

ㄱ 서로 다른 맛 성분이 혼합되었을 때 주된 정미 성분의 맛이 약화되는 현상

ㄴ 김치의 짠맛과 신맛, 간장·된장의 소금맛과 감칠맛

소재식품의 감칠맛 성분
- 베타인(Betaine) : 오징어, 새우
- 크레아티닌(Creatinine) : 어류, 육류
- 카노신(Carnosine) : 육류, 어류
- 타우린(Taurine) : 오징어

미맹
- 정상인이 느낄 수 있는 맛을 전혀 느끼지 못하거나, 다른 맛으로 느낌
- PTC(Phenylthiocarbamide) : 미맹을 가려내는 물질, 0.13%의 PTC 용액에 대하여 정상인의 경우는 쓴맛, 미맹인 사람은 무미 또는 다른 맛으로 느낌
- 우리나라 사람의 약 10~15% 정도가 PTC 미맹임

29 쓴 약을 먹은 뒤 물을 마시면 단맛이 나는 현상은?

① 맛의 상쇄
② 맛의 변조
③ 맛의 대비
④ 맛의 미맹

해설 맛의 변조는 한 가지 맛을 느낀 후 다른 맛을 느끼지 못하는 현상이다. 정답 ②

30 해리된 수소이온이 내는 맛은?

① 신 맛
② 단 맛
③ 매운맛
④ 짠 맛

해설 신맛은 수소이온에 의해 생기며 수도이온농도에 비례한다. 정답 ①

⑥ 맛의 온도
　㉠ 일반적으로 혀의 미각은 30℃ 전후에서 가장 예민함
　㉡ 온도의 상승에 따라 매운맛은 증가하고 온도 저하에 따라 쓴맛은
　　 감소됨

8. 식품의 색깔

(1) 식물성 색소

① 클로로필
　㉠ 식물체의 잎과 줄기의 녹색 색소로 Mg(마그네슘) 함유
　㉡ 산성(식초 첨가) → **녹갈색**(페오피틴 : Pheophytin)
　㉢ 알칼리(중조 첨가) → **진한 녹색**

② 플라보노이드
　㉠ 수용성의 채소색소로서 옥수수나 밀가루, 양파 등에 함유
　㉡ 산성 → 흰색(연근, 우엉을 하얗게 조리하기 위하여 식초물에 담근다)
　㉢ 알칼리 → **진한 황색**(밀가루 반죽에 소다를 넣고 빵을 찌면 색깔이
　　 진한 황색이 된다)

③ 안토시안
　㉠ 꽃, 딸기 등의 적색, 포도, 가지, 검정콩 등의 자색색소
　㉡ 산성(식초물) → **선명한 적색**
　㉢ 중성 → **보라색**
　㉣ 알칼리(소다 첨가) → **청색**
　㉤ 생강은 담황색이나 산성에서 분홍색으로 색깔 변화가 일어나는 안토
　　 시안 색소를 함유

④ 카로티노이드
　㉠ 황색, 오렌지색, 적색의 색소 → 당근, 토마토, 고추, 고구마, 감
　　 등에 함유
　㉡ 담황색, 진한 오렌지색 → 난황에 함유된 색소(카로티노이드)

TIP
맛의 피로현상
같은 맛을 계속 봤을 때 미각이 둔
해져 맛을 알 수 없게 되거나 그
맛이 변하는 현상

TIP
착색제
• 타르색소
• 인공적으로 식품의 색을 내게 하
　는 화학 첨가물
• 치즈, 버터, 아이스크림, 과자
　류, 캔디류, 소시지, 통조림 등에
　사용

---

31 김치나 오이절임을 오래 저장할 때 녹갈색을 띠게
되는 것은 무슨 색소의 변화 때문인가?

① 카로티노이드
② 클로로필
③ 안토시안
④ 안토잔틴

해설 녹색식물의 클로로필은 산성 – 녹갈색, 알칼리 – 진한 녹색을
나타낸다.
정답 ②

32 토마토의 붉은 색소는 주로 무슨 색소에 의하여 나
타나는가?

① 타 닌
② 클로로필
③ 안토시안
④ 카로티노이드

해설 카로티노이드는 황색, 오렌지색, 적색 계열의 색소이다.
정답 ④

발색제
- 아질산나트륨, 아초산나트륨
- 식품의 색을 선명하게 하는 화학 첨가물
- 고기, 햄, 소시지, 어류 제품에 사용

마이오글로빈의 색
- 마이오글로빈 = 적색
- 마이오글로빈 + 산소 = 옥시마이오글로빈 → 선홍색
- 옥시마이오글로빈 + 산화 = 메트마이오글로빈 → 암갈색
- 메트마이오글로빈 + 가열 = 헤마틴 → 회갈색

ⓒ 비타민 A의 기능

ⓔ 산이나 알칼리에 변화받지 않음

ⓜ 물에 녹지 않고 기름에 녹음

(2) 동물성 색소

① 마이오글로빈(Myoglobin)

　ⓖ 육색소

　ⓛ 신선한 생육의 적색

　ⓒ 공기에 닿으면 선홍색, 산화되면 암갈색

　ⓔ 가열에 의해 회갈색이 됨

② 헤모글로빈(Hemoglobin)

　ⓖ 혈액색소(Fe 함유)

　ⓛ 수육 가공 시 질산칼륨이나 아질산칼륨을 첨가하면 선홍색 유지 가능

③ 헤모시아닌(Hemocyanin)

　ⓖ 문어, 오징어 등의 연체류에 포함(Cu 함유)되어 있는 파란색 색소

　ⓛ 익히면 적자색으로 변함

④ 아스타잔틴(Astaxanchin)

　ⓖ 피조개의 붉은 살

　ⓛ 새우, 게, 가재 등에 포함되어 있는 흑색·청록색의 색소

　ⓒ 가열 및 부패에 의해 아스타신(Astacin)의 붉은색으로 변함

9. 식품의 냄새

(1) 식물성 식품의 냄새

① 알코올 및 알데하이드류 : 주류, 감자, 복숭아, 오이, 계피 등

② 테르펜류 : 녹차, 차잎, 레몬, 오렌지 등

---

33 소고기를 가열하였을 때 생성되는 근육색소는?

① 마이오글로빈

② 헤모글로빈

③ 옥시헤모글로빈

④ 메트마이오글로빈

해설 생육의 환원형 마이오글로빈은 신선한 고기의 표면이 분자상의 공기와 결합하여 옥시마이오글로빈(선홍색)이 되고, 가열에 의해 메트마이오글로빈으로 변한다. **정답** ④

34 꽃게탕을 하면 껍질은 붉은색으로 변하는데 이 현상과 관련된 색소는?

① 멜라닌

② 루테인

③ 아스타잔틴

④ 구아닌

해설 새우나 게의 색소는 가열에 의해 아스타잔틴으로 변하고 이 물질은 다시 산화되어 아스타신으로 변하면서 붉게 된다. **정답** ③

③ 에스테르류 : 과일(사과, 배, 복숭아)향

④ 황화합물 : 마늘, 양파, 파, 무, 부추, 고추냉이 등

(2) 동물성 식품의 냄새

① 육류의 냄새 성분

㉠ 신선한 고기 : 아세트알데하이드

㉡ 부패고기 : 메틸메르캅탄, H_2S, 인돌 등 생성

② 우유 및 유제품 : 휘발성 카보닐 화합물 및 다이아세틸, 아세토인 등

③ 생선의 비린내 : 트라이메틸아민(Trimethylamine)

10. 식품의 갈변

식품을 조리하거나 가공·저장하는 동안 갈색으로 변색되거나 식품의 본색이 짙어지는 현상을 갈변이라고 한다.

(1) 효소에 의한 갈변

① 채소류나 과일류를 파쇄하거나 껍질을 벗길 때 일어나는 현상이다.

② 원인 : 채소류나 과일류의 상처받은 조직이 공기 중에 노출되면 페놀화합물 이산화효소인 페놀옥시다제에 의해 갈색 색소인 멜라닌으로 전환되기 때문이다.

③ 효소에 의한 갈변 방지법

㉠ 열처리 : 데친 후 고온에서 식품을 열처리하여 효소를 불활성화(블랜칭 : Blanching)시킨다.

㉡ 산 이용 : pH(수소이온농도)를 3 이하로 조절한다.

㉢ 당 또는 염류 첨가 : 껍질을 벗긴 배나 사과를 설탕이나 소금물에 담근다.

㉣ 산소의 제거 : 밀폐용기에 식품을 넣어 공기를 제거하거나 공기를 대신해 이산화탄소나 질소가스를 주입한다.

TIP

자연식품의 냄새
- 어류의 비린내 : 트라이메틸아민
- 과실류 : 에스테르
- 채소류 : 황화합물
- 고기 구울 때 나는 식욕을 돋우는 냄새 : 카보닐 화합물

TIP

블랜칭(Blanching)
- 과일, 채소류의 효소를 불활성화시키기 위한 가열처리 방법
- 식품 가공을 위한 전처리 시 사용
- 목적 : 식품 가공 중 발생하는 변색·변질 방지, 박피용이 등
- 증기사용법, 열탕사용법 등

---

35 과일의 껍질을 제거할 때 발생하는 갈변현상을 억제하기 위한 방법으로 적당하지 않은 것은?

① 소금물에 담근다.

② 레몬즙에 담근다.

③ 밀봉하여 냉장보관한다.

④ 통풍이 잘 되게 보관한다.

[해설] 과일의 상처받은 조직이 공기 중에 노출되면 갈변현상이 촉진된다.

[정답] ④

36 간장, 된장의 제조 시 일어나는 갈변의 주된 원인과 같은 것은?

① 감자의 절단면 변색

② 사과의 절단면 변색

③ 빵, 비스킷의 가열 변색

④ 새우, 게의 가열 변색

[해설] 간장과 된장은 비효소적 갈변으로서 마이야르 반응이다.

[정답] ③

(2) 비효소적 갈변

① 마이야르 반응(아미노 – 카보닐 반응, 메일라드 반응)
  ㉠ 외부 에너지의 공급 없이도 자연발생적으로 일어나는 반응
  ㉡ 분유, 간장, 된장, 누룽지, 케이크, 쿠키, 오렌지주스 등의 갈변작용
② 캐러멜화 반응
  ㉠ 당류를 고온(180~200℃)으로 가열하면 적갈색을 띤 점조성 물질로 변하는 현상
  ㉡ 간장, 소스, 합성청주, 약식 등 식품가공에 이용
③ 아스코르브산(Ascorbic Acid)의 반응 : 감귤류의 가공품인 오렌지주스나 과채류 가공식품 등에서 일어나는 갈변반응

11. 식품의 물성

① 기포성 : 액체(분산매)에 공기와 같은 기체가(분산질) 분산된 것이다.
② 점성(粘性, Viscosity) : 액체가 흐르기 쉬운지 어려운지를 나타내는 성질, 즉 흐름에 대한 저항감을 말한다.
③ 탄성(彈性, Elasticity) : 외부의 힘에 의한 변형으로부터 본래의 상태로 되돌아가려는 성질이다(젤리 등).
④ 가소성(Plasticity) : 원래의 상태로 돌아가지 않는 성질이다(버터, 마가린, 생크림 등).
⑤ 점탄성(Viscoelasticity) : 점성 + 탄성의 상태이다(추잉 껌, 밀가루 반죽).

물 성
흐름을 포함한 물질의 변형으로 외부에서 힘이 가해졌을 때 물질이 반응하는 성질을 말한다.

---

37 스파게티나 국수에 이용되는 문어나 오징어의 먹물 색소는?

① 타우린
② 멜라닌
③ 마이오글로빈
④ 히스타민

해설 문어나 오징어의 먹물의 주성분은 검은색의 멜라닌 색소로 되어 있다.
정답 ②

38 식품의 조리·가공 시 발생하는 갈변현상 중 효소가 관계하는 것은?

① 페놀성 물질의 산화축합에 의한 멜라닌(Melanin) 형성반응
② 마이야르(Maillard) 반응
③ 아스코르브산(Ascorbic Acid) 반응
④ 캐러멜화(Caramelization) 반응

해설 ①은 효소적 갈변이고 ②, ③, ④는 비효소적 갈변이다.
정답 ①

효 소

1. 식품과 효소

(1) 효소의 식품에 대한 작용
① 효소작용을 이용 : 육류, 치즈, 된장의 숙성
② 효소작용을 억제 : 식품의 선도 유지 및 변색 방지

(2) 효소 반응에 영향을 미치는 인자
① 온도 : 효소의 반응속도는 온도가 높아지면 증가하지만 온도가 지나치게 높으면 효소의 주성분인 단백질이 변성하여 오히려 반응속도가 감소하거나 활성을 잃는다.
② pH : 효소에 따라 최적 pH가 다르지만 대개 pH 4.5~8.0 범위이며, 완충액의 종류, 기질 및 효소의 농도, 작용 온도 등에 따라 달라진다.
③ 효소농도 및 기질농도 : 효소반응에서 반응의 초기에는 효소농도와 반응속도(활성도) 간에 비례하여 증가하나, 후기단계에는 기질을 더 첨가하지 않는 한 효소농도가 증가함에 따라 반응속도가 그리 증가하지 않는다.

2. 소화와 흡수

(1) 소화작용
① 침에 있는 소화효소
  ㉠ 프티알린 : 전분 → 맥아당
  ㉡ 말타제 : 맥아당 → 포도당
② 위에서의 소화작용 효소
  ㉠ 성 인
    • 펩신에 의해 단백질이 펩톤으로 분해
    • 불활성의 펩시노겐이 펩신으로 활성화
  ㉡ 레닌(Rennin)
    • 우유단백질(카세인) → 응고(파라카세인)

> **TIP**
> 효 소
> 생물체에 의하여 생산되어 극미량으로 화학반응(분해 및 합성 등)의 속도를 촉진시키는 일종의 촉매 물질

> **TIP**
> • 가수분해효소 : 물의 도움을 받아 기질을 분해(아밀라제, 말타제, 아르기나제, 우레아제)
> • 산화환원효소 : 물질의 산화환원을 촉진(옥시다제, 탈수소효소)
> • 전이효소 : 기질의 원자단을 다른 기질에 옮김(크레아틴키나제, 트랜스아미나제)

---

39 영양소와 해당 소화효소의 연결이 잘못된 것은?
① 단백질 – 트립신(Trypsin)
② 탄수화물 – 아밀라제(Amylase)
③ 지방 – 리파제(Lipase)
④ 설탕 – 말타제(Maltase)

[해설] 설탕은 이당류로 포도당과 과당이 결합된 당이다.

[정답] ④

40 단백질의 소화효소는?
① 펩 신
② 아밀라제
③ 리파제
④ 옥시다제

[해설] 펩신과 프로테아제는 단백질 가수분해효소이고 리파제는 지방 가수분해효소, 아밀라제는 탄수화물 및 당 가수분해효소이다.

[정답] ①

- 젖먹이 어린아이와 송아지의 위에서만 존재
  - ⓒ 리파제 : 지방·지방산과 글리세롤
- ③ 췌장에서 분비되는 소화효소
  - ㉠ 트립신 : 단백질과 펩톤 → 아미노산
  - ㉡ 스테압신 : 지방 → 지방산과 글리세롤
  - ㉢ 에렙신 : 단백질과 펩톤 → 아미노산
  - ㉣ 아밀롭신 : 전분 → 맥아당, 포도당
- ④ 장에서의 소화효소
  - ㉠ 수크라제(Sucrase) : 서당 → 포도당 + 과당
  - ㉡ 말타제(Maltase) : 엿당 → 포도당 + 포도당
  - ㉢ 락타제(Lactase) : 젖당 → 포도당 + 갈락토스
  - ㉣ 리파제(Lipase) : 지방 → 지방산 + 글리세롤

(2) 흡수작용

① 소화된 영양소들은 작은창자(소장)에서 흡수

② 큰창자에서 물 흡수

③ 알코올은 위에서부터 흡수됨

(3) 에너지원 비교

구 분	탄수화물	단백질	지 질
구성성분	C·H·O	C·H·O·N	C·H·O
1g당 열량	4kcal	4kcal	9kcal
에너지 적정 비율	55~65%	15~30%	7~20%
소화효소	말타제, 아밀롭신, 락타제, 사카라제, 프티알린	펩신, 트립신, 에렙신	리파제, 스테압신
분해산물	포도당	아미노산	지방산, 글리세롤

TIP

담 즙
- 간에서 생성
- 담낭에 저장되었다가 분비
- 지방의 유화작용과 해독작용

TIP

소장에서의 영양소 흡수
- 융털의 모세혈관으로 흡수되는 영양소 : 포도당, 아미노산, 무기염류, 수용성 비타민, 물 등
- 융털의 암죽관으로 흡수되는 영양소 : 지방산, 글리세롤, 지용성 비타민 등

---

41 침(타액)에 들어 있는 소화효소의 작용은?

① 전분을 맥아당으로 변화시킨다.

② 단백질을 펩톤으로 분해시킨다.

③ 설탕을 포도당과 과당으로 분해시킨다.

④ 카세인을 응고시킨다.

해설 침에 들어 있는 프티알린은 전분을 맥아당으로 변화시킨다.
정답 ①

42 소화된 영양소는 주로 어느 곳에서 흡수되는가?

① 위 장

② 소 장

③ 대 장

④ 간 장

해설 소장의 융털은 접촉하는 표면적을 넓혀 영양소를 효율적으로 흡수하며, 융털에서 모세혈관은 수용성 영양소를 흡수하고, 암죽관은 지용성 영양소를 흡수한다.
정답 ②

식품과 영양

1. 식품의 영양학적 분류

(1) 영양소의 역할에 따른 분류
① **열량영양소** : 인체 활동의 에너지원(탄수화물 : 1g당 4kcal, 단백질 : 1g당 4kcal, 지방 : 1g당 9kcal)
② **구성영양소** : 신체 구성의 체조직을 만드는 성분을 공급(단백질, 무기질, 물)
③ **조절영양소** : 체내 생리작용을 조절하여 대사를 원활하게 함(비타민과 무기질, 물)

(2) 성질에 의한 분류
① **산성 식품** : P(인), S(황), Cl(염소), N(질소) 등을 함유하고 있는 식품(곡류, 어류, 알류, 육류 등)
② **알칼리성 식품** : Na(나트륨), Mg(마그네슘), K(칼륨), Ca(칼슘), Fe(철분) 등을 함유하고 있는 식품(해조류, 채소류, 과일류, 우유 등)

(3) 기초 식품군(5가지)

군 별	구 성	주요 식품군	급원 식품	식품별
제1군	단백질	육류, 어패류, 알류, 콩류, 견과류	소고기, 돼지고기, 닭고기, 생선, 조개, 콩, 두부, 달걀, 햄, 베이컨, 치즈, 호두 등	구성식품 : 근육, 혈액, 뼈, 모발, 피부, 장기 등과 같은 몸의 조직
제2군	칼 슘	우유 및 유제품, 뼈째 먹는 생선	멸치, 뱅어포, 잔생선, 새우, 우유, 분유, 아이스크림, 요구르트 등	
제3군	비타민, 무기질	채소 및 과일류	시금치, 당근, 배추, 사과, 딸기, 김, 미역, 다시마 등	조절식품 : 몸의 생리기능 조절, 질병 예방
제4군	탄수화물	곡류 및 감자류	쌀, 보리, 콩, 팥, 밀, 감자, 고구마, 토란, 빵, 설탕 등	열량식품 : 힘과 체온을 발생
제5군	지 방	유지류	면실유, 참기름, 들기름, 쇼트닝, 버터, 마가린, 깨소금 등	

---

43 다음 알칼리성 식품에 대한 설명 중 옳은 것은?

① Na, K, Ca, Mg이 많이 함유되어 있는 식품이다.
② S, P, Cl가 많이 함유되어 있는 식품이다.
③ 곡류, 해조류, 떫은 과일, 달걀 등이 있다.
④ 신 과일, 채소류, 육류, 치즈 등이 있다.

해설 산성식품은 S, P, Cl가 많이 함유된 식품으로서 육류, 곡류, 어류 등이 있다.
정답 ①

44 5대 영양소의 기능에 대한 설명으로 틀린 것은?

① 새로운 조직이나 효소, 호르몬 등을 구성한다.
② 노폐물을 운반한다.
③ 신체 대사에 필요한 열량을 공급한다.
④ 소화 · 흡수 등의 대사를 조절한다.

해설 ②는 6대 영양소에 포함되는 물의 기능으로 물은 이외에도 체온 유지, 항상성 유지, 산소운반 등의 기능을 한다.
정답 ②

2. 영양소 섭취기준

(1) 한국인 영양섭취기준(KDRIs)

질병이 없는 대다수의 한국 사람들이 건강을 최적상태로 유지하고 질병을 예방하는 데 도움이 되도록 필요한 영양소 섭취수준을 제시한 것이다.

(2) 식사구성안과 식품구성자전거

① 식사구성안 : 일반인에게 영양섭취기준에 만족할 만한 식사를 제공할 수 있도록 식품군별 대표 식품과 섭취 횟수를 이용하여 식사의 기본 구성 개념을 설명한 것이다.

② 식품구성자전거

㉠ 식품구성자전거는 다양한 식품 섭취를 통한 균형 잡힌 식사와 수분 섭취의 중요성, 그리고 적당한 운동을 통한 건강 유지라는 기본 개념을 나타낸 것이다.

㉡ 면적 비율 : 곡류 > 채소류 > 고기·생선·달걀·콩류 > 우유·유제품류 > 과일류 > 유지·당류

---

45 우리나라 주식은 어떤 영양소로 되어 있는가?

① 당 질
② 단백질
③ 무기질
④ 지 방

해설 밥이 주식인 우리나라에서 가장 쉽게 섭취할 수 있는 필수 영양소는 탄수화물이다. 　정답 ①

46 다음 식품 구성원 중 면적 비율이 가장 큰 것은?

① 곡 류
② 채소류
③ 콩 류
④ 우 유

해설 면적 비율 : 곡류 > 채소류 > 고기·생선·달걀·콩류 > 우유·유제품류 > 과일류 > 유지·당류 　정답 ①

PART 04

구매관리

시장조사 및 구매관리

1. 시장조사

(1) 시장조사의 의의
구매활동에 필요한 자료를 수집하고 이를 분석·검토하여 보다 좋은 구매방법을 발견하고, 구매방침 결정, 비용절감, 이익증대를 도모하기 위한 조사이다.

(2) 시장조사의 목적
① 구매가격의 예산 결정
② 합리적인 구매계획의 수립
③ 신제품의 설계
④ 제품 개량

2. 식품 구매관리

(1) 구매관리의 정의 및 목적
① 정의 : 구매자가 물품을 구입하기 위해 계약을 체결하고 그 계약조건에 따라 물품을 인수하고 대금을 지불하는 전반적인 과정을 의미한다.
② 목 적
　　㉠ 필요한 물품과 용역을 지속적으로 공급해야 한다.
　　㉡ 품질, 가격, 제반 서비스 등 최적의 상태를 유지해야 한다.
　　㉢ 재고와 저장관리 시 손실을 최소화한다.
　　㉣ 신용이 있는 공급업체와 원만한 관계를 유지하면서 대체 공급업체를 확보하여야 한다.
　　㉤ 구매 관련의 정보 및 시장조사를 통한 경쟁력을 확보한다.
　　㉥ 표준화·전문화·단순화의 체계를 확보한다.

(2) 구매관리에 있어서 유의할 점
① 구입상품의 특성에 대하여 철저한 분석과 검토를 한다.

---

01 식재료 구매 시 시장조사를 실시하는 목적이 아닌 것은?
① 구매가격의 예산 결정
② 합리적인 구매계획 수립
③ 경제적인 식품 구매
④ 소비자의 기호 확인

정답 ④

02 다음 중 구매관리에 포함되지 않는 것은?
① 구 매
② 검 수
③ 판 매
④ 저 장

해설 구매관리 포함사항 : 구매, 검수, 저장, 재고관리

정답 ③

② 적절한 구매방법을 통한 질 좋은 상품을 구입한다.

③ 구매경쟁력을 통해 세밀한 시장조사를 실시한다.

④ 구매에 관련된 서비스 내용을 검토한다.

⑤ 저렴한 가격으로 필요량을 적기에 구입하고 공급업체와의 유기적 상관관계를 유지한다.

⑥ 복수 공급업체의 경쟁적인 조건을 통한 구매체계를 확립한다.

3. 식품 재고관리

(1) 재고관리의 개요

① 목적 : 물품의 수요가 발생했을 때 신속히 대처하여 경제적으로 대응할 수 있도록 재고의 수준을 최적 상태로 유지 관리하는 것

② 재고수준 : 수요를 미리 예측하여 재고로 보유해야 할 자재의 수량

③ 적정재고 : 수요를 가장 경제적으로 충족시킬 수 있는 최소한의 재고량

(2) 재고자산 평가방법

① 선입선출법(FIFO ; First-in, First-out) : 먼저 구입한 재료부터 먼저 소비하는 것이다.

② 후입선출법(LIFO ; Last-in, First-out) : 나중에 구입한 재료부터 먼저 사용하는 것이다.

③ 개별법 : 재료를 구입 단가별로 가격표를 붙여서 보관하다가 출고할 때 그 가격표의 구입 단가를 재료의 소비 가격으로 하는 방법이다.

④ 평균법

㉠ 단순평균법 : 일정 기간 동안 구입 단가를 구입 횟수로 나눈 구입 단가의 평균을 재료 소비 단가로 하는 방법이다.

㉡ 이동평균법 : 구입 단가가 다른 재료를 구입할 때마다 재고량과의 가중 평균가를 산출하여 이를 소비 재료의 가격으로 하는 방법이다.

> **TIP**
>
> 식품 구매의 절차
> 수요 예측 → 구매량과 품질에 대한 검토 및 확인 → 물품 구매 → 구매청구서 작성 및 송부 → 재고량 조사 후 발주량 결정 → 구매명세서 작성 → 구매발주서 작성 → 공급업체 선정 → 주문 확인전화 → 검수 → 입·출고 및 재고관리 수행 → 납품대금 지불

> **TIP**
>
> • 재고회전율 = 총출고액 ÷ 평균 재고액
> • 평균재고액 = (초기재고액 + 마감재고액) ÷ 2

---

03 식품 구매 시 고려해야 할 점이 아닌 것은?

① 식품의 재고량을 고려한다.

② 값이 저렴한 식품만을 구입한다.

③ 되도록 제철 식품을 구입한다.

④ 급식의 목적을 검토해야 한다.

[해설] 재료 구매는 좋은 품질의 적정 품목을 적절한 가격에 구입하는 것이 바람직하다. **정답** ②

04 입고가 먼저된 것부터 순차적으로 출고하여 출고 단가를 결정하는 방법은?

① 선입선출법

② 후입선출법

③ 이동평균법

④ 총평균법

정답 ①

검수관리

1. 식재료의 품질 확인 및 선별

(1) 식품의 검수

① 물품의 검수는 업체별·품목에 따라 검사에 소요되는 비용이나 시간의
낭비가 최소화되도록 다양한 방법이 활용되어야 하며, 구매자와 공급자
간의 상호신뢰를 바탕으로 이루어져야 한다.

② 검수 절차(6단계)
ㄱ 물품과 구매청구서의 대조
ㄴ 물품과 송장의 대조
ㄷ 인수 및 반품처리
ㄹ 식품분류 및 명세표 부착
ㅁ 식품을 정리보관 및 저장장소로 이동
ㅂ 검수 기록 및 문서 정리

(2) 주요 식품의 감별법

① 곡류·쌀 : 투명하고 경도가 높은 것

② 감자류
ㄱ 감자 : 알이 굵고 흠이나 부패가 없고 녹색을 띠지 않으며 싹이
나지 않은 것
ㄴ 토란 : 원형에 가까울수록 좋고 껍질을 벗겼을 때 흰색을 띠며
단단하고 끈적거림이 강한 것

③ 육 류
ㄱ 일반육류 : 육류 특유의 색과 윤기를 띠고, 탄력성이 높은 것
ㄴ 육가공품 : 자른 곳이 신선하고 장미색으로 탄력성이 높으며 특유의
향기와 타는 냄새가 나는 것, 광택이 있고 건조되지 않은 것(햄,
소시지 등)

④ 어패류
ㄱ 생선류 : 눈알이 맑고 돌출되어 있으며, 껍질과 비늘이 밀착되어
있고 광택이 있으며, 손으로 눌렀을 때 탄력이 있는 것

---

05 식품의 감별법으로 옳은 것은?

① 돼지고기는 진한 분홍색으로 지방이 단단하지 않은 것
② 고등어는 아가미가 붉고 눈이 들어가고 냄새가 없는 것
③ 달걀은 껍질이 매끄럽고 광택이 있는 것
④ 쌀은 알갱이가 고르고 광택이 있으며 경도가 높은 것

정답 ④

06 식품을 구매할 때 식품 감별법이 옳지 않은 것은?

① 쌀은 잘 건조되고 광택이 있는 것이 좋다.
② 과일이나 채소는 색이 고운 것이 좋다.
③ 달걀을 빛에 비췄을 때 밝게 보이고 껍질은 매끈하게
광택이 나는 것이 좋다.
④ 육류는 고유의 선명한 색을 띠며 탄력성이 있는 것이
좋다.

해설 달걀은 빛에 비췄을 때 밝은 것이 좋지만 껍질은 까칠하고
광택이 없는 것이 신선하다. **정답** ③

ⓒ 조개류 : 껍질이 두껍고 속이 적으며 물기가 있고 입이 열렸지만 끓여도 굳게 닫힌 것은 죽은 것

⑤ 달걀
  ㉠ 외관상 껍질이 까칠까칠하고 튼튼하며 타원형인 것
  ㉡ 빛에 비췄을 때 투명한 것
  ㉢ 흔들었을 때 이동 음이 없고, 혀를 대었을 때 둥근 부분은 온감이 있고 뾰족한 부분은 냉감이 있는 것
  ㉣ 깨뜨렸을 때 노른자가 볼록하고 흰자가 퍼지지 않은 것
  ㉤ 6~10%의 식염수에 달걀을 넣었을 때 아래로 가라앉는 것(떠오를수록 오래된 것)

⑥ 우유 : 유백색이 선명하고 끈기가 없고 침전되지 않은 것

⑦ 채소류
  ㉠ 배추 : 단단하고 내부는 연백색을 띠며 굵은 섬유가 없고 약간 단맛이 나는 것
  ㉡ 우엉 : 굵기가 고르고 전체가 같은 색이며 잘랐을 때 단면이 꽉 차있는 것
  ㉢ 토마토 : 꽃받침이 초록색이고 약간 무거운 느낌을 주며, 좀 덜 익은 것으로 탄력성이 있는 것
  ㉣ 오이 : 선명한 녹색으로 굵기가 고르고 모양이 곧으며, 단단하고 가시가 돋아 있고 노란 꽃이 붙어 있는 것

2. 조리기구 및 설비 특성과 품질 확인

(1) 조리기구 및 설비 작업 시 고려사항
  ① 영업장의 콘셉트 결정
  ② 규모, 영업시간, 메뉴, 품질, 서비스, 분위기 등

---

07 다음 중 신선한 달걀의 조건이 아닌 것은?
  ① 난황계수가 0.36~0.44 정도인 것
  ② 빛에 비췄을 때 투명하지 않은 것
  ③ 기공의 크기가 작은 것
  ④ 외관 껍질이 까칠한 것

해설 신선한 달걀은 빛에 비췄을 때 투명해야 한다. 정답 ②

08 우엉의 조리에 관련된 내용으로 틀린 것은?
  ① 우엉을 삶을 때 청색을 띠는 것은 독성물질 때문이다.
  ② 껍질을 벗겨 공기 중에 노출하면 갈변된다.
  ③ 갈변현상을 막기 위해서는 물이나 1% 정도의 소금물에 담근다.
  ④ 우엉의 떫은맛은 타닌, 클로로겐산 등의 페놀 성분이 함유되어 있기 때문이다.

해설 ① 우엉에 함유된 알칼리성 무기질이 용출되어 안토시안계 색소를 청색으로 변화시킨다. 정답 ①

③ 메뉴의 다양성과 판매량
④ 조리 종사자의 조리 수준
⑤ 주방시설, 설비, 조리기구

(2) 주방 설비의 분류

① 주방 설비는 전통형, 편의형, 혼합형, 분리형 등으로 구분된다.
② 목적에 따라 설비가 이루어져야 한다.

3. 검수를 위한 설비 및 장비 활용방법

(1) 검수장소 선정 시 고려사항

① 물품 납품 시의 접근 용이성 및 편리성
② 입고와 관련된 운반 동선 공간 확보
③ 사무실 외부의 충분한 공간 확보
④ 동선 거리의 최소화 및 용이성

(2) 시설 조건

① 물품검사를 실시하기 위한 검수대(바닥에 물품을 놓지 않도록 주의)
② 물품검사에 필요한 적절한 밝기의 조명시설(540lx 이상)
③ 물품과 사람이 이동하기에 충분한 공간 확보 및 기기류의 배치
④ 안전성이 확보될 수 있는 장소
⑤ 위생이 확보될 수 있는 시설(급·배수시설, 구충·구서시설, 구배시설, 조명시설 등)
⑥ 청소하기 쉬운 시설

---

09 다음 조리실 설비 중 가장 중요한 것은?

① 기본설비
② 온방장치
③ 냉방장치
④ 화력조절 장치

정답 ①

10 물품 검사에 필요한 검수공간의 조도 기준으로 옳은 것은?

① 85lx 이상
② 150lx 이상
③ 360lx 이상
④ 540lx 이상

해설 입고 물품의 표시사항 및 품질 등을 확인할 수 있도록 540lx 이상의 충분한 조도를 갖춰야 한다. **정답** ④

원 가

1. 원가의 의의

(1) 원가의 개념

원가란 기업이 제품을 생산하는 데 소비한 경제 가치를 말한다. 즉, 특정한 제품의 제조·판매·서비스의 제공을 위하여(단체급식 시설에서는 음식을 만들어 제공하기 위하여) 소비된 경제 가치라고 규정할 수 있다.

(2) 원가계산의 목적

원가계산은 기업의 경제 실제를 계속적으로 파악하여 적정한 판매가격을 결정하고 동시에 경영능률을 증진시키고자 한다.

① **가격결정의 목적** : 제품의 판매가격은 보통 그 제품을 생산하는 데 실제로 소비된 원가가 얼마인가를 산출하여 여기에 일정한 이윤을 가산하여 결정하게 된다.

② **원가관리의 목적** : 경영활동에 있어서 가능한 원가를 절감·관리하기 위함이다.

③ **예산편성의 목적** : 예산을 편성하기 위한 기초자료로 이용한다.

④ **재무제표 작성의 목적**

㉠ 일정 기간 동안의 경영활동의 결과를 재무제표로 작성하여 기업의 외부 이해 관계자들에 보고하는 기초자료로 이용한다.

㉡ 원가계산의 기간은 보통 1개월에 한 번 실시하는 것을 원칙으로 하고 있으나, 경우에 따라서는 3개월 또는 1년에 한 번 실시하기도 한다. 이러한 원가계산의 실시기간을 '원가계산시간'이라고 한다.

(3) 원가의 종류

① **재료비·노무비·경비** : 원가를 발생하는 형태에 따라 분류한 것으로, '원가의 3요소'라고 한다.

㉠ 재료비 : 제품의 제조를 위하여 소비되는 물품의 원가를 말하며 단체급식시설에 있어서의 재료비는 급식재료비를 의미한다.

> **TIP**
>
> **작업관리**
> - 작업관리 : 작업을 능률적·효과적으로 수행하기 위한 제반 관리 업무
> - 작업관리의 목표 : 생산성 향상
> - 생산성 지표 : 시스템 내 인적·물적 자원을 최대한 얼마나 활용하고 있는지를 평가하는 지표(효율성측정 지표)
> - 생산성 = 산출량/투입량

---

11 다음 중 재료의 소비에 의해 발생한 원가는 어느 것인가?

① 노무비
② 간접비
③ 재료비
④ 경 비

[해설] 재료비는 제품의 제조를 위하여 소비되는 물품의 원가이다.
정답 ③

12 다음 원가요소에 따라 산출한 총원가로 옳은 것은?

> - 직접재료비 250,000원 · 제조간접비 120,000원
> - 직접노무비 100,000원 · 판매관리비 60,000원
> - 직접경비 40,000원 · 이익 100,000원

① 390,000원 ② 510,000원
③ 570,000원 ④ 610,000원

[해설] 이익을 제외한 모든 금액을 합산하여 산출한다. **정답** ③

ⓛ 노무비 : 제품의 제조를 위하여 소비되는 노동의 가치를 말하며 임금, 급료, 잡급 등으로 구분할 수 있다.

ⓒ 경비 : 제품의 제조를 위하여 소비되는 재료비, 노무비 이외의 가치를 말하며 수도·광열비, 전력비, 보험료, 감가상각비 등 다수의 비용으로 구분된다.

② **직접원가·제조원가·총원가** : 각 원가요소가 어떠한 범위까지 원가계산에 집계되는가의 관점에서 분류한 것이며, 그림으로 나타나면 다음과 같다.

직접재료비 직접노무비 직접경비	제조간접비	판매관리비	이 익
	직접원가	제조원가	총원가
직접원가	제조원가	총원가	판매원가

③ **직접비·간접비** : 원가요소를 제품에 배분하여 절차로 분류

ⓐ 직접비 : 특정 제품에 직접 부담시킬 수 있는 것으로 직접원가라고도 한다. 이것은 직접재료비, 직접노무비, 직접경비로 구분된다.

ⓑ 간접비 : 여러 제품에 공통적 또는 간접적으로 소비되는 것으로 각 제품에 인위적으로 적절히 부담시킨다(제조간접비 = 간접재료비 + 간접노무비 + 간접경비).

④ **실제원가·예정원가·표준가** : 원가계산 시점과 방법의 차이로부터 분류

ⓐ 실제원가 : 제품이 제조된 후에 실제로 소비된 원가를 산출한 것이다. 사후 계산에 의하여 산출된 원가이므로 확정원가, 현실원가, 보통원가라고도 한다.

ⓑ 예정원가 : 제품 제조 이전에 제품 제조에 소비될 것으로 예상되는 원가를 예상하여 산출한 사전원가이며, 견적원가, 추정원가라고도 한다.

TIP
- 당기 소비량 = (전기 이월량 + 당기 구입량) − 기말 재고량
- 월중 소비액 = (월초 재고액 + 월중 매입액) − 월말 재고액
- 재료 소비량 = 제품 단위당 표준 소비량 × 생산량
- 재료비 = 재료소비량 × 재료소비단가

---

13 다음 중 제조원가에 해당하는 것은?

① 직접재료비 + 직접노무비
② 직접원가 + 제조간접비
③ 제조원가 + 총원가
④ 직접재료비 + 판매원가

해설 제조원가 = 직접원가(직접재료비 + 직접노무비 + 직접경비) + 제조간접비
정답 ②

14 예정원가에 대하여 가장 잘 설명한 것은?

① 제품의 제조 이전에 예상되는 값을 산출한 것이다.
② 추정원가라 하며, 언제나 실제원가보다는 높게 책정하는 것이 유리하다.
③ 견적원가라 하며, 실제원가보다 낮게 책정해야 유리하다.
④ 예정원가는 원가관리에 도움을 주지 못한다.

해설 예정원가는 추정원가, 견적원가, 사전원가라고 한다.
정답 ①

ⓒ 표준원가 : 기업이 이상적으로 제조활동을 할 경우에 예상되는 원가로서 경영능률을 최고로 올렸을 때의 최소원가 예정을 말한다. 장래에 발생할 실제원가에 대한 예정원가와는 차이가 있으며 실제원가를 통제하는 기능을 갖는다.

(4) 단체급식 시설의 원가요소

① 급식재료비 : 조리완제품, 반제품, 급식 원재료 또는 조미료 등의 급식에 소요된 모든 재료에 대한 비용을 말한다.

② 노무비 : 급식 업무에 종사하는 모든 사람에게 노동의 대가로 지불하는 비용이다.

③ 시설 사용료 : 급식 시설의 사용에 대하여 지불하는 비용을 말한다.

④ 수도·광열비 : 전기료, 수도료, 연료비 등으로 구분된다.

⑤ 전화 사용료 : 업무 수행상 사용한 전화료이다.

⑥ 소모품비 : 급식 업무에 소요되는 각종 소모품의 사용에 지불되는 비용이다.

⑦ 기타 경비 : 위생비, 피복비, 세척비, 기타 잡비 등이 포함된다.

⑧ 관리비 : 단체급식 시설의 규모가 큰 경우 별도로 계산되는 간접경비이다.

(5) 원가계산의 원칙

① 진실성의 원칙 : 제품에 소요된 원가를 정확하게 계산하여 진실하게 표현해야 된다. → 실제로 발생한 원가의 진실성을 파악

② 발생기준의 원칙 : 모든 비용과 수익의 계산은 그 발생 시점을 기준으로 하여야 한다. → 현금의 수지와 관계없이 원가발생의 사실이 있으면 그것을 원가로 인정해야 한다는 원칙

③ 계산경제성의 원칙 : 중요성의 원칙이라고도 하며, 원가계산을 할 때에는 경제성을 고려해야 한다.

> **TIP**
> 재무제표(Financial Statement)
> • 기업의 경영활동 중 자본의 흐름 또는 상태를 숫자로 나타낸 표
> • 종 류
> – 대차대조표 : 특정 시점에서의 기업의 재무상태
> – 손익계산서 : 일정 기간 동안 기업의 경영성과(성적표)

---

15 다음 중 고정비에 해당되는 것은?

① 노무비   ② 연료비
③ 수도비   ④ 광열비

해설 고정비란 사용 여부와 관계없이 고정적으로 발생하는 비용으로 인건비, 감가상각비 등으로 이루어진다. **정답** ①

16 미역국을 끓일 때 1인분에 사용되는 재료와 필요량, 가격이 다음과 같다면 미역국 10인분에 필요한 재료비는?(단, 총 조미료의 가격 70원은 1인분 기준임)

재 료	필요량(g)	가격(원/100g당)
미 역	20	150
소고기	60	850
총 조미료	–	70(1인분)

① 610원   ② 870원
③ 6,100원   ④ 8,700원

해설 미역 200g, 소고기 600g이 필요하므로 10인분 재료비는 $(150 \times 2) + (850 \times 6) + (70 \times 10) = 6,100$원이다. **정답** ③

④ **확실성의 원칙** : 실행 가능한 여러 방법이 있을 경우 가장 확실성이 높은 방법을 선택한다.

⑤ **정상성의 원칙** : 정상적으로 발생한 원가만을 계산하고 비정상적으로 발생한 원가는 계산하지 않는다.

⑥ **비교성의 원칙** : 원가계산 기간에 다른 일정 기간의 것과 또 다른 부분을 비교할 수 있도록 실행되어야 한다.

⑦ **상호관리의 원칙** : 원가계산과 일반회계, 각 요소별 계산, 부문별 계산, 제품별 계산이 서로 밀접하게 관련되어 하나의 유기적 관계를 구성함으로써 상호관리가 가능하도록 돼야 한다.

(6) 원가계산의 구조

원가계산은 요소별 원가계산 → 부문별 원가계산 → 제품별 원가계산의 단계를 거쳐 실시하게 된다.

① **제1단계 요소별 원가계산** : 제품의 원가는 재료비, 노무비, 경비의 3가지 원가요소를 몇 가지의 분류방법에 따라 세분해 각 원가요소별로 계산한다.

② **제2단계 부문별 원가계산** : 부문별 원가계산이란 전 단계에서 파악된 원가요소를 분류·집계하는 계산절차를 가리킨다.

③ **제3단계 제품별 원가계산** : 제품별 원가계산이란 요소별 원가계산에서 이루어진 직접비는 제품별로 직접 집계하고, 부문별 원가계산에서 파악된 직접비는 일정한 기준에 따라 제품별로 배분하여 최종적으로 각 제품의 제조원가를 계산하는 절차를 가리킨다.

TIP

대차대조표(Balance Sheet)
- 특정 시점에서 기업의 재무 상태를 나타냄
- 자산, 부채, 자본의 세 항목으로 표시
- 자산 = 부채 + 자본
- 자산 : 유동자산(1년 이내 현금화 가능하면 현금, 외상매출, 재고) + 고정자산(가능하지 않으면 토지, 건물, 기기), 부채도 포함
- 자본 : 자산에서 부채를 차감하고 남은 금액(소유주 자본)

---

17 식당의 원가요소 중 급식재료비에 해당되는 것은?

① 급 료
② 조리제 식품비
③ 수도, 광열비
④ 경 비

해설 조리제 식품비는 급식재료의 구입에 소비된 비용이다.

정답 ②

18 원가계산의 절차들 중 옳은 것은?

① 부문별 원가계산 - 요소별 원가계산 - 제품별 원가계산
② 제품별 원가계산 - 부문별 원가계산 - 요소별 원가계산
③ 요소별 원가계산 - 제품별 원가계산 - 부문별 원가계산
④ 요소별 원가계산 - 부문별 원가계산 - 제품별 원가계산

해설
- 제1단계 : 요소별 원가계산
- 제2단계 : 부문별 원가계산
- 제3단계 : 제품별 원가계산

정답 ④

(7) 재료비의 계산

① 재료비 개념

ⓐ 제품을 제조할 목적으로 외부부터 구입·조달한 물품을 재료라고 한다.

ⓑ 제품의 제조과정에서 실제로 소비되는 재료의 가치를 화폐액수로 표시한 금액을 재료비라고 한다.

ⓒ 재료비는 제품원가의 중요한 요소가 된다.

ⓓ 재료비는 재료의 실제 소비량에 재료소비단가를 곱하여 산출한다.

② 재료소비량의 계산법

ⓐ 계속기록법 : 재료를 동일한 종류별로 분류하고 들어오고 나갈 때마다 수입, 불출 및 재고량을 계속하여 기록함으로써 재료소비량을 파악하는 방법이다.

ⓑ 재고조사법 : 전기의 재료 이월량과 당기의 재료 구입량의 합계에서 기말재고량을 차감함으로써 재료의 소비된 양을 파악하는 방법이다.

ⓒ 역계산법 : 일정 단위를 생산하는 데 소요되는 재료의 표준소비량을 정하고, 제품의 수량을 곱하여 전체의 재료소비량을 산출하는 방법이다.

③ 재료소비가격의 계산법

ⓐ 개별법 : 재료를 구입단가별로 가격표를 붙여서 보관하다가 출고할 때 그 가격표에 붙어 있는 구입단가를 재료의 소비가격으로 하는 방법이다.

ⓑ 선입선출법 : 재료의 구입순서에 따라 먼저 구입한 재료를 먼저 소비한다는 가정 아래에서 재료의 소비가격을 계산하는 방법이다.

ⓒ 후입선출법 : 선입선출법과 반대로 나중에 구입한 재료부터 먼저 사용한다는 가정 아래에서 재료의 소비가격을 계산하는 방법이다.

ⓓ 단순평균법 : 일정 기간 동안은 구입단가를 구입횟수로 나눈 구입단가의 평균을 재료소비단가로 하는 방법이다.

TIP

손익계산서

- 일정 기간 동안 기업의 경영성과 (성적표)
- 수익(매출액), 비용, 순이익의 관계
- 총수익 – 총비용 = 순이익
- 총비용 + 순이익 = 총수익
- 수익 > 비용 : 이익 발생
- 수익 < 비용 : 손실 발생

---

19 계산경제성의 원칙을 다른 말로 무엇이라고 하는가?

① 계산성 원칙

② 비교성 원칙

③ 간접성의 원칙

④ 중요성의 원칙

[해설] 계산경제성의 원칙은 중요성의 원칙이라고도 하며 경제성을 고려해야 한다는 원칙이다. [정답] ④

20 실제원가를 통제하는 기능을 하는 것은?

① 표준원가

② 예정원가

③ 총원가

④ 판매가

[해설] 표준원가는 효과적인 원가관리를 목적으로 제품의 제조 이전에 재화 및 용역의 소비량을 과학적으로 예측하여 계산한 미래원가로, 실제원가를 통제하는 기능을 한다. [정답] ①

　　　　　　ⓜ 이동평균법 : 구입단가가 다른 재료를 구입할 때마다 재고량과의 가중평균가를 산출하여 이를 소비재료의 가격으로 하는 방법이다.

(8) 원가관리

　　① **원가관리의 정의** : 원가의 통제를 위하여 가능한 한 원가를 합리적으로 절감하려는 경영기법이라 할 수 있다. 일반적으로 표준원가 계산방법을 이용한다.

　　② **표준원가 계산** : 과학적 및 통계적 방법에 의하여 미리 표준이 되는 원가를 설정하고 이를 실제원가와 비교·분석하기 위하여 실시하는 원가계산의 한 방법이다.

　　③ **표준원가 설정** : 표준원가는 원가요소별로 직접재료비표준, 직접노무비표준, 제조간접비표준으로 구분하여 설정하는 것이 일반적이다. 이 중에서 제조간접비의 표준설정은 변동비와 고정비가 있어서 매우 어렵다. 표준원가가 설정되면 실제원가와 비교하여 표준의 차이를 분석할 수 있다.

(9) 손익계산

　　① 손익분석은 원가, 조업도, 이익의 상호관계를 조사·분석하여 이로부터 경영계획을 수립하는 데 유용한 정보를 얻기 위하여 실시되는 하나의 기법이다.

　　② 손익분석은 보통 손익분기점 분석의 기법을 통하여 이루어진다.

　　③ 손익분기점이란 수익과 총비용(고정비 + 변동비)이 일치하는 점을 말한다. 이 점에서는 이익도 손실도 발생하지 않는다.

　　　　ⓐ 고정비 : 제품의 제조, 판매 수량의 증감에 관계없이 고정적으로 발생하는 비용으로 감가상각비, 고정급 등이 속한다.

　　　　ⓑ 변동비 : 제품의 제조, 판매 수량의 증감에 따라 비례적으로 증감하는 비용으로 주요재료비, 임금 등이 있다.

　　④ 수익이 그 이상으로 증대하면 이익이 발생하고 반대로 그 이하로 감소되면 손해가 발생하게 된다.

TIP

손익분기점 분석의 이용

• 손익의 계산, 메뉴가격의 결정, 급식소의 개·폐점 시간결정, 급식시설의 선택, 장소의 이전 및 확장 결정 등 여러 조건하에서 다양한 정보 제공

• 손익분기점은 메뉴가격, 변동비, 고정비, 총 판매량 등에 영향을 받음

• 메뉴가격, 판매량이 높아지거나 변동비, 고정비가 낮아지면 손익분기점이 낮아지고 이익 증가

---

21 다음 중 원가이지만 비용이 아닌 것은?

　① 부가원가　　　　② 목적비용

　③ 기초원가　　　　④ 중성비용

[해설] **원가와 비용**

　• 목적비용 : 비용인 동시에 원가가 되는 비용

　• 기초원가 : 원가인 동시에 비용이 되는 원가

　• 중성비용 : 비용에는 포함되나 원가에는 포함되지 않는 비용

　• 부가원가 : 원가에는 포함되나 비용에는 포함되지 않는 원가

　　　　　　　　　　　　　　　　　　[정답] ①

22 총원가에서 판매비와 일반관리비를 제하면 남는 것은?

　① 직접재료비

　② 제조직접비

　③ 제조원가

　④ 제조간접비

[해설] 총원가는 제조원가에 판매관리비를 합한 것으로 총원가에서 판매비와 일반관리비를 빼면 제조원가가 된다.　[정답] ③

(10) 감가상각

① **감가상각의 개념** : 기업의 자산은 고정자산(토지, 건물, 기계 등), 유동자산(현금, 예금, 원재료 등) 및 기타 자산으로 구분된다. 이 중에서 고정자산은 대부분 그 사용과 시일의 경과에 따라 가치가 감가된다. 감가상각이란, 이 같은 고정자산의 감가를 일정한 내용연수에 일정한 비율로 할당하여 비용으로 계산하는 절차를 말하며 감가된 비용을 감가상각이라 한다.

② **감가상각 계산요소** : 기초가격, 내용연수, 잔존가격의 3대 요소를 결정해야 한다.

   ㉠ 기초가격 : 취득 원가(구입가격)

   ㉡ 내용연수 : 취득한 고정자산이 유효하게 사용될 수 있는 추산기간

   ㉢ 잔존가격 : 고정자산이 내용연수에 도달했을 때 매각하여 얻을 수 있는 추정 가격을 말하는 것으로 보통 구입가격의 10%를 잔존가격으로 계산함

③ **감가상각 계산법**

   ㉠ 정액법 : 고정자산의 감가총액을 내용연수로 균등하게 할당하는 방법이다.

$$매년\ 감가상각액 = \frac{기초가격 - 잔존가격}{내용연수}$$

   ㉡ 정률법 : 기초가격에서 감가상각비 누계를 차감한 미상각액에 대하여 매년 일정률을 곱하여 산출한 금액을 상각하는 방법이다. 따라서 초년도의 상각액이 가장 크며 연수가 경과함에 따라 상각액은 점점 줄어든다.

> **TIP**
>
> 공헌마진
> (Contribution Margin : CM)
> • 공헌마진 = 총 매출액 – 총 변동비
> • 총 공헌마진 = 총 매출액 × 총 변동비 = 단위당 공헌마진 × 매출량(식수)
> • 메뉴별 공헌마진 = 메뉴별 판매가(객단가) – 메뉴별 변동비

---

23 다음 중 재료의 소비액을 계산하는 산식으로 옳은 것은?

① 재료소비량 × 간접재료비
② 재료소비량 × 재료소비단가
③ 재료구입량 × 간접재료비
④ 재료구입량 × 재료소비단가

[해설] 재료소비액 = 재료소비량 × 소비단가   **정답** ②

24 원가계산의 첫 단계로 재료비, 노무비, 경비를 각각 요소별로 계산하는 방법은 무엇인가?

① 부문별 원가계산
② 종합 원가계산
③ 제품별 원가계산
④ 요소별 원가계산

[해설] 요소별로 분류하는 계산방법으로 원가계산의 제1단계로서 비목별 원가계산이라고도 한다.   **정답** ④

우리 인생의 가장 큰 영광은 결코 넘어지지 않는 데 있는 것이 아니라

넘어질 때마다 일어서는 데 있다.

– 넬슨 만델라 –

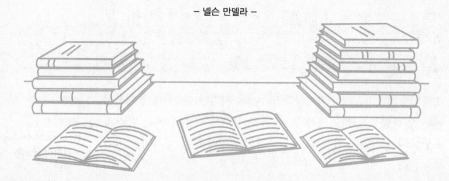

PART 05

기초 조리실무

01 조리 준비

조리 준비

1. 조리의 정의와 목적

(1) 조리의 개념

조리란 식품을 다듬기에서부터 식탁에 올리기까지의 모든 과정을 말하며, 식품을 위생적으로 처리한 후 먹기 좋고 소화되기 쉽게 하는 과정이다.

(2) 조리의 목적

① **기호성** : 식품의 외관을 좋게 하며 맛있게 하기 위하여 행한다.

② **영양성** : 소화를 용이하게 하여 식품의 영양 효율을 높이기 위하여 행한다.

③ **안전성** : 위생상 안전한 음식을 만들기 위하여 행한다.

④ **저장성** : 저장성을 높이기 위하여 행한다.

2. 조리의 방법

(1) 기계적 조리

저울에 달기, 씻기, 담그기, 썰기, 갈기, 다지기, 치대기, 내리기, 무치기, 담기 등

(2) 가열적 조리

① 열에 의한 조리 : 삶기, 찌기, 끓이기

② 건열에 의한 조리 : 굽기, 볶기, 튀기기

③ 전자레인지에 의한 조리 : 초단파(전자파) 이용

3. 조리의 조작

(1) 계 량

① 조리에 사용되는 계량기기는 저울, 계량컵, 계량스푼, 타이머, 온도계 등으로 양, 부피, 온도, 시간 등을 측정한다.

TIP

계량단위
- 1티스푼 = 5mL
- 1갤런 = 3,840mL(128온스)
- 1테이블스푼 = 15mL
- 1국자 = 100mL
- 1온스 = 30mL
- 1되 = 1,800mL
- 1컵 = 200mL

---

01 조리의 목적과 관계 없는 것은?

① 배추를 깨끗이 다듬어 씻어서 갖은 양념을 하여 먹음직스러운 김치를 담는다.

② 쌀 등 식재료를 그대로 생식하면 생산성이 높아진다.

③ 달걀을 반숙하면 소화·흡수가 잘 된다.

④ 소고기로 장조림을 만들면 저장성이 좋아진다.

[해설] 생식은 소화율과 안전성이 떨어지고, 조리의 목적과 관계가 없다.

정답 ②

02 습열 조리와 건열 조리의 혼합이며, 결합조직이 많은 고기에 이용할 수 있는 조리법은?

① 브레이즈(Braise)

② 스튜(Stew)

③ 보일링(Boiling)

④ 스팀(Steam)

[해설] 브레이즈는 식품을 볶다가 물을 붓고 푹 끓이는 방법으로 습열과 건열 조리의 혼합이다.

정답 ①

② 계량법

    ㉠ 액체 : 원하는 양을 담은 뒤 **눈높**이를 맞춰 읽는다(메니스커스 : Meniscus).

    ㉡ 지방 : 버터, 마가린, 쇼트닝 등의 고형지방은 실온에서 **부드러워졌**을 때 스푼이나 컵에 눌러 담아 윗면을 수평으로 하여 계량한다.

    ㉢ 설탕 : 결정으로 된 설탕이나 흑설탕은 단단하게 채워 계량한다.

    ㉣ 밀가루 : 체로 친 뒤 누르거나 흔들지 않은 상태로 수북하게 담아 위를 평평하게 깎아 측정한다.

(2) 씻 기

① 유해물 및 불미성분을 제거하기 위하여 위생적인 면에서 이루어진다.

② 조직을 끊어서 씻으면 영양이 손실되므로 통째로 씻는 것이 좋다.

(3) 썰 기

① 형태를 보존하기 위해서는 채소의 결을 경사지게 자른다.

② 섬유소가 단단한 식품은 섬유와 직각이나 비스듬하게 자른다.

③ 고기의 단맛을 유지하며 영양소 유출을 방지하려면 크게 절단한다.

(4) 담그기

① 곡류·두류·건물류 등은 침수시켰다가 조리하면 시간이 단축되며 조미료의 침투성이 높아진다.

② 식품의 수분함유량을 증가시키고 조직을 연화한다.

③ 식품의 쓴맛, 떫은맛, 아린맛 등을 용출시키고 소화력을 높인다.

(5) 폐기량과 정미량

① 폐기량 : 조리 시 식품에서 버려지는 부분

② 폐기율 : 식품의 전체 중량에 대한 폐기량을 퍼센트(%)로 표시한 것

③ 정미량 : 식품에서 폐기량을 제한하고 먹을 수 있는 부분의 중량

TIP

조리의 적온
- 빵 발효 : 25~30℃
- 밥, 우유 : 40~45℃
- 겨자, 종국 발효 : 40~45℃
- 식혜 발효 : 55~60℃
- 국, 달걀 찜 : 70~75℃
- 전골 : 95~98℃

TIP

발주량 산출
- 폐기 부분 없는 식품의 발주량 : 1인분 분량 × 예상식수
- 폐기 부분 있는 식품의 발주량 : 1인분 분량 × 예상식수 × 출고계수
- 출고계수 : 100 / (100 − 폐기율)
- 총발주량 = $\dfrac{\text{정미중량} \times 100}{100 - \text{폐기율}} \times$ 인원수

---

03 전분 식품의 노화를 억제하는 방법으로 적절하지 않은 것은?

① 유화제를 사용한다.

② 식품을 냉장보관한다.

③ 식품의 수분함량을 15% 이하로 한다.

④ 설탕을 첨가한다.

[해설] 전분 식품은 냉장 온도에서 노화가 빠르다.   **정답** ②

04 전분의 호정화는 언제 일어나는가?

① 전분을 물을 넣지 않고 160℃ 이상으로 가열할 때

② 전분에 물을 넣고 100℃로 끓일 때

③ 전분에 액화효소를 가할 때

④ 전분에 염분류를 가할 때

[해설] 전분에 물을 넣지 않고 160℃ 이상으로 가열하면 덱스트린(호정화)이 일어난다.   **정답** ①

4. 조리의 기본 기술

(1) 생식품 조리

식품 그대로의 감촉과 맛을 느끼기 위해 열을 사용하지 않는 조리 방법으로, 채소나 과일을 생으로 섭취함으로써 비타민과 무기질의 파괴를 줄일 수 있으나 기생충에 오염될 우려가 있다.

(2) 가열 조리

식품을 가열함으로써 위생적으로 안전하게 하고 소화·흡수를 용이하게 할 수 있으며, 삶기, 끓이기, 찌기, 튀기기, 굽기, 볶기 등이 있다.

① 끓이기 : 널리 사용되는 조리법으로 식품의 조미를 자유롭게 할 수 있는 장점이 있다.

② 삶기와 데치기 : 조직의 연화로 맛이 증가하고, 단백질의 응고, 색의 안정과 발색, 불미성분의 제거, 전분의 호화, 지방의 제거, 부피의 축소, 효소를 제거하며 소독을 할 수 있는 조리방법이다.

③ 찜 : 찜은 수증기가 갖고 있는 잠재열(1g당 593kcal)을 이용하여 식품을 가열하는 조리법이다.

④ 조림 : 생선 조림의 경우 양념장을 먼저 끓이다가 생선을 넣어야 살이 부서지지 않고 영양 손실도 적다.

⑤ 볶 기
ㄱ 적당한 기름을 충분히 가열한 다음 재료를 뒤집으며 타지 않게 볶는다.
ㄴ 불이 균일하게 작용하도록 한다.
ㄷ 단단한 것은 미리 익힌 후 넣는다.
ㄹ 수분이 많은 식품은 단시간에 볶는다.
ㅁ 식물성 식품은 연화되고, 동물성 식품은 단단해진다.
ㅂ 조리조작이 간편하고 영양성분의 손실이 적다.

TIP
• 산성식품 : 인, 황, 염소를 많이 포함한 곡류, 고기, 생선, 달걀, 치즈, 두부 등
• 알칼리식품 : 칼슘, 마그네슘, 나트륨, 칼륨 등의 무기질을 많이 포함한 우유, 채소, 과일, 감자류, 해조류 등

---

05 약과를 반죽할 때 기름과 설탕을 많이 넣으면 어떤 현상이 일어나는가?

① 매끈하고 모양이 좋다.
② 튀길 때 둥글게 부푼다.
③ 켜가 좋게 생긴다.
④ 튀길 때 풀어진다.

[해설] 기름은 글루텐의 형성을 저해하고, 설탕은 밀가루와 물의 결합을 방해하므로 필요 이상의 설탕과 기름을 넣으면 튀길 때 풀어진다. **정답** ④

06 돼지고기 조리 시 고기의 내부온도가 최소한 몇 ℃ 일 때 안전한가?

① 50℃
② 60℃
③ 77℃
④ 88℃

[해설] 돼지고기는 조리 시 선모충 등의 기생충병에 감염될 위험성이 있어서 내부온도가 77℃ 이상 되도록 가열하여 섭취하여야 한다. **정답** ③

⑥ 튀기기

　㉠ 튀김 기름의 온도는 식품에 따라 다르나, 보통 160~180℃의 범위 내에서 튀긴다.

　㉡ 고온의 기름 속에서 단시간 처리하므로 **영양소(특히 비타민 C)의 손실이 조리법 중 가장 적다.**

⑦ 굽 기

　㉠ 직접구이 : 재료에 직접 화기가 닿게 하여 복사열이나 전도열을 이용하여 굽는 방법으로 산적구이, 석쇠구이 등이 있으며 주로 어육류, 패류, 채소류 등을 굽기에 이용한다.

　㉡ 간접구이 : 프라이팬이나 철판 등의 매체를 이용하여 간접적인 열로 조리하는 것으로 로스팅(Roasting), 베이킹(Baking) 등이 여기에 속한다.

⑧ 무 침

　㉠ 각종 식재료에 양념을 하여 무치는 방법이다.

　㉡ 기름에 볶다가 양념장을 넣으면 볶은 나물이 된다.

　㉢ 썰어 놓은 채소에 버무리면 생채가 된다.

　㉣ 끓는 물에 데친 후 무치면 숙채가 된다.

⑨ 전자오븐(Microwave Oven)

　㉠ 초단파를 이용하여 짧은 시간 내에 고열로을 이용하여 조리하는 방법이다.

　㉡ 전자파가 물체에 닿으면 금속은 반사된다.

　㉢ 유리, 도자기, 플라스틱 등은 전자파가 투과된다.

　㉣ 물과 식품은 전자파를 흡수하여 발열한다.

　㉤ 전자레인지 내에서 식품은 모든 면에 전파를 받으므로 조리가 잘 된다.

TIP

에너지 대사

- 식품의 열량가 : 폭발 열량계 내에서 식품 1g을 연소시켰을 때 생기는 열량
- 인체 내 열량가 : 탄수화물과 지방은 완전연소되고 단백질은 불완전 연소로 질소가 소변으로 배설되어 1g당 1.3kcal 손실
- 생리적 열량가 : 체내 흡수율에 따른 열량으로 수분활성도 계수

---

07 채소의 무기질, 비타민의 손실을 줄일 수 있는 조리 방법은?

① 데치기　　　② 끓이기

③ 삶 기　　　④ 볶 기

해설 음식을 볶는 방식은 조작이 간편하고, 단시간에 조리하므로 비타민 등의 성분 손실이 적고, 기름을 두르면 지용성 비타민의 흡수도 도울 수 있다.　　정답 ④

08 육류의 조리법에 대한 설명으로 옳은 것은?

① 목심, 양지, 사태는 건열 조리를 한다.

② 안심, 등심, 염통 등은 습열 조리를 한다.

③ 편육은 고기를 냉수에서 끓이기 시작한다.

④ 탕류는 소금을 약간 넣은 냉수에 고기를 넣고 은근히 끓인다.

해설 편육은 끓는 물에 고깃덩어리를 넣어 삶으며 탕류는 소금을 약간 넣은 냉수에 넣고 끓인다.　　정답 ④

5. 기본 칼 기술 습득

(1) 칼의 구조 및 쓰임새

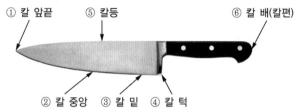

① 칼 앞끝　⑤ 칼등　⑥ 칼 배(칼편)

② 칼 중앙　③ 칼 밑　④ 칼 턱

① 칼 앞끝 : 작은 재료나 정교한 칼질을 할 때 사용한다.
② 칼 중앙 : 재료 썰기와 자르기, 다지기 등에 주로 사용한다.
③ 칼 밑 : 단단한 껍질이나 뼈 등을 토막 낼 때 사용한다.
④ 칼 턱 : 감자 싹을 도려내거나 할 때 사용한다.
⑤ 칼등 : 생선비늘을 긁는 데 사용한다.
⑥ 칼 배 : 넓은 면적으로 음식을 으깰 때 사용한다.

(2) 칼 잡는 법

① 칼등 말아 잡기(칼날의 양면을 잡는 방법)
　㉠ 일반적인 식재료 자르기와 슬라이스 할 때 가장 많이 사용한다.
　㉡ 날을 잡아주는 것은 칼날이 옆으로 젖혀지는 것을 방지할 수 있어
　　손잡이만 잡고 하는 방법보다 훨씬 안전하다.
　㉢ 칼날을 엄지와 검지로 잡고, 칼을 손가락으로 잡았다고 생각될 정도
　　로 가볍게 잡는다.

② 검지 걸어 잡기
　㉠ 후려 썰기에 적당한 방법이다.
　㉡ 검지를 손잡이 끝에 걸고 새끼손가락으로만 잡았다고 생각하고 칼끝
　　으로 도마를 살짝 누른다는 느낌을 가질 정도로 해서 잡는다.
　㉢ 나머지 손가락은 가볍게 대주기만 한다는 느낌으로 잡는다.

---

09 다음 칼의 A 부분의 용도로 옳은 것은?

A

① 생선 비늘을 긁을 때
② 채소를 자를 때
③ 생선을 자를 때
④ 생선을 토막 낼 때

정답 ④

10 칼에서 가장 많이 사용되는 부위는?

① 칼 턱
② 칼 끝
③ 칼 배
④ 칼 중앙

해설 칼 중앙은 썰기와 자르기, 다지기 등에 사용하며, 가장 많이
사용되는 부위이다.　　　　정답 ④

③ 손잡이 말아 잡기(칼 손잡이만 잡는 방법)
  ㉠ 칼의 손잡이만을 잡는 방법으로 힘을 가하지 않고 칼을 사용할 수 있다.
  ㉡ 밀어 썰기, 후려 썰기 할 때 사용하는 방법이다.
  ㉢ 손잡이에 손바닥을 댄 후 감싸듯이 잡는다.
④ 엄지 눌러 잡기(칼등 쪽에 엄지를 얹고 잡는 방법)
  ㉠ 힘이 많이 필요한 딱딱한 재료나 냉동되었던 재료를 썰 때, 뼈를 부러뜨릴 때 손목에 무리가 가지 않도록 잡는 방법이다.
  ㉡ 힘을 가하는 방향을 칼날의 부위 가까이 이동하여 써는 재료 위를 엄지로 눌러 썬다.
⑤ 검지 펴서 잡기(칼등 쪽에 검지를 얹고 잡는 방법)
  ㉠ 정교한 작업을 할 때 칼의 끝 쪽을 사용하기 위해 잡는 방법이다.
  ㉡ 칼의 폭이 좁아 손가락을 말아 잡기 어렵거나 칼의 움직임이 클 때, 칼을 뉘어 포를 뜨는 경우에 많이 사용하는 방법이다.
⑥ 칼 바닥 잡기
  ㉠ 오징어나 한치 등에 칼집을 넣을 때 사용하는 방법이다.
  ㉡ 칼을 45° 정도 누이고, 칼의 바닥을 잡는다.

TIP
칼끝 모양에 따른 칼의 종류
• 아시아형(Low Tip) : 칼날 길이는 18cm 정도이며, 칼등이 곡선 처리되어 있고 채 썰기 시 사용
• 서구형(Center Tip) : 칼날 길이는 20cm 정도이며, 칼등과 칼날이 곡선이고 회칼로 사용
• 다용도칼(High Tip) : 칼날 길이는 16cm 정도이며, 칼등이 곧게 뻗고 칼날은 둥근 곡선이고 뼈를 발라내는 용도로 이용

11 다음 중 자르기와 슬라이스 할 때 칼 잡는 법은?
① 손잡이 말아 잡기
② 칼등 말아 잡기
③ 검지 걸어 잡기
④ 엄지 눌러 잡기

해설 칼등 말아 잡기 : 일반적인 식재료 자르기와 슬라이스 할 때 가장 많이 사용　정답 ②

12 다음 모든 칼질의 기본이 되는 칼질하는 법은?
① 후려 썰기
② 칼끝 썰기
③ 밀어 썰기
④ 당겨 썰기

해설 밀어 썰기는 모든 칼질의 기본이 되는 칼질법이며 무, 양배추, 오이 등을 채 썰 때 사용한다.　정답 ③

(3) 썰기 방법

편 썰기 (얄팍 썰기)	재료를 원하는 길이로 토막 낸 다음 고른 두께로 얇게 썰거나 재료를 있는 그대로 얄팍하게 썬다.
채 썰기	얄팍썰기한 것을 비스듬히 포개어 놓고 손으로 가볍게 누르면서 가늘게 썬다.
다지기	채 썬 것을 가지런히 모아 잡은 다음 직각으로 잘게 썬다.
막대 썰기	재료를 원하는 길이로 토막 낸 다음 알맞은 굵기의 막대 모양으로 썬다.
골패 썰기	둥근 재료를 토막 낸 다음 네모지게 가장자리를 잘라내고 직사각형으로 얇게 썬다.
깍둑 썰기	무, 감자, 두부 등을 막대 썰기한 다음 주사위처럼 썬다.
둥글려 깎기	모서리를 둥글게 만드는 방법으로, 각이 지게 썰어진 재료의 모서리를 얇게 도려낸다.
반달 썰기	무, 고구마, 감자 등 통으로 썰기에 너무 큰 재료들은 길이로 반을 가른 후 썰어 반달 모양이 되게 한다.
은행잎 썰기	감자, 무, 당근 등의 재료를 길게 십자로 4등분한 다음 고르게 은행잎 모양으로 썬다.
통 썰기	오이, 당근, 연근 등 단면이 둥근 채소는 평행으로 놓고 위에서부터 눌러 써는 방법으로 두께는 재료와 요리에 따라 다르게 조절한다.
어슷 썰기	오이, 당근, 파 등 가늘고 길쭉한 재료를 칼을 옆으로 비껴 적당한 두께로 어슷하게 써는 것으로 썰어진 단면이 넓어 맛이 스며들기 쉽다.
깎아 깎기	재료를 칼날의 끝부분으로 연필 깎듯이 돌려가면서 얇게 썬다.
저며 썰기	고기, 생선, 표고버섯 등을 얇고 넓적하게 썰 때 도마에 놓고 윗부분을 눌러 잡고 칼을 옆으로 뉘어서 포뜨듯이 썬다.
마구 썰기	오이, 당근 등 가늘고 긴 재료를 한손으로 빙빙 돌려가며 한입 크기로 각이 지게 썬다.
돌려 깎기	호박, 오이 등 중앙에 씨가 있는 채소의 껍질에 칼집을 넣고 돌려 깎은 후 용도에 맞게 썬다.
밤톨 썰기	감자나 당근처럼 단단한 채소를 적당한 크기로 자른 후 가장자리를 모나지 않게 다듬어 밤톨 모양으로 만든다.

---

13 다음 둥근 재료를 토막 낸 다음 직사각형으로 얇게 써는 방법은?

① 편 썰기
② 골패 썰기
③ 어슷 썰기
④ 막대 썰기

정답 ②

14 다음 한식 요리 중 찜에 들어가는 채소 썰기로 알맞은 것은?

① 반달 썰기
② 저며 썰기
③ 마구 썰기
④ 밤톨 썰기

해설 밤톨 썰기 : 감자 등 단단한 채소를 밤톨 크기로 잘라내 찜, 조리 등에 사용

정답 ④

6. 조리 설비

(1) 조리장의 기본 조건

① 조리장의 3원칙 : 세 가지에서 우선 순위을 정하면 위생, 능률, 경제의 순이다.
  - ㉠ 위 생
  - ㉡ 능 률
  - ㉢ 경 제

② 조리장 위치
  - ㉠ 통풍, 채광 및 급·배수가 용이하고 소음, 악취, 가스, 분진, 공해 등이 없는 곳이어야 한다.
  - ㉡ 변소, 쓰레기통 등에서 오염될 염려가 없을 정도의 거리에 떨어져 있는 곳이 좋다. 또한 음식을 배선하고 운반하기 쉬운 곳이어야 한다.
  - ㉢ 물건의 구입 및 반출이 용이하고, 종업원의 출입이 편리한 곳이어야 한다.

(2) 조리장의 설비

① 조리장 건물
  - ㉠ 충분한 내구력이 있는 구조일 것
  - ㉡ 객실과 객석과는 구획의 구분이 분명할 것
  - ㉢ 조리장의 바닥과 내벽은 타일 등 내수성 자재를 사용한 구조일 것

② 급수 시설
  - ㉠ 급수는 수돗물이나 공공시험 기관에서 음용에 적합하다고 인정하는 것만을 사용할 것
  - ㉡ 우물일 경우에는 화장실로부터 20m, 하수관에서 3m 떨어진 곳에 있는 것을 사용할 것
  - ㉢ 1인당 급수량은 급식센터인 경우 6~10L/1식, 학교는 4~6L/1식 필요

---

15 다음 중 대기오염을 유발시키는 행위는?

① 튀김 후 기름을 화단에 묻었다.
② 조리장의 음식물 쓰레기를 퇴비화하였다.
③ 조리장의 쓰레기를 노천에서 소각했다.
④ 조리장의 열기를 후드로 배출시켰다.

해설 소각법은 가장 위생적인 방법이지만 대기오염 발생의 원인이 되기도 한다. 정답 ③

16 다음 장소 중 조도가 가장 높아야 할 곳은?

① 조리장
② 화장실
③ 현 관
④ 객 실

해설 조리장은 작업장의 청결유지 뿐만 아니라 작업의 능률성, 종업원의 피로를 예방하기 위해서 가장 밝아야 한다. 정답 ①

③ 작업대
   ㉠ 작업대의 높이는 신장의 52%(80~85cm)가량이며, 55~60cm 너비인 것이 효율적이다.
   ㉡ 작업 동선을 짧게 하기 위한 배치 : 준비대(냉장고) – 개수대 – 조리대 – 가열대 – 배선대
   ㉢ 작업대의 종류
      • ㄷ자형 : 면적이 같을 경우 가장 동선이 짧으며 넓은 조리장에 사용된다.
      • ㄴ자형 : 동선이 짧으며 좁은 조리장에 사용된다.
      • 병렬형 : 180° 회전을 요하므로 피로가 빨리 온다.
      • 일렬형 : 작업 동선이 길어 비능률적이지만 조리장이 굽은 경우 사용된다.
④ 냉장·냉동고 : 냉장고는 5℃ 내외의 내부 온도를 유지하는 것이 좋으며 냉동고는 0℃ 이하를, 장기 저장시에는 -40~-20℃를 유지하는 것이 좋다.
⑤ 환기 시설 : 창에 팬을 설치하는 방법과 후드(Hood)를 설치하여 환기를 하는 방법으로 장방형이 가장 효과적이다.
⑥ 방충·방서 시설
   ㉠ 창문, 조리장, 출입구, 화장실, 배수구에는 쥐 또는 해충의 침입을 방지할 수 있는 설비를 해야 하며 조리장의 방충망은 30메시 이상이어야 한다.
   ㉡ 메시(Mesh)란 가로세로 1인치 크기의 구멍수를 말하며, 30메시란 가로세로 1인치의 구멍이 30개인 것을 의미한다.
⑦ 식당 면적 : 식기 회수 공간 + 취식면적
   ㉠ 식기 회수 공간 : 취식면적의 10%
   ㉡ 조리장의 면적 : 식당 면적의 1/3

---

17 주방 내의 공기를 환기시키는 이유가 아닌 것은?

① 연기의 제거
② 수증기의 제거
③ 냄새의 제거
④ 위해 곤충의 제거

해설 공기 환기만으로 위해 곤충이 제거되지는 않기 때문에 약품이나 기구 등을 이용한다.   정답 ④

18 식품관계 영업장소나 작업장의 방충·방서용 금속망은 어느 정도가 적당한가?

① 10Mesh(메시)
② 30Mesh(메시)
③ 100Mesh(메시)
④ 200Mesh(메시)

해설 메시(Mesh)란 가로세로 1인치 크기의 구멍수로, 30메시란 1인치 크기에 구멍이 30개인 것을 말한다.   정답 ②

(3) 조리기기

① 필러(Peeler) : 감자, 무 등의 껍질을 벗기는 기계(박피기)를 말한다.

② 식품 절단기(Food Cutter) : 육류를 저며 내는 슬라이서(Slicer), 채소를 여러 가지 형태로 썰어 주는 베지터블 커터(Vegetable Cutter), 식품을 다져내는 푸드 초퍼(Food Chopper), 마늘 등을 다져주는 민서기(Mincer) 등이 있다.

③ 샐러맨더(Salamander) : 가스 또는 전기를 열원으로 하향식 구이용 기기로 생선구이나 스테이크 구이용으로 많이 쓰인다.

④ 그리들(Griddle) : 두꺼운 철판 밑으로 열을 가열하여 뜨겁게 달구어진 철판 위에서 음식을 조리하는 기기로 전, 햄버거 등 부침요리에 적합하다.

⑤ 그릴(Grill)과 브로일러(Broiler) : 복사열을 직·간접으로 이용하여 음식을 조리하는 기기로 구이에 적합하며, 석쇠에 구운 모양을 나타내는 시각적 효과로 스테이크 등의 메뉴에 많이 이용된다.

⑥ 믹서(Mixer) : 식품의 혼합·교반 등에 사용된다. 액체를 교반하여 동일한 성질로 만드는 블렌더(Blender)와 여러 가지 재료를 혼합·분쇄하는 믹서(Mixer)가 있다.

⑦ 믹싱기(Mixing Machine) : 식품을 섞어 반죽하거나 분쇄·절단하는 작업이 편리한 조리기기로, 주로 밀가루 반죽, 소시지나 만두소 등을 만들 때 사용한다.

⑧ 스쿠퍼(Scooper) : 아이스크림이나 채소의 모양을 뜨는 데 사용한다.

⑨ 그라인더(Grinder) : 고기를 다지는 것이다.

⑩ 와이어 휘퍼(Wire Whipper) : 달걀의 거품을 내는 데 사용한다.

⑪ 스키머(Skimmer) : 음식물을 삶을 때 기름기, 뜨는 찌꺼기의 거품 등을 거두어 내는 데 사용한다.

TIP
식기류
• 이용고객 측면 : 위생적일 것, 색이 식욕을 돋울 것, 디자인이 무겁지 않을 것, 크기가 적당하고 트레이와의 균형을 잘 이룰 것, 쉽게 뜨거워지지 않고 음식이 잘 식지 않을 것
• 제공자 측면 : 가볍고 쉽게 깨지지 않을 것, 때가 잘 빠지고 매끄러운 표면으로 식기용 세제에 강한 재질일 것

19 육류, 채소 등 식품을 다지는 기구를 무엇이라고 하는가?

① 초퍼(Chopper)
② 슬라이서(Slicer)
③ 그리들(Griddle)
④ 필러(Peeler)

해설 • 슬라이서 : 육류를 얇게 저며 내는 기구
• 필러 : 껍질을 벗기는 기계   정답 ①

20 조리기기와 사용 용도의 연결이 적절하지 않은 것은?

① 샐러맨더 - 볶음하기
② 전자레인지 - 냉동식품 해동하기
③ 블렌더 - 불린 콩 갈기
④ 압력솥 - 갈비찜 하기

해설 샐러맨더는 하향식 구이용 기기이다.   정답 ①

식품의 조리원리

1. 식품과 조리

(1) 쌀의 조리

① 쌀의 수분함량 : 쌀의 수분 함량은 14~15% 정도이며, 밥을 지었을 때의 수분은 65% 정도이다.

② 밥 짓기

㉠ 쌀을 씻을 때 비타민 B의 손실을 막기 위해 가볍게 3회 정도 씻는다.

㉡ 물의 분량은 쌀의 종류와 수침 시간에 따라 다르며 잘 된 밥의 양은 쌀의 2.5~2.7배 정도가 된다.

③ 쌀 종류에 따른 물의 분량과 체적(부피)에 대한 물의 분량

㉠ 백미(보통) : 쌀 중량의 1.5배, 쌀 용량의 1.2배

㉡ 햅쌀 : 쌀 중량의 1.4배, 쌀 용량의 1.1배

㉢ 찹쌀 : 쌀 중량의 1.1~1.2배, 쌀 용량의 0.9~1배

㉣ 불린쌀(침수) : 쌀 중량의 1.2배, 쌀 용량과 동량

④ 밥맛의 구성요소

㉠ 밥물은 pH 7~8(약알칼리)일 때 밥맛이 좋다.

㉡ 약간의 소금(0.03%)을 첨가하면 밥맛이 좋아진다.

㉢ 수확 후 시일이 오래 지나거나 변질되면 밥맛이 나빠진다.

㉣ 지나치게 건조된 쌀은 밥맛이 좋지 않다.

㉤ 쌀의 품종과 재배지역의 토질에 따라 밥맛이 달라진다.

(2) 전분의 변화

① 전분(녹말)의 구조

㉠ 탄수화물 전분 입자 : 아밀로스(Amylose) 20% + 아밀로펙틴(Amylo-pectin) 80%

㉡ 찹쌀의 경우 = 아밀로펙틴 100%

TIP

건조식품 부피의 변화
• 쌀로 떡을 만들 경우 1.4배
• 밀가루로 빵을 만들 경우 1.3배
• 건조콩을 삶을 경우 3배
• 건미역을 물에 불릴 경우 7배

TIP

• 오분도미 : 배아 50%
• 칠분도미 : 배아 30%
• 구분도미 : 배아 10%
• 십이분도미 : 배아 없음

---

21 백미로 밥을 지으려 할 때 쌀과 물의 분량이 알맞은 것은?

① 쌀 중량의 1.5배, 부피의 1.2배
② 쌀 중량의 3배, 부피의 1.2배
③ 쌀 중량의 3배, 부피의 1.5배
④ 쌀 중량의 2배, 부피의 1.5배

해설 쌀 중량의 1.5배, 체적(부피)비율이 1.2배이다. 정답 ①

22 밀가루에 중조를 넣으면 황색으로 변하는 이유는?

① 산에 의한 변화
② 알칼리에 의한 변색
③ 효소적 갈변
④ 비효소적 갈변

해설 밀가루 내의 플라보노이드색소는 알칼리를 넣으면 황색으로 변한다. 정답 ②

② 전분의 호화(α화)

    ㉠ 전분에 물을 넣고 가열하면 전분입자가 물을 흡수하여 팽창하는데, 이것을 호화(α화)라고 한다.

    ㉡ 호화된 전분은 부드럽고 소화가 잘 된다.

    ㉢ α화하기 위한 온도는 전분의 종류에 따라 다르지만 **가열온도가 높을수록, 전분 크기가 작을수록** 잘 일어난다.

③ 전분의 노화(β화) : 호화(α화)된 전분을 실온이나 냉장온도에서 방치함으로써 β-전분으로 되돌아가는 것을 전분의 노화라 한다.

    ㉠ 전분이 노화되기 쉬운 조건

      • 전분의 노화는 아밀로스(Amylose)의 함량 비율이 높을수록 빠르다.

      • 수분 30~60%, 온도 0~5℃일 때 가장 일어나기 쉽다.

    ㉡ 노화 억제 방법

      • α화한 전분을 80℃ 이상에서 급속히 건조시키거나 0℃ 이하에서 급속 냉동하여 수분 함량을 15% 이하로 하면 노화를 억제할 수 있다.

      • 설탕이나 유화제를 첨가시킨다.

④ 전분의 호정화(덱스트린화)

    ㉠ 전분에 물을 가하지 않고 160℃ 이상으로 가열하면 여러 단계의 가용성 전분을 거쳐 덱스트린(호정)으로 분해되는데, 이것을 전분의 호정화라 한다.

    ㉡ 호정화는 호화된 전분보다 물에 잘 녹고 소화도 잘 된다(미숫가루, 뻥튀기).

    ㉢ 날전분(β-전분) $\xrightarrow[\text{가열(160℃ 이상)}]{}$ 덱스트린(호정화)

(3) 밀가루의 조리

    밀가루 단백질의 대부분은 글루텐(Gluten)인데, 이 글루텐은 글루테닌과 글리아딘의 단백질로 구성되어 있다. 글루텐의 함량에 따라 밀가루의 종류와 용도가 달라지게 된다.

TIP

배 아
배아성분이 많아질수록 영양성분은 높고 기호성은 낮다.

---

23 밀가루를 물로 반죽하여 면을 만들 때 반죽의 점성에 관계하는 주성분은?

① 글로불린
② 글루텐
③ 아밀로펙틴
④ 덱스트린

해설 밀가루에 물을 붓고 반죽하면 점성과 탄력성이 있는 복합체인 글루텐을 형성하기 때문에 글루텐 단백질이라고도 한다.

정답 ②

24 다음 중 중조를 넣어 콩을 삶을 때 가장 문제가 되는 것은?

① 콩이 잘 무르지 않음
② 비타민 B_1의 파괴가 촉진됨
③ 조리수가 많이 필요함
④ 조리시간이 길어짐

해설 콩(팥)을 삶을 때 중조(식용소다)를 첨가하여 삶으면 콩이 빨리 무르게 되지만 비타민이 파괴되는 단점이 있다.

정답 ②

① 밀가루 종류와 용도
　　㉠ 강력분 : 13% 이상(빵, 마카로니, 스파게티)
　　㉡ 중력분 : 10~13%(국수류, 만두피)
　　㉢ 박력분 : 10% 이하(케이크, 튀김옷, 카스텔라, 과자)
② 글루텐의 형성 : 밀가루에 물을 가하면 점탄성이 있는 반죽이 되는데, 이는 밀의 단백질인 글리아딘(Gliadin)과 글루테닌(Glutenin)이 물과 결합하여 글루텐(Gluten)을 형성하기 때문이다.
③ 밀가루 반죽 시 다른 물질이 글루텐에 주는 영향
　　㉠ 팽창제 : CO_2(탄산가스)를 발생시켜 가볍게 부풀게 한다.
　　　• 이스트(효모) : 밀가루의 1~3%, 최적온도 30℃, 반죽온도는 25~30℃일 때 활동이 촉진된다.
　　　• 베이킹 파우더(BP) : 밀가루 1컵에 1티스푼이 적당하다.
　　　• 중조(중탄산나트륨) : 밀가루의 백색 색소인 플라보노이드라는 성분이 알칼리 성분(중조)과 만나면 황색으로 변한다. 특히 비타민 B_1, B_2의 손실을 가져온다.
　　㉡ 지방 : 층을 형성하여 음식을 부드럽게 만든다(파이, 식빵).
　　㉢ 설탕 : 열을 가했을 때 음식의 표면을 착색시켜(갈색화) 보기 좋게 만들지만 글루텐을 분해하여 반죽을 구우면 부풀지 못하고 꺼진다.
　　㉣ 소금 : 글루텐의 늘어나는 성질이 강해져 잘 끊어지지 않는다(칼국수, 바게트빵).
　　㉤ 달걀 : 달걀 단백질의 열 응고성은 구조를 형성하는 글루텐을 도와주고 수분을 공급해 주며 영양가와 맛·색·풍미 등도 좋게 해 준다.

25 식품의 조리법 중 식품 중의 비타민을 용출, 파괴하고 무기질 및 기타 영양성분이 과하게 용출되는 조리법은?

　① 구 이　　　　② 튀 김
　③ 끓이기　　　　④ 볶 음

해설 끓이기를 하면 조직의 연화, 전분의 호화, 콜라겐의 젤라틴화 등 소화·흡수가 잘되지만, 영양적으로 수용성 비타민이나 무기질의 손실이 크다.　　　　정답 ③

26 식빵을 만들 때 이스트에 의해 발생되는 가스는 무엇인가?

　① 수소가스
　② 메탄가스
　③ 아황산가스
　④ 탄산가스

해설 이스트는 당분을 발효시키고 탄산가스를 발생시켜 빵을 부풀리는 작용을 한다.　　　　정답 ④

(4) 서류의 조리

서류에는 감자, 고구마, 토란, 마 등이 있으며 그 종류에 따라 특유의 조리방법을 갖고 있다.

① 감자
  ㉠ 감자를 썬 후 공기 중에 놓아두면 감자 중의 타이로신(Tyrosin)이 타이로시나제(Tyrosinase)의 작용으로 산화되어 멜라닌을 생성하기 때문에 갈변된다.
  ㉡ 감자의 전분함량에 따른 종류
    • 점질감자 : 볶거나 조림용으로 볶음, 샐러드에 적합하다.
    • 분질감자
      - 매시드 포테이토(Mashed Potato), 분이 나게 감자를 삶아서 으깨는데 적당하다(굽거나 찌거나 으깨어 먹는 요리에 적당함).
      - 분질종이라도 햇감자는 점질에 가깝고, 분이 잘 나지 않는다.

② 고구마 : 감자보다 다량의 비타민 C를 함유하며 단맛이 강하며 수분이 적고 섬유소가 많다.

③ 토란 : 주성분은 당질로 단백질, 지방, 비타민은 소량 존재하고 무기질은 비교적 많은 편이며, 특히 칼륨 함량이 높다.

④ 마 : 성분은 전분이고, 당, 펜토산(Pentosan), 만난(Mannan) 등도 함유되어 있으며, 마의 강한 점성 물질은 만난과 단백질의 결합물이다.

(5) 두류 및 두부 제품의 조리

① 두류의 분류와 용도
  ㉠ 저탄수화물 고단백질 두류 : 검정콩·흰콩 등의 대두류는 단백질의 함량이 40% 정도로 우수하다.
  ㉡ 저단백질 고탄수화물 두류 : 팥·녹두·완두·강낭콩 등은 떡고물로 사용된다.
  ㉢ 대두의 주 단백질 : 글리시닌(Glycinin)

TIP
• 대두는 흡수가 잘 안되므로 미리 5~6시간 물에 담가 흡수, 팽윤시킨 후 가열한다.
• 날콩에는 단백질의 소화·흡수를 방해하는 트립신 방해제와 아밀라제 방해제가 있다.
• 검정콩의 크리산테민이란 색소는 안토시안계 색소로 철, 주석 이온과 결합하여 검은색을 형성한다.

---

27 채소를 냉동시킬 때 전처리로 데치기를 하는 이유와 거리가 먼 것은?
① 효소파괴 효과
② 탈색 효과
③ 부피감소 효과
④ 살균 효과

[해설] 전처리로 데치기를 하는 것은 유해한 효소를 불활성화시켜 변색을 방지하고 부패를 일으키는 미생물을 사멸시키기 위한 것이다. **정답** ②

28 미나리, 시금치 등 채소를 데치는 방법이 아닌 것은?
① 소금을 넣고 색을 선명하게 데친다.
② 뚜껑을 열고 단시간 데치면 색이 선명하다.
③ 뚜껑을 닫고 오래 데치면 색이 선명하다.
④ 소다를 넣으면 비타민이 파괴된다.

[해설] 녹색 채소를 데칠 때 물의 1% 정도의 소금을 넣고 뚜껑을 열고 단시간에 데치는 것이 색이 좋아지며 영양소 손실도 적다. **정답** ③

• 엽채류 : 상추, 배추, 시금치, 쑥
  갓, 아욱, 근대, 양배추 등
• 과채류 : 가지, 오이, 고추, 호박,
  토마토, 수박, 참외 등
• 근채류 : 비트, 당근, 무, 연근,
  고구마, 감자 등
• 종실류 : 콩, 옥수수, 수수 등

② 두류의 조리·가열에 의한 변화

　㉠ 독성물질의 파괴 : 대두와 팥에 함유된 사포닌(Saponin)이라는 용혈
　　독성분은 가열 시 파괴된다.

　㉡ 단백질 이용률·소화율의 증가 : 날콩 속에는 단백질의 소화효소인
　　트립신(Trypsin)의 분비를 억제하는 안티트립신(Antitrypsin)과
　　혈소판의 응집을 일으키는 소인(Soin)이 있지만 가열 시 파괴된다.

③ 두부의 제조

　㉠ 대두로 만든 두유를 70℃ 정도에서 두부 응고제인(2~3%) 황산칼슘
　　($CaSO_4$) 또는 염화마그네슘($MgCl_2$)을 가하여 응고시킨 것이다.

　㉡ 1%의 식염에 담갔다가 연화시키면 빨리 무른다.

(6) 채소 및 과일의 조리

① 채소·과일의 구성

　㉠ 알칼리성 식품 : 나트륨, 칼슘, 칼륨, 마그네슘 등의 무기질 다량 함유

　㉡ 수분함량 : 80~90%

② 조리 시 채소의 변화

　㉠ 채소를 데칠 경우 채소의 5배 정도의 끓는 물에 단시간으로 데쳐
　　찬물에 재빨리 헹군다.

　㉡ 수분이 많은 채소는 소금을 뿌리면 삼투압에 의해 수분이 빠져
　　나온다. 따라서 샐러드나 초무침을 할 때는 식탁에 내기 직전에 소금
　　을 뿌린다.

　㉢ 녹황색 채소는 지용성 비타민 A를 많이 함유하고 있으므로 기름을
　　이용한 조리법을 사용하면 영양흡수가 더 잘된다.

　㉣ 토란, 죽순, 우엉, 연근 등 흰색 채소는 쌀뜨물이나 식초물에 삶으면
　　흰색을 유지하고 단단한 섬유를 연하게 한다.

　㉤ 당근에는 비타민 C를 파괴하는 효소인 아스코르비나제(Ascorbi-
　　nase)가 있어 다른 채소와 함께 조리 시 다른 채소의 비타민 C 손실이
　　많아진다.

---

29 다음 채소류 중 일반적으로 꽃 부분을 식용으로 하
　는 것이 아닌 것은?

① 브로콜리

② 콜리플라워

③ 아티초크

④ 비 트

해설 비트(근대)는 원산지가 유럽 남부로 붉은 시금치라고도 불리
며, 잎과 뿌리 모두 식용으로 쓰이는 뿌리채소이다.

정답 ④

30 튀김용 유지를 지나치게 가열하면 검푸른 연기가
　나면서 자극적인 냄새가 나는 물질은?

① 산패취의 냄새이다.

② Acrolein의 냄새이다.

③ 지방산의 냄새이다.

④ Hydroperoxide의 냄새이다.

해설 기름이 분해되면서 생성되는 물질인 아크롤레인이다.

정답 ②

ⓗ 토란의 점질성 물질은 물에 담갔다가 1%의 소금물에 데치거나 쌀뜨물에 데친다.

③ 조리에 의한 색 변화

ⓙ 엽록소(클로로필 : Chlorophyll)

- 녹색 채소에 있는 엽록소 색소는 산에 약하므로 식초와 만났을 때 클로로필이 황갈색 색소인 페오피틴(Pheophytin)으로 변한다.
- 채소를 삶을 때 중조(알칼리)를 넣으면 색은 선명해지나 영양소의 손실이 있다.
- 녹색 채소를 데칠 때는 뚜껑을 열고 데친다(특히 시금치, 근대, 아욱에 있는 수산은 체내의 칼슘 흡수를 저해하며 신장결석을 일으킨다).

ⓛ 안토시안(Anthocyan) 색소

- 식품의 꽃, 과일, 잎의 색소로 적색 · 자색(보라색) · 청색을 나타내며 수용성이다(비트무, 적양배추, 딸기, 가지, 포도, 검은콩).
- 산성에서는 적색(생강초절임), 중성에서는 보라색, 알칼리에서는 청색을 나타낸다.
- 철(Fe) 등의 금속이온과 결합하면 청색을 나타낸다(가지절임).
- 가지를 삶을 때 백반을 넣으면 안정된 청자색을 보존할 수 있다.

ⓒ 플라보노이드(Flavonoid) 색소

- 콩, 밀, 쌀, 감자, 연근 등의 흰색이나 노란색 색소이다.
- 산성 용액에서는 흰색, 알칼리 용액에서는 황색으로 변한다.

ⓔ 카로티노이드(Carotenoid) 색소

- 등황색, 녹색 채소에 들어 있는 황색이나 오렌지색 색소이다(당근, 고구마, 호박, 브로콜리, 고추, 토마토 등).
- 공기 중의 산소나 산화효소에 의해 쉽게 산화되어 변화한다.
- 기름을 이용하여 조리하면 흡수율이 높아진다(당근볶음).

TIP

안토잔틴
- 알칼리와 산화를 피해야 한다.
- 원래 색은 백색에서 담황색이나 황색을 나타낸다.
- 대표식품으로는 무, 양파, 밀가루가 있다.
- 산이 첨가되면 더욱 선명한 흰색을 나타낸다.
- 찐빵에 식소다를 넣을 때 누렇게 되는 것처럼 알칼리에서는 누런 색을 나타낸다.

---

31 다음 중 밀, 감자, 연근에 들어 있는 색소는?

① 안토시안
② 플라본 색소
③ 카로티노이드 색소
④ 클로로필 색소

해설 Flavonoid 색소
콩, 밀, 쌀, 감자 등의 색소로 약산성에서는 무색이지만 알칼리에서는 황색을 나타내고 산화되면 갈색이다. **정답** ②

32 채소류를 분류할 때 근채류에 속하는 것은?

① 우 엉
② 시금치
③ 죽 순
④ 토마토

해설 근채류는 우엉, 감자, 고구마, 연근 등이다. **정답** ①

④ 채소, 과일의 갈변 방지
　㉠ 사과, 배 등은 **소금물**이나 **설탕물**에 담그면 갈변을 막을 수 있다.
　㉡ 푸른잎 채소를 데칠 때 냄비의 뚜껑을 덮으면 휘발하지 못한 유기산
　　에 의해 황갈색으로 변하므로 뚜껑을 열고 끓는 물에 단시간 데치는
　　것이 좋다.

(7) 유지의 조리
① 유지의 특성
　㉠ 유지는 상온에서 액체인 것을 유(油 : 대두유, 면실유, 참기름 등),
　　고체인 것을 지(指 : 쇠기름, 돼지기름, 버터 등)라고 한다.
　㉡ 가수분해하면 글리세롤과 지방산으로 된다.
　㉢ 지용성 비타민(비타민 A, D, E, K)의 흡수를 촉진시킨다.
② 융 점
　㉠ 고체지방이 열에 의해 액체 상태로 될 때의 온도를 말한다.
　㉡ 포화지방산인 고체지방산(버터, 라드 등)은 융점이 높고 불포화지방
　　산이 많은 액체기름(콩기름, 참기름 등)은 융점이 낮다.
③ 유화성
　㉠ 기름과 물은 잘 섞이지 않으나 매개체인 유화제를 넣으면 기름과
　　물이 혼합된다.
　㉡ 대표적인 유화제로 난황의 인지질인 레시틴이 있다.
　　• 유중수적형(W/O) : 기름에 물이 분산된 형태(버터, 마가린 등)
　　• 수중유적형(O/W) : 물속에 기름이 분산된 형태(우유, 마요네즈,
　　　아이스크림, 크림수프, 잣죽, 프렌치드레싱 등)
④ 연화 : 밀가루 반죽에 지방을 넣으면 복잡한 글루텐의 연결이 끊어지면서
　식품이 연해지는 것을 연화(쇼트닝화)라고 한다.

TIP
유 지
• 조직을 부드럽게 하고 씹을 때
　느낌을 좋게 한다.
• 식품의 맛을 좋게 한다.
• 이형제는 식품이 쉽게 떨어지도
　록 해 준다.
• 쇼트닝성 : 유지를 넣고 반죽하
　면 글리아딘과 글루테닌의 결합
　을 방해하고, 글루텐끼리의 결합
　도 방해한다.
• 크리밍성 : 유지에 공기를 포함
　시켜 크림을 만드는 작용이다(쇼
　트닝 > 마가린 > 버터).

---

33 녹색 채소 조리 시 중조를 가하면 나타나는 결과에
　대한 설명으로 틀린 것은?
　① 진한 녹색을 띤다.
　② 비타민 C가 파괴된다.
　③ 녹갈색으로 변한다.
　④ 조직이 연화된다.

해설 채소에 있는 엽록소(클로로필)는 중조(알칼리)를 가하면 진
한 녹색을 띤다. 조직을 빠른 시간 안에 연하게 하지만 비타민
C가 파괴된다.　　정답 ③

34 고기의 질감을 연하게 하는 단백질 분해효소와 거리
　가 먼 것은?
　① 파파인(Papain)
　② 브로멜린(Bromelin)
　③ 피신(Ficin)
　④ 글리코젠(Glycogen)

해설 글리코젠은 동물의 저장 탄수화물로 간, 근육, 콩팥에 많다.
　　정답 ④

⑤ 유지의 발연점

　　㉠ 기름을 가열하면 일정 온도에서 열분해를 일으켜 지방산과 글리세롤이 분리되어 연기가 나기 시작하는 때의 온도를 발연점 또는 열분해 온도라고 한다.

　　㉡ 발연점 이상에서 청백색인 연기와 함께 자극성 취기가 발생하는데 이는 기름이 분해되면서 생성되는 물질인 **아크롤레인(Acrolein)** 때문이다.

　　㉢ 발연점이 높은 기름(식물성 기름)은 튀김 음식의 맛을 좋게 하고 기름의 흡수량도 적어 튀김용으로 적당하다.

⑥ 산패 : 지방을 장기간 저장했을 때 산소, 광선, 열, 효소, 미생물(세균), 금속의 작용에 의해 유지의 품질저하를 가져오는 현상을 말한다.

(8) 육류의 조리

① 육류의 조직

　　㉠ 근육 조직 : 거의 대부분 식용으로 사용하는 부위

　　㉡ 결합 조직 : 콜라겐과 엘라스틴(피부, 인체의 주성분)

　　㉢ 지방 조직 : 내장기관의 주위와 피하, 복강 내에 분포

　　㉣ 골격 : 뼈

② 육류의 사후경직과 숙성

　　㉠ 사후경직 : 동물을 도살하여 방치하면 산소 공급이 중단되고 혐기적 해당작용에 의하여 근육 내 젖산이 증가되어 근육이 단단해지는 현상을 말한다.

　　㉡ 숙성 : 도살 후 일정 시간 숙성시키면 근육 자체의 효소에 의해 자기소화(숙성)가 일어나 연해진다.

③ 육류 가열에 의한 고기 변화

　　㉠ 고기 단백질의 응고, 고기의 수축, 분해가 일어난다.

　　㉡ 중량 및 보수성이 감소된다.

　　㉢ 결합조직이 완전히 젤라틴화(지방의 융해)되어 고기가 연해진다.

> **TIP**
> 발연점
> • 튀김에 적합한 기름 : 끓는점이 높은 것
> • 적합한 기름 : 콩기름, 옥수수기름, 면실유, 해바라기 기름, 쇼트닝
> • 적합하지 않은 기름 : 참기름, 들기름, 엑스트라 버진 올리브유, 버터, 마가린

---

35 유지의 발연점에 영향을 미치는 요인이 아닌 것은?

① 유리지방산 함량
② 노출된 기름의 면적
③ 용해도
④ 미세한 입자상 물질

[해설] 노출된 유지의 표면적이 넓을수록, 유리의 지방산 함량이 많을수록, 외부에서 혼입된 이물질이 많을수록 유지의 발연점은 낮다.　　[정답] ③

36 식육의 절단된 면이 공기와 접촉하면 선명한 적색의 무엇이 되는가?

① 옥시마이오글로빈
② 헤모글로빈
③ 마이오글로빈
④ 메트마이오글로빈

[해설] 동물의 근육색소인 마이오글로빈은 공기 중의 산소에 노출될 때는 분자상의 산소와 결합하여 매우 선명한 붉은색 옥시마이오글로빈을 이룬다.　　[정답] ①

ⓔ 풍미의 변화, 색의 변화(선홍색 → 회갈색)가 일어난다.
④ 육류의 연화법
　ⓐ 기계적인 방법 : 고기를 결 방향과 반대로 썰거나, 칼로 다지거나, 칼집을 넣으면 근육과 결합조직 사이가 끊어져서 연해진다.
　ⓑ 연화제 종류 : 배즙의 프로테아제(Protease), 파인애플의 브로멜린(Bromelin), 무화과의 피신(Ficin), 파파야의 파파인(Papain) 등의 효소가 단백질을 분해시켜 연해진다.
　ⓒ 동결 : 고기를 얼리면 세포의 수분이 단백질보다 먼저 얼며 용적이 팽창하고 세포가 파괴되므로 고기가 연해진다.
　ⓓ 숙성 : 숙성시간을 거치면 단백질 분해효소의 작용으로 고기가 연해진다.
　ⓔ 가열 조리방법 : 결체 조직이 많은 고기는 장시간 물에 끓이면 콜라겐이 젤라틴으로 가수분해되어 연해진다.
　ⓕ 설탕 첨가 : 육류의 단백질이 연화된다.
⑤ 육류의 감별법
　ⓐ 소고기 : 색이 선홍색이고 윤택이 나며 수분이 충분하게 함유된 것이 좋다.
　ⓑ 돼지고기 : 기름지고 윤기가 있으며 살이 두껍고 담홍색인 것이 좋다.
⑥ 육류의 조리법
　ⓐ 습열 조리법 : 물과 함께 조리하는 방법으로 **결합조직이 많은** 장정육, 업진육, 양지육, 사태육 등으로 편육, 장조림, 탕, 찜 등을 조리하는 방법이다.
　ⓑ 건열 조리법 : 물 없이 조리하는 방법으로 **결합조직이 적은** 등심, 안심, 갈비 등의 부위로 구이, 불고기, 튀김 등을 조리하는 방법이다.

(9) 어패류의 요리
① 어육의 성분
　ⓐ 단백질 : 마이오신(Myosin), 액틴(Actin), 액토마이오신(Actomyosin)
　ⓑ 지방 : 생선 지방의 약 80%가 불포화지방산이다.

---

37 육류를 가열 조리할 때 일어나는 변화로 맞는 것은?
　① 보수성의 증가
　② 단백질 변패
　③ 중량 증가
　④ 마이오글로빈이 메트마이오글로빈으로 변화

[해설] 육류 가열에 의한 변화는 마이오글로빈 → 옥시마이오글로빈 → 메트마이오글로빈 → 헤마틴이 된다. **정답** ④

38 생선 비린내의 주성분은 어느 것인가?
　① 인돌(Indole)
　② 메탄올(Methanol)
　③ 트라이메틸아민(Trimethylamine)
　④ 스카톨(Skatol)

[해설] 생선 비린내의 주성분은 트라이메틸옥사이드가 환원되어 트라이메틸아민으로 된 것이다. **정답** ③

ⓒ 적색 어류(꽁치, 고등어, 청어 등)는 백색 어류(가자미, 도미, 민어, 광어 등)보다 자기소화가 빨리 오고, 담수어는 해수어보다 낮은 온도에서 자기소화가 일어난다. 물의 온도가 낮고 깊은 곳에 사는 생선은 맛과 질이 우수하다.

ⓔ 생선은 산란기 직전의 것이 가장 살이 오르고 지방도 많으며 맛이 좋다.

② 어패류 조리법

ⓐ 생선구이의 경우 생선 중량의 2~3%의 소금을 뿌리면 탈수도 일어나지 않고 간도 적절하다.

ⓑ 생선을 소금에 절이면 단백질이 용해되어 겔(Gel)을 형성하고, 탈수되면서 살이 단단해진다.

ⓒ 생선찌개는 양념이 끓을 때 생선을 넣으면 생선의 형태를 유지하고 내부성분의 유출을 방지할 수 있다.

ⓔ 생선단백질 중에는 생강의 탈취작용을 방해하는 물질이 있으므로, 끓고난 다음 생강을 넣는 것이 탈취에 효과적이다.

ⓜ 어묵은 어류의 단백질인 마이오신이 소금에 용해되는 성질을 이용해 만든다.

ⓗ 생선조림은 간장을 먼저 살짝 끓이다가 생선을 넣는다.

③ 어취의 제거

ⓐ 생선의 비린내는 트라이메틸아민옥사이드(TMAO ; Trimethylamine oxide)가 환원되어 트라이메틸아민(TMA ; Trimethylamine)으로 된 것이다.

ⓑ 생선을 조리할 때 뚜껑을 열어 비린내를 휘발시킨다.

ⓒ 트라이메틸아민은 수용성이므로 물로 씻어 제거한다.

ⓔ 간장, 된장, 고추장 등의 장류를 첨가한다.

ⓜ 생강, 파, 마늘, 겨자, 고추냉이, 술 등의 향신료를 사용한다.

ⓗ 식초, 레몬즙 등의 산을 첨가한다.

ⓢ 우유에 미리 담가두었다가 조리하면 우유의 카세인(단백질)이 트라이메틸아민을 흡착함으로써 비린내가 저하된다.

TIP

사후경직
- 어패류는 육류에 비해 근육 조직이 적어서 사후경직의 강도가 크지 않다.
- 사후경직 기간 중에 어패류를 섭취해야 약간의 조직감을 느낄 수 있다.

자기소화
- 육류는 자기소화기를 거치면서 풍미가 증가되고 조직감이 좋아진다.
- 생선은 자기소화의 속도가 빠르기 때문에 맛과 풍미가 크게 저하된다.
- ※ 육류는 도살 후 일정 기간이 지난 후에 식용으로 사용하고, 어패류는 바로 식용으로 이용한다.

---

39 어류의 지방함량에 대한 설명으로 옳은 것은?

① 흰살생선은 5% 이하의 지방을 함유한다.
② 흰살생선이 붉은살생선보다 함량이 많다.
③ 산란기 이후 함량이 많다.
④ 등쪽이 배쪽의 함량보다 많다.

해설 어류의 지방은 흰살생선보다 붉은살생선이, 산란기 직전이 이후보다, 배쪽 살이 등쪽의 살보다 지방함량이 많다.
정답 ①

40 생선의 어취 제거 방법으로 옳지 않은 것은?

① 미지근한 물에 담갔다가 그 물과 함께 조리
② 조리 전 우유에 담갔다가 꺼내어 조리
③ 식초나 레몬즙 첨가
④ 고추나 겨자 사용

해설 생선의 비린내 성분인 트라이메틸아민은 ②, ③, ④ 외에 고추장, 된장, 간장 등을 이용해도 제거된다.
정답 ①

◎ 전유어는 생선의 비린 냄새 제거에 효과적인 조리법이다.

(10) 달걀의 조리

① 열의 응고성(조리온도)
  ㉠ 달걀 조리 시 난백은 60~65℃, 난황은 65~70℃에서 응고된다.
  ㉡ 설탕을 넣으면 응고 온도가 높아지고 소금, 우유 등의 Ca, 산은 응고를 촉진한다.
  ㉢ 끓는 물에서 7분이면 반숙, 10~15분 정도면 완숙, 15분 이상이 되면 녹변현상이 일어난다.
  ㉣ 소화시간 : 반숙(1시간 30분) → 완숙(2시간 30분) → 생달걀(2시간 45분) → 달걀 프라이(3시간 15분)

② 기포성
  ㉠ 난백은 실내온도(30℃)에서 거품이 잘 일어난다.
  ㉡ 신선한 달걀일수록 농후난백이 많고 수양난백이 적다. 수양난백이 많은 오래된 달걀이 거품은 잘 일어나나 안정성은 적다.
    • 농후난백 : 날달걀을 깼을 때 난황 주변에 뭉쳐 있는 난백
    • 수양난백 : 옆으로 넓게 퍼지는 난백
  ㉢ 첨가물의 영향
    • 기름, 우유 : 기포형성을 저해한다.
    • 설탕 : 거품을 완전히 낸 후 마지막 단계에서 넣어주면 거품이 안정된다.
    • 산(오렌지주스, 식초, 레몬즙) : 기포 형성을 도와준다.
  ㉣ 달걀을 넣고 젓는 그릇의 모양은 밑이 좁고 둥근 바닥을 가진 것이 좋다.
  ㉤ 달걀의 기포성을 응용한 조리
    • 스펀지케이크
    • 케이크의 장식
    • 머랭(난백 + 설탕 + 크림 + 색소)

TIP
다량조리기술
• 단체급식에서는 영양적이나 기호적인 면에서 토장국을 선호한다.
• 국물의 1/3 정도의 건더기가 적당하며, 국물맛 내는 재료를 한소끔 끓인 후 건더기를 넣는다.
• 찌개는 센 불에서 끓이기 시작하여 약한 불로 푹 끓인다.
• 조림은 식품 자체에 맛이 들게 하는 것으로 양념을 함께 넣어 끓인다.
• 생선은 여러 번 뒤적이면 생선살이 부스러지므로 밑이 거의 익었을 때 뒤집는다.

---

41 난황에 들어 있으며, 마요네즈 제조 시 유화제 역할을 하는 성분은?
  ① 레시틴
  ② 글로불린
  ③ 오브알부민
  ④ 갈락토스

해설 레시틴은 강한 유화작용을 갖고 있어 지방질 식품의 유화제로 사용되고 있다.
정답 ①

42 신선도가 떨어지는 달걀은?
  ① 기공의 크기가 크다.
  ② 난황은 둥글고 주위에 농후난백이 많다.
  ③ 비중이 무겁다(높다).
  ④ 난황계수가 0.36 이상으로 높다.

해설 신선한 달걀은 기공의 크기가 작다.
정답 ①

③ 유화성

　　㉠ 난황에 있는 인지질인 레시틴(Lecithin)은 유화제로 작용한다.

　　㉡ 유화성을 이용한 대표적인 음식으로 마요네즈, 프렌치 드레싱, 잣미음, 크림수프, 케이크 반죽 등이 있다.

④ 녹변 현상 : 달걀을 오래(12~15분 이상) 삶으면 난백과 난황 사이에 검푸른색이 생기는 것을 볼 수 있다. 이는 난백의 황화수소(H_2S)가 난황의 철분(Fe)과 결합하여 황화제1철(유화철 : FeS)을 만들기 때문이다. 녹변현상을 방지하기 위해서는 너무 오래 삶지 말아야 하고, **삶은 후 바로 찬물에 담근다.**

⑤ 달걀의 신선도 판정 방법 : 6~10%의 식염수에 달걀을 띄웠을 때 가라앉을수록, 광선에 비춰 봤을 때 **투명할수록 신선한** 것이다.

(11) 우유의 조리

① 우유의 성분

　　㉠ 우유의 주성분은 칼슘과 단백질이다.

　　㉡ 우유의 주단백질인 카세인(Casein)은 산(Acid)이나 레닌(Rennin)에 의해 응고되는데 이 응고성을 이용하여 치즈를 만든다.

② 우유의 조리성

　　㉠ 조리식품의 색을 희게 하며, 매끄러운 감촉과 유연한 맛, 방향을 낸다.

　　㉡ 탈취작용 : 생선이나 간, 닭고기 등을 우유에 담갔다가 조리하면 비린내를 제거할 수 있다.

　　㉢ 우유를 데울 때는 중탕(이중냄비 사용)하고 저어가면서 끓인다.

③ 유제품의 종류

　　㉠ 버터 : 우유의 지방분을 모아 가열 살균 후 남아 있는 수분을 분산시켜 유화상태로 만든 것(유지방 80%)

　　㉡ 크림 : 우유를 장시간 방치하여 생긴 황백색의 지방층을 거두어 만든 것으로 지방함량에 따라 커피크림(지방분 18%)과 휘핑크림(지방분 36% 이상)으로 구분됨

TIP

레시틴

글리세린 인산을 포함하는 인지질로 난황이나 콩기름, 간, 뇌 등에 존재한다. 생체막을 구성하는 주요 성분이며 알코올에 용해되나 물과는 에멀션이 된다. 가수분해되면 콜린, 글리세롤, 지방산, 인산을 생성하며 레시틴은 세포막 구성의 중요한 성분으로 작용한다.

난황계수와 난백계수 측정법

・난황계수 $= \dfrac{\text{난황의 높이}}{\text{난황의 직경}}$

・난백계수 $= \dfrac{\text{농후난백의 높이}}{\text{농후난백의 직경}}$

・난황계수 0.36 이상일 때 신선

・난백계수 0.14 이상일 때 신선

---

43 다음 중 신선한 달걀의 특징은?

① 껍질이 매끈하고 윤기가 흐른다.

② 식염수에 넣었더니 뜬다.

③ 식염수에서 가라앉는다.

④ 노른자의 점도가 낮고 묽다.

해설 6~10%의 식염수에 넣었을 때 가라앉는 것은 신선하고, 뜨는 것은 오래된 것이다.　　정답 ③

44 달걀을 삶았을 때 난황 주위에 일어나는 암녹색의 변색에 대한 설명으로 옳은 것은?

① 100℃ 물에서 5분 이상 가열 시 나타난다.

② 신선한 달걀일수록 색이 진해진다.

③ 난황의 철과 난백의 황화수소가 결합하여 생성된다.

④ 낮은 온도에서 가열할 때 색이 더욱 진해진다.

해설 달걀을 오랫동안 가열한 경우 난백의 황화수소가 난황의 철분과 결합하여 생성된다.　　정답 ③

© 치즈 : 우유 단백질을 레닌으로 응고시킨 것으로 우유보다 단백질과 칼슘이 풍부함

② 분유 : 우유의 수분을 제거하여 분말상태로 한 것으로 전지분유, 탈지분유, 가당분유, 조제분유 등이 있음

⑩ 가당 연유(농축유) : 우유에 16%의 설탕을 첨가하여 약 1/3로 농축시킨 것

⑪ 요구르트 : 탈지유를 1/2로 농축시켜 8%의 설탕에 넣고 가열·살균한 후 젖산 발효시킨 것으로 정장작용을 한 것

⑫ 탈지유 : 우유에서 지방을 뺀 것

(12) 조미료와 향신료

① 조미료 : 모든 식품의 맛, 향기, 색에 풍미를 더하는 물질이다.

  ㉠ 지미료(맛난맛) : 멸치, 화학조미료, 된장

  ㉡ 감미료(단맛) : 설탕, 엿, 인공 감미료

  ㉢ 함미료(짠맛) : 식염, 간장

  ㉣ 산미료(신맛) : 양조식초, 빙초산

  ㉤ 고미료(쓴맛) : 호프(Hop)

  ㉥ 떫은맛 : 커피(카페인), 홍차, 감, 타닌

  ㉦ 신미료(매운맛) : 고추, 후추, 겨자

  ㉧ 아린맛(떫은맛과 쓴맛의 혼합) : 감자, 죽순, 가지

② 향신료 : 특수한 향기와 맛, 색, 풍미를 가해주는 물질로 식욕을 증진시키는 효력이 있으나 많이 사용하면 소화기를 해친다.

  ㉠ 후추 : 차비신(Chavicine)은 육류의 누린 냄새와 생선의 비린내를 없앤다.

  ㉡ 고추 : 매운맛 캡사이신(Capsaicin)은 소화의 촉진제 역할을 한다.

  ㉢ 겨자 : 겨자의 특수성분은 시니그린(Sinigrin)이라는 물질로 매운맛과 특유의 향을 지닌다.

TIP

조미료

• 고추장 : 간장 및 된장과 함께 입맛을 돋우는 저장성 조미료로 1g의 소금맛을 내려면 10g을 사용해야 한다.

• 설탕 : 음식에 단맛을 주는 식품 가공 및 저장의 재료로 수용성, 흡습성, 결정성이 있다.

• 된장 : 소화되기 쉬운 단백질의 공급원으로 식염의 공급도 되며 1g의 소금맛을 내려면 10g이 필요하다.

• 간장 : 재래식 간장은 국이나 구이 등에 사용되고 개량간장조림에 사용되며 소금 1g의 맛을 내려면 6g을 사용해야 한다.

---

45 우유를 데울 때 가장 좋은 방법은?

① 냄비에 담고 끓기 시작할 때까지 강한 불에서 데운다.

② 이중냄비에 담고 저어가면서 데운다.

③ 냄비에 담고 약한 불에서 뚜껑을 열고 젓지 않고 데운다.

④ 이중냄비에 넣어 뚜껑을 열고 젓지 않고 데운다.

해설 우유를 데울 때 저어주지 않으면 냄비 바닥에 눌어붙는다.

정답 ②

46 다음 조리 방법 중 조미료의 사용 순서가 옳게 짝지어진 것은?

① 소금 → 설탕 → 식초

② 설탕 → 소금 → 식초

③ 소금 → 식초 → 설탕

④ 식초 → 소금 → 설탕

해설 조미 순서는 설탕 → 소금 → 식초이다.

정답 ②

ⓔ 생강 : 진저롤(Gingerol), 쇼가올(Shogaol), 진저론(Zingerone)은 육류의 비린내 제거와 살균효과도 있어 생선회를 먹을 때 곁들이기도 한다.

ⓜ 마늘 : 매운 성분은 알리신(Allicin)은 비타민 B_1 흡수를 돕는다.

ⓗ 파 : 황화아릴로서 휘발성 자극의 방향과 매운맛을 갖고 있다.

(13) 한천 및 젤라틴

① 한천(우뭇가사리)

ⓖ 우뭇가사리 등의 홍조류를 삶아서 얻은 액을 냉각시켜 엉기게 한 것인데 주성분은 탄수화물인 아가로스와 아가로펙틴이다. 이것을 잘라서 동결 건조한 것이 한천이다.

ⓝ 양갱, 과자, 양장피의 원료로 사용된다.

② 젤라틴

ⓖ 동물의 가죽이나 뼈에 다량 존재하는 단백질인 콜라겐(Collagen)의 가수분해로 생긴 물질이다.

ⓝ 젤리, 족편, 마시멜로(Marshmallow), 아이스크림 및 기타 얼린 후식 등에 쓰인다.

(14) 냉동 식품류

미생물은 10℃ 이하면 생육이 억제되고 0℃ 이하에서는 거의 작용을 하지 못한다. 이러한 원리를 응용하여 저장한 식품이 냉장 및 냉동식품이다.

① 냉동 방법 : −15℃ 이하에서 주로 축산물과 수산물의 장기 저장에 이용되며, 냉동에 의한 식품의 품질저하를 막기 위해 물의 결정을 미세하게 하려면 −40℃ 이하에서 급속동결 또는 −70℃ 이하에서 심온동결을 한다.

TIP
우리나라의 전통적인 향신료
• 겨자, 생강, 고추
• 팔각(X)

공기해동
실온에 방치하여 자연적으로 해동하는 방법으로 저온해동보다 해동은 빠르나 육질의 맛이 저하된다. 냉동품의 해동은 냉장고에서 천천히 하는 것이 제품의 복원성을 높인다.

---

47 식품의 냉동에 관한 설명 중 틀린 것은?

① 조리된 케이크, 빵, 떡 등은 부드러운 상태에서 밀봉하여 냉동저장하였다가 상온에서 그대로 녹이면 거의 원상태로 돌아간다.

② 파이껍질반죽, 쿠키반죽 등과 같은 반조리된 식품은 밀봉하여 냉동저장하였다가 다시 사용할 수 없다.

③ 완두는 씻어서 소금물에 살짝 데쳐 식힌 후 냉동시키면 선명한 녹색을 유지할 수 있다.

④ 사과 등의 과일은 정량의 설탕이나 설탕시럽을 사용하여 냉동하면 향기나 질감의 손상을 어느 정도 막을 수 있다.

[해설] 반조리된 식품을 밀봉하여 냉동저장하였다가 다시 사용할 수 있다.

[정답] ②

② 해동 방법

    ㉠ 육류, 어류 : 높은 온도에서 해동하면 조직이 상해서 액즙(드립 : Drip)이 많이 나와 맛과 영양소의 손실이 크므로 냉장고나 흐르는 냉수에서 필름에 싼 채 해동하는 것이 좋다.

    ㉡ 채소류 : 끓는 물에 냉동채소를 넣고 2~3분간 끓여 해동과 조리를 동시에 한다. 그 밖에 찌거나 볶을 때에는 동결된 채로 조리한다.

    ㉢ 튀김류 : 빵가루를 묻힌 것은 동결상태 그대로 다소 높은 온도의 기름에 튀겨도 된다.

    ㉣ 빵 및 과자류 : 자연 해동시키거나 오븐에 넣어 해동시킨다.

2. 식품가공법

(1) 곡류의 가공 및 저장

① 쌀의 가공

    ㉠ 현미 : 벼에서 왕겨층 20%를 제거한 것으로 배아, 배유, 섬유소 포함

    ㉡ 백미 : 현미를 도정하여 배유만 남은 것(92% 도정률)

    ㉢ 쌀의 가공품

        • 강화미(Enriched Rice) : 백미의 결핍된 영양소에 비타민 B_1을 첨가하여 영양 가치를 높인 것

        • 팽화미(Puffed Rice) : 쌀전분이 호정화된 것을 건조시킨 것(뻥튀기, 튀밥)

    ㉣ 쌀의 저장성

        • 쌀을 저장하는 데에는 벼의 상태가 가장 좋음

        • 저장에 유리한 순서 : 벼 → 현미 → 백미

② 보리의 가공

    ㉠ 압맥(압착보리) : 보리의 단단한 조직을 파괴하여 소화되기 쉽게 만든 것

---

48 곡물 저장 시 미생물에 의한 변패를 억제하기 위해 수분함량을 몇 %로 저장하여야 하는가?

① 14% 이하

② 18% 이하

③ 25% 이하

④ 30% 이하

[해설] 세균은 수분함량 15% 이하, 곰팡이는 13% 이하에서 거의 번식하지 못한다.

[정답] ①

49 다음 가공 장류 중 삶은 코지(Koji)를 이용하여 만든 장류가 아닌 것은?

① 간 장

② 된 장

③ 청국장

④ 고추장

[해설] 청국장은 콩을 삶아 납두균으로 발효시킨 것인데, 볏짚에 부착되어 있는 고초균의 활성이 강할수록 청국장 맛이 좋다. 코지란 곡물 또는 콩 등에 곰팡이를 번식시킨 장류의 중간원료이다.

[정답] ③

ⓛ 할맥 : 보리골에 들어 있는 섬유소를 제거하고 보리골을 중심으로 쪼개어 조리를 간편하게 하고 소화율을 높인 가공정맥

ⓒ 맥아 : 겉보리에 일정한 수분·온도를 이용해 발아시킨 것

③ 밀의 가공

ㄱ 주로 가루로 만들어 사용

ㄴ 밀의 특성 : 밀가루의 단백질은 주로 글리아딘(Gliadin)과 글루텐(Gluten)이라는 단백질이 포함되어 있어 물을 섞고 반죽하면 단단하고 탄력 있는 반죽을 만들 수 있음

ㄷ 글루텐 함량에 따른 밀가루의 종류

종 류	글루텐 함량	용 도
강력분	13% 이상	빵, 마카로니, 스파게티 등
중력분	10~13%	국수, 만두피 등
박력분	10% 이하	케이크, 튀김옷, 카스텔라, 약과 등

ㄹ 밀의 숙성

• 제분 직후의 밀가루는 색, 향, 맛이 좋지 않음

• 일정 기간 동안 숙성시키면 흰 빛깔을 보임

• 숙성은 제빵에도 영향을 미침

ㅁ 품질 개량제 : 밀가루의 숙성을 빠르게 하기 위해 소맥분 개량제를 사용

ㅂ 제 빵

• 발효빵 : 이스트(효모)로 발효하여 발생하는 CO_2에 의해 부푼 것

• 무발효빵 : 베이킹파우더(팽창제)에서 발생하는 탄산가스에 의해 부푼 것

ㅅ 빵의 원료

• 밀가루 : 강력분

• 효모 : 발효에 의해 CO_2를 생성시켜 부풀게 함

• 설탕 : 효모의 영양소, 단맛, 색, 향을 부여

TIP
• 단맥아 : 맥주, 양주에 이용
• 장맥아 : 식혜, 물엿 제조에 사용

TIP
이스트
• 밀가루에 섞으면 알코올 발효를 일으키는 빵효모
• 밀가루 속의 당을 영양분으로 하여 활동함
• 이스트 발효 시 발생하는 이산화탄소는 빵을 부풀림

---

50 다음 중 빵 제조 시 설탕을 사용하는 주목적과 거리가 먼 것은?

① 곰팡이 발육 억제
② 단맛 부여
③ 표면의 갈색화
④ 효모의 영양원

해설 빵 제조 시 설탕은 단맛을 부여하고 표면의 갈색화에 도움을 주며 효모의 성장을 촉진한다. 정답 ①

51 일반적으로 장맥아를 이용하는 식품과 거리가 먼 것은?

① 맥 주
② 식 혜
③ 엿
④ 위스키

해설 장맥아는 보리를 발아시킨 싹으로 식혜, 물엿 등의 제조에 이용되며, 주류 공업에도 이용된다. 정답 ①

• 소금 : 빵 반죽에 점성과 탄력성을 주고, 양은 밀가루의 1~2%가 적당함

• 지방 : 빵이 연해지고 향기와 저장성이 향상됨

• 팽창제 : 베이킹파우더, 효모(이스트)

◎ 제 면

• 밀가루에 물과 소금을 넣어 반죽하며 글루텐 점탄성을 이용

• 마카로니, 스파게티 등을 만들고, 고구마 녹말을 이용하여 **급속 동결 후 건조시켜 냉면, 당면 등도 만듦**

(2) 두류 가공

콩의 가공품으로 두부, 유부, 간장, 된장, 청국장 등이 있다.

① 두 부

ㄱ 제조원리 : 콩단백질(글리시닌) + 무기염류(응고제, 간수) → 응고

ㄴ 응고제 : 염화마그네슘($MgCl_2$), 염화칼슘($CaCl_2$), 황산마그네슘($MgSO_4$), 황산칼슘($CaSO_4$) 등

ㄷ 제조방법 : 콩 불리기(콩 무게의 2.5배) → 물을 첨가하여 마쇄 → 마쇄한 콩 무게의 2~3배 물을 넣고 가열 → 여과(두유와 비지로 구분) → 두유의 온도를 70~80℃로 유지하고 간수(2%, 2~3회) 첨가 → 착즙 → 두부 완성

② 유부 : 두부의 수분을 뺀 뒤 기름에 2번 튀긴 것

③ 장류 제조

ㄱ 된장 : 삶은 콩에 쌀, 보리코지(Koji)를 소금물에 섞어 숙성시킨 것

ㄴ 간장 : 콩을 쑤어 메주덩어리를 만들고 띄워 소금물에 담가 발효시켜 짠 것

ㄷ 청국장 : 콩을 삶아 납두균을 번식시켜 콩 단백질을 분해하고, 소금, 마늘, 고춧가루 등을 넣어 찧어서 만든 것

TIP

납두균

• 내열성이 강한 호기성균으로 최적 온도는 40~45℃

• 청국장의 끈끈한 점질물과 특유의 향기를 내는 미생물

청국장 제조

• 좋은 청국장이란 끈끈한 점질물이 풍부하게 나오면서 잡냄새가 없어야 한다.

• 콩의 침지시간은 콩의 품종, 물의 온도 등에 따라 다르나 15~24시간 정도이다.

• 최적 발효온도는 40~45℃이며, 발효시간을 줄여서 오염과 악취를 최소화할 수 있다.

• 5~18시간 발효 후 숙성과정을 거치고 조리시간을 최소화한다.

---

52 무기염류에 단백질 변성을 이용한 식품은?

① 두 부

② 곰 탕

③ 요구르트

④ 젓갈류

해설 두부는 콩단백질인 글리시닌에 무기염류인 응고제를 넣어 단백질 변성을 이용한 식품이다.　　정답 ①

53 치즈는 우유단백질의 어떤 성질을 이용한 것인가?

① 열 응고

② 탄수화물 응고

③ 알칼리 응고

④ 효소에 의한 응고

해설 우유의 주단백질인 카세인은 산이나 효소 레닌(Rennin)에 의해 응고되는데 이 응고성을 이용하여 치즈를 만든다.　　정답 ④

(3) 유지 가공

① 유지 채취법

ⓐ 압착법 : 원료에 기계적인 압력을 가하여 기름을 채취하는 방법(참기름 등)

ⓑ 용출법 : 원료를 가열하여 유지를 녹아 나오게 하는 방법

ⓒ 추출법 : 원료를 휘발성 유기용매(헥산 : N-Hexane)에 담그고, 유지를 용매에 녹여서 그 용매를 휘발시켜 유지를 채취하는 방법(식용유 등)

② 가공유지(경화유)의 원리

ⓐ 불포화지방산에 수소(H_2)를 첨가하고 니켈(Ni)과 백금(Pt)을 촉매제로 하여 액체유를 고체유로 만든 유지

ⓑ 마가린, 쇼트닝 등

(4) 과채류 가공

① 과일 가공품

ⓐ 펙틴(Pectin)의 응고성을 이용하여 만든 것

ⓑ 젤리화의 3요소 : 펙틴, 유기산, 당분

ⓒ 펙틴과 산이 많은 과일 : 사과, 포도, 딸기 등

ⓓ 펙틴과 산이 부족한 과일 : 배, 감 등

ⓔ 가공품

• 잼(Jam) : 과육, 과즙에 설탕 60%를 첨가하여 농축한 것

• 젤리(Jelly) : 과즙에 설탕을 넣고 가열·농축·응고한 것

• 마멀레이드(Marmalade) : 젤리 속에 과피(오렌지, 레몬껍질 등), 과육의 조각을 섞어 만든 것

② 채소 가공품

ⓐ 침채류 : 채소류에 소금, 된장, 고추장, 간장, 식초, 술지게미, 왕겨 등을 섞어 만든 염장 발효식품

ⓑ 종류 : 김치, 단무지 등

ⓒ 침채류(배추절임)에 사용하는 소금은 정제염보다는 호렴을 사용함

> **TIP**
>
> 도살 후 일반적인 고기별 최대경직 시간
> • 닭고기 : 6~12시간
> • 돼지고기 : 12~24시간
> • 소고기 : 3일 정도

---

54 과실의 젤리화 3요소와 관계없는 것은?

① 당
② 산
③ 펙틴
④ 젤라틴

[해설] 젤리화의 3요소
펙틴, 유기산, 당분(60~65%) [정답] ④

55 다음 중 마멀레이드에 대한 설명으로 옳은 것은?

① 과즙과 과육을 60%의 설탕농도로 농축한 것
② 과실을 잘 건조한 건조과일
③ 오렌지나 레몬껍질로 만든 잼
④ 투명한 과즙을 70%의 설탕농도로 농축하여 굳힌 것

[해설] 마멀레이드는 감귤류의 껍질이나 과육에 설탕을 넣은 후 조려 만든 잼이다. [정답] ③

(5) 축산물 가공 및 저장

① 수조육류의 가공

㉠ 동물의 도살 후 사후변화 : 사후경직 → 자가소화(숙성) → 부패

- 사후경직 : 동물 도살 후 산소 공급이 중지되어 근육이 수축해 굳어짐
- 숙성 : 사후경직이 지나 자가소화에 의해 부드러워지는 현상
- 부패 : 숙성 기간이 지나치게 길면 미생물에 의해 부패가 일어나는 현상

㉡ 육류 가공품

- 햄(Ham) : 돼지고기의 허벅다리 부분의 살코기를 이용
- 베이컨(Bacon) : 돼지고기의 기름진 배 부위(삼겹살)를 원료로 사용

㉢ 소시지(Sausage) : 햄, 베이컨을 가공하고 남은 고기에 기타 잡고기를 섞어 조미한 후 동물의 창자 또는 인공 케이싱(Casing)에 채워 가열이나 훈연 또는 발효시킨 제품

② 달걀의 가공

㉠ 달걀의 성질 : 달걀 난백의 기포성과 **난황의 유화성**을 이용

㉡ 달걀 가공품

- 건조달걀 : 수분을 증발시켜 건조하여 만든 달걀
- 마요네즈 : 달걀노른자에 조미료와 향신료 등을 첨가하여 만든 것
- 피단(송화단) : 소금 및 알칼리 염류를 달걀 속에 침투시켜 저장을 겸한 조미 달걀

㉢ 달걀의 저장법

- 냉장법
- 침지법(소금물)
- 표면도포법
- 가스저장법

TIP

식품의 변질
- 부패 : 단백질이 미생물의 작용으로 분해되어 악취가 나고 유해한 물질이 생성되는 현상
- 변패 : 탄수화물이 변질되는 현상
- 산패 : 지방이 산화되어 악취, 변색, 노화되는 현상
- 발효 : 탄수화물이 미생물의 작용으로 각종 유기산을 생성하는 현상

---

56 달걀에 대한 설명으로 틀린 것은?

① 식품 중 단백가가 가장 높다.
② 난황은 지방과 단백질의 함량이 높다.
③ 난백은 거의 수분이다.
④ 녹변현상은 난백이 녹색으로 변하는 현상이다.

해설 녹변현상은 난황이 녹색으로 변하는 현상으로 15분 이상 끓이면 발생한다.

정답 ④

57 다음 중 휘핑크림(Whipping Cream)의 원료는?

① 아이스크림
② 유지방률이 18%인 커피크림
③ 유지방률이 36%인 크림
④ 달걀흰자

해설
- 커피크림 : 유지방률 18~20%
- 발효크림 : 지방률 18~20%인 살균 크림을 유산균으로 발효시킨 크림
- 하프 앤드 하프 : 우유와 크림 혼합, 유지방률 10~12%

정답 ③

- 간이저장법
- 건조법
③ 우유의 가공
  ㉠ 우유 가공품의 종류
  - 크림 : 우유에서 유지방을 분리한 것으로 포말 크림·커피크림·발효크림 등[커피크림(18%), 휘핑크림(36%)]
  - 버터 : 우유에서 유지방을 모아 굳힌 것으로 80%가 지방임
  - 치즈 : 우유의 유단백질인 카세인에 칼슘이온과 결합시킨 응고물과 염분을 가해 숙성시킨 것
  - 아이스크림 : 우유 및 유제품에 설탕·향료·버터·달걀·젤라틴·색소 등 기타 원료를 적당하게 넣어 저어가면서 동결시킨 것
  - 가당연유 : 우유에 설탕을 가하여 농축시킨 것
  - 발효유 : 우유를 젖산 박테리아에 의해 발효시켜 만든 유제품(요구르트 등)
  - 발효유의 종균 : 락토바실러스 불가리커스(*Lactobacillus bulgaricus*)
  - 분유 : 우유를 농축·건조시킨 것(탈지분유, 전지분유, 조제분유 등)

(6) 수산물 가공 및 저장
① 어패류 가공
  ㉠ 연제품
  - 어육에 소금과 부재료를 넣고 갈아 으깬 연육(고기풀, Meat Past)을 찌거나 튀겨 겔화시킨 것
  - 어묵 : 어육의 단백질(마이오신)에 소금을 첨가하여 용해되면 풀과 같이되어 가열하면 굳는 것
  ㉡ 훈제품 : 어패류를 염지해 염미를 부여한 후 훈연하여 보존성을 높인 것
  ㉢ 건제품 : 어패류와 해조류를 건조시켜 미생물이 번식하지 못하도록 저장성을 높인 것(수분함량은 10~14% 정도)

TIP
달걀의 저장법
- 냉장법 : 0℃ 전후의 온도와 습도 70~80%인 장소에 저장
- 가스 저장법 : 달걀의 CO_2가 배출되기 시작하면 달걀이 알칼리로 변하기 때문에 달걀의 CO_2를 유지하기 위해 CO_2와 N_2의 혼합가스를 주입하여 저장
- 표면도포법 : 난각 표면에 기름, 파라핀 등을 입혀 미생물 침입, 수분증발, CO_2 배출 방지
- 건조법 : 달걀 전체나 흰자와 노른자를 구분하여 건조시킨 후 밀봉하여 저장

---

58 어패류에 관한 설명 중 옳지 않은 것은?
  ① 붉은살생선은 지방함량이 5% 이하이다.
  ② 연어의 분홍 살은 카로티노이드 색소에 의한 것이다.
  ③ 문어, 꼴뚜기, 오징어 등은 연체류에 속한다.
  ④ 생선은 자기소화에 의하여 품질이 저하된다.

해설 흰살생선은 수온이 낮은 해저에 살며 지방함량이 적고, 붉은살생선은 해변 가까이 살며 지방의 함량이 많다.
정답 ①

59 일반적으로 어패류가 부패되기 쉬운 이유 중 잘못된 것은?
  ① 어육의 조직은 탄성이 적고 무르다.
  ② 어패류는 수분량이 많고 지방량이 적은 편이다.
  ③ 어패류는 천연의 면역이 없다.
  ④ 어육은 사후에 대부분이 산성을 나타낸다.

해설 세균은 생선의 표피, 아가미, 내장에 부착되어 있는데, 어패류가 살아 있는 동안에 면역성이 있으나 사후에 혈관을 통하여 세균이 침입하여 번식하고 부패한다.
정답 ③

홍조류
• 엽록소 a, d 외에 피코빌린 색소를 가지고 있어 광합성에 의해 홍조 녹말을 생성
• 열대·아열대 해안 근처에서 다른 식물체에 달라붙은 채로 생식
• 포자는 편모를 갖고 있지 않아 운동성이 없음
• 세포벽은 한천질로 되어 있음
• 김, 우뭇가사리 등

ⓔ 젓갈 : 어패류의 살, 내장, 알 등과 조개류에 20~30% 소금과 방부제를 넣어 적당히 숙성시킨 것
② 해조류의 가공
　ⓐ 분 류
　　• 녹조류(파래, 청각)
　　• 갈조류(미역, 톳, 다시마)
　　• 홍조류(김, 우뭇가사리)
　ⓑ 김
　　• 탄수화물인 한천이 가장 많이 들어 있음
　　• 비타민 A 다량 함유
　　• 저장 중 색이 변하는 것은 피코시안(Phycocyan)이 피코에리트린(Phycoerythrin)으로 되기 때문(햇빛에 의해 가속화)
　ⓒ 한 천
　　• 우뭇가사리 등 홍조류를 삶아서 그 즙액을 젤리 모양으로 응고·동결시킨 다음 수분을 용출시켜 건조한 해조 가공품
　　• 양갱이나 양장피의 원료

3. 식품저장법

(1) 건조법
　① 일광건조법
　　ⓐ 햇빛을 이용한 천일건조법으로 주로 농수산물에 이용
　　ⓑ 어류, 패류, 김, 오징어 등
　② 열풍건조법
　　ⓐ 가열한 공기를 보내서 건조시키는 방법
　　ⓑ 일반적으로 건조식품 제조에 이용
　③ 배건법(직화건조법)
　　ⓐ 불로 직접 식품을 건조시키는 방법

---

60 다음 중 홍조류에 속하는 해조류는?

　① 김
　② 청 각
　③ 미 역
　④ 다시마

해설 홍조류는 엽록소 외에 홍조소와 남조소를 함유하고 있어 붉은빛 또는 자줏빛을 띤 해초이다. 김, 우뭇가사리, 해인초 등이 있다.
정답 ①

61 젤라틴과 한천에 관한 설명으로 옳은 것은?

　① 젤라틴은 우뭇가사리가 원료이다.
　② 한천은 동물의 가죽, 힘줄 등이 원료이다.
　③ 한천은 양갱이나 양장피를 만들 때 쓰인다.
　④ 한천 용액에 과즙을 첨가하면 단단하게 응고한다.

해설 한천은 우뭇가사리가 원료이다. 한천 용액에 과즙을 첨가하면 과즙의 유기산이 겔 형성을 약화시킨다.　정답 ③

ⓛ 보리차, 녹차, 커피 등
④ **고온건조법**
　　㉠ 90℃ 이상의 고온에서 건조시키는 것
　　㉡ 건조 밥이나 건조 떡 등에 이용
　　㉢ 전분의 α화를 유지하면서 건조하는 법
⑤ **고주파건조법** : 균일하게 건조시켜 타지 않게 건조되는 장점
⑥ **냉동건조법(동결건조법)**
　　㉠ 냉동시켜 저온에서 건조시키는 방법
　　㉡ 한천, 당면, 건조두부
⑦ **분무건조법**
　　㉠ 액체식품을 분무하여 열풍으로 건조시켜 가루로 만드는 방법
　　㉡ 분유 제조에 이용

(2) 냉장·냉동법

① **냉장법** : 식품을 0~10℃에서 저장하는 방법
② **움저장**
　　㉠ 10℃의 움 속에 저장하는 방법
　　㉡ 고구마, 감자, 무, 배추, 오렌지 등의 저장에 이용
③ **냉동법**
　　㉠ −40~−30℃에서 급속 동결하여 −15℃ 이하에서 저장하는 방법
　　㉡ 조직을 파괴하지 않기 때문에 신선함을 그대로 유지할 수 있는 방법

(3) 가열살균법

① **저온살균법(LTLT ; Low Temperature Long Time)**
　　㉠ 62~65℃ 온도에서 30분간 가열 후 냉각하는 방법
　　㉡ 영양소를 보존할 수 있는 살균법
② **고온단시간살균법(HTST ; High Temperature Short Time)** : 72~75℃에서 15~20초간 가열 후 냉각하는 방법

TIP
우유의 살균법
• 저온살균법 : 우유영양분이 열에 의한 파괴를 최소로 억제하면서 우유의 병원균이나 변질시키는 효소를 파괴하여 제품의 저장성을 증대
• 초고온처리법 : 높은 온도에서 짧은 시간 열처리하여 열에 예민한 우유의 품질변화를 최소화함

---

62 다음 중 식품과 그 저장법의 선택이 잘못된 것은?
① 배건법 – 보리차, 차
② 냉동건조법 – 당면, 한천
③ 움저장 – 고구마, 무, 배추 등
④ 가스저장법 – 햄, 베이컨
해설 가스저장법 : 탄산가스, 질소가스 속에 저장하는 방법(과일, 채소, 알류 등)　　**정답** ④

63 다음 식품의 건조방법 중 분무건조법으로 만들어지는 것은?
① 보리차
② 한 천
③ 김
④ 분 유
해설 분무건조법이란 분유, 분말과즙, 인스턴트 커피 등 액체 식품의 건조에 이용하는 방법이다.　　**정답** ④

③ 초고온순간살균법(UHT ; Ultra High Temperature) : 130~150℃의 온도에서 2초간 살균한 후 냉각하는 방법
④ 고온장시간살균법(HTLT ; High Temperature Long Time)
  ㉠ 95~120℃의 온도에서 30~60분 정도 살균하는 방법
  ㉡ 통조림, 병조림

(4) 염장법
① 소금의 삼투압작용에 의하여 식품을 저장하는 방법
② 염수법 : 소금물에 담가 저장
③ 건염법 : 소금을 뿌려 저장

(5) 당장법
① 50% 이상의 설탕농도에 절여서 미생물의 발육을 억제하는 저장법
② 젤리, 잼(60~65%), 연유 등

(6) 산저장법
① 초산이나 젖산을 이용하여 저장하는 방법
② 채소류, 오이피클 등

(7) 가스저장법(CA저장)
① CO_2 또는 N_2 가스를 주입시켜 효소를 불활성시킨 후 호흡속도를 줄이고 미생물의 생육과 번식을 억제시켜 저장하는 방법
② 채소 및 과일, 달걀 등

(8) 통조림 저장법
① 미생물 침입을 막아 장기간 저장이 가능
② 저장과 운반이 편리
③ 위생적이며 기타 취급이 편리

64 다음 중 식품의 색, 향, 모양을 최대로 유지할 수 있는 건조법은?
① 고온건조법
② 자연건조법
③ 배건법
④ 냉동건조법

해설 보존 인스턴트 식품의 제조 시에 냉동건조법을 사용하면 원래의 식품의 원형이나 향, 맛 등을 보존할 수 있다.
정답 ④

65 다음 중 훈연식품을 만들 때 훈연재료로 적절하지 않은 것은?
① 왕 겨
② 오리나무
③ 전나무
④ 참나무

해설 수지가 많은 전나무, 소나무 등은 사용하지 않는다.
정답 ③

PART 06

한식 조리실무

식생활 문화

1. 한국음식의 개요

(1) 한국음식의 문화와 배경

① 한국음식은 곡식, 육식, 채식의 재료가 다양하고 풍부한 동시에 이를 조미하는 간장, 된장, 고추장 등의 양조법이 발달하였다.

② 기후의 지역적 차이로 농산물, 수산물, 축산물 등의 재료가 풍부하고 다양하다.

③ 우리나라는 아시아 동부에 위치한 반도로서 수산물이 풍부하고 사계절이 뚜렷하다.

(2) 한국음식의 특징

① 궁중음식, 반가음식, 서민음식을 비롯하여 각 지역에 따른 향토음식이 발달하였다.

② 장류, 김치류, 젓갈류 등의 발효식품 개발과 식품저장 기술도 일찍부터 발달해 왔다.

③ 주식과 부식이 뚜렷하게 구별되어 있다.

④ 우리나라 음식은 계절과 지역에 따른 특성을 잘 살렸으며, 조화된 맛을 중히 여겼고 식품 배합이 합리적으로 잘 이루어졌다.

⑤ 상차림에 따른 음식의 종류가 다양하게 개발되어 있다.

2. 한국음식의 분류

(1) 한국음식 상차림의 특징

① 상차림은 크게 일상식 상차림과 의례 상차림으로 나뉜다.

② 일상식 상차림은 전통적으로 독상이 기본이다. 평소에 차리는 우리 고유의 일상식 차림으로 밥을 주식으로 하는 반상, 밥을 대신해 죽이나 국수 등을 주식으로 먹는 죽상 · 면상과 특별한 날 손님을 청하여 대접하는 주안상 · 다과상이 있다.

---

01 한국음식의 특징으로 맞지 않는 것은?

① 음식의 종류와 조리법이 다양하다.

② 김치, 젓갈, 장아찌, 장, 술 등 발효음식이 발달하였다.

③ 한국음식은 조화된 맛과 식품 배합이 합리적이다.

④ 주식과 부식이 뚜렷하게 구분되어 있지 않다.

[해설] 한국음식은 주식과 부식이 뚜렷하게 구분되어 있다.

정답 ④

02 우리나라 식사예법에 따른 식사상은 어떤 것인가?

① 반 상

② 뷔페상

③ 일품요리상

④ 풍속음식상

[해설] 반상은 밥을 주식으로 하는 일상식 상차림이다.

정답 ①

③ 의례 상차림은 목적에 따라 나눌 수 있는데 사람의 평생 의례에서 일생의 고비마다 차려 먹으며 의미를 새기는 돌상, 관례상, 혼인상, 제상 등이 있다.

(2) 주식에 따른 한국 상차림 분류

① 반상(飯床) 차림 : 밥과 반찬을 주로 하여 격식을 갖추어 차리는 상차림으로 첩 수에 따라 3첩, 5첩, 7첩, 9첩, 12첩 반상으로 나뉜다.

② 죽상(粥床) 차림

㉠ 아침에 일어나 처음 먹는 부담이 없고 가벼운 음식으로 초조반 또는 낮것상으로 차린다.

㉡ 국물김치(동치미, 나박김치), 맑은 찌개, 장이나 꿀을 기본으로 차리고, 찬품으로는 마른찬(북어보푸라기)과 포(육포, 어포)나 자반 등을 함께 차린다.

㉢ 죽상에는 짜고 매운 찬은 어울리지 않는다.

③ 장국상 차림

㉠ 국수를 주식으로 하는 상차림으로 면상(麵床)이라 한다.

㉡ 주식으로는 온면, 냉면, 떡국, 만둣국 등이 오르며 부식으로는 찜, 겨자채, 잡채, 편육, 전, 배추김치, 나박김치, 생채 등이 오른다.

④ 주안상(酒案床) 차림

㉠ 이름 그대로 주류를 대접하기 위해 술안주가 되는 음식을 고루 차린 상이다.

㉡ 육포, 어포, 건어, 어란 등의 마른안주와 전, 편육, 찜 등이 오른다.

⑤ 교자상(交子床) 차림

㉠ 교자상은 4인 기준의 큰 사각반이나 또는 원반에 여러 사람을 함께 대접하는 상차림으로 잔치 또는 회식, 경사 등이 있을 때 마련하는 상이다.

㉡ 술도 마시고 밥도 먹도록 차리는 교자상을 얼교자상이라 한다.

TIP

의례 상차림

모든 사람은 일생에 한번 태어나서 죽음에 이르기까지 반드시 통과하여야 하는 '통과의례(通過儀禮)' 과정을 거치게 된다. 통과의례란 임신, 출생, 백일, 돌, 관례, 혼례, 회갑, 상례, 제례 등 일생을 통하여 그때그때 적절한 시기에 당사자를 위한 의례를 하는 것을 뜻하며 일생의례(一生儀禮)라고도 한다.

TIP

첩 : 밥, 국, 김치, 조치, 종지(간장, 고추장, 초고추장 등)를 제외한 쟁첩(접시)에 담는 반찬의 수

---

03 한식 상차림에서 첩 수에 포함되는 것은?

① 밥
② 김 치
③ 나 물
④ 국

[해설] 첩 수에 따른 구분은 반찬의 수로 나뉜다.

정답 ③

04 죽상 차림에 어울리지 않는 음식은?

① 나박김치
② 젓 갈
③ 북어보푸라기
④ 맑은 찌개

[해설] 죽상에는 짜고 매운 음식은 어울리지 않는다.

정답 ②

ⓒ 교자상의 식단으로는 면, 탕, 찜, 전유어, 편육, 적, 회, 겨자채, 신선로, 김치, 장, 각색 편, 약식, 잡과, 정과, 숙실과, 생실과, 마른 찬, 수란, 수정과 등이 있다.

⑥ 다과상

ⓐ 평상시 식사 이외의 시간에 다과만을 대접하는 경우와 주안상이나 장국상의 후식으로 내는 경우가 있다. 주로 손님 접대 시 차와 과자류를 차려놓은 상차림이다.

ⓑ 유밀과(약과, 매작과, 만두과), 각색 강정, 유과, 각색 정과, 숙실과(대추초, 밤초, 조란, 율란, 생란), 생실과, 화채, 식혜, 수정과, 각종 차류 등을 올린다.

3. 한국의 절식(節食)과 시식(時食) 풍속

월	명절 및 절후명	음식의 종류
1월	설 날	떡국, 만두, 편육, 전유어, 육회, 느름적, 떡찜, 잡채, 배추김치, 장김치, 약식, 정과, 강정, 식혜, 수정과
	대보름	오곡밥, 김구이, 아홉 가지 묵은 나물, 약식, 유밀과, 원소병, 부럼, 나박김치
2월	중화절	약주, 생실과(밥·대추·건시), 포(육포·어포), 노비송편, 유밀과
3월	삼짇날	약주, 생실과(밥·대추·건시), 포(육포·어포), 절편, 화전(진달래), 조기면, 탕평채, 화면, 진달래화채
4월	초파일 (석가탄신일)	느티떡, 쑥떡, 국화전, 양색주악, 생실과, 화채(가련수정과·순채·책면), 웅어회 또는 도미회, 미나리강회, 도미찜
5월	단오(오월 오일)	증편, 수리취떡, 생실과, 앵두편, 앵두화채, 제호탕, 준치만두, 준칫국
6월	유두(유월 보름)	편수, 깻국, 어선, 어채, 구절판, 밀쌈, 생실과, 화전(봉선화·감꽃잎·맨드라미), 복분자화채, 보리수단, 떡수단
7월	칠석(칠월 칠일)	깨찰편, 밀설기, 주악, 규아상, 흰떡국, 깻국탕, 영계찜, 어채, 생실과(참외), 열무김치
	삼 복	육개장, 잉어구이, 오이소박이, 증편, 복숭아화채, 구장, 복죽
8월	한가위 (팔월 보름)	토란탕, 가리찜(닭찜), 송이산적, 잡채, 햅쌀밥, 나물, 생실과, 송편, 밤단자, 배화채, 배숙

---

05 한국의 상차림으로 품상이라고 하며, 여러 사람을 대접하는 상차림은?

① 다과상 ② 교자상
③ 장국상 ④ 주안상

해설 교자상은 잔치 또는 회식, 경사 등이 있을 때 차리는 상차림이다.

정답 ②

06 오월 단오날의 절식은?

① 준치만두
② 오곡밥
③ 진달래화채
④ 토란탕

정답 ①

월	명절 및 절후명	음식의 종류
9월	중양절 (구월 구일)	감국전, 밤단자, 화채(유자·배), 생실과, 국화주
10월	무오일	무시루떡, 감국전, 무오병, 유자화채, 생실과
11월	동 지	팥죽, 동치미, 생실과, 경단, 식혜, 수정과, 전약
12월	그 믐	골무병, 주악, 정과, 잡과, 식혜, 수정과, 떡국·만두, 골동반, 완자탕, 갖은 전골, 장김치

4. 양념과 고명

(1) 양 념

'양념'은 한자로 약념(藥念)으로 표기하는데 '먹어서 몸에 약처럼 이롭기를 바라는 마음으로 여러 가지를 고루 넣어 만든다'는 뜻이 깃들어 있다. 한국 음식의 조미료에는 소금·간장·고추장·된장·식초·설탕 등이 있으며, 향신료에는 생강·겨자·후추·고추·참기름·들기름·깨소금·파·마늘·천초 등이 있다.

① 소 금

ㄱ 호렴(천일염 또는 굵은소금) : 배추절임, 장, 오이지 등을 담글 때 사용

ㄴ 재제염 : 일차 제품을 정제한 소금으로 음식에 직접 간 할 때 사용(일명 꽃소금)

② 간장·된장·고추장

ㄱ 간장과 된장, 고추장은 콩으로 만든 우리 고유의 발효식품 중의 하나로 음식의 맛을 내는 중요한 조미료이다.

ㄴ 메주를 빚어 따뜻한 곳에 말려 두었다가 소금물에 넣어 장을 담가 충분히 장맛이 우러나면 국물만 모아 간장으로 쓰고, 건지는 소금으로 간을 하여 된장으로 쓴다.

TIP
• 조미료 : 기본 양념은 짠맛, 단맛, 신맛, 매운맛, 쓴맛의 5가지이다.
• 향신료 : 그 자체가 좋은 향기를 내거나 매운맛, 쓴맛, 고소한 맛을 낸다.

TIP
청장 : 장을 담근 지 1년 된 맑은 간장

---

07 섣달 그믐날 절식은?

① 육개장
② 편 수
③ 무시루떡
④ 골동반(비빔밥)

정답 ④

08 소금의 종류 중 불순물이 가장 많이 함유되어 있고 가정에서 배추를 절이거나 젓갈을 담글 때 주로 사용하는 것은?

① 호 렴　　　　② 재제염
③ 식탁염　　　　④ 정제염

해설 호렴(천일염)은 절임용으로 사용한다.

정답 ①

TIP

진간장은 콩을 분해하여 아미노산을 액화시켜 만든 화학간장으로, 염도가 18~20%이다.

TIP

한국음식은 대체로 차가운 음식에 식초를 넣는다. 생채와 겨자채, 냉국 등에 넣어 신맛을 낸다.

ⓒ 음식에 따라 간장의 종류를 구별해서 써야 하는데, 국·찌개·나물 등에는 국간장(청장)을, 조림·포·초 등의 조리와 육류의 양념은 진간장을 쓴다.

ⓡ 고추장은 메주, 고춧가루, 찹쌀, 엿기름, 소금 등이 원료이다.

ⓜ 고추장과 된장은 토장국이나 찌개에 맛을 내고 생채나 숙채, 조림, 구이 등의 조미료로 쓰인다.

③ 설탕·꿀·조청

㉠ 설탕은 사탕수수나 사탕무의 즙을 농축시켜 만드는데 순도가 높을수록 단맛이 산뜻해진다. 같은 흰설탕이라도 결정이 큰 것이 순도가 높으므로 산뜻한 단맛이 난다.

㉡ 꿀은 꿀벌이 꽃의 꿀과 꽃가루를 모아서 만든 천연감미료로 단맛이 강하고 흡습성이 있어 음식의 건조를 막아준다.

㉢ 조청은 곡류를 엿기름으로 당화시켜 오래 고아서 걸쭉하게 만든 묽은 엿으로 누런색이고 독특한 엿의 향이 있다. 요즈음에는 한과류와 밑반찬용 조림에 많이 쓰인다.

④ 식 초

㉠ 식초는 음식의 신맛을 내는 조미료이다. 신맛은 식욕을 증가시키고 소화액 분비를 촉진시켜 소화흡수를 돕는다.

㉡ 식초는 채소의 갈변현상을 촉진시키기 때문에 나물이나 채소는 먹기 직전에 무쳐 내야 한다.

---

09 장을 담근 지 1년 된 맑은 장은?

① 진간장
② 양조간장
③ 맛간장
④ 청 장

해설 청장은 담근 지 1년 된 맑은 간장이다.

정답 ④

10 식초 중 곡물이나 과실을 발효시켜 초산을 생성시킨 것은?

① 양조식초
② 합성식초
③ 사과식초
④ 혼성식초

정답 ①

⑤ 파·마늘·생강

㉠ 파의 종류에는 굵은 파(대파), 실파, 쪽파, 세파 등이 있다. 파의 흰 부분은 다지거나 채 썰어 양념으로 쓰는 것이 적당하고, 파란 부분은 채 썰거나 크게 썰어 찌개나 국에 넣는다.

㉡ 마늘에는 독특한 향과 매운맛(알리신, Allicin)이 있어 파와 더불어 많이 쓰이는 향신료다. 나물이나 김치 또는 양념장 등에 곱게 다져서 쓰고, 동치미나 나박김치에는 채 썰거나 납작하게 썰어 넣는다.

㉢ 생강은 쓴맛과 매운맛(진저롤, Gingerol)을 내며 강한 향을 가지고 있어 어패류나 육류의 비린내를 없애주고 연하게 하는 작용을 한다. 생선이나 육류를 익히는 음식을 조리할 때는 생강을 처음부터 넣는 것보다 재료가 어느 정도 익은 후에 넣는 것이 비린내 제거에 효과적이다.

⑥ 그 외 고춧가루, 후춧가루, 겨자, 계핏가루, 기름, 깨소금 등이 있다.

(2) 고 명

① '고명'이란 음식을 보고 아름답게 느껴 먹고 싶은 마음이 들도록, 음식의 맛보다 모양과 색을 좋게 하기 위해 장식하는 것을 말한다. '웃기' 또는 '꾸미'라고도 한다.

② 붉은색은 다홍고추·실고추·대추·당근 등으로, 녹색은 미나리·실파·호박·오이 등으로, 노란색과 흰색은 달걀의 황백지단으로, 검은색은 석이버섯·목이버섯·표고버섯 등을 사용한다.

③ 잣, 은행, 호두 등 견과류와 고기완자 등도 고명으로 많이 쓰인다.

TIP
한국음식의 색깔은 오행설(五行說)에 바탕을 두어 붉은색, 녹색, 노란색, 흰색, 검은색의 오색이 기본이다.

---

11 향신료와 가장 거리가 먼 것은?
① 고추장
② 생 강
③ 산 초
④ 계 피

정답 ①

12 한식의 장식용 고명에 속하지 않는 것은?
① 미나리초대
② 계핏가루
③ 달걀지단
④ 은 행

[해설] 계핏가루는 향신료에 속한다.

정답 ②

④ 고명의 종류

달걀지단	• 달걀의 노른자와 흰자를 구분하여 소금간을 하고 약한 불에서 기름 두른 팬에 얇게 펴서 양면을 지져낸 것을 말한다. • 채 썬 지단은 나물이나 잡채, 골패형인 직사각형과 완자형인 마름모꼴은 국·찜·전골 등에 이용한다.
미나리초대	• 미나리줄기를 여러 개 붙여서 앞뒤로 밀가루를 묻힌 후 달걀물을 입혀서 지단과 마찬가지로 팬에 지져서 사용한다. • 마름모나 골패 모양으로 썰어 탕, 전골, 신선로 등에 사용한다.
고기완자	• 쇠고기를 곱게 다져 양념한 후 둥글게 빚어 팬에 지져서 사용한다. • 면이나 전골, 신선로의 고명으로 쓰이고 완자탕의 건지로 쓴다.
버섯류	• 마른 표고버섯은 물에 불려 부드럽게 만든 다음 기둥을 떼고 채 썰거나 골패 모양으로 썰어 사용한다. • 석이버섯은 뜨거운 물에 불려 안쪽의 이끼를 말끔히 씻어내고 채 썰어 보쌈김치, 국수, 잡채, 떡 등의 고명으로 쓴다. • 목이버섯은 찢거나 채 썰어 사용한다.
홍고추·풋고추·실고추	• 말리지 않은 고추는 반을 갈라서 씨를 제거하고 채로 썰거나 완자형, 골패형으로 썰어서 웃기로 쓴다. • 실고추는 채 썰어서 나물이나 국수의 고명으로 쓰고, 김치에도 많이 쓰인다.
실 깨	실깨는 나물, 잡채 등의 고명으로 뿌린다.
잣	고깔을 뗀 다음 통으로 쓰거나 길이로 반을 갈라 비늘 잣 또는 잣가루로 많이 쓰인다.
은 행	알맹이만 꺼내 달구어진 팬에 기름을 두르고 볶아 속껍질을 벗기어 고명으로 사용한다.
호 두	뜨거운 물에 잠시 불렸다가 속껍질까지 벗겨 사용한다. 찜, 전골, 신선로 등의 고명으로 쓰인다.
대 추	마른 대추는 돌려 깎기하여 채 썰어 고명으로 쓰거나 돌돌 말아서 화전 등에 꽃 모양으로 쓰기도 한다.
밤	껍질을 깨끗이 벗긴 후 찜에는 통째로 넣고, 채로 썰 땐 편이나 떡고물로 하고, 납작하고 얇게 썰어서 보쌈김치, 겨자채, 냉채 등에도 넣는다.
알 쌈	쇠고기를 곱게 다져 콩알만 하게 지져서 달걀을 풀어 번철에 지진 다음 쇠고기 완자를 넣고 반달모양으로 접어 부친다.

13 한식 조리에서 고명으로 사용되지 않는 것은?

① 황백지단, 은행
② 산초, 후춧가루
③ 잣, 호두, 은행
④ 미나리초대, 석이버섯

해설 산초, 후춧가루는 양념으로 사용한다.

정답 ②

14 가공류 중 소화율이 가장 낮은 것은?

① 볶은 콩
② 누 룩
③ 된 장
④ 간 장

정답 ①

밥 조리

1. 밥 조리 개요

(1) 밥의 개요

밥은 쌀, 보리, 조 등의 곡류를 끓여 익힌 것으로 우리의 주식이 되는 음식이다. 밥의 종류는 밥을 짓는 방법이나 재료에 따라 다양하다. 쌀만으로 짓는 흰밥, 잡곡을 섞어 짓는 잡곡밥이나 오곡밥, 이외 여러 가지 채소류, 견과류, 해산물, 육류를 넣고 짓는 밥 등이 있다.

(2) 쌀의 종류와 특성

① **인디카형** : 쌀알의 길이가 길어 장립종이라 하며, 찰기가 적고 잘 부서지고 불투명하며, 씹을 때 단단하다.

② **자포니카형** : 낟알의 길이가 짧고 둥글기 때문에 단립종이라 하며, 쌀알이 둥글고 길이가 짧고 찰기가 있다.

③ **자바니카형** : 낟알 길이와 찰기가 인디카형과 자포니카형의 중간 정도이고, 인도네시아의 자바 섬과 그 근처의 일부 섬에서만 재배하고 있다.

(3) 쌀의 도정도에 따른 분류

① **현미** : 벼에서 왕겨층 20%를 제거한 것으로 배아, 배유, 섬유소를 포함한다.

② **백미** : 현미를 도정하여 배유만 남은 것이다(92% 도정률).

(4) 쌀의 저장성

① 쌀의 저장성은 벼 상태일 때 가장 좋다.

② 저장에 유리한 순서 : 벼 → 현미 → 백미

(5) 전분의 화학적 성질

① **멥쌀** : 아밀로스가 약 20~25%, 아밀로펙틴이 75~80% 정도로 점성이 약하다.

② **찹쌀** : 아밀로펙틴이 100%로 점성이 강하다.

TIP

우리나라의 상차림
- 반상 : 밥을 주식으로 하는 정식 상차림
- 면상 : 국수를 주식으로 흔히 점심에 많이 사용
- 교자상 : 주로 잔치 때 차리는 큰 상
- 주안상(주연상) : 술을 접대할 때 차리는 상
- 다과상 : 식사 이외에 후식으로 나가는 상차림

TIP

쌀은 도정을 많이 할수록 단백질, 지방, 회분, 섬유 및 무기질과 비타민의 함량이 감소하고, 당질의 함량은 증가한다.

---

15 현미란 무엇을 벗겨낸 것인가?

① 과피와 종피
② 겨 층
③ 겨층과 배아
④ 왕겨층

해설 현미는 벼에서 왕겨층 20%를 제거한 것이다. **정답** ④

16 다음 중 쌀의 저장에 가장 좋은 상태는?

① 현 미
② 백 미
③ 벼
④ 강화미

해설 쌀의 저장성은 벼 상태일 때 가장 좋다. **정답** ③

2. 밥 재료 준비

(1) 곡류 구성

① 곡류 입자는 왕겨로 둘러싸여 있고 내부는 겨층, 배유, 배아의 세 부분으로 구성되어 있다.

② 쌀, 보리, 밀, 기장, 조, 수수, 옥수수, 귀리 등 곡식을 통틀어 이르는 말이다.

(2) 밥 재료의 품질 확인

① 쌀의 품질

㉠ 품종 고유의 모양으로 미강층을 완전히 제거한다.

㉡ 쌀 낟알의 윤기가 뛰어나고 충실한 것이 좋다.

㉢ 곰팡이 및 묵은 냄새가 없어야 한다.

② 보리의 품질

㉠ 곰팡이 및 묵은 냄새가 없어야 한다.

㉡ 쌀알이 단단하고, 미강층이 완전히 제거된 것이 좋다.

㉢ 수분은 14% 이하여야 한다.

㉣ 낟알이 일정하고 고른 것이어야 한다.

③ 콩의 품질

㉠ 품종 고유의 모양과 색택을 갖추고 있어야 한다.

㉡ 낟알이 충실하고 고른 것이어야 한다.

㉢ 곡류(콩)는 수분이 14% 이하여야 한다.

---

17 다음 중 곡류 및 전분류 식품군에 속하는 것만 짝지어진 것은?

① 국수, 떡, 밥

② 식빵, 감자, 고구마

③ 우유, 치즈, 빵

④ 감자, 국수, 빵

정답 ①

18 쌀의 품질과 관련하여 옳지 않은 것은?

① 쌀 낟알은 윤기가 나고 입자가 고른 것이 좋다.

② 쌀의 수분함량은 16% 이하여야 한다.

③ 주식용 쌀의 도정도는 10~11분 도미된 것이 좋다.

④ 쌀알에 싸라기가 많은 것이 좋다.

해설 싸라기가 적고 돌, 뉘 등이 없어야 한다.

정답 ④

3. 밥 조리 및 담기

(1) 밥 재료 세척

① 쌀 세척

  ㉠ 유해성분 및 불순물을 제거하기 위해 맑은 물이 나올 때까지 세척한다.

  ㉡ 색과 외관을 좋게 하고 맛과 촉감을 좋게 한다.

  ㉢ 쌀을 씻을 때는 전분, 수용성 단백질, 지방, 섬유소 등의 손실을 줄이기 위해서 3~4회 가볍게 씻는다.

② 곡류 세척

  ㉠ 헹구는 작업을 3~5회 반복하여 유해물질이 잔류되지 않도록 한다.

  ㉡ 수용성 단백질, 수용성 비타민, 향미물질 등의 손실을 최소화하기 위해 큰 채로 씻는다.

  ㉢ 단시간에 흐르는 물에 씻는다.

③ 불림 목적

  ㉠ 쌀의 침지는 쌀 전분의 호화에 소요되는 수분을 가열하기 전에 쌀알 내부까지 충분히 수분을 흡수시키기 위한 작업이다.

  ㉡ 보통 취반 전에 실온에서 30~60분간 행한다.

  ㉢ 쌀을 침지할 때의 수분 흡수속도는 품종, 저장시간, 침지온도와 시간, 쌀알의 길이와 폭의 비등과 관계가 있다.

  ㉣ 일정 시간 침수시키면 쌀의 조직이 물을 흡수하여 열전도율이 좋아지고 호화를 도와 밥맛이 좋다.

TIP

밥 조리기구

• 압력솥, 돌솥 등 사용할 도구를 선택하고 준비할 수 있다.

• 압력솥은 짧은 시간에 요리되기 때문에 영양소 손실이 적다.

• 돌솥은 보온성이 좋고, 음식의 맛을 그대로 살릴 수 있다.

---

19 쌀(백미) 세척 시 손실이 큰 비타민은?

  ① 비타민 C

  ② 비타민 B_1

  ③ 비타민 D

  ④ 비타민 A

해설 쌀을 씻을 때 20~40%의 비타민 B_1이 유실되어 밥이 되었을 때 잔존율은 60%이다. 정답 ②

20 조리의 불림 목적으로 틀린 것은?

  ① 건조식품이 팽윤되어 용적이 증대된다.

  ② 쌀의 침지는 쌀 전분의 호화를 도와준다.

  ③ 팽윤, 수화 등의 물성 변화를 촉진시켜 조리시간이 단축된다.

  ④ 쌀의 침지시간은 쌀알의 길이와 폭의 비등과 관계가 없다.

해설 쌀의 침지와 관계가 있다. 정답 ④

(2) 밥 짓기

① 쌀의 종류에 따른 물의 분량

쌀의 종류	중량에 대한 물의 분량	부피에 대한 물의 분량
백미(보통)	1.5배	1.2배
햅 쌀	1.4배	1.1배
찹 쌀	1.1~1.2배	0.9~1배
불린쌀(침수)	1.2배	동 량

② 잘된 밥의 양은 쌀의 2.5~2.7배 정도가 된다.

③ 쌀의 수분함량은 14~15% 정도이며, 밥을 지었을 때의 수분은 60~65% 정도이다.

④ 60~65℃에서 호화가 시작되어 100℃에서 20~30분 정도 두면 호화가 완료된다.

(3) 뜸 들이기

① 화력은 중간 정도로 하여 5분 정도 유지한다. 이때 내부 온도는 100℃ 정도이다.

② 쌀의 경도가 5분 정도일 때 가장 높고, 15분일 때 가장 낮게 나타난다.

③ 뜸 들이는 시간이 너무 길면 수증기가 밥알 표면에서 응축되어 밥맛이 떨어진다.

④ 뜸 들이는 도중에 밥을 가볍게 뒤섞어서 물의 응축을 막도록 한다.

(4) 밥 담기

① 조리 종류와 색, 형태, 인원수, 분량 등을 고려하여 그릇을 선택한다.

② 밥을 따뜻하게 담아내야 한다.

③ 밥의 종류에 따라 간장 또는 고추장 양념장을 곁들인다.

---

21 다음 중 밥맛에 영향을 주는 요인으로 틀린 것은?

① 열전도율이 작은 두꺼운 솥을 사용하면 밥맛이 좋다.

② 물의 pH가 7~8일 때 밥맛이 좋다.

③ 미량의 소금을 넣으면 밥맛이 좋다.

④ 수확 후 오래된 쌀이 밥맛이 좋다.

정답 ④

22 다음 솥 중 밥맛이 가장 좋은 것은?

① 알루미늄솥

② 양은솥

③ 돌 솥

④ 무쇠솥

해설 돌솥은 보온성이 좋고 음식의 맛을 그대로 살릴 수 있다.

정답 ③

죽 조리

1. 죽 조리 개요

(1) 죽의 개요

① 죽은 우리나라 음식 중 가장 일찍 발달된 것으로 곡물 낟알이나 가루에 물을 많이 부어 오랫동안 끓여 완전히 호화시킨 것이다.

② 죽의 발생 초기에는 주식, 구황식으로 이용되었다.

③ 현대에는 보양식, 별미식, 기호식, 병인식, 식욕촉진제 등으로 이용한다.

(2) 죽의 영양 및 효능

① 죽의 열량은 100g당 30~50kcal 정도로 밥의 1/3~1/4 정도이다.

② 찹쌀을 이용한 죽은 화학구조상 아밀로펙틴 100%로 구성되어 멥쌀에 비해 소화흡수가 빠르다.

③ 팥죽은 산모의 젖을 많이 나게 하고 해독작용이 있으며, 체내 알코올을 배설시켜 숙취를 완화하고 위장을 다스리는 데 이용된다.

(3) 죽의 분류

① 응이 : 곡물의 전분을 물에 풀어서 끓인 것

② 미음 : 곡물을 고아서 체에 밭친 것

③ 옹근죽 : 쌀을 통으로 쑤는 죽

④ 원미죽 : 쌀알을 굵게 갈아서 쑤는 죽

⑤ 비단죽(무리죽) : 완전히 곱게 갈아서 쑤는 죽

2. 죽 재료 준비

(1) 죽 재료의 전처리

① 마른 재료는 불리거나 데치거나 삶는다.

② 해산물은 소금물에 해감한다.

③ 육류는 지방과 힘줄을 제거하고 핏물을 제거한다.

④ 채소류는 다듬고 씻어서 죽 종류에 맞게 썬다.

> **TIP**
> 죽은 부드러운 유동식으로, 이른 아침에 간단하게 차려지는 죽상을 초조반상(아침상)이라 한다.

> **TIP**
> 재료에 따른 죽의 분류
> • 흰죽 : 옹근죽, 무리죽, 원미죽, 쌀암죽
> • 두태죽 : 콩죽, 팥죽, 녹두죽
> • 장국죽 : 장국죽, 콩나물죽, 아욱죽, 애호박죽
> • 어패류죽 : 홍합죽, 전복죽, 어죽, 조개죽, 피문어죽
> • 비단죽 : 잣죽, 흑임자죽, 호두죽, 밤죽

---

23 죽 조리의 방법으로 틀린 것은?

① 죽의 열량은 밥의 1/3~1/4 정도다.

② 곡류에 5~6배 정도 물을 붓고 오래 끓인다.

③ 죽을 쑬 때는 주재료인 곡물을 물에 충분히 불린 후 사용한다.

④ 고온에서 빠른 시간에 끓인다.

[해설] 죽은 약불에서 서서히 끓여야 하며 두꺼운 냄비나 솥을 사용하는 것이 좋다.　　　　　　　　　　[정답] ④

24 이른 아침에 간단하게 차려지는 죽상은?

① 조 반

② 초조반

③ 면 상

④ 교자상

[해설] 죽은 부드러운 유동식으로, 이른 아침에 처음 먹는 음식은 부담 없는 가벼운 음식이어야 한다.　　　[정답] ②

(2) 죽의 재료

① **채소류** : 호박, 오이, 양파, 당근, 도라지, 시금치, 고사리, 아욱, 표고 등
② **어패류** : 전복, 새우, 조개류 등
③ **견과류** : 잣, 호두, 깨 등
④ **육류** : 장국죽, 소고기죽 등

3. 죽 조리 및 담기

(1) 죽 조리

① 주재료인 곡물을 미리 물에 담가서 충분히 수분을 흡수시켜야 한다.
② 일반적인 죽의 물 분량은 쌀 용량의 5~6배 정도가 적당하다.
③ 죽에 넣을 물을 계량하여 처음부터 전부 넣어서 끓인다. 도중에 물을 보충하면 죽 전체가 잘 어우러지지 않는다.
④ 죽을 쑤는 냄비나 솥은 두꺼운 재질의 것이 좋다. 돌이나 옹기로 된 것이 열을 부드럽게 전하여 오래 끓이기에 적합하다.
⑤ 죽을 쑤는 동안에 너무 자주 젓지 않도록 하며, 반드시 나무주걱으로 젓는다.
⑥ 불의 세기는 중불 이하에서 서서히 오래 끓인다.
⑦ 부재료를 볶거나 첨가하여 죽을 끓일 수 있다.
⑧ 간은 죽이 완전히 퍼진 후에 하거나 먹는 사람의 기호에 따라 간장, 소금, 설탕, 꿀 등으로 맞춘다.

(2) 죽 담기

① 완성된 죽은 종류와 색, 형태, 인원수, 분량 등을 고려하여 그릇을 선택한다.
② 간장, 설탕, 소금, 꿀 등을 곁들여 낸다.
③ 죽상에는 간단한 찬으로 맑은 국물(굴두부조치) 또는 나박김치나 동치미, 육포, 북어무침, 매듭자반 등의 마른 찬이나 장조림, 장산적 등이 어울린다.

---

25 죽의 전처리로 잘못된 것은?

① 마른 재료는 불려서 데치거나 삶는다.
② 해산물은 소금물에 해감시켜 사용한다.
③ 육류는 지방과 힘줄을 제거하고 핏물을 제거한다.
④ 곡류는 물에 불리지 않고 바로 씻어 사용한다.

정답 ④

26 쌀을 갈아서 우유를 넣고 쑨 죽은?

① 타락죽
② 연자죽
③ 장국죽
④ 콩 죽

[해설] 타락죽은 우유를 넣고 쑨 죽으로 궁중 보양음식이다.

정답 ①

국·탕 조리

1. 국·탕 조리 개요

(1) 국의 개요

① 국은 사전적으로 고기, 생선, 채소 따위에 물을 많이 붓고 간을 맞추어 끓인 음식이다.

② 끓이기 조리법의 대표적인 것으로 반상차림에 더불어 기본이 되는 음식이다.

③ 밥과 함께 먹는 국물 요리로, 재료에 물을 붓고 간장이나 된장으로 간을 하여 끓인 것이다.

④ 소고기, 닭고기, 생선, 채소류, 해조류 등이 주재료로 쓰인다.

(2) 국·탕의 종류

① 국류 : 무 맑은국, 미역국, 북엇국, 콩나물국, 시금치토장국, 아욱국, 쑥국 등

② 탕류 : 완자탕, 애탕, 조개탕, 홍합탕, 갈비탕, 용봉탕, 추어탕, 꼬리곰탕, 닭곰탕, 곰탕, 초교탕, 육개장, 설렁탕, 삼계탕, 오골계탕, 되비지탕 등

③ 냉국 : 오이냉국, 임자수탕, 미역냉국 등

2. 국·탕 재료 준비

(1) 육수 재료

① 재료는 육류, 어패류, 해초류, 채소류, 버섯류 등 매우 다양하다.

② 육수 재료에 따라 무, 파, 마늘, 생강, 통후추를 함께 넣어 끓인다.

(2) 국·탕의 양념

① 맑은국 : 소금, 국간장

② 토장국 : 된장, 고추장

③ 곰국 : 소금, 청장

④ 냉국 : 소금, 청장, 설탕, 식초

TIP
• 국물은 사전적으로 국, 찌개 따위의 음식에서 건더기를 제외한 물을 의미한다.
• 탕(湯)의 사전적 뜻은 고깃국에 생선이나 채소를 넣어 조리한 음식이다.

---

27 국, 탕에 사용되는 국물에 대한 설명으로 틀린 것은?

① 국물은 국, 찌개 따위의 음식에서 건더기를 제외한 물을 의미한다.

② 탕은 고깃국에 생선이나 채소를 넣어 조리한 음식이다.

③ 육수는 고기를 삶아낸 물을 의미한다.

④ 국은 국물보다 건더기를 더 많이 담아낸다.

해설 국은 국물이 주로 들어 있는 음식으로서 국물과 건더기의 비율이 6 : 4 또는 7 : 3으로 구성된다. **정답 ④**

28 주로 봄철에 끓여 먹는 탕은?

① 홍합탕

② 애 탕

③ 완자탕

④ 초교탕

해설 애탕은 봄에 나오는 쑥과 소고기를 넣고 만든 완자를 맑은 장국에 끓인 탕이다.

정답 ②

TIP

육수(肉水)는 사전적으로 고기를 삶아 낸 물을 의미한다. 즉, 육류 또는 가금류, 뼈, 건어물, 채소류, 향신채 등을 넣고 물에 충분히 끓여 내어 국물로 사용하는 재료를 말한다.

3. 국·탕 조리 및 담기

(1) 육수 끓이기 전처리

① 맑은 육수의 전처리는 육류를 물에 담가 핏물을 제거하고, 끓는 물에 데쳐서 찬물부터 충분히 끓인다.

② 육수는 장시간 끓이므로 수분의 증발을 되도록 적게 하기 위해 깊이가 있는 조리기구를 사용한다.

③ 육수를 끓일 때는 두께가 두꺼운 냄비를 사용하는 것이 좋다.

④ 끓이는 중 부유물과 기름이 떠오르면 걷어 낸다.

(2) 육수 끓이기

① 쌀뜨물

　㉠ 쌀은 1~2회 씻은 뒤 쌀뜨물을 받는다.

　㉡ 쌀의 수용성 영양소가 녹아 있어서 육수 재료로 사용하면 구수한 맛을 낸다.

② 멸치국물

　㉠ 멸치는 머리와 내장을 뗀 뒤 냄비에 살짝 볶고 그대로 찬물을 부어 끓인다(비린내 제거).

　㉡ 끓기 시작하면 10~15분간 우려내고, 거품을 걷은 후 소창에 걸러 사용한다.

③ 다시마국물

　㉠ 다시마는 씻지 말고 겉을 마른 면보로 닦아 낸 후 찬물에서부터 끓인다.

　㉡ 다시마는 감칠맛을 내는 물질인 글루탐산나트륨, 알긴산, 만니톨 등을 많이 함유하고 있어 맛을 돋워 주므로 물에 담가 두거나 끓여서 맛있는 국물로 우려내어 국이나 전골 등의 국물로 사용한다.

---

29 육수 끓이기의 전처리가 잘못된 것은?

① 육류는 물에 담가 핏물을 제거하고, 찬물부터 끓인다.

② 조개류는 소금물에 해감을 한 후 끓인다.

③ 멸치로 육수를 낼 때는 내장을 제거하고 15분 정도 끓인다.

④ 다시마는 물에 깨끗이 씻어 사용한다.

정답 ④

30 냉국 양념에 맞지 않는 것은?

① 소 금

② 청 장

③ 식 초

④ 된 장

해설 주로 여름에 먹는 냉국 양념에는 맛과 향이 강한 된장은 어울리지 않는다.

정답 ④

④ 조개국물

　　㉠ 깨끗이 씻은 후 모시조개는 3~4% 정도, 바지락은 0.5~1% 정도의 소금 농도에서 해감시킨 후 육수로 사용한다.

　　㉡ 약한 불에서 단시간에 끓여 낸다.

⑤ 사골육수

　　㉠ 국, 전골, 찌개 요리 등에 중심이 되는 맛을 내는 육수이다.

　　㉡ 쇠뼈를 이용한 육수를 만들 때에는 단백질 성분인 콜라겐이 많은 사골을 선택하여 찬물에서 1~2시간 정도 담가 핏물을 충분히 뺀 후 육수를 낸다.

(3) 국ㆍ탕 담기

① 국은 국물과 건더기의 비율이 6 : 4 또는 7 : 3 정도로 담아낸다.

② 탕은 건더기가 국물의 1/2 정도이다.

③ 찌개는 국보다 건더기가 많고, 건더기의 비율이 4 : 6 정도이다.

④ 탕기, 대접, 뚝배기, 질그릇, 오지그릇, 유기그릇 등에서 선택한다.

⑤ 달걀지단, 미나리초대, 미나리, 고기완자, 홍고추 고명을 활용할 수 있다.

---

31 조개류에 들어 있으며 독특한 국물 맛을 내는 유기산은?

① 젖 산
② 초 산
③ 호박산
④ 구연산

해설　호박산은 조개류의 고유한 감칠맛 성분이며 약간의 떫은맛을 가지고 있다.　정답 ③

32 다음 중 습열 조리에 속하는 것은?

① 볶 기
② 끓이기
③ 굽 기
④ 튀기기

해설　습열 조리는 삶기, 끓이기, 찌기 등이다.　정답 ②

찌개 조리

1. 찌개 조리 개요

(1) 찌개의 개요

① 국보다 국물은 적고 건더기가 많으며, 간이 센 편인 국물 음식이다.

② 찌개와 비슷한 말로는 조치, 감정, 지짐 등이 있다.

③ 궁중용어로 찌개를 조치라고 했으며, 고추장으로 조미한 찌개는 감정이라고 한다. 지짐이는 찌개보다 국물이 적다.

(2) 찌개의 종류

① 맑은 찌개류 : 명란젓찌개, 두부젓국찌개, 호박젓국찌개

② 탁한 찌개류 : 된장찌개, 생선찌개, 청국장찌개, 순두부찌개, 두부고추장찌개, 새뱅이지짐, 게감정, 병어감정, 호박감정, 오이감정

2. 찌개 재료 준비

(1) 육류의 전처리

① 소고기와 소고기의 뼈는 찬물에 담가 핏물을 제거하고 끓는 물에 데친다.

② 채소류를 깨끗하게 다듬고 씻는 것을 말한다.

③ 닭고기는 내장을 제거하고 끓는 물에 한 번 데친다.

(2) 어패류 및 해조류 전처리

① 생선 : 깨끗이 씻은 후 꼬리에서 머리 쪽으로 긁어 비늘을 제거한 후 아가미와 내장을 제거한다.

② 조개 : 3~4%의 소금물에 해감을 한 후 사용한다.

③ 낙지 : 내장과 먹물을 제거해서 굵은 소금과 밀가루를 뿌려 다리와 몸통을 주물러 깨끗이 씻는다.

④ 게 : 수세미나 솔로 깨끗하게 닦은 후 몸통과 등딱지를 분리한다. 몸통에 붙어 있는 모래주머니와 아가미를 제거한다.

TIP

• 민어, 광어, 동태와 같은 흰살생선 : 전류, 어선 등 사용

• 고등어, 꽁치와 같은 붉은살생선 : 구이, 조림 등 사용

---

33 궁중용어로 찌개를 조치라고 하였는데, 고추장으로 조미한 찌개는 무엇인가?

① 조 치

② 감 정

③ 지 짐

④ 찌 개

[해설] 고추장으로 조미한 찌개는 감정이라 한다. [정답] ②

34 육류 및 어패류의 전처리 방법으로 틀린 것은?

① 육류는 핏물을 제거하고 끓는 물에 데친다.

② 생선을 통째로 사용할 때는 아가미 쪽으로 내장을 제거한다.

③ 조개는 살아 있는 것을 구입하여 해감 후 사용한다.

④ 새우는 내장을 제거하지 않은 채 몸통의 껍질만 벗겨 사용한다.

[정답] ④

⑤ 새우 : 등 쪽에 있는 내장을 제거하고 용도에 맞게 손질한다.

⑥ 다시마 : 다시마 표면의 하얀 분말은 만니톨(Mannitol)이라는 당 성분(만니트 ; Mannite)으로 맛을 내므로 물에 씻지 말고 찬물에 담가 두거나 끓여서 감칠맛 성분을 우려낸다.

(3) 버섯류 전처리

① 말린 표고버섯은 씻은 다음 따뜻한 물에 충분히 불린 후 기둥을 제거한다.

② 느타리버섯은 끓는 물에 데친 후 찢어서 사용한다.

③ 석이버섯은 미지근한 물에 불려 소금으로 비벼 이끼류를 제거한다.

3. 찌개 조리 및 담기

(1) 찌개 조리

① 두부젓국찌개 : 두부, 굴, 홍고추에 새우젓 국물을 넣어 끓인 맑은 찌개

② 명란젓국찌개 : 소고기, 두부, 무에 명란젓을 넣어 끓인 맑은 찌개

③ 된장찌개 : 채소류, 두부에 된장으로 간을 한 토장찌개

④ 생선찌개 : 생선에 무, 두부 등을 넣어 고추장과 고춧가루로 맛을 낸 토장찌개

⑤ 순두부찌개 : 육류, 해산물, 채소류에 순두부를 넣어 끓인 찌개

⑥ 청국장찌개 : 육수에 두부, 김치 등에 청국장을 넣어 끓인 찌개

(2) 찌개 담기

① 찌개를 그릇에 담을 때는 건더기를 국물보다 많이 담는다.

② 조리의 특성에 맞게 냄비, 뚝배기, 오지냄비 등을 선택할 수 있다.

TIP
• 오지냄비는 찌개나 지짐이를 끓이거나 조림을 할 때 사용하는 기구이다.
• 찌개를 담는 그릇을 조치보라고 하며, 조치보는 주발과 같은 모양으로 탕기보다 한 치수 작은 크기이다.

35 맑은 찌개에서 간을 할 때 주로 사용하는 양념이 아닌 것은?

① 소 금
② 새우젓
③ 청 장
④ 고추장

정답 ④

36 찌개에서 국물과 건더기의 비율은 일반적으로 어느 정도인가?

① 6 : 4
② 7 : 3
③ 4 : 6
④ 5 : 5

해설 찌개는 주로 건더기를 먹기 위한 음식이다. 정답 ③

전·적 조리

TIP
전의 종류
풋고추전, 양파전, 더덕전, 애호박전, 표고전, 깻잎전, 생선전, 육원전, 굴전, 간전, 천엽전, 장떡, 북어전, 양동구리, 새우전, 묵전, 메밀전병 등

TIP
산적의 종류
섭산적, 화양적, 두릅적, 파산적, 장산적, 소고기산적, 사슬적, 생치산적, 어산적, 해물산적, 김치적, 잡누름적, 지짐누름적, 떡산적 등

1. 전·적 조리 개요

(1) 전(煎)의 개요
① 전은 기름을 두르고 지지는 조리법으로 전유어(煎油魚)·전유아·저냐 등으로 부르며, 궁중에서는 전유화(煎油花)라고도 하였다.
② 전 재료는 지지기 좋은 크기로 하여 소금과 후추로 간을 한 다음 밀가루와 달걀물을 입혀서 번철에 지진다.
③ 지짐은 빈대떡이나 파전처럼 재료들을 밀가루 푼 것에 섞어서 직접 기름에 지져 내는 음식을 말한다.

(2) 적(炙)의 개요
① 적은 육류, 채소, 버섯 등을 양념하여 꼬치에 꿰어 구운 것이다.
② 석쇠에 굽는 직화구이와 번철에 굽는 간접구이로 구분하며 대표적인 음식으로 산적, 누름적이 있다.
③ 종류 및 특징
　㉠ 산적 : 익히지 않은 재료를 양념하여 꼬치에 꿰어서 굽거나 살코기편이나 섭산적처럼 다진 고기를 반대기지어 석쇠로 굽는 것
　㉡ 누름적 : 누르미라고도 하며, 재료를 양념하여 꼬치에 꿰어 전을 부치듯이 밀가루나 달걀물을 입혀서 지진 것

2. 전·적 재료 준비

(1) 주재료 준비
① 육류
　㉠ 소고기 : 색은 적색이고 윤택이 나고 수분이 충분히 함유된 것
　㉡ 돼지고기 : 기름지고 윤기가 있으며 선홍색인 것
② 가금류 : 신선한 광택이 있고, 특유의 향취를 갖고 있는 것

---

37 육류, 어패류, 채소류 등을 저미거나 다져서 밀가루와 달걀을 씌워 지져낸 음식은?

① 구 이
② 전
③ 산 적
④ 조 림

해설 전은 전유어, 저냐, 전야 등으로 부르고 궁중에서는 전유화라고도 하였다.
정답 ②

38 어육류나 채소 등을 양념하여 꼬치에 꿰어 석쇠에 굽거나 번철에 지진 음식은?

① 지 짐
② 전유어
③ 적
④ 구 이

정답 ③

③ 어패류

    ㉠ 어류는 눈이 돌출되고 눈알이 선명하고, 비늘은 광택이 있고 단단히 부착된 것

    ㉡ 육질은 탄력이 있고 뼈에 단단히 밀착해 있는 것

    ㉢ 불쾌한 냄새가 없는 것

    ㉣ 전류는 흰살생선을 사용

④ 채소류

    ㉠ 채소는 조직은 연해야 하며 위생적으로 다루어야 함

    ㉡ 씻을 때는 조직에 상처가 나지 않도록 하고 풍미와 영양소 손실을 적게 해야 함

    ㉢ 형태가 바르고 겉껍질이 깨끗하고 신선한 것

⑤ 버섯류 : 봉오리가 활짝 피지 않고 갓, 줄기가 단단하고 신선한 것

(2) 부재료 준비

① 전 반죽가루 : 밀가루, 멥쌀가루, 찹쌀가루

② 유지류 : 발연점이 높은 기름을 사용(옥수수유, 대두유, 포도씨유, 카놀라유, 면실유 등)

③ 달걀 : 전의 모양을 만들어 주고 점성을 높여 준다.

④ 양념류

    ㉠ 조리에 사용하는 재료를 필요량에 맞게 계량한다.

    ㉡ 소비기한을 확인하고 기간 내의 것으로 사용한다.

TIP

전 반죽 시 재료 선택

- 밀가루, 멥쌀가루, 찹쌀가루를 사용해야 하는 경우 : 반죽이 너무 묽을 경우 달걀을 넣는 것을 줄이고 밀가루나 쌀가루를 추가로 사용한다.
- 달걀흰자와 전분을 사용해야 하는 경우 : 전을 도톰하게 만들 때 딱딱하지 않고 부드럽게 하고자 할 경우 또는 흰색을 유지하고자 할 때 사용한다.
- 달걀과 밀가루, 멥쌀가루, 찹쌀가루를 혼합하여 사용해야 하는 경우 : 전의 모양을 형성하기도 하고 점성을 높이고자 할 때 사용한다.

---

39 전 또는 적의 재료 전처리 방법으로 틀린 것은?

① 어패류는 포를 떠서 소금, 후춧가루를 뿌려 밑간한다.

② 육류, 해산물은 익힌 재료보다 길이를 짧게 자른다.

③ 물기 있는 재료는 수분을 제거해서 용도에 맞게 자른다.

④ 육류는 용도에 맞게 잘라서 줄어들지 않게 잔 칼집을 낸다.

[해설] 익히면 줄어들기 때문에 익힌 재료보다 길게 자른다.

[정답] ②

40 다음 중 전을 부칠 때 사용하는 기름으로 적절하지 않은 것은?

① 콩기름

② 옥수수기름

③ 들기름

④ 카놀라유

[해설] 전 기름은 발연점이 높은 기름이 적당하다. [정답] ③

3. 전 · 적 조리 및 담기

(1) 재료의 전처리 및 조리

① 재료는 다듬고 씻어서 전 · 적의 용도에 맞게 잘라서 수분을 제거한다.

② 육류, 해산물은 익히면 길이가 줄어들기 때문에 다른 재료의 길이보다 길게 잘라서 지진다.

③ 육류는 용도에 맞게 잘라서 두드리고, 잔칼질을 하면 익힐 때 오그라들지 않는다.

④ 어패류는 포를 떠서 소금, 후춧가루를 뿌려 밑간하여 지진다.

⑤ 전의 속재료는 두부, 육류, 해산물을 다지거나 으깨서 양념하는데, 물기 싼 두부는 약산의 소금과 참기름으로 밑간을 한다.

⑥ 단단한 재료는 미리 데치거나 익혀서 사용한다.

⑦ 조리에 사용하는 파, 마늘, 생강은 곱게 다져서 사용한다.

(2) 전 · 적 담기

① 조리의 종류와 색, 인원수, 분량 등을 고려하여 그릇을 선택한다.

② 따뜻하게 제공하는 온도는 70℃ 이상이다.

③ 전 · 적을 담을 그릇의 재질은 도자기, 스테인리스, 유리, 목기 또는 대나무 채반 등을 사용할 수 있다.

④ 초간장을 곁들여 낸다.

---

41 전 · 적을 담을 그릇으로 적당하지 않은 것은?

① 스테인리스
② 유 리
③ 대나무 채반
④ 질그릇

[해설] 전 · 적을 담을 그릇의 재질은 도자기, 스테인리스, 유리, 목기, 대나무 채반 등을 사용할 수 있다. [정답] ④

42 전 반죽 시 밀가루, 멥쌀가루를 사용해야 하는 경우로 가장 적당한 것은?

① 반죽이 너무 묽을 경우
② 전을 도톰하게 만들 때 부드럽게 하고자 할 경우
③ 전의 모양을 형성하고 점성을 높이고자 할 경우
④ 속재료가 부족하여 전이 넓게 처지게 될 경우

[해설] 반죽이 너무 묽어서 뒤집을 때 어려움이 있으면 달걀을 줄이고 밀가루나 쌀가루를 추가로 사용한다. [정답] ①

생채 · 회 조리

1. 생채 · 회 개요

(1) 생채의 개요

① 생채는 익히지 않고 날로 무친 나물을 의미하며 계절마다 나오는 싱싱한 채소들을 초장, 고추장, 겨자장 등을 넣어 무친 일반적인 반찬이다.

② 생채는 영양소의 손실이 적고 비타민이 풍부하며, 식초와 설탕을 사용하여 새콤한 맛이 난다.

③ **생채의 종류** : 무생채, 오이생채, 도라지생채, 더덕생채, 부추생채, 미나리생채, 배추생채, 굴생채, 상추생채, 해파리냉채, 겨자냉채, 미역무침, 실파무침, 채소무침, 달래무침 등

(2) 회 · 숙회의 개요

① **회(날 것)**

㉠ 회는 해산물, 육류, 채소류 등을 썰어서 날것으로 고추장, 설탕, 식초 등을 혼합하여 찍어 먹는다.

㉡ 회류 : 육회, 홍어회, 굴회, 생선회, 자리회 등

② **숙회(익힌 것)**

㉠ 해산물, 육류, 채소류 등을 살짝 데쳐서 찍어 먹는다.

㉡ 숙회류 : 문어숙회, 오징어숙회, 낙지숙회, 새우숙회, 미나리강회, 파강회, 어채, 두릅회 등

③ **기타 채류** : 잡채, 원산잡채, 탕평채, 겨자채, 월과채, 죽순채, 대하잣즙채, 콩나물잡채, 구절판 등

TIP

양념장

• 생채 양념장 : 간장이나 고추장을 기본으로 하여 고춧가루, 설탕, 소금, 식초 등을 혼합하여 새콤달콤하게 맛이 나도록 만든다.

• 냉채 양념장 : 겨자장, 잣즙 등을 곁들인다.

TIP

어채는 포를 뜬 생선살과 채소에 녹말가루를 묻혀 끓는 물에 데친 다음, 색을 맞추어 돌려 담은 음식이다.

---

43 생채요리의 특징으로 틀린 것은?

① 영양 손실이 적다.

② 조리 시 기름을 사용한다.

③ 설탕, 식초를 사용하여 새콤한 맛이 난다.

④ 비타민 C가 풍부하다.

[해설] 생채 양념장은 간장이나 고추장을 기본으로 하여 고춧가루, 설탕, 소금, 식초 등을 혼합하여 산뜻한 맛이 나도록 만든 것이다. [정답] ②

44 포를 뜬 생선살과 채소에 녹말가루를 묻혀 끓는 물에 넣어 익힌 음식은?

① 어 채

② 겨자채

③ 월과채

④ 죽순채

[해설] 어채는 비린내가 나지 않는 흰살생선을 이용하고, 주안상에 어울리는 음식이다. [정답] ①

2. 생채·회 재료 준비

① 생채, 회 조리의 채소류, 해산물 등을 재료에 따라 전처리해서 준비한다.

② 전처리란 다듬기, 씻기, 삶기, 데치기, 자르기를 말한다.

③ 전처리 과정을 거쳐 재료에 따라 회·숙회를 만들 수 있다.

3. 생채·회 조리 및 담기

(1) 생채·회 조리

① 생채 무침을 고춧가루를 주로 사용하여 무칠 경우는 고춧가루로 먼저 색을 내고 설탕, 소금, 식초 순으로 간을 한다.

② 냉채 양념장은 재료 특성에 맞게 겨자장, 잣즙 등을 곁들이거나 무쳐 낸다.

③ 회 양념장은 고추장, 설탕, 식초 등을 혼합하여 만들어 사용한다.

④ 생채 조리 시 유의사항

    ㉠ 생채 조리 시 물이 생기지 않게 한다.

    ㉡ 생채 조리 시 양념이 잘 배이게 하려면 고추장이나 고춧가루로 미리 버무려 놓는다.

    ㉢ 생채 조리 시 기름은 사용하지 않는다.

(2) 생채·회 담기

① 조리 종류와 형태에 따라 그릇을 선택할 수 있다.

② 회 종류는 채소를 곁들일 수 있다.

---

45 무생채를 만들 때 당근을 첨가하여 오래 두면 손실이 되는 비타민은?

① 비타민 A

② 비타민 C

③ 비타민 E

④ 비타민 D

해설 당근에는 비타민 파괴효소(아스코르비나제)가 있어 오래 두면 무 속의 비타민 C 손실이 크다. 정답 ②

46 음식을 색을 고려하여 녹색 채소를 무칠 때 가장 나중에 넣어야 하는 조미료는?

① 소 금

② 고추장

③ 설 탕

④ 식 초

해설 조미 시 설탕, 소금, 식초 순으로 넣는다. 정답 ④

조림·초 조리

1. 조림·초 조리 개요

(1) 조림의 개요

① 궁중에서는 조림을 조리니, 조리개라고 하였다. 조림은 육류, 어패류, 채소류 등을 양념장과 함께 조려낸 것이다.

② 소고기장조림 등 장기간 밑반찬으로 할 것은 간을 세게 한다.

③ 소고기를 간장조림하는 경우 염절임 효과와 수분활성도의 저하 및 당도가 상승되어 냉장보관 시 10일 정도의 안전성을 갖는다. 그러나 보관 중 온도가 상승하거나 보관기한이 10일이 넘는 경우는 부패할 위험성이 크다.

(2) 초(炒)의 개요

① 초는 원래 '볶는다'는 뜻이지만 우리 조리법에서는 조림처럼 조리다가 녹말을 풀어 넣어 윤기나게 조린 것이다.

② 간은 대체로 세지 않고 달다.

③ 이용되는 양념장에 따라 명칭이 다르며, 전복초, 홍합초, 삼합초, 해삼초 등과 같이 주재료에 따라서도 명칭이 다르다.

2. 조림·초 재료 준비

(1) 장조림 재료

① 소고기(홍두깨살, 우둔살)

② 닭고기(가슴살)

③ 돼지고기(주로 뒷다리살)

④ 전복, 키조개, 새우 등

⑤ 부재료로 달걀(메추리알)이나 꽈리고추 등의 채소류 사용

(2) 초 재료

홍합, 전복, 해삼

TIP

조림의 종류
소고기장조림, 닭고기조림, 두부조림, 조기조림, 북어조림, 갈치조림, 우엉조림, 생선조림, 호두조림, 감자조림, 풋고추조림, 돼지족조림, 장똑똑이(소고기를 가늘게 썰어서 간장, 설탕, 기름에 바짝 조린 음식) 등

TIP

조림·초의 양념장
간장, 설탕, 물, 마늘, 대파, 물엿, 후춧가루, 참기름 등

---

47 생선의 비린내를 없애는 방법과 거리가 먼 것은?

① 파, 마늘, 생강 등을 사용한다.

② 우유를 사용한다.

③ 물로 씻어 낸다.

④ 소다를 넣는다.

정답 ④

48 육류의 가열 조리 시 나타나는 현상으로 틀린 것은?

① 색의 변화

② 수축 및 중량 감소

③ 풍미의 증진

④ 부피의 증가

해설 육류의 가열에 따른 변화 : 회갈색으로의 색소 변화, 단백질의 응고로 고기의 수축, 중량 및 보수성 감소, 풍미의 변화 등

정답 ④

3. 조림·초 조리 및 담기

(1) 조림 조리

① 조림·초의 전처리는 재료 특성에 따라 다듬기, 씻기, 썰기 등을 말한다.

② 불은 처음에는 센 불로 시작하여, 끓으면 불을 약하게 하여 간이 충분히 스며들도록 은근하게 익힌다.

③ 조리 도중 거품이나 불순물을 걷어 내고, 간장으로 간을 맞추고 국물 속에 여러 가지 향신 채소 등을 넣어 양념과 맛 성분이 배어들게 조린다.

④ 생선조림을 할 때에는 흰살생선은 간장을 주로 사용하고, 붉은살생선이나 비린내가 나는 생선은 고춧가루나 고추장을 넣어 조린다.

⑤ 조림 국물은 재료가 잠길 만큼 충분하게 부어 타지 않게 조린다.

⑥ 소고기장조림은 고기를 먼저 무르게 삶은 후 양념장을 넣어 조린다.

(2) 초 조리

① **홍합초** : 생 홍합은 데쳐서 조리거나, 말린 홍합은 부드럽게 불려 조린다.

② **전복초** : 생 전복을 얇게 저며서 소고기와 함께 넣어 윤기나게 조린다.

③ **삼합초** : 홍합, 해삼, 전복이 주재료로, 부재료를 넣어 양념장에 조린다.

④ **기본 양념장** : 간장, 설탕, 파, 마늘, 생강, 물녹말, 참기름

(3) 조림·초 담기

① 조림의 종류에 따라 그릇을 선택하고, 국물과 같이 담아낸다.

② 주재료와 부재료를 조화롭게 담는다.

③ 고명(잣) 등을 얹어 낸다.

---

49 조리에서 후춧가루의 작용과 가장 거리가 먼 것은?

① 생선의 비린내 제거

② 식욕 증진

③ 생선의 근육형태 악화 방지

④ 육류의 비린내 제거

정답 ③

50 장조림용 소고기의 부위로 가장 좋은 부위는?

① 대접살, 우둔살, 설도

② 안심, 등심, 갈비

③ 소머리, 안심, 장정육

④ 갈비, 채끝살, 양지육

해설 • 소머리 : 편육, 찜

• 목심(장정육) : 구이, 전골, 편육, 조림

• 등심, 안심 : 전골, 구이, 볶음, 스테이크

정답 ①

1. 구이 조리 개요

(1) 구이의 개요
① 구이는 인류가 불을 이용한 조리법 중 가장 먼저 생겼다.
② 구이는 건열 조리법으로 육류, 가금류, 어패류, 채소류 등의 재료를 그대로 또는 소금이나 양념을 하여 불에 직접 굽거나 철판 및 도구를 이용하여 구워 익힌 음식이다.

(2) 구이 조리의 방법
① 직접 구이-브로일링(Broiling)
　㉠ 복사열로 석쇠나 브로일러를 사용하여 직접 불에 올려 굽는 방법이다.
　㉡ 석쇠나 철망은 뜨겁게 달구어야 재료가 달라붙지 않는다.
　㉢ 석쇠 위에 직접 구울 때 온도는 280~300℃ 화력으로 굽는다.
　㉣ 유장에 재운 구이는 유장구이에서 익혀야 고추장 양념이 타지 않고 잘 구워진다.
　㉤ 구이 양념이 타지 않게 불의 세기를 조절하여 서서히 굽는다.
② 간접 구이-그릴링(Grilling)
　㉠ 프라이팬, 철판구이, 전기프라이팬, 오븐구이 등과 같이 석쇠 아래에 열원이 위치하여 전도열로 구이를 진행하는 조리방법이다.
　㉡ 석쇠가 아주 뜨거워야 고기가 잘 달라붙지 않는다.

TIP
복사열은 태양이나 난로의 열이 물체까지 전해지는 것을 말한다.

2. 구이 재료 준비

(1) 주재료 전처리
① 주재료 전처리 : 재료 다듬기 → 깨끗이 씻기 → 수분, 핏물 제거 → 재료에 맞게 자르기
② 너비아니구이 : 소고기는 요구하는 크기를 고려하여 자른 후 앞뒤로 두드려 부드럽게 만든다.

---

51 쇠고기 부위 중 결체조직이 많아 구이에 적절하지 않은 것은?

① 등 심
② 채 끝
③ 갈 비
④ 사 태

정답 ④

52 생선을 프라이팬이나 석쇠에 구울 때 들러붙지 않도록 하는 방법으로 옳지 않은 것은?

① 낮은 온도에서 서서히 굽는다.
② 기구의 금속면을 테플론(Teflon)으로 처리한 것을 사용한다.
③ 기구의 표면에 기름을 칠하여 막을 만들어 준다.
④ 기구를 먼저 달구어 사용한다.

정답 ①

③ 생선구이 : 생선의 비늘, 지느러미 등을 제거하고, 아가미 쪽으로 내장도 제거한 후 2cm 간격으로 칼집을 넣는다.

④ 제육구이 : 돼지고기는 요구하는 크기를 고려하여 자른 후 앞뒤로 잔 칼집을 넣는다.

⑤ 오징어구이 : 먹물이 터지지 않도록 내장을 제거하고, 몸통과 다리의 껍질을 벗겨 깨끗하게 씻은 후 용도에 맞게 칼집을 넣는다.

⑥ 북어구이 : 북어포는 물에 불려 머리, 꼬리, 지느러미, 뼈를 제거하고 자른다.

(2) 부재료 전처리
① 양념 채소의 껍질을 벗기거나 세척한다.
② 고추는 절개하여 씨를 털어내고, 당근, 생강 등은 표면에 묻어 있는 흙을 완전히 세척한 후 규격에 맞게 자른다.
③ 양념용 채소를 전처리할 때는 재료 전체를 곱게 다져야 조리 시 양념이 타는 것을 방지한다.

(3) 양념 재료
① 간장 양념장 재료 준비
㉠ 대파와 마늘, 배는 다져서 준비한다.
㉡ 간장, 설탕, 후춧가루, 청주는 용도에 맞게 정확한 양을 준비한다.
② 고추장 양념장 재료 준비
㉠ 대파와 마늘, 생강은 다져서 준비한다.
㉡ 고추장, 고춧가루, 후춧가루, 설탕, 소금의 양을 적절하게 배합한다.
③ 유장을 만들 양념인 참기름과 간장의 비율은 3 : 1이다.

53 생선을 껍질 있는 상태로 구울 때 껍질이 수축되는 원인과 그 처리방법이 적절하게 짝지어진 것은?
① 생선 껍질의 콜라겐 - 껍질에 칼집 넣기
② 생선살의 염용성 단백질 - 소금에 절이기
③ 생선 껍질의 지방 - 껍질에 칼집 넣기
④ 생선살의 색소단백질 - 소금에 절이기

해설 생선의 진피층을 구성하고 있는 콜라겐이 가열에 의해 수축되기 때문에 껍질에 칼집을 넣으면 이를 예방할 수 있다.
정답 ①

54 다음 중 육류의 직화구이 및 훈연 중에 발생하는 발암물질은?
① 벤조피렌
② 에틸카바메이트
③ 나이트로사민
④ 아크릴아마이드

정답 ①

3. 구이 조리 및 담기

(1) 양념에 따른 구이

① 소금구이 : 소금, 후춧가루를 뿌려서 굽는 방법(방자구이, 생선소금구이, 청어구이, 고등어구이, 김구이 등)

② 간장 양념구이 : 너비아니구이, 불고기, 소갈비구이(가리구이), 염통구이, 콩팥구이 등

③ 고추장 양념구이 : 제육구이, 북어양념구이, 병어고추장구이, 생선양념구이, 더덕구이 등

(2) 구이 조리

① 유장구이(애벌구이, 초벌구이) 시 참기름, 간장에 재웠다가 살짝 익힌다.

② 고추장 양념을 발라 다시 굽는다.

③ 양념하여 재워두는 시간은 30분 정도가 적당하다.

(3) 구이 담기

① 조리한 음식은 부서지지 않게 담아낸다.

② 생선구이에서 생선은 머리는 왼쪽, 꼬리는 오른쪽, 배는 앞쪽으로 오게 담는다.

③ 구이의 따뜻한 온도는 75℃ 이상을 말한다.

④ 조리의 종류, 형태, 인원수, 분량 등을 고려하여 그릇을 선택한다.

> **TIP**
> 불고기는 근래에 생긴 말로 본래는 너비아니라고 하였고, 소금구이는 방자구이라고 했다.

---

55 다음 중 소금구이로 적당하지 않은 것은?

① 방자구이
② 청어구이
③ 가리구이
④ 고등어구이

해설 가리구이는 소갈비를 간장 양념에 재웠다가 구운 음식이다.

정답 ③

56 요리에 사용되는 식품 재료와 조미료를 연결시켜 놓은 것으로 잘못된 것은?

① 소금구이 - 생선 - 소금
② 채소샐러드 - 오이, 양상추 - 마요네즈 소스
③ 제육구이 - 소고기 - 고추장
④ 두부젓국찌개 - 두부, 굴 - 소금, 새우젓

해설 제육구이는 돼지고기를 고추장 양념에 재웠다가 구운 음식이다.

정답 ③

숙채 조리

1. 숙채 조리 개요

(1) 숙채의 개요

숙채는 채소, 산채, 들나물 등을 물에 데치거나 볶아서 갖은 양념하여 만든 나물이다. 숙채 양념으로 간장, 깨소금, 참기름, 들기름 등을 사용하고 겨자장을 사용하기도 한다.

(2) 숙채의 종류

① **숙채류** : 콩나물, 오이나물, 무나물, 고사리나물, 도라지나물, 애호박나물, 시금치나물, 숙주나물, 방풍나물, 비름나물, 취나물, 냉이나물, 시래기, 탕평채, 죽순채

② **기타 채류** : 잡채, 원산잡채, 어채, 월과채, 칠절판, 구절판 등

2. 숙채 재료 준비

① 푸른잎 채소들은 끓는 물에 소금을 약간 넣어 살짝 데치고 찬물에 헹구어 물기를 제거한다.

② 고사리, 고비, 도라지는 충분히 연하게 될 때까지 끓는 물에서 푹 삶아 준비한다.

③ 말린 취, 고춧잎, 시래기 등은 불렸다가 삶는다.

④ 동부가루, 메밀가루, 도토리가루를 이용해서 묵을 쑤어 그릇에 부어 굳힌다.

⑤ 전분가루와 물의 비율은 1 : 6 정도이다(청포묵, 메밀묵, 도토리묵 등).

---

57 한식의 숙채류에 속하지 않는 음식은?

① 고사리나물

② 애호박나물

③ 가지나물

④ 겨자채

정답 ④

58 다음 중 숙주나물을 올바르게 설명한 것은?

① 녹두를 싹 틔운 것

② 완두를 싹 틔운 것

③ 대두를 싹 틔운 것

④ 납두를 싹 틔운 것

정답 ①

3. 숙채 조리 및 담기

(1) 숙채 조리

① 숙채 조리의 전처리는 다듬기, 씻기, 삶기, 데치기, 자르기를 말한다.

② 나물을 무칠 때는 양념이 충분히 배이도록 오래 주물러 무친다.

③ 채소류는 끓는 물에 소금을 넣고 살짝 찬물에 헹구어 물기를 제거해서 무친다.

④ 말린 나물(묵나물)류는 충분히 연하게 될 때까지 끓는 물에서 푹 삶아서 사용한다.

⑤ 시금치, 근대 등은 수산(옥살산)성분이 있어 뚜껑을 열고 데쳐야 한다.

⑥ 숙채의 양념장은 다진 파, 다진 마늘, 간장, 소금, 깨소금, 참기름, 들기름 등을 혼합하여 만들거나 겨자장을 사용한다.

(2) 숙채 담기

① 숙채의 색, 형태, 재료, 분량을 고려하여 그릇을 선택한다.

② 조리의 종류에 따라 고명을 올리거나 양념장을 곁들일 수 있다.

> **TIP**
> 숙채의 전처리 과정에서 영양소의 손실이 있을 수 있으므로, 살짝 데치거나 센 불에 짧은 시간 볶는 등 가열시간을 짧게 하고, 데칠 때 물의 분량은 약 5배 정도가 적당하다.

---

59 콩나물 조리 시 아스코르빈산의 손실을 줄이기 위한 방법은?

① 끓는 물에 데쳐 낸다.
② 식염을 가한다.
③ 구리그릇에 넣고 끓인다.
④ 설탕을 가한다.

정답 ②

60 무기질 손실이 가장 큰 조리방법은?

① 물에 삶는 것
② 불에 굽는 것
③ 기름에 튀기는 것
④ 기름에 볶는 것

해설 ① 물과 오래 접촉하므로 채소의 수용성 비타민과 무기질의 손실이 크다.

정답 ①

볶음 조리

1. 볶음 조리 개요

① 볶음 재료는 육류, 채소, 어패류, 해조류 등을 손질하여 기름에 볶은 음식이다. 볶음은 소량의 기름을 이용해 뜨거운 팬에서 음식을 익히는 방법이다.

② 볶음 조리도구 : 작은 냄비보다는 큰 냄비를 사용하며, 바닥에 닿는 면이 넓어야 재료가 균일하게 익고 양념장이 골고루 배어들어 볶음의 맛이 좋아진다.

③ 종류 : 오징어볶음, 낙지볶음, 제육볶음, 소고기볶음, 주꾸미볶음, 버섯볶음, 궁중떡볶이, 어묵볶음, 멸치볶음, 마른새우볶음, 뱅어포볶음 등

2. 볶음 재료 준비

(1) 볶음 양념 재료

① 짠맛 : 간장, 소금, 고추장, 된장 등

② 단맛 : 설탕, 조청, 물엿, 올리고당, 꿀 등

③ 신맛 : 식초, 감귤류, 매실, 레몬즙 등

④ 쓴맛 : 생강 등

⑤ 매운맛 : 마늘, 고추, 후추, 겨자, 산초, 생강 등

(2) 볶음 양념장 종류

① 간장 양념장 : 간장, 설탕, 청주, 물을 넣어 잘 섞은 후 마늘과 후춧가루, 참기름, 깨소금, 소금 등을 추가한다.

② 고추장 양념장 : 간장 양념에 고추장, 고춧가루를 추가한다.

(3) 볶음 주재료

① 주재료 전처리는 재료 특성에 따라 다듬기, 씻기, 썰기를 한다.

② 육류 : 볶음용 고기는 얇게 썰어 양념에 무친다.

---

61 볶음 조리의 설명으로 옳은 것은?

① 조리기구의 온도가 높아지기 전에 내용물을 넣는다.

② 고온 단시간 가열하므로 비타민 손실이 비교적 적다.

③ 푸른 채소는 장시간 고온 가열해야 하므로 색이 퇴화된다.

④ 조리기구는 가열면이 넓고 깊이가 깊은 것이 좋다.

정답 ②

62 다음 조리법 중 틀린 것은?

① 채소는 썰어서 씻은 다음 조리해야 영양소 손실이 적다.

② 조림을 할 때는 먼저 설탕을 넣고 간장을 넣는다.

③ 일반적으로 기름으로 볶는 조리법은 비타민의 손실이 적다.

④ 끓는 물에 데치는 것보다 찜이 영양 손실이 적다.

정답 ①

③ 해산물 : 오징어, 낙지 등은 내장, 껍질 등을 제거하여 재료 특성에 따라 자른다.

④ 버섯류 : 말린 버섯류는 물에 불려 사용한다.

⑤ 건어물 : 먼저 볶아낸 후 양념장을 넣어 다시 볶는다.

3. 볶음 조리 및 담기

(1) 볶음 조리

① 육 류

㉠ 대체로 200℃ 정도의 고온에서 볶는다.

㉡ 낮은 온도에서 조리하면 육즙이 유출되어 퍽퍽해지고 질겨진다.

② 채 소

㉠ 소량의 기름으로 빠르게 볶아 식힌다. 기름이 많거나 오래 볶으면 색이 누래진다.

㉡ 마른 표고버섯을 볶을 때는 약간의 물을 넣어 준다.

㉢ 일반 버섯은 물기가 많이 나오므로 센 불에 재빨리 볶거나 소금에 살짝 절인 후 볶는다.

③ 요리의 부재료로 넣는 야채(낙지볶음 등 볶음 요리에 넣는 야채)는 센 불에 야채를 넣고 먼저 볶은 다음 주재료를 넣고 다시 볶은 후 마지막에 양념을 한다.

④ 오징어나 낙지는 오래 익히면 질겨지므로 유의한다.

(2) 볶음 담기

① 접시에 재료가 골고루 보이게 담는다.

② 조리의 형태에 따라 조화롭게 담아낸다.

③ 볶음 조리에 따라 고명을 얹어 낸다.

63 볶음 조리는 화력이 중요하므로 강한 불에서 조리하여야 한다. 그 이유로 옳지 않은 것은?

① 육류는 낮은 온도에서 조리하면 육즙이 빠져 질기다.

② 채소는 오래 볶으면 색이 누래진다.

③ 수분이 많은 버섯류는 수분이 없어질 때까지 오래 볶는다.

④ 오징어나 낙지는 약불에서 오래 익히면 질겨진다.

정답 ③

64 기름 1찻술(5mL)이 내는 열량은?

① 45kcal
② 90kcal
③ 130kcal
④ 150kcal

정답 ①

김치 조리

1. 김치 조리의 개요

① 김치는 우리나라의 부식 가운데에서 가장 기본이다.

② 우리나라 김치류가 다른 나라와 다른 점은 여러 가지 향신료와 젓갈을 사용하는 것이다.

③ 김치는 배추와 무를 주재료로 하여 신선한 해물과 갖은 양념을 넣어 적당히 익혀 젖산발효를 시킨 발효식품이다.

④ 김치는 채소를 주원료로 하기 때문에 비타민 C나 카로틴 등의 비타민류가 함유되어 있어 겨울철 비타민 C 등의 급원식품으로 중요하다.

2. 김치 재료 준비(양념)

① **주재료** : 배추, 무, 열무, 오이, 상추, 고추, 마늘, 파, 부추, 미나리, 생강, 갓, 소금, 젓갈 등

② **부재료** : 북어, 가자미, 굴, 동태, 전복과 같은 해물류, 당근, 쑥갓, 청각, 산초 등의 채소류와 대추, 호박, 은행, 갓, 배, 밤 등의 과실류, 젓갈류, 소금 등

③ **찹쌀 풀** : 김치에 점성을 주고 단맛을 내어 김치의 숙성을 도와주는 역할을 한다.

3. 김치 조리

① 적당한 농도로 소금기를 배추 조직에 골고루 침투시키기 위해 배추포기가 큰 것은 쪼개고 작은 것은 그대로 절인다.

② 배추를 절이는 방법으로 계절적인 요인과 소금의 농도 차이가 있지만 보통 15~20%의 소금물에 6~8시간 정도 절인다.

③ 배추를 절이는 소금은 천일염(호렴)을 사용한다.

④ 배추를 절일 때 식염수의 농도가 증가하면 침투속도가 빠르다.

⑤ 부위별로는 잎 부분이 줄기 부분보다 침투속도가 빠르다.

---

65 김치에 넣는 양념 중 가장 중요한 것은?

① 고춧가루 ② 젓 갈
③ 마 늘 ④ 미나리

해설 마늘은 매운맛 성분인 알리신(Allicin)이라는 휘발성 물질이 들어 있어서 비린내를 없애고, 채소의 풋내를 제거하는 작용을 하기 때문에 김치 담글 때 없어서는 안 되는 양념 중의 하나이다.

정답 ③

66 김치나 오이절임을 오래 저장하면 갈색을 띠게 되는 것은 무슨 색소의 변화 때문인가?

① 카로티노이드 ② 클로로필
③ 안토시아닌 ④ 안토잔틴

해설 엽록소(클로로필) 색소가 산과 만났을 때 황갈색 색소인 페오피틴으로 변한다.

정답 ②

⑥ 절일 때 낮은 온도에서 장시간 절이면 당과 아미노산, 비타민 C의 용출량이 커서 맛과 영양 손실이 크다.

4. 김치 담기 및 보관

① 김치 발효는 다른 발효식품과 마찬가지로 발효온도, 식염농도, 공기혼입 여부 등에 따라서 발효속도나 양상이 달라진다.

② 일반적으로 김치의 젖산균은 소금 농도가 높거나 온도가 낮으면 잘 자라지 않는다.

③ 김치를 버무려 넣을 때는 물리적인 힘을 여러 번 가하지 않는 것이 필요하다.

④ 큰 독에 너무 많이 담아 오래 두고 꺼내 먹는 것보다 작은 항아리에 보관하여 공기와 접촉을 줄이면 맛이 변하지 않는다.

⑤ 달걀껍질과 같은 알칼리성 재료를 이용하면 시어지는 것을 방지할 수 있다.

TIP
15℃ 내외에서 젖산균 생성에 도움이 된다.

---

67 열무김치가 시어지면 색깔이 변하는데 이는 무엇 때문인가?

① 단백질의 증가
② 탄수화물의 증가
③ 비타민, 무기질의 증가
④ 유기산의 증가

정답 ④

68 김치 저장 중 김치조직의 연부현상이 나타났다. 그 이유에 대한 설명으로 가장 거리가 먼 것은?

① 미생물이 펙틴 분해효소를 생성하기 때문
② 김치가 국물에 잠겨 수분을 흡수하기 때문
③ 조직을 구성하고 있는 펙틴질이 분해되었기 때문
④ 김치 보관 시 공기와 접촉하여 미생물이 성장 번식하기 때문

해설 배추의 조직이 물러지는 연부현상은 배추 세포벽 구성성분인 펙틴이 분해되어 생성된다.

정답 ②

얼마나 많은 사람들이 책 한권을 읽음으로써

인생에 새로운 전기를 맞이했던가.

– 헨리 데이비드 소로 –

PART 07

양식 조리실무

1. 서양요리의 개요

① 서양요리는 프랑스, 미국, 영국, 독일, 스위스, 이탈리아 등 서양 여러 나라 음식을 표현하고 있다. 그중에서도 프랑스 요리가 서양요리를 대표한다고 볼 수 있으며, 프랑스 요리의 원천은 이탈리아 요리이다.

② 프랑스 요리의 발전과정을 살펴보면, 17세기 프랑스 국왕 앙리 2세의 왕후 카트린 드 메디시스(Catherine de Medicis)가 향신료(Spice)로 그 풍미를 자랑하던 이탈리아의 메디치 가(家)에서 조리사 다수를 데리고 시집 오는 데서부터 시작되었다. 프랑스 요리는 미식가로 널리 알려진 프랑스 국왕 루이 14세 이후 더욱 왕성하게 발달하였다.

③ 20세기에 들어서는 프랑스의 명 요리장인 에스코피에(Auguste Escoffier)가 프랑스 요리를 체계적으로 정리하면서 현재의 기본이 되는 프랑스 요리가 완성되었다.

④ 프랑스 요리는 특히 소스, 와인, 육류, 어류, 치즈 등의 원재료의 풍부함을 바탕으로 맛의 조화와 예술성 등이 뛰어나다.

2. 향신료

① 향신료는 풍미를 주어 식욕을 촉진시키는 식물성 물질로 방향성 식물의 뿌리, 열매, 꽃, 종자, 잎, 껍질 등에서 얻으며 독특한 맛과 향미를 지니고 있다.

② 향신료는 육류, 생선류 등의 불쾌한 냄새를 제거하거나 방부제로서의 역할도 한다.

---

01 서양요리의 특징과 거리가 먼 것은?

① 향신료와 조미료가 다양하다.
② 오븐(Oven) 요리가 발달되었다.
③ 와인, 치즈, 소스가 다양하여 음식의 깊은 맛이 있다.
④ 식품 이용이 광범위하지 않다.

[해설] 식품 이용이 광범위하다.

정답 ④

02 양식에서 사용하는 향신료 중 잎을 사용하지 않는 것은?

① 사프란   ② 파슬리
③ 바 질   ④ 물냉이

[해설] 사프란은 꽃 속에 있는 1개의 빨간 암술을 따서 말린 것이다.

정답 ①

③ 향신료의 종류

케이퍼	육류나 기름기가 많은 생선요리의 냄새 제거에 쓰거나 생것을 다져서 소스나 드레싱, 마요네즈에 섞어서 쓴다.
딜	잎은 연어의 마리네이드, 감자, 오이, 샐러드에 사용하고, 줄기는 생선의 소스, 생선구이의 풍미에 이용하며, 씨는 빵과 과자를 구울 때나 피클에 사용한다.
차이브	톡 쏘면서 향긋하다. 잎은 가니시(Garnish)에 사용하기도 하고 생선이나 육류요리에 넣으면 냄새를 없애주고 풍미를 더해 준다.
파슬리	가장 흔히 사용되는 재료로 향미나 가니시 용도로 사용된다. 줄기는 주로 맛을 내기 위해 사용된다.
그린빈스	다 자라지 않은 완두콩이 들어 있는 어린 콩깍지이다.
셀러리	줄기와 어린 잎을 주로 사용하는데 생식용 샐러드에 많이 사용된다.
비타민	서양요리에 필수적인 재료이다. 비타민 A의 성분인 카로틴 함량은 시금치의 2배 정도로, 혈액순환을 돕고 위를 튼튼하게 하는 효과가 있다.
그린치커리	북유럽이 원산지로 뿌리는 약간 익혀서 버터를 발라 먹고, 잎은 샐러드로 먹는다.
롤라로사	유럽 상추의 한 종류로 서양요리에서는 샐러드용으로 이용한다. 색깔이 고와 장식용 채소로도 많이 이용된다.
그린올리브	터키가 원산지로 열매 자체를 식용하기도 하고, 과육에서 짠 기름은 샐러드의 소스로 사용하거나 빵에 찍어 먹기도 한다.
파프리카	중앙 아메리카가 원산지이며 튀김, 샐러드 등으로 많이 이용되고 최근에는 한식에도 많이 이용된다.
물냉이	유라시아가 원산지로 향긋하면서 톡 쏘는 매운 맛과 쌉쌀하면서 상쾌한 맛이 난다.
백후추	스파이스 중에서 가장 잘 알려진 것으로 식육가공의 풍미와 매운맛을 내는 데 필수적이다.
머스터드	멕시코, 일본, 인도 등이 주산지이며 소스, 샐러드 등에 이용된다.
월계수잎	육류요리, 수프, 피클 등에 가장 알맞은 향신료이다.
정 향	유일하게 꽃봉오리를 쓰는 향신료로 햄, 소시지, 수프, 피클, 육류요리를 위한 소스에 사용한다.
처 빌	일년생 향초로 신선한 것은 수프나 샐러드에, 건조시킨 것은 소스나 양고기요리에 이용하며 주로 장식용으로 많이 쓰인다.

TIP

허브(Herb)와 스파이스(Spice)
- 허브(향신채) : 음식의 맛과 향, 색을 내기 위해 사용하는 초본성 식물
- 스파이스(향신료) : 향신채의 뿌리, 꽃, 수피, 잎, 과일 및 종자를 건조시킨 모든 식물성 재료

---

03 주로 생선요리에 사용되는 향신료가 아닌 것은?

① 딜
② 차이브
③ 케이퍼
④ 셀러리

[해설] 셀러리는 주로 생식용 샐러드에 많이 사용한다.

정답 ④

04 향신료 중 잎은 연어 마리네이드에 사용하고, 줄기는 생선 소스나 구이에 풍미를 주기 위해 쓰는 재료는?

① 그린올리브
② 비타민
③ 치커리
④ 딜

정답 ④

3. 조리 용어

Scramble (스크램블)	팬을 뜨겁게 한 후, 신속하게 달걀물을 나무젓가락으로 휘저어서 부드럽게 익혀 먹는 방법이다.
Stuffing (스터핑)	빈 속을 채워 넣는 것을 말한다.
Hors d'oeuvre (오르되브르)	전채요리로 애피타이저(Appetizer)라고도 하며, 식전이나 첫 번째 코스 요리에 아주 적은 양으로 시각, 미각에 자극을 주어 식욕을 증진시키고 요리의 맛을 더욱 좋게 하는 데 목적이 있다.
Entreé (앙트레)	풀코스에서 생선요리 다음에 나오는 주요리를 말하며 특히 닭고기, 양고기, 소고기, 돼지고기 요리가 많은 것이 일반적인 특징이다.
Canape (카나페)	식욕을 돋우는 전채요리로서 구운 빵이나 과자 위에 채소, 새우, 캐비아, 치즈, 햄, 생선 등을 얹어서 만든 음식이다.
Concasse (콩카세)	토마토 껍질에 열십자로 칼집을 넣은 후, 끓는 물에 살짝 데쳐 내어 찬물에서 껍질과 씨를 제거하고 가로, 세로 0.5cm의 정사각형으로 얇게 써는 것을 말한다.
Crouton (크루톤)	식빵을 썰어 기름에 튀기거나 오븐에 구운 것으로 수프에 띄워 내기도 한다.
Chopping (잘게 썰기)	칼이나 초퍼(Chopper)로 잘게 써는 것을 말한다.
Demi-glace (데미글라스)	갈색 소스를 조려 걸죽하고 윤기나게 만든 것을 말한다.
Dressing (드레싱)	샐러드용 소스로 채소와 함께 곁들여 낸다.
Glazing (윤기내기)	불어의 Glacé와 같은 뜻으로 설탕, 버터, 시럽 등을 음식에 입혀 윤기를 내는 것을 의미한다.
Whipping (거품내기)	거품기를 한 방향으로 계속해서 빠르게 저어 거품을 낸 후 케이크, 튀김 등에 사용하여 부드러움을 주는 것이 특징이다.
Fillet (필렛)	육류나 생선의 뼈를 제거한 후, 얇게 저민 것을 말한다.
Filling (필링)	샌드위치 등의 가운데 넣는 속을 의미한다.

---

05 식빵을 썰어 기름에 튀기거나 버터에 볶아 수프에 띄워 내는 것은?

① 필링(Filling)

② 필렛(Fillet)

③ 쿠르톤(Crouton)

④ 글레이징(Glazing)

정답 ③

06 전채요리로 슈림프 카나페를 만들려고 한다. 새우를 삶을 때 필요한 재료가 아닌 것은?

① 당 근   ② 셀러리

③ 마 늘   ④ 양 파

해설 새우를 삶을 때는 미르포아(당근, 양파, 셀러리)를 넣고 삶는다.

정답 ③

4. 조리 기본 썰기 용어

바토네(라지 쥘리엔) (Batonnet or Large Julienne)	0.6cm×0.6cm×6cm 길이의 네모 막대형 채소 썰기 형태
파인 쥘리엔 (Fine Julienne)	0.15cm×0.15cm×5cm 정도의 길이로 가늘게 채 썬 형태로 주로 당근이나 무, 감자, 셀러리 등을 조리할 때 사용
큐브(라지 다이스) (Cube or Large Dice)	2cm×2cm×2cm 크기의 주사위 모양으로 기본 네모 썰기 중에서 가장 큰 정육면체 형태
미디엄 다이스 (Medium Dice)	1.2cm×1.2cm×1.2cm 크기의 주사위형으로 정육면체 형태
스몰 다이스 (Small Dice)	0.6cm×0.6cm×0.6cm 크기의 주사위형으로 정육면체 형태
촙 (Chop)	재료를 2mm 두께로 잘게 다지는 것
민스 (Mince)	채소나 고기를 1mm 정도로 잘게 다지거나 으깨는 것
비시(비취) (Vichy)	당근 등을 0.4~0.5cm 두께로 둥글게 썰어서 양 가장자리를 도려내어 동전 모양으로 다듬는 것
샤토 (Chateau)	4~6cm 길이의 오크통(포도주를 숙성시키는 통) 모양으로 길게 다듬는 것
페이잔느 (Paysanne)	재료를 0.8cm×0.8cm×0.1cm의 얇은 정사각형으로 써는 것(채소의 수프에 들어가는 크기)
콩카세 (Concasse)	0.5cm 크기의 정사각형으로 써는 것으로, 주로 토마토의 껍질을 벗기고 살 부분만 썰어 두었다가 각종 요리의 소스에 사용

5. 서양요리의 식사 예절

(1) 자리에 앉는 법
레스토랑에서는 웨이터가 의자를 뒤로 끌어주면 의자의 왼쪽에서 들어가 앉고 식탁과 몸 사이는 주먹 하나가 들어갈 정도로 띄운다.

07 조리의 기본 썰기 중 설명이 잘못된 것은?
① 촙(Chop) – 재료를 잘게 다지는 것
② 비시(비취, Vichy) – 당근 등을 둥글게 썰어서 동전 모양으로 다듬은 것
③ 다이스(Dice) – 요리 재료를 주사위 모양으로 써는 작업으로, 정육면체를 기본으로 함
④ 샤토(Chateau) – 재료를 정사각형으로 써는 것

해설 샤토는 오크통 모양으로 길게 다듬는 것이다. 정답 ④

08 채소 모양을 정육면체의 주사위 모양으로 써는 방법 중 한 면의 크기가 가장 작은 것은?
① 큐브(Cube)
② 콩카세(Concasse)
③ 스몰 다이스(Smail Dice)
④ 브뤼누아즈(Brunoise)

정답 ④

기타 식탁예법
- 식사 중 포크와 나이프를 들고
  테이블에 팔꿈치를 올려놓거나
  팔을 세우는 행동은 삼간다.
- 포크와 나이프가 떨어져도 본인
  이 직접 줍지 않고 웨이터가 처
  리하도록 하는 것이 예의다.
- 테이블 위에 양념그릇이 멀리 떨
  어져 있을 경우 손을 뻗어 가져
  오는 것보다는 양념그릇과 가까
  이 앉은 상대방에게 정중하게 부
  탁하거나 웨이터의 도움을 받는
  것이 좋다.

(2) 냅킨 사용법

사람이 모두 모이고 난 후 음식이 나올 때쯤 냅킨을 무릎 위에 편다. 식사
도중에 자리를 잠시 비울 때는 자연스럽게 접어서 의자 위에 놓으며, 식사
가 끝나고 나면 가볍게 접어서 테이블 위에 놓고 의자 오른쪽으로 나와
일어선다.

(3) 포크와 나이프 사용법

요리용 포크와 나이프는 바깥쪽에서부터 집어서 사용한다. 식사 도중 포크
와 나이프를 접시에 내려 놓을 때는 접시 양쪽에 걸쳐 놓고, 식사가 끝나면
포크와 함께 가지런히 접시 위에 놓는다.

6. 서양요리의 기본적인 테이블 세팅(풀 세팅, Full Setting)

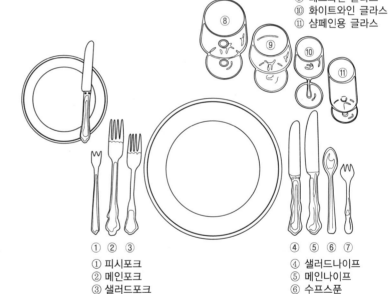

⑧ 워터 글라스
⑨ 레드와인 글라스
⑩ 화이트와인 글라스
⑪ 샴페인용 글라스

① 피시포크
② 메인포크
③ 샐러드포크

④ 샐러드나이프
⑤ 메인나이프
⑥ 수프스푼
⑦ 씨푸드포크

---

09 서양요리의 식사 예절로 잘못된 것은?

① 자리에 앉을 때는 의자의 왼쪽으로 들어가 앉는다.
② 식사 도중 포크나 나이프는 가지런히 접시 위에 올려
　 놓는다.
③ 식사가 끝나면 냅킨은 가볍게 접어 테이블 위에 올려
　 놓는다.
④ 요리용 포크와 나이프는 바깥쪽에서부터 사용한다.

정답 ②

10 서양요리의 기본적인 테이블 세팅에서 4개의 글라
스 중 가장 큰 글라스의 용도는?

① 워터 글라스
② 레드와인 글라스
③ 화이트와인 글라스
④ 샴페인용 글라스

정답 ①

7. 서양요리의 식사 순서

(1) Breakfast(아침)

Fruits(과일) – Cereals(시리얼) – Eggs(달걀) – Bread(빵) – Beverage (음료) 등을 즐긴다.

(2) Lunch(점심)

점심식사는 아침식사보다 약간 풍성하게 준비한다. Soup(수프) – Meat or Fish(육류 또는 생선) – Salad(샐러드) – Dessert(후식) – Beverage(음료)의 순서로 이루어진다.

(3) Formal Dinner(정찬)

① 식전주(Sherry) : 식사 전에 식욕을 돋우기 위한 술
② 전채요리 : 영어로는 애피타이저(Appetizer), 프랑스어로는 오르되브르(Hors d'oeuvre)라고 한다.
③ 수프(Soup) : 콘소메, 포타쥬
④ 생선요리 : 오븐구이, 튀김, 생선찜, 삶은 생선, 버터구이 등
⑤ 앙트레(Entreé) : 주요리
⑥ 고기요리 : 로스트(Roast)
⑦ 샐러드(Salad)
⑧ 디저트(Dessert) : 후식(푸딩, 파이, 케이크, 신선한 과일 등)
⑨ 음료(Beverage) : 커피와 홍차

TIP
- 전채요리는 포크나 스푼을 사용하며, 너무 많이 먹지 않는다.
- 수프는 왼손으로 접시 가장자리를 가볍게 받쳐 들고 스푼을 자기 앞에서 바깥쪽으로 향해서 뜬다.
- 빵은 포크와 나이프를 사용하지 않고 손으로 뜯어 버터나 잼을 발라 먹는다.
- 생선요리에는 백포도주, 육류요리에는 적포도주가 나오며, 식사 도중 주류는 조금씩 마시도록 한다.

---

11 양식 조리에서 전채요리로 어울리지 않는 요리는?

① 칵테일
② 카나페
③ 스터프드 에그
④ 파스타

정답 ④

12 서양요리의 식사(정찬, Formal Dinner) 순서로 나열된 것은?

① 애피타이저 – 수프 – 생선요리 – 육류요리 – 디저트
② 수프 – 애피타이저 – 생선요리 – 육류요리 – 디저트
③ 애피타이저 – 수프 – 육류요리 – 생선요리 – 디저트
④ 애피타이저 – 생선요리 – 수프 – 육류요리 – 디저트

정답 ①

스톡 조리

1. 스톡 조리 개요

(1) 스톡(Stock)의 개요

① 스톡이란 소고기, 양고기, 닭고기, 생선 등을 향신료와 같이 끓여 낸 국물이다.

② 스톡의 기본 재료는 뼈와 맛을 돋우기 위한 야채, 즉 미르포아, 향신료, 물 등을 사용한다.

(2) 스톡의 재료 준비

① 부케가르니(Bouquet Garni)

ⓗ 파슬리 줄기, 셀러리, 타임, 통후추, 월계수잎 등을 묶어 만든 향초다 발을 의미한다.

ⓒ 사세 데피스(Sachet d'epices) : 부케가르니와 재료가 비슷하지만 부케가르니보다 좀 더 작은 조각의 향신료들을 소창에 싸서 사용한다.

② 미르포아(Mirepoix) : 스톡에 향과 향기를 강화하기 위한 양파와 당근, 셀러리의 혼합물을 말한다.

2. 스톡 조리

(1) 스톡 조리방법

① 찬물로 재료가 충분히 잠길 정도까지 부어 끓인다.

② 스톡이 끓기 시작하면 불의 세기를 조절하고, 스톡의 온도가 약 90℃를 유지하도록 은근히 끓인다.

③ 스톡 조리 시 표면 위에 떠오르는 불순물을 걷어 낸다. 거품과 함께 떠오르는 것은 스키머(Skimmer)를 이용하여 제거한다.

④ 스톡의 용도는 매우 다양하고, 스톡은 수프나 소스의 기본이 되기 때문에 소금 등의 간을 하지 않는다.

TIP

뼈의 종류
소뼈와 송아지 뼈, 닭고기 뼈, 생선 뼈, 기타 잡뼈(양, 칠면조, 가금류) 등

---

13 스톡에 대한 설명으로 틀린 것은?

① 육류, 뼈 등에 미르포아를 넣어 끓여낸 육수이다.

② 찬물로 재료가 충분히 잠길 정도까지 부어 끓인다.

③ 스톡 조리 시 표면 위에 떠오르는 불순물과 거품 등을 제거해 준다.

④ 스톡 조리 시 사용하는 조리법은 블랜칭이다.

해설 스톡 조리방법은 시머링(Simmering)이다. 정답 ④

14 프랑스어로 향초다발을 의미하는 조리 용어는?

① 사세 데피스

② 부케가르니

③ 미르포아

④ 부 용

해설 부케가르니(Bouquet Garni)란 파슬리 줄기, 셀러리, 타임, 통후추, 월계수잎 등을 묶어 만든 향초다발을 의미한다.
정답 ②

(2) 화이트 스톡(White Stock) 조리

① 뼈는 찬물에 담가 핏물을 제거한 후 끓는 물에 데친다.

② 다시 찬물에 준비된 뼈, 화이트 미르포아, 부케가르니를 넣고 센 불로 끓인다.

③ 6~8시간 정도 지속적으로 은근하게 시머링(Simmering)한다.

④ 불순물이 떠오르면 스키머로 제거한다.

(3) 브라운 스톡(Brown Stock) 조리

① 소뼈는 찬물에 담가 핏물을 제거한다.

② 팬에 버터를 넣고 소뼈를 갈색이 나도록 구워 준다.

③ 팬에 식용유를 넣고 미르포아와 토마토를 갈색이 나게 조린다.

④ 스톡 포트(Stock Pot)에 조리된 뼈와 미르포아 그리고 향신료 주머니를 넣고 끓인다.

⑤ 스톡이 끓어오르면 불을 줄여서 은근하게 끓인다.

⑥ 불순물과 기름이 떠오르면 스키머로 제거한다.

(4) 피시 스톡(Fish Stock) 조리

① 생선 뼈는 찬물에 담가 핏물을 제거한다.

② 부케가르니를 넣고 뚜껑을 연 채 30분 이내로 끓인다.

③ 불순물이 떠오르면 스키머로 제거한다.

(5) 쿠르 부용(Court Bouillon)

① 미르포아, 향신료, 레몬 등의 산성 액체를 넣어 끓인다.

② 주로 해산물을 포칭(Poaching)하는 데 사용한다.

> **TIP**
>
> 스톡 조리시간
> - 소뼈·송아지뼈 : 6~8시간
> - 생선뼈 : 30분~1시간
> - 닭뼈 : 5~6시간

> **TIP**
>
> 부용
> 고기의 살과 채소를 삶아 끓여서 받아낸 국물

---

15 스톡 조리 시 처음 끓어오르기 시작할 때 표면 위에 불순물과 거품이 생긴다. 이때 무엇을 이용하여 제거하면 좋은가?

① 스패츌러(Spatula)

② 스키머(Skimmer)

③ 롱 스푼(Long Spoon)

④ 나무주걱(Wooden Pad)

[해설] 스패츌러는 음식을 뒤집거나 옮길 때 사용한다. **정답** ②

16 스튜(Stew)에 대한 설명으로 옳지 않은 것은?

① 토마토는 처음부터 넣고 가열한다.

② 우리나라 찜과 유사한 방법이다.

③ 사태육이나 양지육 등의 부위가 이용된다.

④ 고기를 일단 익힌 다음, 양념과 채소 등을 넣어 다시 끓인다.

[해설] ① 토마토는 나중에 넣는다. **정답** ①

3. 스톡 완성

(1) 스톡 거르기 및 냉각

① 스톡 포트에서 조리가 끝난 스톡은 국자를 이용하여 천천히 건져 낸다.

② 소창을 씌운 차이나 캡(China Cap)을 통하여 맑게 걸러 낸다.

③ 찬물을 틀어 물을 순환시킴으로써 가능한 한 빨리 육수를 식힌다.

④ 2시간 이내에 냉각시킨 후 4시간 동안 5℃ 이하로 냉각시킨다.

(2) 완성된 스톡의 품질 평가

① 스톡이 맑지 않을 경우

   ㉠ 재료의 핏물, 이물질을 깨끗하게 잘 제거해야 한다.

   ㉡ 찬물에서부터 시작해서 끓으면 약불에서 서서히 끓인다.

   ㉢ 여러 겹 소창으로 거른다.

② 향이 적은 경우

   ㉠ 충분히 조리되지 않았다.

   ㉡ 뼈와 향신료, 물 등의 분량이 맞지 않았다.

③ 색상이 옅은 경우 : 브라운 스톡은 뼈와 채소를 충분히 구워서 사용한다.

TIP

> **스톡의 보관기간**
> • 냉장보관 : 3~4일
> • 냉동보관 : 5~6개월 정도

---

17 곰국이나 스톡을 조리하는 방법으로 은근하게 오랫동안 끓이는 조리법은?

① 포칭(Poaching)
② 스티밍(Steaming)
③ 블랜칭(Blanching)
④ 시머링(Simmering)

해설 시머링은 센 불로 가열하여 끓기 시작하면 불을 조절하여 식지 않을 정도의 약한 불에서 조리하는 것이다.

정답 ④

18 스톡 조리 시 불 조절을 실패하거나 이물질 제거를 하지 않을 경우 생기는 문제점은?

① 스톡의 향이 적다.
② 스톡의 색상이 옅다.
③ 스톡이 무게감이 없다.
④ 스톡이 맑지 않다.

해설 스톡 조리 시 시머링하고 소창을 씌운 차이나 캡을 통하여 맑게 걸러 낸다.

정답 ④

전채 조리

1. 전채 조리 개요

(1) 전채 조리의 개요

주메뉴 전에 식욕을 돋우기 위해 제일 먼저 나오는 요리로, 영어로는 애피타이저(Appetizer), 불어로는 오르되브르(Hors d'oeuvre)라고 한다.

(2) 전채 조리의 특징

① 신맛과 짠맛이 적당히 있어야 한다.
② 주요리보다 소량으로 만들어야 한다.
③ 예술성이 뛰어나야 한다.
④ 계절감과 지역별 식재료 사용이 다양해야 한다.
⑤ 주요리에 사용되는 재료와 반복된 조리법을 사용하지 않는다.

2. 전채 재료 준비

(1) 전채요리의 분류

① 플레인(Plain) : 아무 것도 가미하지 않아 형태와 맛이 식재료 본연의 맛을 가지고 있는 것(햄 카나페, 새우 카나페, 생굴, 캐비아, 올리브, 토마토, 렐리시, 살라미, 소시지, 안초비, 치즈, 과일, 거위 간, 연어 등)
② 드레스드(Dressed) : 요리의 가치를 상승시키기 위해 외관을 장식한 음식으로 맛을 유지시킴(과일주스, 칵테일, 육류 카나페, 구운 굴, 게살 카나페, 소시지 말이, 스터프드 에그 등)

(2) 재료 및 조리도구

① 재 료
  ㉠ 육류, 가금류, 생선류 등
  ㉡ 채소류 : 셀러리, 양상추, 당근, 양파, 로메인 상추 등

> **TIP**
> 카나페
> 빵이나 크래커 위에 치즈, 안초비 등의 여러 가지 재료를 올려서 한 입에 먹을 수 있게 만든 요리

---

19 전채 조리의 특징으로 옳지 않은 것은?

① 메뉴는 단맛 위주로 만든다.
② 메뉴는 처음에 내며 식욕을 돋우기 위해 제공한다.
③ 주요리에 사용되는 재료와 반복된 조리법을 사용하지 않는다.
④ 전채의 종류는 찬 전채와 더운 전채로 나눈다.

[해설] 신맛과 짠맛이 적당히 있어야 한다.   [정답] ①

20 전채요리의 분류 중 플레인에 속하지 않는 것은?

① 새우 카나페
② 캐비아
③ 소시지
④ 육류 카나페

[해설] ④ 육류 카나페는 드레스드에 속한다.   [정답] ④

② 조리도구

  ⊙ 소스 냄비(Sauce Pan) : 소스를 끓일 때, 달걀을 삶거나 생선을 데칠 때 사용
  ⓛ 짤 주머니(Pastry Bag) : 모양을 내어 짤 때 사용
  ⓒ 고운 체(Meas Skimmer) : 음식을 거를 때 사용하는 도구로 고운 것과 거친 것이 있음
  ② 달걀 절단기(Egg Slicer) : 삶은 달걀의 껍질을 벗긴 후 일정한 모양으로 써는 조리도구
  ⓜ 프라이팬(Frypan) : 음식물을 볶거나 튀길 때 사용
  ⓑ 꼬치(Skewer) : 조리 시 모양이 흐트러지지 않도록 하고, 새우 내장을 제거할 때 사용

3. 전채 조리

(1) 조리방법

① 블랜칭(Blanching) : 주로 채소 데침으로 짧은 시간에 재료를 익혀내는 조리법
② 포칭(Poaching) : 피시 스톡에 채소와 향신료를 넣고 주로 생선살을 익히는 조리법
③ 삶기(Boiling) : 식품을 찬물이나 끓는 물에 넣고 비등점 가까이에서 끓이는 방법
④ 튀김(Deep Fat Frying) : 영양 손실이 가장 적은 조리법으로 식용 기름에 담가 튀기는 방법
⑤ 볶음(Saute) : 소량의 버터나 식용 유지를 넣고 채소나 고기류 등을 200℃ 정도의 고온에서 볶는 방법
⑥ 굽기(Baking) : 오븐 안에서 건조 열로 굽는 방법으로 육류나 채소 조리에 많이 사용

TIP
채소는 블랜칭 시 재료 5~10배의 물에 단시간에 데쳐야 영양 손실이 적다.

---

21 피시 스톡에 채소와 향신료를 넣고 주로 생선을 익히는 조리법은?

① 블랜칭
② 삶 기
③ 포 칭
④ 볶 음

정답 ③

22 요리를 담을 때 안정되고 세련된 느낌을 주며, 모던하고 개성이 강한 이미지를 표현할 때 사용되는 접시의 모양은?

① 원형 접시   ② 삼각형 접시
③ 사각형 접시   ④ 타원형 접시

해설 • 원형 접시 : 기본적인 접시로 완전함, 부드럽고 친밀감
• 삼각형 접시 : 날카롭고 빠른 이미지, 코믹한 분위기
• 타원형 접시 : 여성적인 기품과 우아함, 원만한 느낌
• 마름모형 접시 : 정돈되고 안정된 느낌   정답 ③

⑦ 석쇠에 굽기(Grilling) : 석쇠에 굽는 방식으로, 직접 열을 이용

⑧ 그라탱(Gratin) : 식품에 치즈, 크림, 달걀 등을 올려 샐러맨더(Salamander)에서 요리 윗면이 황금색이 나게 구워내는 조리법

(2) 콘디멘트(Condiments, 콩디망)

① 요리에 사용되는 여러 가지 양념을 섞은 것을 말한다.

② 전채요리에 양념, 조미료, 향신료로 사용되고 또는 전채요리에 뿌려서 제공되거나 작은 접시에 따로 제공되기도 한다.

③ 종류 : 오일 비네그레트(Oil Vinaigrette), 베지터블 비네그레트(Vegetable Vinaigrette), 발사믹 소스(Balsamic Sauce), 토마토 살사(Tomato Salsa), 마요네즈(Mayonnaise)

4. 전채요리 완성

(1) 접시에 담을 때의 고려사항

① 마무리된 음식은 색깔과 맛, 풍미, 온도 등을 고려하여 접시를 선택한다.

② 색과 모양, 여백을 살려 접시에 담는다.

③ 전채요리의 접시 담기는 고객의 편리성이 우선 고려되어야 한다.

④ 전채요리의 재료별 특성을 이해하고 적당한 공간을 두고 담는다.

⑤ 접시의 특성에 따라 다르지만 일반적으로 내원을 벗어나지 않게 한다.

⑥ 전채요리에 일정한 간격과 질서를 두고 담는다.

⑦ 소스는 너무 많이 뿌리지 않는다.

(2) 전채요리 완성

① 가니시(Garnish)는 요리 재료가 중복되지 않게 담는다.

② 양과 크기가 주요리보다 크거나 많지 않게 주의한다.

③ 색깔과 맛, 풍미, 온도에 유의한다.

TIP 콘디멘트 양념 : 단맛, 짠맛, 신맛, 쓴맛, 매운맛 등

TIP 비네그레트는 주로 해산물 요리에 사용한다.

TIP 핑거볼
식후에 손가락을 씻는 그릇으로, 핑거푸드(Finger Food)나 과일 등을 손으로 먹을 경우 손을 씻을 수 있도록 물을 담아 식탁 왼쪽에 놓는다.

---

23 전채요리를 접시에 담을 때 고려사항으로 틀린 것은?

① 가니시(Garnish)는 요리 재료의 중복을 피해 담는다.
② 소스는 넉넉히 뿌려 재료가 충분히 젖도록 한다.
③ 주요리보다 양이 크거나 많지 않게 주의한다.
④ 전채요리의 색깔과 맛, 풍미, 온도에 유의하여 담는다.

[해설] 전채요리의 소스는 너무 많이 뿌리지 않고 적당하게 뿌린다.
정답 ②

24 전채요리의 특성에 따라 제공되는 콘디멘트 종류가 아닌 것은?

① 오일 비네그레트
② 발사믹 소스
③ 베지터블 비네그레트
④ 안초비

[해설] 안초비는 샐러드 소스에 사용된다.
정답 ④

샌드위치 조리

1. 샌드위치 재료 준비

(1) 온도에 따른 분류

① 찬 샌드위치(Cold Sandwich) : 빵 사이에 차가운 속재료가 주재료가 되는 샌드위치

② 핫 샌드위치(Hot Sandwich) : 빵 사이에 뜨거운 속재료가 주재료가 되는 샌드위치

(2) 형태에 따른 분류

① 오픈 샌드위치 : 빵 위에 재료를 올려 내는 형태

② 클로즈드 샌드위치 : 빵 위에 재료를 올리고 다시 빵을 올린 형태

③ 핑거 샌드위치 : 일반 샌드위치를 손가락 모양으로 길게 잘라서 제공하는 형태

④ 롤 샌드위치 : 빵에 재료를 넣고 둥글게 말아 썰어서 제공하는 형태

(3) 샌드위치의 구성

① 빵(Bread)은 단맛이 덜하고 보기 좋게 썰 수 있는 조직감이 있고 질감은 부드러운 것이 적당하다.

② 스프레드(Spread)는 빵의 수분 흡수를 방지하는 코팅제와 접착제 역할을 한다.

③ 부재료의 가니시 야채류, 싹류, 과일 등은 필수적인 구성요소이다.

④ 샌드위치에 사용하는 양념은 조미료나 음식의 소스 혹은 드레싱을 뜻한다.

2. 샌드위치 조리

(1) 찬 샌드위치 조리

① 클럽 샌드위치

㉠ 샌드위치 빵 3장 토스트하기

㉡ 스프레드 선택 : 마요네즈

---

25 형태에 따른 분류에 속하지 않는 샌드위치는?

① 오픈 샌드위치

② 핑거 샌드위치

③ 클로즈드 샌드위치

④ 콜드 샌드위치

해설 • 온도에 따른 분류 : 핫 샌드위치, 콜드 샌드위치
• 형태에 따른 분류 : 오픈 샌드위치, 클로즈드 샌드위치, 핑거 샌드위치, 롤 샌드위치   정답 ④

26 샌드위치의 구성요소로 적합하지 않은 것은?

① 빵

② 속재료

③ 가니시

④ 드레싱

해설 샌드위치의 구성요소 : 빵, 스프레드, 주재료로서의 속재료, 부재료로서의 가니시, 양념   정답 ④

　　　ⓒ 재료 선택 : 닭고기나 칠면조 고기, 양상추, 토마토, 베이컨 등
　② BLT 샌드위치
　　　㉠ 샌드위치 빵 3장 토스트하기
　　　ⓛ 스프레드 선택 : 마요네즈
　　　ⓒ 재료 선택 : 베이컨, 양상추, 토마토 등

(2) 핫 샌드위치 조리
　① 빵 종류 : 햄버거 빵
　② 스프레드 선택 : 단순 스프레드, 복합 스프레드
　③ 속재료 선택 : 육류, 소시지 등
　④ 가니시 선택 : 신선한 채소류

3. 샌드위치 완성

(1) 플레이팅(Plaiting) 시 고려사항
　① 음식의 색깔과 맛, 풍미, 온도에 신경을 쓴다.
　② 식재료의 조합으로 인한 다양한 맛과 향이 공존하도록 한다.
　③ 샌드위치에 적합한 콘디멘트를 제공할 수 있다.
　④ 샌드위치 요리에 알맞은 온도로 접시를 선택한다.

(2) 샌드위치 플레이팅
　① 접시의 모양 선택 : 원형, 정사각형, 직사각형, 타원형, 삼각형, 오각형
　② 접시의 형태 선택 : 테두리가 있는 것과 테두리가 없는 것, 깊이 파인 것과 파이지 않은 것 등
　③ 접시의 크기 선택 : 일반적으로 메인 육류 요리의 경우 12인치(8~12인치) 사용

TIP
스프레드의 종류
• 단순 스프레드 : 마요네즈, 잼, 버터, 머스터드, 크림치즈, 리코타치즈, 발사믹크림, 땅콩버터
• 복합 스프레드 : 두 가지 이상의 재료를 혼합하여 샌드위치에 특별한 맛을 제공

---

27 샌드위치에 스프레드를 사용하는 이유로 관련이 없는 것은?
　① 흡습성　　② 접착성
　③ 코팅제　　④ 감 촉

[해설] 스프레드의 역할
• 코팅제로 속재료의 수분이 빵을 눅눅하게 하는 것을 방지한다.
• 빵과 속재료, 가니시의 접착성을 높여 준다.
• 샌드위치의 맛을 더욱 좋게 하기 위해 사용한다.
• 촉촉한 감촉을 위해서 사용한다.　　정답 ①

28 샌드위치의 플레이팅 시 고려해야 할 사항으로 옳지 않은 것은?
　① 재료 자체가 가지고 있는 고유의 색감과 질감을 잘 표현한다.
　② 요리의 알맞은 양을 균형 있게 담는다.
　③ 샌드위치에 적합한 콘디멘트를 제공할 수 있다.
　④ 전체적으로 화려하게 담는다.

[해설] ④ 심플하고 깔끔하게 담는다.　　정답 ④

샐러드 조리

1. 샐러드의 개요

① 주요리가 제공되기 전에 신선한 채소, 과일 등을 드레싱과 함께 섞어 제공하는 요리이다.

② 샐러드의 어원은 라틴어의 'Herba Salate'이며 '소금을 뿌린 향초'라는 의미로, 신선한 야채 또는 향초 등을 소금만으로 간을 맞추어 먹었던 것에서 유래한다.

2. 샐러드 재료 준비

(1) 샐러드의 기본 구성

① 바탕(Base) : 일반적으로 잎상추, 로메인 상추와 같은 채소로 구성

② 본체(Body) : 샐러드의 종류는 사용된 재료의 종류에 따라 결정

③ 드레싱(Dressing) : 일반적으로 모든 종류의 샐러드와 함께 차려 내는 것

④ 가니시(Garnish) : 완성된 제품을 아름답게 보이도록 하며, 형태를 개선하고 맛을 증가시킴

(2) 샐러드의 분류

① 순수 샐러드(Simple Salad) : 한 가지 채소로만 이루어진 샐러드

② 혼합 샐러드 : 2~3가지 이상 재료를 사용한 샐러드

③ 더운 샐러드 : 드레싱을 데워 샐러드 재료와 버무려 만들어 내는 것

④ 그린 샐러드 : 기본적으로 한 가지 또는 그 이상의 샐러드를 드레싱과 곁들이는 형태로 가든 샐러드(Garden Salad)가 여기에 속함

(3) 샐러드용 채소 손질

① 채소 세척

② 수분 제거

③ 용기 보관 : 채소는 통의 2/3만 차도록 해야 채소가 싱싱하게 살아날 수 있다.

---

29 샐러드의 기본 구성에 대한 설명으로 옳지 않은 것은?

① 일반적으로 잎상추, 로메인 상추와 같은 샐러드 채소로 구성된다.

② 가니시는 본체보다 화려하게 장식한다.

③ 샐러드의 종류는 사용된 재료에 따라 결정된다.

④ 바탕은 그릇을 채워주는 역할과 사용된 본체와의 색 대비를 이루는 것을 목적으로 한다.

정답 ②

30 마요네즈를 만들 때 기름의 분리를 막아 주는 것은?

① 난 황

② 난 백

③ 소 금

④ 식 초

해설 마요네즈는 달걀의 난황이 유화제로 작용하여 잘 섞이지 않는 두 액체를 섞어 혼합된 상태로 만들어 준다.

정답 ①

(4) 샐러드의 기본 재료

① 육류 : 소고기(안심이나 등심), 돼지고기(삼겹살 부위), 양고기(등심이나 갈빗살), 햄, 베이컨 등

② 해산물류

　　㉠ 흰살생선 : 광어, 농어, 도미, 우럭 등

　　㉡ 붉은살생선 : 참치, 연어(주로 훈제연어) 등

　　㉢ 어패류 : 가리비, 홍합, 바지락, 대합, 중합, 모시조개 같은 조개류 등

　　㉣ 갑각류 : 바닷가재, 새우 등

　　㉤ 연체류 : 문어, 낙지, 주꾸미, 오징어, 한치 등

③ 채소류(엽채류, 근채류), 과채류 등

(5) 드레싱(Dressing)

① 소스의 일종인 드레싱은 재료를 끓이지 않고 혼합하여 만든다.

② 드레싱은 신맛을 가지고 있어야 하고 샐러드와 맛과 풍미의 조화가 이루어져야 한다.

③ 드레싱은 샐러드의 맛을 증가시키고 소화를 촉진시킨다.

④ 드레싱은 크게 차가운 유화 소스류, 유제품 기초 소스류, 살사 & 쿨리 & 퓌레 소스류 등 크게 3종류로 나뉜다.

⑤ 드레싱의 기본 재료 : 오일, 식초, 달걀노른자, 소금, 후추, 설탕, 레몬

3. 샐러드 조리

(1) 유화 드레싱 조리

① 비네그레트

　　㉠ 드레싱 볼에 소금, 후추, 허브 식초 등을 넣고 오일을 조금씩 부어가며 거품기로 빠르게 섞어 주면 일시적으로 섞이면서 유화가 이루어진다.

　　㉡ 오일과 식초의 비율은 3 : 1로 한다.

> **TIP**
>
> 드레싱의 목적
> • 차가운 온도의 드레싱은 샐러드의 맛을 한층 더 증가시킨다.
> • 맛이 강한 샐러드를 더욱 부드럽게 해 준다.
> • 맛이 순한 샐러드에는 향과 풍미를 제공한다.
> • 신맛, 상큼한 맛으로 식욕을 촉진시킨다.

31　샐러드 채소를 다루는 방법으로 적절하지 않은 것은?

① 물로 야채의 이물질을 깨끗이 씻어 낸다.

② 물에 담가 두었던 채소를 건져서 스피너를 이용하여 수분을 제거한다.

③ 채소가 상하지 않게 넉넉한 용기에 담아 보관한다.

④ 채소는 일주일 이상 냉장보관한다.

[해설] 채소는 시간이 지나면 갈변현상이 나타나고 신선함이 떨어지므로 빠른 시간 안에 사용한다.　　　　[정답] ④

32　마요네즈, 비네그레트 등 샐러드의 향과 풍미를 충분하게 제공하며, 상큼한 맛으로 식욕을 촉진시키는 역할을 하는 것은?

① 드레싱(Dressing)　　② 바탕(Base)

③ 토핑(Topping)　　④ 가니시(Garnish)

[해설] 드레싱은 샐러드의 향과 풍미를 충분하게 제공하며, 상큼한 맛으로 식욕을 촉진시킨다.　　　　[정답] ①

② 마요네즈
　　㉠ 달걀 난황에 기름을 조금씩 넣어가며 한쪽 방향으로 저어 준다.
　　㉡ 재료가 골고루 섞이면 식초를 조금씩 부어가며 농도를 조절한 후
　　　 머스터드, 소금, 후추를 넣어 마요네즈를 만든다.

(2) 식재료별 조리방법
① 육류
　　㉠ 소고기 : 그릴링(Grilling)과 브로일링(Broiling), 로스팅(Roasting),
　　　　 소테잉(Sauteing), 브레이징(Braising), 스튜잉(Stewing)
　　㉡ 돼지고기 : 딥 프라잉(Deep-frying), 스터 프라잉(Stir-frying)
② 해산물 : 끓이기, 삶기, 증기찜, 팬 프라이
③ 채소 : 데치기
④ 곡물 : 은근히 끓이기

4. 샐러드 요리 완성

(1) 플레이팅의 기본 원칙
① 불필요한 가니시를 배제하고 주요리와 같은 수로 담는다.
② 소스 사용으로 음식의 색상이나 모양이 버려지지 않게 유의한다.
③ 복잡하고 만들기 힘든 가니시는 피하고 간단하고 깔끔하게 담아낸다.

(2) 샐러드 담을 때의 주의사항
① 채소의 물기는 반드시 제거한다.
② 주재료와 부재료의 크기를 생각하고 절대로 부재료가 주재료를 가리지
　 않게 한다.
③ 주재료와 부재료의 모양과 색상, 식감은 항상 다르게 준비한다.
④ 드레싱의 양이 샐러드의 양보다 많거나 질지 않게 한다.
⑤ 드레싱은 절대로 미리 뿌리지 말고 제공할 때 뿌려 낸다.
⑥ 샐러드는 차갑게 제공한다.

---

33 마요네즈를 만드는 도중 기름과 식초가 분리되었을
때 가장 적합한 방안은?

① 다시 섞이도록 한 방향으로 마구 섞어 준다.
② 식초를 더 넣으면서 한 방향으로 다시 섞는다.
③ 기름을 더 넣으면서 한 방향으로 다시 섞는다.
④ 계란의 난황을 넣고 한 방향으로 다시 섞는다.

[해설] 계란 난황의 레시틴 성분이 유화력을 갖고 있어 식초와 기름
을 잘 섞이게 한다.　　　　　　　　　　　　　　　**정답** ④

34 샐러드를 만들 때 곡물의 조리방법은?

① 소테잉(Sauteing)
② 은근히 끓이기(Simmering)
③ 데치기(Blanching)
④ 삶기(Poaching)

[해설] 곡류는 장시간 부서지지 않게 은근히 익혀야 하므로 시머링
이 가장 적합하다.　　　　　　　　　　　　　　**정답** ②

1. 달걀요리 조리

(1) 습식열 달걀

① 포치드 에그(Poached Egg) : 뜨거운 물(90℃)에 식초를 넣고 껍질을 제거한 달걀을 넣어 익히는 방법

② 보일드 에그(Boiled Egg) : 삶은 달걀

    ㉠ 코들드 에그(Coddled Egg) : 100℃ 끓는 물에서 30초 정도 삶기

    ㉡ 반숙 달걀(Soft Boiled Egg) : 100℃ 끓는 물에서 3~4분 정도 삶기

    ㉢ 중반숙 달걀(Medium Boiled Egg) : 100℃ 끓는 물에서 5~7분간 정도 삶기

    ㉣ 완숙 달걀(Hard Boiled Egg) : 100℃ 끓는 물에서 10~14분간 정도 삶기

(2) 건식열 달걀

① 달걀 프라이(Fried Egg) : 팬을 이용하여 조리한 달걀로 노른자의 익은 상태에 따라 분류

    ㉠ 서니 사이드 업(Sunny Side Up) : 달걀의 한쪽 면만 익힌 것

    ㉡ 오버 이지(Over Easy) : 달걀의 양쪽 면을 살짝 익힌 것으로 흰자는 익고 노른자는 익지 않은 것

    ㉢ 오버 미디엄(Over Medium) : 노른자가 반 정도 익은 것

    ㉣ 오버 하드(Over Hard) : 달걀을 넣어 양쪽으로 완전히 익힌 것

② 스크램블 에그(Scrambled Egg) : 달걀을 깨서 팬에 버터나 식용유를 두르고 넣어 빠르게 휘저어 만든 요리

③ 오믈렛(Omelet)

    ㉠ 프라이팬을 이용하여 스크램블하여 럭비공 모양으로 만든 요리

    ㉡ 속재료에 따라 치즈오믈렛, 스패니시 오믈렛 등이 있음

④ 에그 베네딕틴(Egg Benedictine) : 구운 잉글리시 머핀에 햄, 포치드 에그를 얹고 홀랜다이즈(Hollandaise) 소스를 올린 미국의 대표적 달걀요리

TIP

조리도구
- 프라이팬 : 팬에 달라붙기 때문에 코팅이 우수한 팬을 사용
- 거품기 : 재료를 혼합할 때 많이 사용
- 믹싱 볼 : 둥근 볼처럼 생겨 재료를 준비하거나 섞을 때 사용
- 국자 : 액체로 된 재료를 떠서 담을 때 사용
- 고운 체 : 소스나 육수를 거를 때 사용
- 소스 냄비 : 달걀요리에서는 달걀을 삶을 때 사용
- 나무젓가락 : 대나무로 된 길이 30cm 이상의 젓가락으로 스크램블 에그나 오믈렛을 만들 때 사용

---

35 습식열을 이용한 달걀요리가 아닌 것은?

① 포치드 에그(Poached Egg)
② 서니 사이드 업(Sunny Side Up)
③ 중반숙 달걀(Medium Boiled Egg)
④ 보일드 에그(Boiled Egg)

[해설] 서니 사이드 업은 달걀의 한쪽 면만 익힌 것으로 건식열 달걀 요리이다. **정답** ②

36 달걀요리 중 달걀 양쪽 면을 살짝 익힌 것으로 흰자는 익고 노른자는 익지 않은 상태는?

① 서니 사이드 업(Sunny Side Up)
② 오버 이지(Over Easy)
③ 오버 미디엄(Over Medium)
④ 오버 하드(Over Hard)

정답 ②

2. 조찬용 빵류 조리

(1) 조찬용 빵의 종류

① **토스트 브레드(Toast Bread)** : 식빵을 0.7~1cm 두께로 얇게 썰어 구운 빵으로, 버터나 각종 잼을 발라 먹는다.

② **데니시 페이스트리(Danish Pastry)** : 다량의 유지를 층층이 끼워 만든 페이스트리 반죽에 잼, 과일, 커스터드 등의 속재료를 채워 구운 빵이다.

③ **베이글(Bagle)** : 밀가루, 이스트, 물, 소금으로 반죽해서 가운데 구멍이 뚫린 링 모양으로 만들어 발효시킨 후 끓는 물에 익힌 후 오븐에 한 번 구워 낸 빵이다.

④ **크루아상(Croissant)** : 버터를 켜켜이 넣어 만든 페이스트리 반죽을 초승달 모양으로 만든 프랑스의 대표적인 페이스트리이다.

⑤ **잉글리시 머핀(English Muffin)** : 달지 않은 납작한 빵으로 크럼펫(Crumpet)과 함께 영국의 대표적인 빵이며, 샌드위치용으로 많이 사용한다.

⑥ **프렌치 브레드(French Bread)** : 밀가루, 이스트, 물, 소금만으로 만든 프랑스의 주식으로 가늘고 길쭉한 몽둥이 모양에 바삭바삭한 식감이 특징이다.

⑦ **호밀 빵(Rye Bread)** : 호밀을 주원료로 하여 만든 독일의 전통 빵으로 속이 꽉 차 있고, 향이 강하며 섬유소가 많다.

⑧ **브리오슈(Brioche)** : 프랑스 전통 빵으로 우유, 밀가루, 버터, 이스트, 설탕 등으로 만든 빵이다.

⑨ **스위트 롤(Sweet Roll)** : 건포도, 향신료, 시럽 등의 재료를 겉에 입히지 않은 모든 롤빵을 말하는 것으로 영국에서 처음 만들어졌다.

⑩ **소프트 롤(Soft Roll)** : 모닝 롤이라고도 부르는 둥글게 만든 빵으로 하드 롤보다 설탕, 유지가 많이 들어가며, 달걀을 첨가하여 속이 매우 부드럽다.

TIP

프렌치 브레드는 바게트빵, 프랑스빵이라고도 부른다.

---

37 달걀을 깨서 스크램블 에그로 만든 후 프라이팬을 이용하여 럭비공 모양으로 만든 달걀요리는?

① 오믈렛(Omelet)
② 에그 베네딕틴(Egg Benedictine)
③ 포치드 에그(Poached Egg)
④ 보일드 에그(Boiled Egg)

정답 ①

38 조찬용 빵의 종류 중 영국에서 아침 식사에 먹는 달지 않은 납작한 빵은?

① 베이글(Bagel)
② 잉글리시 머핀(English Muffin)
③ 소프트 롤(Soft Roll)
④ 브리오슈(Brioche)

정답 ②

⑪ 하드 롤(Hard Roll) : 껍질은 바삭하고 속은 부드러운 빵으로, 속을 파내고 채소나 파스타를 넣어 만들기도 한다.

(2) 조찬용 빵 조리

① 프렌치 토스트(French Toast) : 달걀과 계피가루, 설탕, 우유에 빵을 담가 버터를 두르고 팬에 구워 잼과 시럽을 곁들여 먹는다.

② 팬케이크(Pancake)
  ㉠ 뜨거울 때 먹으면 맛있어서 핫케이크라고 한다.
  ㉡ 밀가루, 달걀, 물 등으로 만들어 프라이팬에 구워 버터 메이플 시럽을 뿌려 먹는다.

③ 와플(Waffle) : 표면이 벌집 모양이고, 바삭한 맛을 가지고 있어 아침 식사와 브런치, 디저트로 인기가 있다.

(3) 조찬용 빵류에 사용되는 조리도구

① 토스터(Toaster) : 전기를 이용하여 식빵이나 빵을 굽는 기구로 가정용은 일반적으로 2개의 식빵을 구울 수 있고, 업소용은 로터리 형태로 돌아가면서 굽는다.

② 가스 그릴(Gas Grill) : 가스를 이용하여 넓은 번철로 되어 있어 대량 요리가 가능하고, 팬케이크나 채소를 볶을 때 사용한다.

③ 프라이팬(Frypan) : 기름을 두르고 센 불에 볶거나 굽는 도구로 팬케이크를 굽거나 부재료를 조리할 때 사용한다.

④ 그릴 스패출러(Grill Spatula) : 뜨거운 음식을 뒤집거나 옮길 때 사용한다.

⑤ 와플 머신(Waffle Machine) : 요철 모양의 와플을 만들 때 사용되는 기구로 전기를 열원으로 사용한다.

TIP
와플
• 이스트를 넣어 발효시킨 반죽에 달걀흰자를 거품 내어 반죽해서 구워 먹는 벨기에식 와플과 베이킹파우더를 넣어 반죽하고 설탕을 많이 넣어 달게 먹는 것이 특징인 미국식 와플이 있다.
• 와플의 반죽 자체는 달지 않아 과일이나 휘핑크림을 얹어서 먹는다.

TIP
조찬용 빵의 부재료
잼류, 오렌지 마멀레이드, 버터, 메이플 시럽, 꿀 등

---

39 빵류 중 팽 페르뒤(pain perdu)라 부르는 조식 빵은?
① 팬케이크(Pancake)
② 크루아상(Croissant)
③ 프렌치 토스트(French Toast)
④ 와플(Waffle)

[해설] 프렌치 토스트는 아침 식사로 많이 사용되고, 건조해진 빵을 활용하기 위해 만들어진 조리법으로 프랑스에서는 못쓰게 된 빵이란 뜻의 팽 페르뒤(pain perdu)라 부른다. **정답** ③

40 다음 중 와플에 대한 설명으로 옳지 않은 것은?
① 서양 과자의 한 종류로 표면이 벌집 모양이다.
② 아침 식사와 브런치, 디저트로 인기가 높다.
③ 이스트를 넣어 발효시킨 반죽에 달걀흰자 거품을 넣어 구워 먹는다.
④ 와플의 반죽 자체가 달아서 과일이나 휘핑크림을 얹어 먹지 않아도 된다.

[해설] 와플의 반죽 자체가 달지 않아서 과일이나 휘핑크림을 얹어서 먹는다. **정답** ④

3. 시리얼류 조리

(1) 시리얼류의 종류

구 분	종 류	특징
차가운 시리얼	콘플레이크 (Cornflakes)	옥수수를 구워서 얇게 으깨어 만든 것이다.
	올 브랜 (All Bran)	밀기울을 으깨어 가공한 것으로 소화를 돕는 데 중요한 역할을 한다.
	라이스 크리스피 (Rice Crispy)	쌀을 바삭바삭하게 튀긴 것으로 간편하게 먹을 수 있다.
	레이진 브랜 (Raisin Bran)	구운 밀기울 조각에 달콤한 건포도를 넣은 것이다.
	슈레디드 휘트 (Shredded Wheat)	밀을 조각내어 으깨어 사각형 모양으로 만든 비스킷 형태이다.
	버처 뮤즐리 (Bircher Muesli)	오트밀(귀리)을 기본으로 해서 견과류 등을 넣은 것이다.
더운 시리얼	오트밀(Oatmeal)	귀리를 볶은 다음 거칠게 부수거나 납작하게 누른 식품으로 육수나 우유를 넣고 죽처럼 조리해서 먹는다.

(2) 시리얼의 부재료

① 생과일 : 바나나, 사과, 딸기 등
② 건조과일 : 블루베리, 건포도, 건살구 등
③ 견과류 : 호두, 밤, 은행, 아몬드, 마카다미아 등

(3) 시리얼에 사용되는 조리도구

① 믹싱 볼(Mixing Bowl) : 손잡이가 없는 둥근 그릇으로 재료를 준비하고 혼합할 때 사용
② 스토브(Stove) : 가스를 열원으로 사용하고 소스 냄비나 프라이팬을 가열하여 음식물을 조리하는 장비로 조리에 가장 기본이 되는 기구
③ 소스 냄비 : 소스를 끓일 때 사용
④ 나무 스패츌러 : 뜨거운 음식을 뒤집거나 옮길 때 사용
⑤ 국자 : 액체 재료를 담을 때 사용

---

41 오트밀을 기본으로 하여 견과류 등을 넣은 시리얼의 명칭은?

① 콘플레이크(Cornflakes)
② 슈레디드 휘트(Shredded Wheat)
③ 버처 뮤즐리(Bircher Muesli)
④ 라이스 크리피스(Rice Crispy)

해설 버처 뮤즐리(Bircher Muesli)는 오트밀과 견과류, 과일 등을 우유나 플레인 요구르트에 넣고 냉장고에서 하루 정도 보관한 다음 먹는다. 정답 ③

42 더운 시리얼로 육수나 우유를 넣고 죽처럼 조리해서 먹는 시리얼의 명칭은?

① 레이진 브랜(Raisin Bran)
② 오트밀(Oatmeal)
③ 올 브랜(All Bran)
④ 라이스 크리피스(Rice Crispy)

해설 오트밀(Oatmeal)은 귀리를 볶은 다음 거칠게 부수거나 납작하게 누른 식품으로 육수나 우유를 넣고 죽처럼 조리해서 먹는다. 정답 ②

수프 조리

1. 수프 재료 준비

(1) 수프의 구성요소

① 육수(Stock) : 수프의 맛을 좌우하는 가장 기본이 되는 요소로 생선, 소고기, 닭고기, 채소와 같은 식재료의 맛을 낸 국물이다.

② 농후제
　㉠ 수프의 농도를 조절하는 농후제를 리에종(Liaison)이라고도 한다.
　㉡ 일반적인 수프의 농후제로는 루(Roux)를 사용하고, 특히 밀가루를 색이 나지 않게 볶은 화이트 루를 기본으로 사용한다.

③ 곁들임(Garnish) : 수프에 해당하는 재료를 사용하며 조화가 잘 이루어 져야 한다.

④ 허브와 향신료 : 식품의 풍미를 더하며 식욕을 촉진시키고 방부작용과 산화 방지 등 식품 보존성을 증가시키며 소화기능을 도와 준다.

(2) 수프의 종류

① 맑은 수프 : 국물에 맛이 스며들어 맛을 느낄 수 있게 하고, 수프의 색깔이 깔끔하며 투명한 색을 지니고 있다.

② 크림과 퓌레 수프 : 우리나라의 전통요리인 '죽'과 비슷하며, 맛이 부드 럽고 감촉이 좋아 사람들에게 가장 대중적으로 알려져 있는 수프의 일종이다.

③ 비스크(Bisque) 수프 : 바닷가재나 새우 등의 갑각류 껍질을 으깨어 채소와 함께 완전히 우러나올 수 있도록 끓이는 수프이다.

④ 차가운 수프 : 원래 의미는 '물에 불린 빵(Soaked Bread)'으로, 그것이 발전되어 다른 재료들을 포함하여 먹기 좋게 수프의 형식으로 만든 것이다.

TIP

수프에 사용되는 채소 썰기 방법
- 막대 모양으로 썰기 : 쥘리엔 (Julienne), 알루메트(Allumette), 바토네(Batonnet), 퐁뇌프(Pont −neuf), 시포나드(Chiffonade)
- 주사위 모양 썰기 : 브루누아즈 (Brunoise), 큐브(Cube), 다이 스 스몰(Dice Small), 다이스 미 디엄(Dice Medium), 콩카세 (Concassere)
- 얇게 썰기(Slice) : 론델(Rodelles), 다이애거널(Diagonals)

---

43 생선, 소고기, 닭고기, 채소와 같은 식재료를 이용하 여 수프의 맛을 좌우하는 가장 기본이 되는 요소는?

① 육수(Stock)
② 부용(Bouillon)
③ 퓌레(Puree)
④ 콩소메(Consomme)

[해설] 육수는 수프의 맛을 좌우하는 가장 기본 요소이다.
[정답] ①

44 수프의 농도를 조절하는 농후제는?

① 비스크(Bisque)
② 리에종(Liaison)
③ 퓌레(Puree)
④ 베샤멜(Bechamel)

[해설] 수프의 농도를 조절하는 농후제를 리에종(Liaison)이라고도 한다. 일반적으로 수프의 농후제로 루(Roux)를 사용하며 특 히 밀가루를 색이 나지 않게 볶은 화이트 루(White Roux)를 기본으로 사용한다.
[정답] ②

2. 수프 조리

(1) 농도에 의한 수프 조리

① **맑은 수프** : 맑은 스톡을 사용하며 농축하지 않는다.
  ㉠ 콩소메(Consomme) : 소고기, 닭, 생선
  ㉡ 맑은 채소 수프 : 미네스트로네(Minestrone)

② **진한 수프** : 농후제를 사용한 걸쭉한 상태의 수프이다.
  ㉠ 크림(Cream)
    • 베샤멜(Bechamel) : 화이트 루에 우유를 넣어 만든 수프
    • 벨루테(Veloute) : 블론드 루에 닭 육수를 넣어 만든 것을 기본으로 함
  ㉡ 포타주(Potage) : 일반적으로 농후제를 사용하지 않으며 콩을 사용하여 재료 자체의 녹말 성분을 이용하여 걸쭉하게 만든 수프
  ㉢ 퓌레(Puree) : 크림을 사용하지 않으며, 야채를 잘게 분쇄한 퓌레를 부용과 결합하여 만든 수프
  ㉣ 차우더(Chowder) : 게살, 감자, 우유를 이용한 크림수프
  ㉤ 비스크(Bisque) : 갑각류를 이용한 부드러운 수프로 크림의 맛과 농도를 조절

(2) 온도에 의한 수프 조리

① **가스파초(Gazpacho)** : 믹서에 채소를 갈아 체에 걸러 빵가루, 마늘, 올리브유, 식초 또는 레몬주스를 넣어 간을 하고 걸쭉하게 만들어 먹는 차가운 수프

② **비시스와즈(Vichyssoise)** : 감자를 삶아 체에 내린 후 퓌레로 만들어 잘게 썬 대파의 흰 부분과 함께 볶아 물이나 스톡을 넣고 끓인 다음 크림, 소금, 후추로 간을 하여 식혀 먹는 차가운 수프

TIP

재료에 의한 수프 분류
• 고기 수프(Beef Soup)
• 채소 수프(Vegetable Soup)
• 생선 수프(Fish Soup)

---

45 진한 수프의 일종으로 농후제를 사용하지 않고 콩을 사용하여 재료 자체의 녹말 성분을 이용하여 걸쭉하게 만든 수프는?

① 베샤멜(Bechamel) ② 벨루테(Veloute)
③ 포타주(Potage) ④ 비스크(Bisque)

해설 포타주는 일반적으로 콩을 사용하여 재료 자체의 녹말 성분을 이용하여 걸쭉하게 만든 수프를 말한다. 정답 ③

46 믹서를 채소에 갈아 체에 걸러 빵가루, 마늘, 올리브유 등을 넣어 걸쭉하게 만들어 먹는 차가운 수프는?

① 미네스트로네
② 차우더
③ 가스파초
④ 비시스와즈

정답 ③

3. 수프요리 완성

(1) 플레이팅 시 고려사항
① 수프 재료 자체가 가지고 있는 고유의 색상과 질감을 잘 표현한다.
② 전체적으로 보기 좋아야 하고 청결하며 깔끔하게 담는다.
③ 요리에 알맞은 양을 균형감 있게 담는다.
④ 고객이 먹기 편하게 플레이팅한다.
⑤ 요리에 맞게 음식과 접시의 온도에 신경 쓴다.
⑥ 식재료의 다양한 맛과 향이 조화롭게 한다.

(2) 수프의 가니시의 종류
① 진한 수프에 첨가되는 가니시의 형태는 그 자체 내용물이 가니시로 보여지는 형태의 것을 의미한다.
② 크림수프에 올려지는 장식은 거품을 올린 크림, 크루통, 잘게 썬 차이브 등 형태에 따라 다르게 올려 준다.
③ 수프의 형태에 따라 첨가하지 않고 손님의 취향에 따라 별도로 제공되는 것으로 빵이나 달걀, 토마토 콩카세 등이 있다.

---

47 차가운 수프인 비시스와즈(Vichyssoise)에 대한 설명으로 옳은 것은?

① 화이트 루에 우유를 넣고 만든 약간 묽은 수프를 말하며, 농후제를 사용하여 수프를 걸쭉하게 만든 것이다.
② 바닷가재나 새우 등의 갑각류 껍질을 으깨어 채소와 함께 완전히 우러나올 수 있도록 한 수프로, 마무리로 크림을 넣어 준다.
③ 감자를 삶아 체에 내려 퓌레로 만든 후 잘게 썬 대파의 흰 부분과 함께 볶아 물이나 육수를 넣고 끓인 다음 크림, 소금, 후추로 간을 하여 식혀 먹는 차가운 수프이다.
④ 믹서에 채소를 갈아 체에 걸러 빵가루, 마늘, 올리브유, 식초 또는 레몬주스를 넣어 간을 하여 걸쭉하게 만들어 먹는 차가운 수프이다.

해설 ①은 베샤멜, ②는 비스크 수프, ④는 가스파초에 대한 설명이다.
정답 ③

육류 조리

1. 육류 재료 준비

(1) 소고기 손질 요령

① 안심 손질

    ㉠ 안심의 날개 가장자리부터 지방, 힘줄을 제거한다.

    ㉡ 윗면에 붙은 힘줄을 머리 쪽부터 제거한다.

    ㉢ 뒤집은 후 밑에 붙어 있는 지방을 제거한다.

    ㉣ 머리 부분부터 힘줄을 제거한다.

    ㉤ 깨끗하게 힘줄과 지방을 제거한다.

② 등심 손질

    ㉠ 두꺼운 부분의 가장자리의 지방과 힘줄을 제거한다.

    ㉡ 가로로 1/3 지점까지 칼집을 넣고 지방과 힘줄을 제거한다.

    ㉢ 얇은 쪽 가장자리 부분의 지방을 제거한다.

    ㉣ 약간의 지방을 남기고 겉면의 두꺼운 지방을 제거한다.

    ㉤ 깨끗하게 지방을 제거한다.

(2) 닭고기 손질

① 다리와 날개를 꺾고 닭가슴살 중앙에서 칼집을 넣는다.

② 날개살과 가슴살을 연결하는 힘줄을 제거한다.

③ 가슴 뼈와 살을 분리한다.

④ 날개와 다리 부분의 뼈를 제거한다.

2. 육류 조리

(1) 건열식 조리방법

① 윗불 구이(Broilling) : 열원이 위에 있어 불 밑에 음식을 넣어 익히는 방법이다.

② 석쇠 구이(Grilling) : 열원이 아래에 있으며 직접 불로 굽는 방법으로, 숯 사용 시 훈연의 향을 느낄 수 있어 음식에 특유의 맛을 내게 한다.

TIP

마리네이드(Marinade, 밑간)
- 고기를 양념에 재는 과정으로, 특히 소금 간에 유의하고 골고루 묻을 수 있도록 마사지를 하며 발라 준다.
- 올리브유, 겨자, 파프리카 가루, 다진 마늘, 향신료(로즈마리, 타임), 소금, 후추를 섞어 고기에 발라 준다.

---

48 고기를 양념에 재는 과정을 말하며 향신료와 소금 등으로 고기의 누린내를 제거하고 향을 부여하며 맛을 좋게 하는 과정은?

  ① 시어링(Searing)

  ② 글레이징(Glazing)

  ③ 그레티네이팅(Gratinaing)

  ④ 마리네이드(Marinade)

해설 마리네이드는 고기를 조리하기 전에 간을 배이게 하거나, 육류의 누린내를 제거하고 맛을 좋게 한다. **정답** ④

49 브레이징(Braising)의 조리방법을 설명한 것은?

  ① 버터나 과일의 즙, 육즙 등과 꿀, 설탕을 졸여서 재료에 입혀 코팅시키는 조리방법이다.

  ② 물·기름에 재료를 짧게 데쳐 찬물에 식힌다.

  ③ 팬에 강한 열로 짧은 시간 육류의 겉만 누렇게 지진다.

  ④ 팬에서 색을 낸 고기에 볶은 야채, 소스, 굽는 과정에서 흘러나온 육즙 등을 전용 팬에 넣은 다음 뚜껑을 덮고 천천히 조리하는 방법이다.

정답 ④

③ 로스팅(Roasting) : 육류 또는 가금류 등을 통째로 오븐에 넣어 굽는 방법으로 향신료를 바르거나 표면이 마르지 않도록 버터나 기름을 발라 주며 150~220℃에서 굽는다.

④ 굽기(Baking) : 오븐에서 뜨겁고 마른 열의 대류작용을 이용하여 굽는 방법이다.

⑤ 볶기(Sauteing) : 소테 팬 또는 프라이팬에 소량의 버터나 기름을 넣고 160~240℃에서 짧은 시간에 조리하는 방법이다.

⑥ 튀기기(Frying) : 기름에 음식을 튀겨내는 방법으로 많은 양의 기름으로 140~190℃에서 튀기는 딥 팻 프라잉(Deep Fat Frying)과 적은 양의 기름으로 170~200℃의 온도에서 튀겨내는 팬 프라잉(Pan Frying) 방법이 있다.

⑦ 그레티네이팅(Gratinating) : 조리한 재료 위에 버터, 치즈, 크림, 소스, 크러스트, 설탕 등을 올려 샐러맨더, 브로일러나 오븐 등에서 뜨거운 열을 가해 색깔을 내는 방법이다.

⑧ 시어링(Searing) : 팬에 강한 열을 가하여 짧은 시간에 육류나 가금류의 겉만 누렇게 지지는 방법으로, 주는 오븐에 넣기 전에 사용한다.

(2) 습열식 조리방법

① 데치기(Blanching) : 많은 양의 끓는 물이나 기름에 재료를 짧게 데쳐 찬물에 식히는 조리방법이다.

② 포칭(Poaching) : 비등점 이하 65~92℃의 온도에서 물, 스톡, 와인 등의 액체 등에 육류, 가금류, 달걀, 야채 등을 잠깐 넣어 익히는 것이다. 물이나 액체를 적게 넣어 조리하는 샬로 포칭(Shallow Poaching)과 물이나 액체 등을 많이 넣어 조리하는 서브머지 포칭(Submerge Poaching) 등이 있다.

③ 삶기/끓이기(Boiling) : 물이나 육수 등의 액체에 재료를 끓이거나 삶는 방법이다.

④ 시머링(Simmering) : 85~96℃ 액체의 약한 불에서 조리하는 것으로 소스나 스톡을 끓일 때 사용한다.

TIP
복합 조리방법
• 브레이징(Braising) : 팬에서 색을 낸 고기에 볶은 야채, 소스, 굽는 과정에서 흘러나온 육즙 등을 전용 팬에 넣은 다음 뚜껑을 덮고 천천히 조리하는 방법으로 주로 질긴 육류, 가금류를 조리할 때 사용한다.
• 스튜잉(Stewing) : 육류, 가금류, 미르포아, 감자 등을 약 2~3cm의 크기로 썰어 뜨겁게 달군 팬에 기름을 넣고 색을 낸 후 그래비 소스나 브라운 스톡을 넣어 110~140℃의 온도에서 끓여 조리한다.

50 습열식 조리방법으로 소스나 스톡을 끓일 때 주로 사용하는 방법은?
① 시어링
② 시머링
③ 로스팅
④ 그레티네이팅

[해설] ①, ③, ④는 건열식 조리방법이다.　[정답] ②

51 다음 서양 요리의 조리방법 중 습열 조리와 거리가 먼 것은?
① 브로일링(Broiling)
② 스티밍(Steaming)
③ 보일링(Boiling)
④ 포칭(Poaching)

[해설] 브로일링은 건열식 조리방법이다.　[정답] ①

⑤ 증기찜(Steaming) : 물을 끓여 수증기의 대류작용을 이용하고 조리하는 방법으로 육류, 가금류, 생선, 갑각류, 야채류 등을 조리할 때 주로 이용한다.

⑥ 글레이징(Glazing) : 버터나 과일의 즙, 육즙 등과 꿀, 설탕을 졸여서 재료에 입혀 코팅시키는 조리방법이다.

3. 육류요리 완성

(1) 플레이팅의 원칙

① 재료 자체가 가지고 있는 고유의 색감과 질감을 잘 표현한다.

② 전체적으로 간결하고 청결하며 깔끔하게 담는다.

③ 요리의 알맞은 양을 균형감 있게 담는다.

④ 고객이 먹기 편하게 플레이팅이 이루어지게 한다.

⑤ 요리에 맞게 음식과 접시의 온도에 신경을 쓴다.

⑥ 식재료의 다양한 맛과 향이 함께할 수 있도록 플레이팅을 한다.

(2) 육류, 가금류 플레이팅

① 접시 선택 시 모양, 형태, 크기를 고려한다.

② 곁들임 재료 담기

  ㉠ 탄수화물 요리 담기 : 감자 요리나 파스타, 쌀을 이용한 리소토 등

  ㉡ 채소요리 담기 : 전체적인 색의 조화를 고려하여 채소를 선택

③ 육류, 가금류를 담고 소스를 뿌린다.

④ 가니시를 올린다.

  ㉠ 식욕을 돋우는 것으로, 미각을 상승시키는 재료를 사용한다.

  ㉡ 외형과 색의 조화로 시각적 효과가 있다.

  ㉢ 장식이 지나치게 눈에 띄거나 맛을 변형시키지 않아야 한다.

TIP
가니시(Garnish)
완성된 음식을 더욱 돋보이도록 하는 방식

---

52 다음 중 건열식 조리방법이 아닌 것은?

① 굽 기
② 볶 기
③ 로스팅
④ 포 칭

해설 포칭은 습열식 조리방법이다. 　정답 ④

53 플레이팅의 원칙과 가장 거리가 먼 것은?

① 재료 전체의 색, 질감을 잘 표현한다.
② 전체적으로 화려하게 담는다.
③ 요리의 알맞은 양을 균형감 있게 담는다.
④ 모양, 형태, 크기를 고려하여 접시를 선택한다.

해설 전체적으로 간결하고 청결하며 깔끔하게 담는다.
　정답 ②

1. 파스타 재료 준비

(1) 파스타의 종류

① 건조 파스타

    ㉠ 듀럼 밀(경질소맥)을 거칠게 제분한 세몰리나(Semolina)를 주로 이용하고, 면의 형태를 만든 후 건조시켜 사용하며 때에 따라 세몰리나와 밀가루를 섞어서 사용하기도 한다.

    ㉡ 짧은 파스타와 긴 파스타로 나뉜다.

② 생면 파스타

    ㉠ 일반적으로 세몰리나에 밀가루를 섞어서 사용하며, 밀가루만을 사용해 만들어 신선하고 부드러운 식감을 갖는다.

    ㉡ 다른 재료를 혼합함으로써 다양한 색을 표현할 수 있다.

    ㉢ 일반적으로 강력분과 달걀을 이용해 만들어진다.

(2) 파스타에 필요한 소스

① 조개 육수

    ㉠ 갑각류의 풍미를 살리거나 기본적인 해산물 파스타 요리에 사용하는 육수로 바지락, 모시조개, 홍합 등을 사용한다.

    ㉡ 오래 끓이면 맛이 변하므로 30분 이내로 끓인다.

② 토마토 소스

    ㉠ 토마토는 적당한 당도와 진하게 농축된 감칠맛을 가진 것을 골라야 하고, 믹서기에 갈아서 사용하는 것보다 으깬 후 끓이는 방법이 좋다.

    ㉡ 사용하는 목적에 따라 여러 가지 다른 재료를 추가할 수 있다.

③ 볼로네즈 소스(라구소스)

    ㉠ 이탈리아식 미트소스로 돼지고기와 소고기, 채소와 토마토를 넣고 오랜 시간 농축된 진한 맛이 날 때까지 끓인다.

    ㉡ 치즈, 크림, 버터, 올리브유 등을 이용해 부드러운 맛을 낸다.

TIP
파스타
밀가루에 달걀을 넣어 반죽한 이탈리아식 국수이다.

---

54 건조 파스타를 만드는 재료는?

  ① 박력분
  ② 세몰리나
  ③ 중력분
  ④ 강력분

[해설] 건조 파스타는 듀럼 밀(경질소맥)을 거칠게 제분한 세몰리나(Semolina)를 주로 이용한다. [정답] ②

55 일반 밀(연질소맥)의 용도로 틀린 것은?

  ① 빵, 케이크를 만들 때
  ② 페이스트리를 만들 때
  ③ 파스타를 만들 때
  ④ 과자류를 만들 때

[해설] 파스타는 듀럼 밀(경질소맥)로 만든다. [정답] ③

④ 화이트 크림소스
  ㉠ 밀가루, 버터, 우유를 주재료로 만든 화이트소스로 버터와 밀가루를 고소하게 색이 나지 않도록 볶아 화이트 루를 만들어 사용한다.
  ㉡ 우유를 데우고 루가 들어있는 팬에 서서히 부어가며 덩어리지지 않게 끓인다.
⑤ 바질 페스토
  ㉠ 바질을 주재료로 사용한 소스로, 페스토를 보관하는 동안 산화되거나 색이 변하는 것을 지연시켜 주기 위해 바질을 끓인 소금물에 데쳐 사용한다.
  ㉡ 전통적인 소스는 양젖을 이용한 치즈를 주로 사용한다.

2. 파스타 조리

(1) 파스타 삶기
  ① 파스타는 적당하게 삶아 원하는 식감을 얻는 것이 중요하다.
  ② 씹히는 정도가 느껴질 정도로 삶는 것이 보통이다.
  ③ 알덴테(al dente)는 파스타를 삶는 정도를 의미하고, 입안에서 느껴지는 알맞은 상태를 나타낸다.
  ④ 파스타를 삶는 냄비는 깊이가 있어야 하며 파스타 양의 10배 정도가 알맞다.
  ⑤ 일반적으로 1L 내외의 물에 파스타의 양은 100g 정도가 알맞다.
  ⑥ 파스타를 삶을 때 첨가하는 소금은 파스타의 풍미를 살려주고 밀 단백질에 영향을 주어 파스타 면에 탄력을 준다.
  ⑦ 파스타 면을 삶는 면수는 파스타 소스의 농도를 잡아주고 올리브유가 분리되지 않고 유화될 수 있도록 한다.
  ⑧ 파스타를 삶을 때 파스타가 서로 달라붙지 않도록 분산되게 넣어야 하며 잘 저어주어야 한다.

---

56 이탈리아식 미트소스로 돼지고기와 소고기, 채소와 토마토를 넣고 오랜 시간 농축된 진한 맛이 날 때까지 끓여 낸 소스는?

① 베샤멜 소스
② 토마토 소스
③ 볼로네즈 소스
④ 바질 페스토

정답 ③

57 파스타에 대한 설명으로 옳지 않은 것은?

① 생면 파스타는 강력분과 달걀을 이용해서 만든다.
② 파스타의 기본적인 재료는 강력분, 달걀, 소금, 올리브유이다.
③ 알덴테(Al dente)는 면을 푹 삶는 것을 말한다.
④ 면을 삶을 때 오일을 넣으면 파스타끼리 마찰을 적게 하여 터짐을 방지할 수 있다.

[해설] 알덴테는 파스타가 꼬들꼬들하고 쫄깃쫄깃하게 씹히도록 삶는 것이다.

정답 ③

⑨ 파스타를 삶는 시간은 파스타가 소스와 함께 버무려지는 시간까지 계산해야 한다.

⑩ 삶아진 파스타 겉면에 수증기가 증발하면서 남아 있는 전분 성분이 소스와 어우러져 파스타의 품질을 좋게 하기 때문에 삶은 후 바로 사용한다.

(2) 파스타의 형태에 따른 소스

① 길고 가는 파스타 : 가벼운 토마토 소스나 올리브유를 이용한 소스

② 길고 넓적한 파스타 : 파스타 면에 잘 달라붙는 소스(파르미지아노 레지아노 치즈, 프로슈토, 버터 등)

③ 짧은 파스타 : 가벼운 소스와 진한 소스 모두 어울림

④ 짧고 작은 파스타 : 수프의 고명으로 많이 사용되며, 샐러드의 재료로도 많이 이용

3. 파스타 완성

(1) 파스타 소스 선택

① 파스타를 완성하기 위해서는 소스의 선택이 중요하다.

② 탈리아텔레(Tagliatelle) 같은 넓적한 면은 치즈와 크림 등이 들어간 진한 소스가 어울린다.

③ 파스타에 사용하는 버터와 치즈는 파스타에 부드러운 질감을 주는 역할을 한다.

④ 소스가 많이 묻을 수 있는 짧은 파스타의 경우 진한 질감을 가진 소스를 사용한다.

⑤ 일반적으로 생면 파스타의 경우 부드러운 질감을 유도하기 위해 버터나 치즈를 많이 사용한다.

⑥ 건조 파스타의 경우 고기와 채소를 이용한 소스를 주로 이용한다.

⑦ 소를 채운 파스타의 경우 소에 이미 일정한 수분과 맛이 결정되어 있으므로 수프 또는 가벼운 소스를 이용한다.

---

58 파스타를 삶는 방법에 대하여 설명한 것 중 옳지 않은 것은?

① 알덴테(al dente)는 파스타를 삶는 정도를 의미하며, 입안에서 느껴지는 알맞은 상태를 나타낸다.

② 파스타를 삶는 냄비는 깊이가 있어야 하며 물은 파스타 양의 10배 정도가 알맞다. 1L 내외의 물에 파스타의 양은 100g 정도가 알맞은 양이다.

③ 파스타를 삶을 때 올리브 오일을 첨가하면 파스타의 풍미를 살려주고, 밀 단백질에 영향을 주어 파스타 면에 탄력을 준다.

④ 파스타 면을 삶는 면수는 파스타 소스의 농도를 잡아주고 올리브유가 분리되지 않고 유화될 수 있도록 한다.

해설 파스타를 삶을 때 소금을 첨가하면 파스타의 풍미를 살려주고 밀 단백질에 영향을 주어 파스타 면에 탄력을 준다.

정답 ③

(2) 파스타 완성

① 완성 단계에서 삶아진 파스타는 특유의 풍미와 질감을 살리기 위해 소스와 어우러져 바로 제공한다.

② 오일만 사용하여 맛을 내는 파스타는 육수가 파스타 요리의 맛을 결정한다.

③ 조개나 해산물을 이용한 육수는 요리의 향과 맛을 살리기 위함이 주된 목적이므로 센 불에 오랫동안 끓이지 않는 것이 중요하다.

④ 토마토 소스의 경우 씨 부분이 믹서에 갈리지 않도록 주의하고 믹서에 갈리면 신맛이 나기 때문에 손으로 으깨는 것이 좋다.

⑤ 토마토 소스를 넣은 파스타를 완성하는 과정에서는 토마토에 포함되어 있는 수분을 고려하여 충분히 졸여 주거나 수분을 첨가해 주어야 한다.

⑥ 화이트 크림을 이용하여 파스타는 만드는 과정에서 고루 저어야 눌거나 타는 것을 방지할 수 있다.

⑦ 바질 페스토 소스의 경우 변색을 방지하기 위하여 바질을 소금물에 데쳐서 사용하며, 조리과정에서 너무 뜨거운 환경에 오래 방치하면 안 된다.

⑧ 파스타를 완성하는 데 있어서 올리브 오일과 면을 삶는 전분이 녹아 있는 물을 이용하여 소스가 분리되는 것을 방지하거나 파스타의 수분을 유지한다.

⑨ 파스타의 형태가 굵고 단단한 경우 수분이 많이 필요하며 양념이 잘 어우러져야 한다.

---

59 다음 중 파스타를 완성하는 과정을 설명한 것으로 적절한 것은?

① 조개나 해산물을 이용한 육수는 요리의 향과 맛을 살리기 위함이 주된 목적이므로 센 불에 오랫동안 끓이는 것이 중요하다.

② 토마토 소스의 경우 씨 부분이 믹서에 갈리지 않도록 주의해야 한다. 믹서에 갈리면 신맛이 나기 때문에 칼로 다지는 것이 가장 좋다.

③ 화이트 크림을 이용하여 파스타는 만드는 과정에서 육수를 사용하여야 눌거나 타는 것을 방지할 수 있다.

④ 파스타를 완성하는 데 있어서 올리브 오일과 면을 삶는 전분이 녹아 있는 물을 이용하여 소스가 분리되는 것을 방지하거나 파스타의 수분을 유지하도록 한다.

해설 ① 센 불에 오랫동안 끓이지 않아야 한다.
② 토마토는 칼로 다지는 것보다 손으로 으깨는 것이 좋다.
③ 화이트 크림을 넣은 파스타를 완성하는 과정에서 고루 저어야 눌거나 타는 것을 방지할 수 있다. 정답 ④

1. 소스 재료 준비

(1) 농후제의 종류와 특성

① 루(Roux)

㉠ 화이트 루(White Roux) : 색이 나기 직전까지만 볶아낸 것으로 베샤멜 소스와 같은 흰색 소스를 만들 때 사용한다.

㉡ 블론드 루(Blond Roux) : 약간 갈색이 돌 때까지 볶은 것이다.

㉢ 브라운 루(Brown Roux) : 색이 짙은 소스를 만들 때 사용하며, 루의 색깔이 갈색을 띠고 스테이크 소스에 주로 사용한다.

② 뵈르 마니에(Beurre Manie) : 버터와 밀가루를 동량으로 섞어 만든 농후제로 향이 강한 소스의 농도를 맞출 때 사용한다.

③ 전분 : 더운 물에서는 쉽게 호화되므로 육수가 끓기 시작하면 불을 줄이고 국자를 이용하여 자연스럽게 섞어 주어야 한다.

④ 달걀 : 노른자를 이용하여 농도를 낼 수 있다.

예 앙글레이즈(디저트 소스), 홀랜다이즈 소스, 마요네즈 등

⑤ 버터 : 수프를 끓인 다음 버터의 풍미를 더하기 위해 불에서 내려 포마드 상태의 버터를 넣고 잘 저어주면 약간의 농도를 더할 수 있다.

(2) 루 만들기와 사용하기

① 루 만들기

㉠ 팬에 버터를 두르고 열을 가하여 버터를 녹인다.

㉡ 동량의 밀가루를 넣고 고루 볶는다.

② 루 사용하기

㉠ 차가운 루 : 차가운 육수를 넣고 서서히 거품기로 저어도 되지만, 오랜 시간이 걸리므로 더운 육수에 섞는 방법을 많이 사용한다. 더운 육수에 직접 넣고 저어주면 응어리가 생기지 않게 만들 수 있다.

---

60 다음 중 소스에서 농후제가 아닌 것은?

① 루(Roux)

② 우 유

③ 전 분

④ 달 걀

[해설] 농후제 : 루, 뵈르 마니에, 전분, 달걀, 버터   정답 ②

61 버터와 밀가루를 동량으로 섞어 만든 농후제로 향이 강한 소스의 농도를 맞출 때 사용하는 것은?

① 브라운 루(Brown Roux)

② 화이트 루(White Roux)

③ 리에종(Liaison)

④ 뵈르 마니에(Beurre Manie)

정답 ④

ⓛ 더운 루 : 루에 차가운 육수를 넣으면 뜨거운 루가 차가운 육수 사이로 골고루 분리된다. 그 다음 서서히 열을 가하면서 주걱으로 저어주면 응어리가 생기지 않는다. 홀랜다이즈 소스가 대표적인 소스이다.

2. 소스 조리

(1) 레드와인 소스

① 포트에 와인을 넣고 70% 정도 증발하도록 졸인다. 이때 와인을 덜 졸이면 와인의 알코올이 남아 소스의 맛을 망칠 수 있으며 알코올은 충분히 날려 와인의 향만 남도록 졸여야 한다.

② 준비해 둔 브라운 스톡을 일부만 남기고 과정 ①에 넣어 끓인다.

③ 남겨둔 브라운 스톡에 전분을 풀어 농도를 맞춘다.

④ 소금과 후추로 농도를 맞추어 걸러낸 후 제공 직전에 버터 몬테(Monter)하여 제공한다.

(2) 토마토 소스

① 재료 준비

ⓐ 토마토는 잘 익은 것으로 골라 꼭지를 따고 반대편은 십자로 칼집을 낸다.

ⓑ 끓는 물에 칼집을 낸 토마토를 넣고 데쳐 껍질을 제거한다.

ⓒ 반으로 갈라 꼭 짜서 체에 밭쳐 씨를 제거하고 주스는 따로 준비한다.

ⓓ 토마토 소스를 만들기 위해 양파와 마늘은 곱게 다져서 준비한다.

② 소스 조리

ⓐ 팬에 버터를 두르고 양파와 마늘을 넣고 볶는다.

ⓑ 일정한 양의 토마토 페이스트를 넣고 신맛이 날아가도록 볶는다.

ⓒ 끓기 시작하면 월계수 잎을 넣고 기호에 맞게 향신료를 첨가한다.

ⓓ 수분이 어느 정도 제거되면 따로 준비해 둔 토마토주스를 넣어가며 졸인다.

TIP

몬테(Monter)
- 소스나 수프의 풍미 향상을 위해 버터나 올리브유로 코팅하는 것
- 소스나 수프의 표면에 막이 형성되는 것을 방지

---

62 다음 중 서양 요리에서 사용되는 소스와 재료의 연결이 틀린 것은?

① 마요네즈 소스 – 밀가루, 식용유, 달걀흰자, 소금, 식초, 겨자가루

② 프렌치 드레싱 – 기름, 식초, 소금, 후추, 레몬즙

③ 베샤멜 소스 – 밀가루, 버터, 우유

④ 타르타르 소스 – 마요네즈, 피클, 파슬리, 양파

해설 마요네즈 소스 : 달걀노른자, 식용유, 소금, 식초, 겨자가루

정답 ①

63 다음 중 버터의 특성이 아닌 것은?

① 독특한 향과 맛을 가져 음식에 풍미를 준다.

② 냄새를 빨리 흡수하므로 밀폐하여 저장하여야 한다.

③ 유중수적형이다.

④ 성분은 단백질이 80% 이상이다.

해설 버터는 수분함량이 보통 18% 이하이고, 지방함량이 80% 정도인 유지방이다.

정답 ④

　　ⓜ 소금과 후추로 간하여 굵은 체로 걸러 사용한다.

(3) 베샤멜 소스

　① 재료 준비

　　㉠ 양파는 껍질을 벗겨 적당한 크기로 썰고, 정향을 건져 내기 쉽도록 양파에 고정한다.

　　㉡ 우유를 소스 팬에 부어 양파를 넣고 정향과 양파의 향이 우러나도록 20분 정도 끓인다.

　② 루 만들기

　　㉠ 팬에 버터를 두르고 열을 서서히 가하여 버터가 녹으면 밀가루를 넣고 약한 불로 은근하게 볶는다.

　　㉡ 밀가루를 많이 볶을수록 맛이 좋으므로 가장 약한 불로 갈색이 나기 직전까지 볶아야 한다.

　③ 소스 완성

　　㉠ 색이 약간 나면서 고소한 향이 나면 불에서 내려 준비한 정향과 양파 향을 우려낸 우유를 조금씩 넣어가며 거품기로 풀어 저어 준다.

　　㉡ 분량의 우유를 한 번에 넣지 않고 조금씩 넣어 주면서 거품기로 풀어 주어야 더 잘 풀린다.

3. 소스 완성

(1) 소스 종류에 따른 좋은 품질 선별법

　① 브라운 소스 : 질 좋은 재료의 사용이 중요하며 색깔을 내기 위해 재료를 볶는 과정에 탄내가 나지 않게 볶아야 한다.

　② 벨루테 소스 : 루를 타지 않게 약한 불로 잘 볶아서 밀가루 고유의 고소한 맛을 끌어낼 수 있어야 한다. 생선 벨루테는 신선한 흰살생선을 사용해야 완성된 소스에서 비린내가 나지 않는다.

TIP
브라운 소스
진한 소스를 뽑기 위해 5일 이상의 시간이 필요하며, 길게는 일주일간 끓인 소스로 고급 소스라고 할 수 있다.

---

64 유화의 형태가 나머지 셋과 다른 것은?

① 우 유
② 마가린
③ 마요네즈
④ 아이스크림

해설 • 유중수적형(W/O) : 마가린, 버터
• 수중유적형(O/W) : 우유, 아이스크림, 마요네즈, 생크림
정답 ②

65 진한 소스를 뽑기 위해 5일 이상의 시간이 필요하며, 길게는 일주일간 끓인 소스로 고급 소스라고 할 수 있는 소스는?

① 브라운 소스　　② 베샤멜 소스
③ 홀랜다이즈 소스　④ 벨루테 소스

해설 브라운 소스 : 질 좋은 재료의 사용이 중요하며 색깔을 내기 위해 재료를 볶는 과정에 탄내가 나지 않게 볶아야 한다.
정답 ①

③ 토마토 소스 : 일반적으로 통조림을 사용하는 경우가 많고 토마토 소스는 색감이 주는 역할이 매우 중요하여 완성된 소스의 색이 먹음직스러운 붉은색을 띠어야 하며, 적당한 매운 향이 배합된 것이 좋다.

④ 마요네즈 : 직접 만들어 사용할 수 있으나 특히 산패되기 쉬우므로 주의를 기울여야 한다.

⑤ 비네그레트 : 기본적으로 사용하는 엑스트라 버진 올리브유의 풍미가 소스에 많은 역할을 한다.

⑥ 버터소스 : 60℃ 이상의 온도로 가열할 경우 수분과 유분이 분리되어 사용할 수 없는 기름이 될 수 있어 보관 및 관리가 중요하다.

⑦ 홀랜다이즈 : 다른 소스와 곁들여 색을 내는 용도로 사용하는 경우가 많으므로 농도에 유의하며, 따뜻하게 보관하는 것이 가장 중요하다.

(2) 소스를 용도에 맞게 제공하는 방법

① 소스는 사용하는 재료의 맛을 끌어 올릴 수 있어야 한다.

② 소스의 향이 너무 강하여 원재료의 맛을 저하시키면 안 된다.

③ 연회장에서 사용하는 소스는 많은 양을 접시에 제공해야 하므로 약간 되직한 게 좋다.

④ 색감을 자극하여 모양을 내기 위해 곁들여 주는 소스는 색이 변질되면 안 된다.

⑤ 튀김 종류의 소스는 바삭함에 방해되지 않도록 제공 직전 뿌려주어야 한다.

⑥ 스테이크에 곁들여 주는 소스는 질 좋은 고기의 맛을 오히려 방해할 수 있으므로 많은 양을 제공하지 않는다.

⑦ 주재료의 맛에 개성이 부족한 요리의 경우에는 개성이 강한 소스가 필요하며 주재료의 맛에 개성이 충분할 때에 그 맛을 상승시킬 수 있는 소스가 필요하다.

---

66 소스 종류에 따른 좋은 품질 선별법으로 설명이 바르지 않은 것은?

① 브라운 소스 – 질 좋은 재료의 사용이 중요하며 색깔을 내기 위해 재료를 볶는 과정에 탄내가 나지 않게 볶아야 한다.

② 버터소스 – 100℃ 이상의 온도로 가열할 경우 수분과 유분이 분리되어 사용할 수 없는 기름이 될 수 있으므로 보관 및 관리가 중요하다.

③ 토마토 소스 – 색감이 주는 역할이 매우 중요하므로 완성된 소스의 색이 먹음직스러운 붉은색을 띠어야 하며, 적당한 스파이스향이 배합된 것이 좋다.

④ 홀랜다이즈 – 따뜻하게 보관하는 것이 가장 중요하며, 다른 소스에 곁들여 색을 내는 용도로도 사용하는 경우가 많으므로 농도에 유의한다.

해설 ② 버터소스 : 좋은 버터를 사용해야 질 좋은 소스를 만들어낼 수 있다. 60℃ 이상의 온도로 가열할 경우 수분과 유분이 분리되어 사용할 수 없는 기름이 될 수 있으므로 보관 및 관리가 중요하다.

정답 ②

PART 08

중식 조리실무

식생활 문화

1. 중국음식의 문화와 배경

(1) 중국요리의 개요

중국은 5,000년이라는 역사와 광대한 토지를 갖고 있는 나라로서, 한족을 포함해 56개 민족으로 구성되어 있다. 중국요리의 가장 큰 특징은 음식 재료가 무궁무진하다는 것이다. 중국요리의 식재료는 한마디로 표현할 수 없을 정도로 종류도 많고 풍부한 것으로 유명하다.

(2) 자연환경

① 중국의 국토는 한반도 전체 면적의 약 44배이다.
② 생산하는 식품 재료가 다양하고 풍부하다.
③ 지역마다 지형, 기후, 풍토가 크게 달라서 지역별 독특한 식문화가 발달되었다.

(3) 사회환경

① 여러 민족으로 구성되어 관습이 다양하다.
② 음식이 불로장수(不老長壽)의 사상과 연결되어 발전되었다.
③ 거의 모든 동식물을 사용하여 음식을 만든다.

(4) 중국요리의 특색

① 재료의 종류가 다양하여 음식 선택이 자유롭고 그 범위가 매우 넓다.
② 단맛, 신맛, 매콤한 맛, 짠맛, 쓴맛 등의 오미를 갖추어 다양한 맛을 낸다.
③ 마른 재료를 사계절에 따라 적절히 사용한다.
④ 향신료의 종류가 많으며 향신료를 효과적으로 이용한다.
⑤ 기름의 사용법이 합리적이고 독특하다.
⑥ 조리법이 다양하고, 전분을 사용한다.
⑦ 시각적으로 외관이 풍요롭고 화려하다.

---

01 중국요리의 특징이 아닌 것은?

① 재료의 종류가 다양하고 선택의 범위가 넓다.
② 조리기구가 간편하고 사용이 간단하다.
③ 조미료와 향신료 종류가 풍부하다.
④ 기름을 적게 사용하고 맛이 담백하다.

해설 중국요리는 기름을 합리적으로 많이 사용하고 다양한 맛을 낸다.

정답 ④

02 중국요리는 역사적·지역적 특성에 따라 크게 4대 지방요리로 나눌 수 있다. 이에 속하지 않는 지역은?

① 북경요리
② 강소요리
③ 사천요리
④ 상해요리

해설 강소(江蘇, 수차이)요리는 중국 8대 요리 중 하나이다.

정답 ②

2. 지역별 음식의 특징

(1) 북경요리

① 북경(베이징)은 중국의 오랜 수도로 정치·경제·문화의 중심지이며 궁중요리 및 사치스런 음식문화가 발달하였다. 특히 청나라의 궁중요리가 기본이 되어 발달한 요리를 북경요리라 칭한다.

② 음식 느낌이 바삭바삭하고 음식 맛은 신선하고 부드러우며 짜거나 달지 않고 맵지 않은 담백한 맛이 특징이다.

③ 대표 음식 : 베이징덕, 피단(삭힌 오리알), 훠궈(샤브샤브)

(2) 광동요리

① 중국 남부를 대표하는 광동요리는 광저우(廣州) 요리를 중심으로 차오저우(潮州), 동강(東江) 지역을 중심으로 발달해 왔다.

② 풍부한 해산물과 열대성 채소와 과일, 서양식 양념과 중국식 조리법이 한데 어우러져 맛이 신선하고 담백한 것이 특징이다.

③ 대표 음식 : 차사오(구운 돼지고기), 피엔피루주(어린 통돼지구이), 구라오러우(광동식 탕수육), 팔보채, 상어지느러미 요리, 불도장

(3) 상해요리

① 중국 중부의 대표적인 요리로 양쯔강 하류 일대의 상하이(上海), 남경(南京), 양주(楊洲), 소주(蘇州) 요리를 총칭하며, 따뜻한 기후의 영향으로 농산물과 해산물이 풍부하여 다양한 요리를 발달시켰다.

② 상해요리는 지방의 특산물인 장유(醬油, 간장)와 설탕으로 맛을 내는 찜이나 조림이 발달하였고, 기름기가 많아 맛이 진하다.

③ 대표 음식 : 진주완자, 게볶음, 새우요리, 탕바오(만두의 일종), 생선찜, 바닷가재요리

> **TIP**
> 상해는 옛 국제 항구도시로 음식에도 국제적인 풍미가 담겨져 있다.

---

03 중국의 4대 요리 중 북경요리의 특징이 아닌 것은?

① 중국의 북경은 따뜻한 북방에 위치하고 있다.
② 북경은 지리적으로 북방에 위치하고 있어서 높은 열량을 필요로 한다.
③ 북경요리의 대표적인 요리는 북경오리이다.
④ 북경요리는 재료가 풍부하고 조리법이 다양하다.

[해설] 북경은 지리적으로 한랭(寒冷)한 북방에 위치하고 있어 높은 열량을 필요로 한다.

[정답] ①

04 중국의 지역 요리와 대표 요리가 잘못 연결된 것은?

① 북경요리 – 북경오리
② 상해요리 – 궁보계정
③ 광동요리 – 딤섬
④ 사천요리 – 마파두부

[해설] 궁보계정은 사천지방의 요리이다. 대표 상해요리로 샤오룽바오가 있다.

[정답] ②

(4) 사천요리

① 사천요리는 川菜(촨차이)라 하며, 중국 서부지역의 요리를 대표한다. 양쯔강 상류의 산악지대인 사천, 윈난(雲南), 귀주(貴州)지방의 요리를 말한다.

② 사천요리는 山珍野味(산과 들의 진미)의 독특한 식재료가 풍부하고 향신료, 소금 절임, 건조시킨 저장식품이 발달하였다.

③ **대표 음식** : 마파두부, 궁보계정, 어향육사, 산채어(酸菜魚), 삼선 누룽지탕, 삼겹살 채소볶음, 간샤오밍샤(새우칠리소스볶음)

3. 중국의 식탁

① 식탁은 정찬의 경우 8~10명 정도 둘러앉을 수 있는 원탁으로 준비하고 흰색 테이블보를 덮는다.

② 식기는 귀한 손님일 경우 은기나 금기를 사용하고, 보통은 도자기를 사용한다.

③ 중국요리는 대부분 일품으로 내기 때문에 반드시 개인 접시를 준비해 각자 덜어 먹을 수 있게 한다. 또 여러 종류의 요리가 나오므로 접시를 넉넉히 준비하는 게 좋다.

④ 간장, 식초, 겨자, 라유 등의 기본 조미료는 테이블 중앙에 놓아 두어 손쉽게 사용할 수 있게 한다.

⑤ 수많은 재료와 향신료로 만든 중국요리는 화려한 것이 특징이다. 그릇 역시 색상과 문양이 화려하여 그 자체만으로도 화려한 느낌이 든다.

⑥ 근래에는 정통 중국음식보다 퓨전음식이 발달하여 깔끔한 흰 접시를 사용하며, 국제화 시대의 매너로 젓가락과 나이프를 같이 놓는다.

TIP
화려한 상차림일 경우는 빨간색과 금색을 사용하여 테이블을 코디할 수 있다(복과 돈을 상징).

---

05 중국의 절임김치라고 할 수 있으며, 중국 사천성의 대표적인 식재료는?

① 자차이
② 고 수
③ 산 초
④ 차조기

정답 ①

06 중국요리의 상차림을 설명한 것으로 적절하지 않은 것은?

① 중국의 식탁은 원탁으로 이루어져 있다.
② 결혼식 등 화려한 상차림은 흰색 테이블을 사용한다.
③ 식기 사용 시 귀한 손님은 은기나 금기를 사용한다.
④ 중국 식기는 대체로 화려하다.

정답 ②

⑦ 접시에 밥을 깔아서 담는다(대륙 모양을 의미).

⑧ 찻주전자와 찻잔을 함께 세팅하여 기름기 있는 음식을 먹은 후 차를 마시도록 한다.

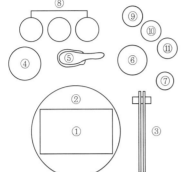

① 냅 킨
② 개인 접시
③ 젓가락과 젓가락 받침
④ 조미료 접시
⑤ 렝게와 렝게 받침
⑥ 찻 잔
⑦ 술 잔
⑧ 기본반찬
⑨ 간 장
⑩ 라 유
⑪ 식 초

4. 중국요리의 기본적인 향신료와 조미료

① **고추기름** : 고추를 식용유와 함께 가열하여 매운맛 성분을 추출해 낸 조미료이다.

② **굴소스** : 생굴을 소금에 절여 발효시킨 조미료로 볶음 요리 등에 다양하게 이용된다.

③ **노두유** : 색깔이 진한 간장을 말하며 노두·노추라고도 하며, 맛은 약간 달고 짠맛이 덜하다.

④ **전분** : 고구마, 감자, 옥수수 등을 이용하여 만든 가루로 중식에서는 특히 감자전분을 많이 사용한다.

⑤ **두반장** : 잠두콩(누에콩)을 원료로 하여 만든 된장에 고추 등 여러 가지 향신료를 섞어 만든 것이다. 사천요리에 많이 쓰인다.

⑥ **목이버섯** : 부드럽고 쫄깃한 맛과 검은 색깔로 시각적인 면에서 즐길 수 있다.

⑦ **생강** : 양념으로 다지거나 채를 썰거나 즙을 내어 사용하기도 한다.

---

07 중국 식탁 위에 올라가지 않는 것은?

① 간 장
② 라 유
③ 식 초
④ 두반장

정답 ④

08 재료에 콩, 마늘, 고추, 밀가루, 식초를 더해 발효시킨 소스는?

① XO소스
② 굴소스
③ 해선장
④ 노두유

정답 ③

⑧ **청주** : 고기나 생선의 냄새를 없애는 데 사용한다.

⑨ **정향** : 인도네시아가 원산지이며 열대식물의 덜 익은 꽃봉오리를 따서 건조시킨 것이다.

⑩ **중국부추** : 중국요리의 튀김이나 볶음 등에 많이 이용되며 조선부추에 비하여 길이가 길고 두툼하다.

⑪ **참기름** : 참깨를 볶아 만든 기름으로 고소한 맛이 나며 한국요리 및 일본요리에도 많이 이용된다.

⑫ **식초** : 각종 원료를 사용하여 미생물에 의한 알코올 발효 및 초산에 의해 만들어진다. 신맛과 독특한 풍미를 지닌다.

⑬ **통후추** : 열매가 덜 익었을 때 따서 껍질이 검은색으로 변할 때까지 말린 것이다.

⑭ **팔각** : 오향의 주원료로 별 모양의 8각으로 되어있다.

⑮ **산초** : 생산초는 아린맛이 강하므로 볶아서 향을 내기도 하고, 열매를 껍질째 건조시켜 요리에 사용하기도 한다.

⑯ **송화단** : '피단'이라고도 하는데, 오리알을 진흙으로 싸서 왕겨 속에 넣어 삭힌 것으로 냉채요리에 사용한다.

---

09 냉채요리에 주로 사용되는 식재료는?

① 송화단
② 통후추
③ 산 초
④ 팔 각

정답 ①

10 중국요리의 오향분에 해당하지 않는 재료는?

① 정 향
② 팔 각
③ 계 피
④ 감 초

해설 오향 : 팔각, 정향, 회향, 계피, 산초

정답 ④

5. 조리기구 종류

중식 칼 (차이-떠우)	중화 칼은 넓고 두꺼우며, 모양에 따라 칼끝이 둥근 칼, 말머리 모양 칼, 칼날이 뾰족한 칼로 나눌 수 있다.
편수 팬	• 웍(Wok)이라고 불리는 볶음 팬이다. • 바닥이 넓은 금속 냄비로 중국요리를 할 때 사용하는 기본 팬이다. • 열철로 제조되었으며 다량의 재료를 튀기거나 삶을 때 사용한다.
작은 솥 (셔우-꿔)	열철로 제조되었으며 주방에서 가장 많이 사용되는 기구이다.
구멍 국자	물기를 제거할 재료를 건질 때, 기름 등을 제거할 때 편리하다.
퐂(Pot)	대량의 소스나 육수를 만들 때 사용하는 솥이다.
찜 기	• 생선찜, 두부찜 등을 비롯해서 딤섬, 만두, 모듬 찜요리에 증기를 이용하여 재료를 익힐 때 사용한다. • 대나무로 만든 찜기를 이용해서 찜을 하면 독특한 향이 풍미를 좋게 한다.
도 마	• 나무 도마와 플라스틱 도마가 있으며 원형의 모양이다. • 나무 도마는 주로 은행나무를 사용하며, 사용 후 깨끗이 닦아 세워서 통풍이 잘 되는 곳에 보관한다.
대나무 솔	대나무를 가늘게 잘라 엮어서 만든 솔로 팬을 닦을 때 사용한다.
튀김 국자	재료를 튀기거나 재료를 건져낼 때 주로 사용한다.

11 중식 조리도구 중 바닥이 둥근 금속 냄비로 볶음, 튀김 팬으로 적당한 것은?

① 웍(중화 팬)
② 작은 솥
③ 냄 비
④ 물 솥

정답 ①

12 중식 조리도구로 적당하지 않은 것은?

① 중화 팬
② 튀김 국자
③ 튀김거름망
④ 냄 비

정답 ④

6. 기본 조리 용어 및 조리 기술

전(煎, 찌앤)	이미 처리된 재료를 센 불의 기름에서 지지는 것을 말한다.
증(蒸, 쩡)	수증기를 이용하여 익히는 조리방법이다.
작(炸, 짜)	넉넉한 기름에 튀기는 방법이다.
청작(淸炸, 칭짜)	재료에 옷을 입히지 않고 그대로 튀기는 방법이다.
건작(乾炸, 치앤짜)	튀김옷을 입혀 튀긴 것을 말한다.
초(炒, 챠오)	중국요리에서 가장 많이 사용되는 조리법으로 이미 처리된 재료를 센 불에서 단시간에 볶는 방법이다.
돈(燉, 둔)	국물을 충분히 붓고 약한 불에서 푹 삶는 방법이다.
류(溜, 리우)	전분을 풀어 걸쭉하게 하는 방법을 말한다.
폭(爆, 빠오)	재료를 센 불에서 재빨리 조미하고 볶는 조리법이다.
팽(烹, 펑)	이미 익힌 재료를 부재료와 조미료를 넣고 다시 물기 없이 졸이는 방법이다.
반(拌, 빤)	재료에 각종 조미료를 넣고 혼합하여 골고루 섞는 조리법이다.
소(燒, 샤오)	찌고, 굽고, 튀기고, 지지고, 가열해서 조리는 것이다.

7. 써는 방법에 따른 명칭

① 사(絲, 쓰) : 재료를 가늘게 채 써는 것을 말한다.

② 편(片, 피앤) : 재료를 얇게 포 뜨듯이 써는 방법이다.

③ 정(丁, 띵) : 정육면체의 주사위 모양으로 써는 방법이다.

④ 괴(塊, 콰이) : 조리 재료를 2.5cm 정도의 크기로 마구 썰기하는 것이다.

⑤ 조(條, 티아오) : 사방 0.5cm, 길이는 5cm 크기의 소독저 모양으로 썬다.

⑥ 말(沫, 모) : 잘게 다진 것을 말한다.

⑦ 립(粒, 리) : 條(티아오)나 絲(쓰)의 모양으로 썬 후 정사각형의 입자 모양으로 썬다.

⑧ 송(松, 쏭) : 0.5cm 크기로 잘게 썬다.

⑨ 세말(細末, 시모) : 말(沫, 모)보다 더 잘게 썬다.

---

13 중국 요리의 조리법 중 증기를 이용한 조리법은?

① 증(蒸)
② 소(燒)
③ 민(燜)
④ 초(炒)

해설 ① 증(蒸) : 재료를 증기로 쪄서 익히는 방법이다.
② 소(燒) : 조림을 말한다.
③ 민(燜) : 푹 고는 것을 말한다.
④ 초(炒) : 볶는 것을 말한다.　　　정답 ①

14 중식의 썰기 방법 중 재료를 먼저 편 썬 뒤 다시 채 썰기하는 방법은?

① 편(片)
② 정(丁)
③ 사(絲)
④ 미(米)

해설 ① 편(片) : 포 뜨듯이 얇게 편 써는 방법
② 정(丁) : 재료를 사각형으로 자르는 방법
④ 미(米) : 쌀알 크기로 자르는 방법　　　정답 ③

절임·무침 조리

1. 절임·무침 조리 개요

(1) 절임의 개요
채소류, 과일류, 수산물 등을 식염, 식초, 당류 등에 절인 후 다른 식품을 가하여 가공한 초절임, 염절임, 당절임 등을 말한다.

(2) 무침의 개요
① **초무침** : 재료에 설탕, 식초, 소금을 넣어 새콤하게 무쳐내는 조리방법이다. 날것을 그대로 또는 소금에 절이거나 혹은 데쳐서 무치거나, 그릇에 재료를 담고 소스를 끼얹는 방법 등이 있다.

② **무침** : 생선, 육류, 채소 등의 재료를 날것 그대로 또는 소금에 약간 절여 각종 양념에 무치는 조리방법이다.

③ **나물** : 엽채류, 즉 각종 나물들을 끓는 물에 데쳐서 물기를 짠 후 갖은 양념으로 무친 것이다.

2. 절임·무침 준비
① **자차이(짜사이)** : 뿌리 식품으로 사천지방의 대표적인 염장 식재료다.

② **오이** : 깨끗이 씻어 길게 4등분하고 4~5cm로 자른 후 소금을 뿌려 절인다. 오이는 생채, 숙채, 조림, 볶음, 장아찌, 샐러드 등에 이용된다.

③ **청경채** : 절임·무침에는 주로 데쳐서 사용하지만, 소금에 절여 사용하기도 한다.

④ **양 파**
　㉠ 큼직하게 썰어 육수에 넣으면 잡냄새가 제거된다.
　㉡ 채 썰어 식초에 초절임하여 고기 요리에 곁들여 낸다.

⑤ **양배추** : 줄기의 억센 부분을 제거하여 네모나게 썰거나 채 썰어 나물, 쌈, 절임류, 김치 등으로 이용된다.

TIP
자차이
일종의 장아찌로, 무처럼 생긴 뿌리를 소금과 양념에 절여서 만들며 반찬으로 먹는다. 우리나라의 무김치와 비교되는 중국의 절임 김치라고 할 수 있으며, 중국 사천성의 대표적인 음식이다.

---

15 중식의 절임·무침에 많이 사용되는 재료로 중국 사천성의 대표적인 식재료는?

① 청경채
② 부 추
③ 자차이
④ 양상추

[해설] 자차이는(짜사이)는 뿌리 식품으로 주로 염장해서 먹는다. 우리나라 장아찌와 비슷하다. [정답] ③

16 무나 양파를 오랫동안 익힐 때 색을 희게 하려면 다음 중 어느 것을 첨가하면 좋은가?

① 소 금
② 소 다
③ 생 수
④ 식 초

[해설] 무나 양파를 익히는 도중 산을 첨가하면 갈변을 방지할 수 있다. [정답] ④

소금의 종류
- 호렴(천일염 또는 굵은소금) : 배추 절임, 장, 오이지 담글 때 사용
- 재제염 : 일차 제품을 정제한 소금으로 음식에 직접 간할 때 사용(일명 꽃소금)
- 정제염 : 불순물과 중금속을 제거하고 얻어낸 소금
- 맛소금 : 정제염에 MSG를 첨가해 감칠맛이 나게 만든 소금

⑥ 배추 : 배추 절임에 사용되는 소금은 정제염보다 호렴(굵은소금, 천일염)을 사용한다.

⑦ 무 : 무의 냄새는 메틸 메르캅탄 성분에 의한 것이고, 매운맛은 알린 화합물에 의한 것이다.

⑧ 파 : 중국요리에 빠지지 않는 재료로, 주로 대파를 쓰며 향을 내거나 채 썰어 많이 사용한다.

⑨ 마늘 : 잘게 다지고 볶아 향을 내어 고기 또는 생선요리에 잡냄새를 제거해 준다.

⑩ 생강 : 파, 마늘과 함께 자주 쓰이는 향채소로, 주로 고기나 생선 요리에 이용한다.

⑪ 죽순 : 주로 통조림을 사용한다.

3. 절임류 및 무침류 만들기

(1) 절임류 만들기

① 자차이 절임

　ㄱ 자차이는 중국 사천지방에서 많이 나오는 채소의 일종으로 소금에 절여서 반찬으로 먹으며, 우리나라의 김치와 비슷하다.

　ㄴ 씻어서 짠맛을 제거하고 대파 또는 오이를 채 썰어 설탕과 식초, 고추기름, 참기름으로 버무린다.

② 오이 절임 : 오이를 소금에 절였다가 건져서 설탕과 두반장, 고추기름을 넣어 버무린 것이다. 매콤하고 달콤한 맛이 특징이다.

③ 장아찌 : 제철에 흔한 채소를 소금이나 간장, 된장, 고추장 등에 넣어 오래두고 먹는 저장 식품이다.

④ 젓갈류

　ㄱ 어패류의 살, 알, 창자 등을 소금에 절여 발효시킨 식품의 총칭이다.

　ㄴ 반찬으로 무쳐 먹기도 하고, 김치의 양념으로 사용하기도 한다.

---

17 절임류에 사용되는 소금으로 적당한 것은?

① 정제염
② 천일염
③ 고운 소금
④ 죽 염

[해설] 호렴은 흔히 천일염 또는 굵은소금이라 하는데, 주로 절임류에 사용한다. [정답] ②

18 다음 향신료 중 생선의 비린내를 없애는 데 가장 효과적인 것은?

① 파
② 마 늘
③ 생 강
④ 양 파

[해설] 생강의 진저론 성분이 비린내 제거작용을 한다. [정답] ③

⑤ 김치 : 중식당에서는 배추를 절여서 김치를 만들어 사용한다. 배추는 10% 소금물에 7~8시간 절인다.

(2) 무침류 만들기

① 자차이 무침

　㉠ 소금에 절여진 자차이는 물에 담가 짠맛을 뺀다.

　㉡ 대파는 흰 부분만 5cm 길이로 채 썬다.

　㉢ 자차이와 대파에 고추기름, 식초, 참기름을 넣어 무친다.

② 오이 무침 : 오이를 소금에 절였다가 건져 무침류에 많이 이용된다.

TIP
절여진 채소류는 물에 담가 짠맛을 제거하여 용도에 맞게 무친다.

4. 절임 보관 및 무침 완성

(1) 보관 목적

식품의 저장 목적은 병원성 유해 미생물의 오염을 막아 맛과 향기를 향상시키는 데 있다.

(2) 절임·무침의 완성 보관법

① 건조법 : 수분을 15% 이하로 하여 보관

② 냉장·냉동법 : 식품을 냉장·냉동으로 보관

③ 염장법 : 소금의 삼투압 작용에 의하여 저장하는 방법

④ 당장법 : 50% 이상의 설탕 농도에 절여서 저장하는 방법

⑤ 산저장법 : 초산이나 젖산을 이용하여 저장하는 방법(오이피클, 채소류 등)

⑥ 가스저장법(CA저장) : 이산화탄소 또는 질소가스를 주입시켜 효소를 불활성시킨 후 호흡속도를 줄이고 미생물의 생육과 번식을 억제시켜 저장하는 방법(채소, 과일, 달걀 등)

---

19 다음 중 저장·발효음식이 아닌 것은?

① 장아찌
② 김 치
③ 젓 갈
④ 오이무침

정답 ④

20 배추를 절일 때 적당한 소금물의 농도는?

① 8%
② 10%
③ 14%
④ 16%

정답 ②

육수 · 소스 조리

1. 육수 · 소스 조리 개요

(1) 육수의 개요

① 중국요리는 소고기 육수보다 '청탕'이라고 불리는 닭 육수가 기본이다.

② 육수 재료는 찬물에 넣어 끓인다.

③ 불 조절 시 센 불에서 시작해서 끓으면 약불에서 끓인다.

④ 육수를 끓이는 도중에 떠오르는 거품 및 불순물은 제거한다.

⑤ 완성된 육수는 걸러서 냉각시킨다. 냉각된 육수 위에 굳은 기름은 걷어 내고, 맑은 육수만 냉장보관하여 사용한다.

⑥ 육수는 주로 게살수프, 옥수수탕, 산라탕 등 각종 탕, 국물요리나 볶음이 나 조림용 국물로 두루 쓰인다.

(2) 소스의 개요

① 라틴어로 '소금물'을 의미하는 'Salsus'에서 유래한 Sauce(소스)는 음식 의 풍미를 더해 주거나 식욕을 돋우는 역할을 한다.

② 소스는 다양한 결합에 의하여 원재료의 맛과 향을 결정하는 요소이다.

TIP
소스는 스페인어로는 Salsa(살사) 라고 한다.

2. 육수 · 소스 만들기

(1) 닭 육수 만들기

① 닭은 내장과 기름을 제거하여 깨끗이 씻고 닭발도 손질하여 끓는 물에 데친다.

② 양파와 대파는 손질하여 큼직하게 썰고 생강은 껍질을 벗겨 저며 썬다.

③ 냄비에 물을 넉넉히 붓고 데친 닭, 닭발, 양파, 대파, 생강을 넣고 뚜껑을 열고 끓인다.

④ 육수가 끓으면 떠오르는 불순물과 거품을 제거하고 약불에서 은근하게 푹 끓인다.

⑤ 육수가 우러나면 소창에 받쳐 맑은 국물을 받는다.

---

21 육수를 만드는 방법으로 적절하지 않은 것은?

① 육수 재료는 끓는 물에 넣어 끓인다.

② 육수는 센 불에서 끓이다가 약불에서 서서히 끓인다.

③ 육수를 끓이는 도중 떠오르는 거품 및 불순물을 제거 한다.

④ 완성된 육수는 걸러서 냉각시킨다.

[해설] 육수 재료는 찬물에 넣어 끓인다.　　　[정답] ①

22 육수 조리과정에서 육수를 안전하게 보관할 수 있게 하는 단계는?

① 끓이기

② 걸러내기

③ 불순물 제거

④ 냉 각

[해설] 육수를 거른 후 식혀서 열전달이 빠른 금속기물을 사용하여 보관한다.　　　[정답] ④

(2) 소스 만들기

① **겨자소스** : 겨자가루를 따뜻한 물에 개어 설탕, 식초, 소금, 육수, 참기름을 넣어 만든 소스이다.

② **마늘콩장 소스** : 발효시킨 콩과 마늘을 으깬 뒤 설탕, 소금을 넣어 만든 소스이다.

③ **굴소스** : 생굴을 소금물에 담가 발효시킨 후 위의 맑은 물은 따라 내고 간장처럼 만든 소스이다. 굴의 감칠맛이 농축된 소스로 대표적인 중국식 소스이다.

④ **탕수(糖醋)소스** : 설탕, 식초를 이용해서 새콤달콤하게 만든 소스이다.

⑤ **해선장 소스** : 설탕, 매실, 대두, 참깨, 소금을 넣어 만든 소스이다.

⑥ **자장소스** : 달군 팬에 기름을 넉넉히 넣고 춘장을 볶아서 육류와 채소류에 양념을 넣어 만든 소스이다.

⑦ **XO소스** : 중국식 햄과 마른패주, 마른새우를 갈아서 다진 파와 마늘, 굴소스, 소금, 향료 등을 넣고 만든 매운맛의 소스이다.

⑧ **매실소스** : 매실을 농축시켜 만든 소스로, 양념장에 단맛을 더한다.

⑨ **쌍로두유 소스(중국간장)** : 물, 설탕, 캐러멜, 대두, 소금, 밀가루를 넣어 만든 소스이다.

⑩ **칠리소스** : 고추기름에 마늘, 생강, 파, 두반장, 토마토케첩, 식초, 설탕 등을 넣어 만든 소스이다.

3. 육수 · 소스 완성 보관

① 조리 후 30분 이내에 냉각시설에 넣는다.
② 1인분씩 분배하여 0~3℃에 냉장보관한다.
③ 냉장고에서 꺼낸 후 30분 이내 재가열한다(중심 온도 74℃ 이상).

TIP
소스의 이용
• 겨자소스 : 톡 쏘는 맛이 누린내, 비린내 등을 없애 주어 해물이나 육류, 냉채류에 잘 어울린다.
• 마늘콩장 소스 : 육류, 생선요리, 볶음요리, 찜요리 등의 소스로 사용한다.
• 해선장 소스 : 닭고기 요리에 많이 사용한다.
• 쌍로두유 소스 : 색깔 내는 소스로, 각종 요리에 사용한다.

23 탕수(糖醋)소스를 설명한 것으로 적절한 것은?
① 설탕, 식초를 이용해서 새콤달콤하게 만든 소스이다.
② 매실을 농축시켜 만든 독특한 소스로 양념장에 단맛을 더 한다.
③ 고추기름에 마늘, 생강, 파, 두반장, 토마토케첩, 식초, 설탕 등을 넣어 만든 소스이다.
④ 겨자가루를 따뜻한 물에 개어 설탕, 식초, 소금, 육수, 참기름을 넣어 만든 소스이다.
정답 ①

24 굴의 감칠맛이 농축된 소스로 대표적인 중국식 소스는?
① 마늘콩장 소스
② 굴소스
③ XO소스
④ 해선장 소스
정답 ②

튀김 조리

1. 튀김 준비

(1) 튀김 조리 개요
튀김은 튀김옷을 입혀서 튀기는 조리방법으로, 재료의 맛 손실을 적게 하여 풍미가 좋다.

(2) 튀김기름의 종류
튀김에 사용하는 기름은 옥수수유, 대두유(콩기름), 포도씨유, 카놀라유 등 발연점이 높은 기름을 사용한다.

(3) 튀김옷 재료
① 전 분
  ㉠ 종류로 감자전분, 옥수수전분, 고구마전분 등이 있다.
  ㉡ 물과 전분을 1 : 1 비율로 넣고 잘 섞어 녹말물을 만든다.
② 튀김옷 재료 준비
  ㉠ 녹말가루에 물을 부은 다음 녹말가루와 물이 잘 섞이도록 한다.
  ㉡ 윗물이 맑아지면 윗물을 따라 버리고 앙금녹말을 준비한다.
  ㉢ 앙금녹말 또는 불린 녹말은 냉장고에 넣어 두고 튀김옷으로 사용한다.
  ㉣ 녹말가루 대신 불린 녹말을 쓰면 반죽에 끈기가 생겨 재료가 잘 달라붙어 튀김옷이 벗겨 지지 않고 쫀득한 맛이 난다.
③ 밀가루 : 글루텐 함량이 낮은 박력분을 사용한다.
④ 물 : 찬물은 글루텐 형성을 저해하여 바삭함을 준다.
⑤ 달걀 : 달걀흰자는 부드럽게 튀겨지고, 노른자는 음식 색을 노랗게 살릴 때 이용한다.

TIP
녹말물
• 물과 기름이 분리되지 않게 융화시키는 역할을 한다.
• 뜨거운 국물요리에 녹말물을 넣으면 보온 역할을 한다.

TIP
앙금녹말은 100% 감자전분만 가능하다.

---

25 튀김기름으로 적당하지 않은 것은?
① 콩기름
② 카놀라유
③ 포도씨유
④ 올리브유

해설 튀김기름은 발연점이 높은 기름이 적당하다. 참기름, 들기름, 올리브유 등은 적합하지 않다. 정답 ④

26 튀김옷에 대한 설명 중 잘못된 것은?
① 중력분에 전분 10~30% 혼합 시 박력분과 비슷해진다.
② 달걀을 넣으면 글루텐 형성을 돕고 수분 방출을 막아 주므로 장시간 두고 먹을 수 있다.
③ 튀김옷에 0.2% 정도의 중조를 혼입하면 오랫동안 바삭한 상태를 유지할 수 있다.
④ 반죽 시 적게 저으면 글루텐 형성을 방지할 수 있다.

해설 달걀은 글루텐 형성을 방지하고 단백질이 응고하면서 수분을 방출하므로 바삭해진다. 정답 ②

2. 튀김 조리

① 튀김기름의 온도는 150~180℃이면 적당하다.

② 고기류는 중간 온도에서 시작해 충분히 튀긴 후 기름온도를 높여 다시 한번 튀긴다.

③ 생선이나 채소류는 강한 불에서 재빨리 튀겨 건져야 본래의 색과 맛을 살릴 수 있다.

④ 전분식품은 호화를 위해 단백질 식품보다 조리시간이 오래 걸리므로 조금 낮은 온도에서 튀긴다.

⑤ 넉넉한 기름을 사용하여 표면은 바삭하게, 속은 부드럽게 익힌다.

3. 튀김 완성

① 튀김요리의 종류에 따라 그릇을 선택할 수 있다.

② 튀김 요리에 어울리는 기초 장식을 할 수 있다.

③ 색깔, 맛, 향, 온도를 고려하여 튀긴 즉시 제공한다.

TIP
- 튀김을 바삭하게 하려면 처음에는 중온, 두 번째는 고온으로 두 번 반복해서 튀긴다.
- 튀김온도는 육류 160~170℃, 채소류 170℃, 생선 180℃ 정도가 적당하다.

---

27 튀김기름의 온도로 가장 적당한 것은?

① 140~150℃
② 160~180℃
③ 180~190℃
④ 200℃ 이상

정답 ②

28 튀김 조리 시 식품이 100g이라면 기름은 약 몇 g이 필요한가?

① 약 300~500g
② 약 500~600g
③ 약 600~1,000g
④ 약 1,000~1,500g

정답 ③

조림 조리

TIP
조리는 도중 조림장을 끼얹어 주
어 양념이 재료에 골고루 배도록
해야 맛이 좋다.

TIP
회(燴)의 세분화
• 청회(淸燴) : 녹말이 들어가지 않
  는 조리법
• 백회(白燴) : 녹말이 조금 들어가
  는 조리법
• 홍회(紅燴) : 간장이나 황설탕을
  넣고, 녹말 농도가 진한 조리법

1. 조림 조리 개요

(1) 조림의 특징

① 조림은 양념장과 물을 넣어 함께 조려낸 것으로, 수조육류와 어패류 조림, 채소조림 등이 있다.

② 조림은 화력이 강한 불보다 은근한 불에서 익히는 것이 기본이다.

(2) 조림 조리 용어

① 전(煎, 찌앤) : 번철에 기름을 두르고 생선이나 고기, 채소 등을 다지거나 얇게 썰어 지지듯 튀긴다.

② 소(燒, 샤오) : 조림을 뜻하며, 튀기거나 볶거나 지지거나 쪄서 미리 가열 처리한 재료에 조미료와 육수 또는 물을 넣고 조리는 방법이다.

③ 소회(燒燴) : 팬에 기름, 향신료, 동식물성 재료와 양념을 넣고 걸쭉하게 조리는 조리법이다.

2. 조림 조리

(1) 난자완스(南煎丸子)

① 난자완스는 전(煎, 찌앤)의 조리법이다.

② 다진 고기에 달걀과 녹말을 넣고 반죽하여 완자를 빚어 튀기듯 지진다.

③ 채소, 버섯을 넣어서 소스에 조려 낸다.

(2) 홍쇼두부(紅燒豆腐)

① 홍쇼두부는 소(燒, 샤오)의 조리법이다.

② 두부를 노릇하게 튀겨낸 다음 채소, 버섯을 넣어 소스에 부드럽게 조려 낸다. 채소의 색이 퇴색되지 않게 강한 불에 익혀 낸다.

3. 조림 완성

① 소스가 흐르지 않게 약간 깊은 그릇을 선택한다.

② 주재료와 부재료가 잘 어우러지게 담아낸다.

---

29 난자완스의 조리법은?

① 전(煎)

② 소회(燒燴)

③ 작(炸)

④ 류(溜)

정답 ①

30 전분가루를 물에 풀어 두면 가라앉는 현상과 가장 관계가 깊은 것은?

① 전분이 물에 완전히 녹으므로

② 전분의 비중이 물보다 무거우므로

③ 전분이 호화되므로

④ 전분이 유화되므로

정답 ②

밥 조리

1. 밥 준비

① 쌀을 씻을 때는 비타민 손실을 막기 위해 가볍게 3~4회 씻는다.
② 씻은 쌀은 30분~1시간 정도 수침시켜서 물기를 뺀다.

2. 밥 짓기

① 물의 분량은 수침시간에 따라 다르고 잘된 밥의 양은 쌀의 2.5~2.7배 정도이다.
② 보통 밥보다 조금 되게 짓는 것이 좋다.
③ 밥은 고슬고슬하게 지어야 밥알마다 기름과 재료가 잘 섞인다.

3. 요리별 조리하여 완성

(1) 볶음밥의 종류

볶음밥은 새우볶음밥, 게살볶음밥, XO볶음밥, 마파두부덮밥, 서시볶음밥, 잡채밥, 파인애플볶음밥, 원양볶음밥, 삼선볶음밥 등이 있다.

(2) 새우볶음밥 조리

① 밥은 고슬고슬하게 지어 식힌다.
② 새우는 내장을 제거하고 데쳐 놓는다.
③ 팬에 기름을 두르고 뜨거워지면 달걀 푼 물을 넣은 후 볶고 채소류와 새우살, 완두콩을 넣고 볶다가 밥을 넣고 소금 간하여 완성 접시에 담는다.

(3) 곁들여 제공하기

① 달걀 국물
  ㉠ 팬에 닭 육수를 붓고 소금, 조미료를 넣어 끓이고 거품을 걷어 낸다.
  ㉡ 육수에 달걀, 참기름, 잘게 썬 대파를 넣어 끓인다.
② 메뉴 구성을 고려하여 짬뽕 국물, 짜장 소스 등을 곁들여 제공한다.

TIP
• 원양볶음밥 : 여러 가지 해물과 채소에 굴소스를 곁들인 잡탕 볶음과 부드러운 크림새우를 위에 올려 두 가지 맛을 한 번에 즐기는 볶음밥
• 서시볶음밥 : 일반 볶음밥에 달걀흰자만을 넣어 만든 볶음밥
• 삼선볶음밥 : 달걀과 새우, 해삼, 오징어, 완두콩, 대파, 당근을 넣어 만든 볶음밥

---

31 다음 중 밥물을 잘못 잡은 것은?

① 햅쌀밥 – 쌀 용량의 1.1배
② 찹쌀밥 – 쌀 용량의 0.9~1.0배
③ 백미 – 쌀 용량의 1.2배
④ 침수시킨 쌀 – 쌀 용량의 1.5배

[해설] 불린 쌀은 쌀 중량의 1.2배, 쌀 용량과 동량이다.

정답 ④

32 다음 중 재료 씻기의 요령으로 틀린 것은?

① 쌀은 여러 번 씻는 것보다 많은 물에 한 번 씻는 것이 좋다.
② 육·어류는 절단 후 씻으면 수용성 펙틴의 손실이 많으므로 씻은 후 자른다.
③ 쌀을 씻을 때는 으깨거나 너무 많이 씻지 않는다.
④ 껍질째 씻은 후 껍질을 벗기는 것이 영양소 손실이 적다.

정답 ①

면 조리

1. 면 조리 개요

(1) 면 조리의 의의

밀이 많이 재배되는 중국 북방 지역의 사람들은 밀가루 음식을 주식으로 삼았다. 밀가루를 이용해 만든 음식을 '면식'이라고 하며 국수, 만두, 포자, 교자, 혼돈 등이 여기에 속한다.

(2) 면 조리의 종류

① 탕면(湯麵, 탕멘) : 국물이 많은 국수(탕 종류)
② 초면(炒麵, 차오미멘) : 삶은 국수를 다시 기름에 볶은 조리(팔진초면)
③ 작장면(炸醬麵, 차오장멘) : 한국식 중화음식 자장면
④ 비취냉면(翡翠冷麵) : 푸른색 국수로 만든 면 요리
⑤ 쌀국수 볶음(炒米粉, 차오미펀) : 쌀국수를 이용해 만든 면 요리

(3) 면 요리 재료

① 소면(素麵) : 밀가루, 면강화제(소다), 소금, 물
② 쌀국수(沙河粉) : 쌀가루, 밀가루, 소금, 물
③ 냉면(冷麵) : 밀가루, 메밀가루, 식소다, 소금, 물

2. 반죽하여 면 뽑기

(1) 국 수

① 중력분, 물, 소금, 식소다(면강화제)를 넣어 잘 섞는다.
② 반죽이 반들반들 윤기가 날 때까지 치댄다.
③ 30분 정도 숙성시킨다.
④ 반죽을 얇게 밀어 밀가루나 전분을 뿌리고 칼로 자르거나 기계에 넣어 면을 뽑는다.

TIP

비취(푸른색)국수
밀가루에 시금치즙, 물, 소금, 식소다, 달걀흰자를 넣어 반죽한 다음 국수를 뽑는다.

---

33 밀가루 종류 중 면을 만들 때 가장 적당한 밀가루는?

① 강력분
② 중력분
③ 박력분
④ 전 분

해설 일반적으로 단백질 함량이 13% 이상인 강력분은 제빵용으로, 10% 이하인 박력분은 제과용으로 그리고 11~12%인 중력분(단백질 함량이 높음) 혹은 다목적용 밀가루는 제면용으로 이용되고 있다.

정답 ②

34 밀가루를 물로 반죽하여 면을 만들 때 반죽의 점성에 관계하는 주성분은?

① 글로불린
② 글루텐
③ 아밀로펙틴
④ 덱스트린

해설 밀가루에 물을 붓고 반죽하면 점성과 탄력성이 있는 복합체인 글루텐을 형성하기 때문에 글루텐 단백질이라 한다.

정답 ②

(2) 중화면

　① 중화면은 일반 생면과 다르게 색상이 노랗고 오래 두어도 쉽게 불거나 들러붙지 않는다.

　② 중화면은 중력분에 베이킹소다, 면강화제(알칼리용액) 등을 넣고 황색소나 치자물을 우려 노란색을 더한다.

(3) 생 면

　① 생면은 밀가루(중력분), 물, 소금을 이용해서 만든다.

　② 반죽을 오래 치댈수록 찰기가 생겨 면이 쫄깃해진다.

　③ 전분을 이용해서 만든 대표적인 국수로 당면이 있다.

3. 면 삶아 담기

　① 큼직한 냄비에 물을 넉넉하게 끓인다.

　② 물이 팔팔 끓으면 국수를 펼쳐 넣는다.

　③ 국수 삶는 물이 끓어오르면 찬물을 부은 뒤 저어 준다. 이 과정을 3번 정도 반복한다.

　④ 건진 국수를 찬물에 헹군 뒤 다시 따뜻한 물에 담갔다가 물기를 빼고 그릇에 담아 놓는다.

TIP 면을 삶다가 찬물을 넣어주면 국수가 더 쫄깃해진다.

4. 요리별 조리하여 완성

　① 면 요리는 내기 직전에 따뜻한 물에 담갔다 건져 그릇에 담는다.

　② 국물이 많은 요리와 볶음 요리 등에 따라 그릇을 선택한다.

　③ 메뉴에 따라 어울리는 기초 장식을 할 수 있다.

---

35 밀가루에 중조를 넣으면 황색으로 변하는 이유는?

① 산에 의한 변화
② 알칼리에 의한 변색
③ 효소적 갈변
④ 비효소적 갈변

해설 밀가루 내의 플라보노이드 색소는 알칼리를 넣으면 황색으로 변한다. 정답 ②

36 국수를 삶을 때 가장 적당한 물의 pH는?

① pH 2
② pH 6
③ pH 10
④ pH 14

정답 ②

냉채 조리

1. 냉채 조리 개요

① 냉채(冷菜)는 찬 음식으로, 냉채요리는 대부분 신맛이 있어서 식욕을 돋우기 때문에 일반적으로 전체 요리로 낸다.

② 냉채요리는 색, 맛, 향, 조리법 등이 중복되지 않도록 한다.

③ 냉채요리는 차게 만들어 차게 내는 요리와 뜨겁게 만들어 차게 내는 요리가 있다.

2. 냉채 준비

(1) 냉채 재료 손질법

① 마른 해삼 : 물에 불려 한번 끓인 다음, 식히고 다시 끓이기를 여러 차례 반복한다.

② 새우 : 등 쪽에서 내장을 제거하고 데친 후 껍질을 제거한다.

③ 해파리 : 시중에 유통되는 해파리는 명반과 소금으로 압착하여 수분을 없애고 다시 소금에 절인 것이다. 따라서 물에 여러 번 씻은 후 사용해야 한다.

④ 갑오징어 : 껍질을 벗기고 내장, 뼈를 제거한다.

⑤ 상어지느러미 : 건조된 상태의 제품을 물에 불린 후 대파, 생강, 술을 넣고 삶아서 그대로 두었다가 다시 한번 육수에 삶아 건진다.

⑥ 송화단
  ㉠ 오리알을 진흙으로 싼 뒤 왕겨 속에 넣어 삭힌 것으로 '피단'이라고도 한다.
  ㉡ 쪄서 껍질을 벗기고 썰어서 냉채에 이용한다.

⑦ 양분피(양장피) : 고구마나 감자전분으로 만든 양장피는 물에 불려 사용하거나 살짝 데쳐서 사용한다.

---

37 진흙으로 싸서 왕겨 속에 넣어 삭힌 것으로 주로 냉채요리에 사용하는 식재료는?

① 해 삼
② 송이버섯
③ 패 주
④ 송화단

해설 송화단은 '피단'이라고도 하는데, 오리알을 진흙으로 싸서 왕겨 속에 넣어 삭힌 것으로 냉채요리에 사용한다.

정답 ④

38 냉채의 채소를 아삭아삭하고 싱싱하게 하려고 할 때 가장 합리적인 방법은?

① 깨끗이 씻은 후 3시간 이상 물에 담가 놓는다.
② 씻은 채소를 물기를 빼고 뚜껑 있는 그릇에 담아 냉장고에 넣어 둔다.
③ 물에 오래 담가 놓는다.
④ 먹기 전에 씻는다.

해설 조리하기 2시간 전 쯤에 씻은 후 냉장고에 보관한다.

정답 ②

(2) 냉채에 이용되는 소스
① **겨자소스** : 겨자는 따뜻한 물에 개어 발효시킨 후 설탕, 소금으로 간을 하고 참기름을 넣어 향을 낸다.
② **마늘소스** : 육수, 설탕, 소금, 식초를 순서대로 넣어 간을 맞추고 여기에 다진 마늘과 참기름을 넣어 만든다.
③ **케첩소스** : 셀러리를 잘게 썰고 케첩, 고추기름, 설탕, 소금을 넣고 섞어 만든다.

3. 냉채 조리

(1) **차게 만들어 차게 내는 요리**
① **해파리냉채**
  ㉠ 해파리는 여러 번 씻어 짠맛을 제거하고, 따뜻한 물에 데친 후 찬물에 헹군다.
  ㉡ 오이는 소금으로 문질러 씻어 채 썰고, 마늘은 다진다.
  ㉢ 해파리와 오이는 함께 섞어 버무려 담도록 한다.
  ㉣ 겨자소스 또는 마늘소스에 버무려 낸다.
② **송화단(피단) 냉채**
  ㉠ 송화단은 찜통에 20분 정도 쪄서 식힌 후, 껍질을 벗긴 다음 6등분하여 냉채에 어울리게 장식한다.
  ㉡ 겨자소스 또는 마늘소스를 곁들인다.
③ **대하냉채**
  ㉠ 대하는 내장을 제거하고 껍질째로 대파, 생강과 같이 넣고 끓는 물에 삶아 식힌 후 껍질을 제거한다.
  ㉡ 오이는 반으로 갈라 편으로 썰어 접시에 깔아 놓는다.
  ㉢ 오이 위에 새우를 올리고 겨자소스를 고루 끼얹는다.

---

39 겨자소스에 대한 설명으로 옳지 않은 것은?
① 45℃ 전후의 따뜻한 물로 갠다.
② 겨자를 갠 후 시간이 경과되면 매운맛이 약화된다.
③ 흑겨자는 이용되지 않는다.
④ 매운맛 성분의 전구체는 시니그린(Sinigrin)이다.

정답 ②

40 조미료의 일반적인 첨가 순서는?
① 소금 – 식초 – 설탕
② 소금 – 설탕 – 식초
③ 설탕 – 소금 – 식초
④ 설탕 – 식초 – 소금

해설 조미료는 요리에 따라 사용 순서가 정해져 있는 것이 많다. 끓이는 것일 때에는 대개 설탕을 먼저 넣고 소금, 식초의 순서로 넣는다.

정답 ③

④ 삼선냉채 : 새우, 불린 해삼, 갑오징어 몸살, 패주(가리비), 편 썬 오이에 겨자소스를 버무려서 접시에 담는다.

⑤ 봉황냉채 : 해파리, 새우, 패주, 전복, 닭고기, 오향장육, 송화단, 달걀, 오이, 당근 등을 이용하여 봉황새 모양으로 냉채를 만든 것이다.

(2) 익힌 후 차게 내는 요리

① 오향장육
  ㉠ 소고기(아롱사태)를 핏물과 이물질을 제거하고 삶는다.
  ㉡ 고기를 건져서 육수를 붓고 간장, 설탕, 청주, 후추, 팔각 등을 넣고 삶아서 식힌 후 상에 낸다.

② 빵빵지(棒棒鷄)
  ㉠ 닭다리를 삶거나 쪄서 식힌다.
  ㉡ 방망이로 가볍게 두들겨 고기를 부드럽게 한다.

4. 냉채 완성

① 냉훈(冷燻) 또는 냉소(冷素) : 한 가지를 접시에 담아내는 방법
② 냉반(冷盤) 또는 병반(倂盤) : 두 가지 이상 냉채를 한 접시에 담아내는 방법
③ 냉채요리는 색, 맛, 부피감을 살리기 위해서 상에 내기 직전에 무쳐 완성한다.
④ 주재료와 부재료를 조화롭게 담아낸다.

TIP

오 향
• 팔각, 산초, 계피, 정향, 회향 등의 향신료이다.
• 오향은 고기의 잡냄새를 없앤다.

---

41 중국요리 향신료 중 오향에 속하지 않는 것은?

① 팔 각
② 산 초
③ 계 피
④ 생 강

[해설] 오향 : 팔각, 산초, 계피, 정향, 회향 [정답] ④

42 냉채 조리에 사용되는 오이의 색이 식초에 의해 녹갈색으로 변하는 이유는?

① 클로로필라이드가 생겨서
② 클로로필린이 생겨서
③ 페오피틴이 생겨서
④ 크산토필이 생겨서

[해설] 녹색 채소에 있는 클로로필은 산성용액 중에서 분자 중의 마그네슘이 유리되고 녹갈색의 페오피틴으로 된다.
[정답] ③

볶음 조리

1. 볶음 조리 개요

① 볶음요리는 기름을 조금 두르고 팬을 뜨겁게 달군 후 불을 최대한 강하게 해서 짧은 시간에 재료를 뒤섞으며 익히는 조리법이다.

② 조리법은 기름에 볶는 방법이 80%로 주를 이루며 센 불에서 볶아야 재료의 맛과 색, 향이 고스란히 살아 있다.

2. 볶음 준비 및 조리

(1) 볶음 준비

① 볶음 재료 선정

　㉠ 주재료 : 육류, 생선류, 채소류, 두부 등

　㉡ 부재료 : 파, 마늘, 생강 등의 향신료와 채소류 등

② 볶음 방법에 따라 조리용 매개체(물, 기름류, 양념류)를 선정하여 조리한다.

(2) 볶음 조리

① 볶음 조리 시 파기름을 사용하면 감칠맛과 향을 낼 수 있다.

② 잡채 종류에 사용되는 고기는 가늘게 채 썰어 간장, 청주에 밑간한다.

③ 밑간해 놓은 고기 채는 달걀과 된 녹말을 넣고 버무려 고기가 잠길 정도의 기름을 넣고 뜨거워지면 고기가 뭉치지 않게 1차로 익혀 낸다.

④ 1차 익힌 재료는 강한 화력으로 다시 볶아 낸다.

⑤ 생짜장은 기름에 볶아 사용한다.

3. 볶음 완성

① 볶음의 마지막 단계에서 녹말물을 넣어 마무리한다. 국물이 끓고 있을 때 넣어 한소끔 끓인 뒤 마무리해야 국물이 투명하다.

② 녹말물은 재료의 맛을 유지해 주고, 맛있는 성분이 빠져나오지 않게 하며, 부드러운 맛을 준다.

TIP

볶음요리의 종류
양장피 잡채, 부추잡채, 고추잡채, 마파두부, 새우케첩볶음, 채소볶음, 라조기, 경장육사, 볶음밥(炒飯, 차오판), 볶음면(抄麵, 차오미엔), 토마토달걀볶음밥 등

TIP

고기를 익힐 때 기름 온도는 100~120℃ 정도가 적당하다.

---

43 중식 볶음 조리의 특징으로 옳지 않은 것은?

① 강한 화력을 이용한다.

② 빠른 시간 안에 조리한다.

③ 재료의 고유한 맛, 색, 향을 살린다.

④ 넉넉한 기름에 서서히 익힌다.

정답 ④

44 중국 요리에서 녹말물을 사용하는 이유로 옳지 않은 것은?

① 색깔을 좋게 하기 위해서이다.

② 기름과 물이 분리되지 않게 한다.

③ 재료에 맛있는 성분이 흘러나오는 것을 막아 준다.

④ 재료의 맛을 유지해 주고 윤기가 돌게 한다.

해설 녹말물은 재료의 맛을 유지해 주고, 맛있는 성분이 빠져나오지 않게 하며 부드러운 맛을 준다.

정답 ①

후식 조리

1. 후식 조리 개요

중국 요리의 상차림에서 식사 다음에 먹는 후식은 첨채(甛菜) 즉, 단요리는 주요리인 열채(熱菜)의 마지막 요리이다.

2. 후식 준비

① 후식은 중국 약식, 빵, 과일, 복숭아 조림이나 신선한 과일을 준비한다.
② 후식은 기름진 음식의 느끼한 맛을 없애주고 개운하도록 과일이나 딤섬, 만두 등이 나오며, 주로 단맛이 나는 음식을 준비한다.

3. 더운 후식류

(1) 빠스 고구마(拔絲地瓜)

① 고구마를 다각형으로 잘라서 160℃ 정도의 튀김기름에서 노릇하게 튀긴다.
② 기름에 설탕을 녹여서 시럽에 버무린다.

(2) 빠스 옥수수(拔絲玉米)

① 옥수수, 땅콩, 달걀노른자에 밀가루를 섞어서 옥수수 반죽으로 일정한 크기의 완자를 만든다.
② 140℃ 정도의 기름 온도에서 노릇하게 튀긴다.
③ 기름에 튀긴 옥수수를 설탕을 녹인 시럽에 버무린다.

(3) 찹쌀떡

찹쌀떡을 끓는 물에 삶아 흰 깨를 묻혀 튀긴다.

TIP

빠스(拔絲)
'실을 뽑다'라는 의미로 설탕을 녹여 시럽을 만든 후 튀긴 재료와 버무리면 실이 생긴다는 뜻이다.

---

45 다음 후식류 중 찬 후식류에 속하는 것은?

① 빠스 고구마
② 빠스 은행
③ 찹쌀떡
④ 시미로

[해설] 찬 후식류에는 시미로, 과일, 무스류 등이 있다.

[정답] ④

46 빠스 옥수수에 들어가는 재료가 아닌 것은?

① 옥수수
② 땅콩
③ 전분
④ 달걀

[해설] ③ 밀가루가 들어간다.

[정답] ③

4. 찬 후식류

(1) 멜론 시미로

① 시원한 우유에 타피오카와 멜론을 동동 띄워 먹는 중국의 대표적인 디저트이다.

② 타피오카는 카사바의 뿌리줄기에서 얻은 전분으로, 중국뿐 아니라 동남 아시아에서도 음료나 디저트로 만들어 먹는다.

(2) 행인두부(杏仁豆腐)

① 한천과 설탕을 넣어 끓인 후 우유, 아몬드향을 넣어 냉장보관한다.

② 작은 모양으로 썰어 후식에 띄워 사용한다.

5. 후식류 완성

① 더운 후식류를 먼저 내고 찬 후식을 나중에 낸다.

② 후식은 대부분 단요리로 색과 모양이 아름답고 단맛도 적당하여 탕과도 잘 어울린다.

③ 신선한 제철 과일로 마무리한다.

④ 종류에 따라 한 접시에 담아내도 되고, 여러 접시에 나누어 내도 된다.

TIP

행인두부 : 행인(杏仁)은 살구씨 또는 아몬드를 의미하며, 두부(豆腐)는 우윳빛이 나고 탄력이 있다고 해서 붙여진 이름이다.

---

47 후식류인 행인두부에 사용되는 해조류 가공제품은?

① 젤라틴
② 곤 약
③ 한 천
④ 키 틴

해설 한천은 우뭇가사리 등 홍조류를 삶아서 그 즙액을 젤리 모양으로 응고·동결시킨 다음 수분을 용출시켜 건조한 해조류 가공품이다. 양갱, 양장피 원료로 이용된다. **정답** ③

48 다음 중 후식으로 적당하지 않은 것은?

① 빠스류
② 무스류
③ 파이류
④ 튀김류

해설 후식류는 음식을 먹고 입가심으로 먹기 때문에 튀김류는 어울리지 않는다. **정답** ④

행운이란 100%의 노력 뒤에 남는 것이다.

– 랭스턴 콜먼(Langston Coleman) –

PART 09

일식 조리실무

식생활 문화

1. 일본요리의 기본

(1) 일본요리의 개요

① 일본은 동북아시아에 위치한 해양성 기후의 섬나라로, 바다로 둘러싸인 지리적 조건과 사계절의 변화가 뚜렷한 환경적 요인에 의해 해산물 요리와 계절에 알맞은 다양한 재료들을 이용한 계절적 요리 그리고 여러 행사요리, 전통요리 등이 발달하였다.

② 재료 자체의 맛을 최대한 살릴 수 있도록 요리를 담는 그릇, 즉 도자기나 칠기, 대나무, 유리 등 그릇과 음식의 조화도 중시한다. 따라서 일본요리는 신선도와 한발 앞선 계절감 및 음식의 맛과 색, 조화 등을 중요시하는 요리라 할 수 있다.

TIP
구이는 넓은 접시, 찜 종류는 뚜껑이 있는 그릇을 이용한다.

(2) 일본요리의 일반적인 특징

① 일식은 눈으로 먹는다고 할 만큼 색깔의 조화를 중요시한다.

② 콩 제품을 많이 활용하여 두부, 유부, 미소, 간장, 낫토 등을 이용한다.

③ 재료 자체의 맛을 최대한 살리면서 자연 그대로 맛과 멋을 살린다.

④ 맑은 국, 날것, 구이, 조림으로 이루어진 일즙삼채(一汁三菜)가 일반적인 상차림이다.

⑤ 그릇에 담을 때도 비교적 요리의 양이 적으며, 그릇에 가득 차게 담지 않고 공간이 넉넉하도록 담는다.

⑥ 국 종류는 뚜껑이 있는 칠기, 날것은 깊이가 있는 접시를 사용한다.

2. 일본 지역별 음식의 특징

(1) 칸토(關東, 관동)지방 음식(=에도 요리)

① 설탕과 진한 간장을 써서 맛이 진하다.

② 짭짤하고 형태를 유지하기 어려우며 거의 국물이 없다.

③ 대표 음식 : 생선초밥, 덴뿌라, 민물장어, 메밀국수 등

---

01 일본요리의 특징으로 옳지 않은 것은?

① 음식의 맛과 색, 조화를 중요시한다.
② 자연 그대로의 맛과 멋을 살린다.
③ 해산물 요리와 제철 재료를 이용하여 신선하다.
④ 맛이 맵고 짜다.

해설 일본요리는 맛이 담백하고 자극적이지 않다.

정답 ④

02 일본요리를 담는 방법으로 옳지 않은 것은?

① 색상의 조화를 고려한 그릇을 선택하여 담는다.
② 오른쪽에서 왼쪽으로 담는다.
③ 자연 그대로의 맛과 멋을 살린다.
④ 요리 숫자는 짝수로 담는다.

해설 요리 숫자는 대체로 홀수로 담는다.

정답 ④

(2) 칸사이(關西, 관서)지방 음식

① 교토의 담백한 채소나 건어물 요리와 오사카의 실용적이고 합리적인 생선 요리가 주종을 이룬다.

② 연하면서 국물이 많고, 재료 색과 형태를 최대한 살린다.

3. 일본요리의 대표적인 음식

(1) 스 시

① 주식으로 먹는 음식이다.

② 가장 오래된 스시는 후나즈시(붕어초밥)이며 니기리즈시(생선초밥), 마키즈시(김초밥), 이나리즈시(유부초밥), 치라시즈시(덮밥초밥), 하코즈시(상자초밥), 다랑어로 만든 마구로즈시를 즐겨 먹는다.

(2) 돈부리

① 흰 쌀밥 위에 각종 수조육류·어패류·채소류를 얹고 진한 소스를 뿌려서 먹는 주식용 일품요리이다.

② 규동(소고기덮밥), 가츠동(커틀릿덮밥), 오야코동(닭고기덮밥), 덴동(튀김덮밥) 등

(3) 우 동

① 싯포쿠 우동 : 국수나 메밀에 송이버섯, 표고버섯, 생선묵, 채소 등을 넣어서 끓인 우동

② 기쓰네 우동 : 유부를 달게 조려서 넣은 우동

(4) 소 바

① 오로시소바 : 삶아서 차게 한 메밀을 그릇에 담고, 가볍게 수분을 제거한 무즙과 가다랑어포(가쓰오부시), 잘게 썬 파, 그 외 다양한 재료를 위에 놓고 맛국물을 부어 먹는다.

TIP

일본음식의 양식
- 쇼우징(精進)요리 : 콩, 채소, 해조류 위주의 요리. 사찰 중심으로 발달
- 혼젠(本膳)요리 : 향응 형식인 일본의 정통정식
- 카이세키(懷石)요리 : 다도 행사 시 먹는 요리 형식(=차카이세키)
- 카이세키(會席)요리 : 복잡한 혼젠요리를 연회용으로 간략화한 것
- 후차(普茶)요리 : 기름과 갈분을 많이 쓴 중국식 채식 요리
- 싯포쿠(卓袱)요리 : 일본화된 중국식 요리

TIP

우동 : 추운 겨울에 따뜻하게 먹는 음식으로 가다랑어포(가쓰오부시)나 멸치로 우려낸 국물에 넣어 먹는 국수

---

03 돈부리 종류에 대한 설명이 잘못 연결된 것은?

① 규동 – 소고기덮밥
② 덴동 – 튀김덮밥
③ 가츠동 – 커틀릿덮밥
④ 오야코동 – 돼지고기덮밥

해설 오야코동은 닭고기덮밥이다.

정답 ④

04 스시(초밥)의 설명이 잘못 연결된 것은?

① 후나즈시 – 붕어초밥
② 니기리즈시 – 생선초밥
③ 이나리즈시 – 유부초밥
④ 노리마키즈시 – 참치초밥

해설 노리마키즈시는 김초밥, 참치초밥은 데카마키이다.

정답 ④

② **자루소바** : 대나무 발이나 사각 틀에 담아내는 메밀국수로, 무를 간 것과 실파를 잘게 썬 것 등 양념과 소바 다시국물을 곁들여 낸다.

(5) 시루모노(국)

① 일본요리 중 가장 먼저 먹는 음식으로 스마시지루(맑은 국)와 미소시루(된장국) 등이 있다.

② 미소시루를 만들 때 겨울에는 시로미소(백된장), 여름에는 아카미소(적된장)를 사용한다.

③ 일본 된장을 넣고 오래 끓이면 맛이 떨어지므로 끓기 시작하면 바로 불에서 내려야 한다.

(6) 사시미

① 가장 대표적인 음식으로 생선을 날로 뜬 것을 말한다.

② 여러 가지 생선이 있을 때는 흰살생선과 기름지지 않은 것부터 먹은 뒤에 붉은살생선과 기름이 많은 생선을 먹는다.

③ 초절임 생강(가리)은 입가심용으로 다른 종류의 회를 먹기 전 먹는다.

(7) 야키모노(구이)

① 고기, 생선, 채소를 모두 이용하며 재료의 원래 모양을 잘 살리기 위해 꼬치에 굽는 경우가 많다.

② 접시에 담을 때는 구이 옆에 아시라이(곁들임 음식)를 사용한다.

③ 굽는 방법에 따라 스야키(아무것도 바르지 않고 불에서 구워내는 요리), 시오야키(소금구이), 데리야키(간장 양념구이) 등이 있다.

(8) 아게모노(구이)

① 어패류나 채소에 튀김 옷을 살짝 입혀서 튀기는 덴뿌라가 대표적인 음식이다.

② 먹을 때는 덴츠유(튀김장)에 찍어 먹는다.

TIP

아시라이(곁들임)
보통 오이, 시금치, 연근, 풋고추, 파, 초절임 생강, 무 등을 사용

---

05 일식 구이 중 조미 양념에 따른 설명이 다른 것은?

① 스야키 – 오븐구이
② 시오야키 – 소금구이
③ 데리야키 – 간장 양념구이
④ 미소야키 – 된장 양념구이

해설 스야키는 재료에 아무것도 바르지 않고 굽는 요리이다.

정답 ①

06 일본요리 조리법에서 숯불에 굽는 요리는?

① 데리야키
② 스미야키
③ 시오야키
④ 쿠시야키

해설 ① 데리야키 : 간장 양념구이
③ 시오야키 : 소금구이
④ 쿠시야키 : 꼬치에 꽂아 굽는 요리

정답 ②

(9) 니모노(조림)

① 재료를 맛국물 등의 액체에 넣고 끓여서 익힌 음식이다.

② 니모노 : 오래 끓여 국물이 어느 정도 조려진 것

(10) 나베모노(냄비요리)

① 냄비에 끓여 국물이 많은 상태의 음식으로 재료에 따라 냄비의 선택이 중요하다.

② 생선지리, 오뎅, 스키야키, 샤브샤브 등이 있다.

4. 일식 기본 조리방법

(1) 일식 요리의 기본

① 오색(五色) : 흰색, 검은색, 노란색, 빨간색, 청색

② 오미(五味) : 단맛, 짠맛, 신맛, 쓴맛, 매운맛

③ 오법(五法) : 날것, 조림, 구이, 찜, 튀김

(2) 조미 순서

① 기본 양념 : さ(사, 설탕), し(시오, 소금), す(스, 식초), せ(세, 간장), そ[소, 된장(미소)]

② 조미 순서 : 사(설탕) – 시(소금) – 스(식초) – 세(간장) – 소(된장)

(3) 일본요리의 기본 조미료

① 된장(미소)

㉠ 대두를 쪄서 부순 콩에 코지(누룩)와 소금을 섞어 발효시킨 것을 말한다. 코지의 종류는 고메미소(쌀된장), 보리된장, 콩된장으로 나누어진다.

㉡ 된장은 색에 따라 크게 2종류로 나누며, 붉은 된장(아카미소)과 흰 된장(시로미소)은 각각 맛이 조금씩 다르다.

TIP
일본요리는 오색(五色), 오미(吳味), 오법(五法) 등을 기초로 한다.

TIP
일본요리의 향신료로 와사비, 산초, 겨자(가라시), 생강, 시소 등이 사용된다.

---

07 일본요리의 기본 조리법 중 오법(五法)에 속하지 않는 것은?

① 날 것 　　② 찌 개

③ 구 이 　　④ 찜

[해설] 오법 : 날것, 구이, 찜, 조림, 튀김

[정답] ②

08 콩을 주재료로 하여 소금과 누룩을 첨가하여 발효시킨 조미료는?

① 간 장 　　② 된 장

③ 식 초 　　④ 청 주

[해설] 일본 된장은 숙성기간, 소금의 양, 배합비율 등에 따라 색과 염도가 다르다.

[정답] ②

TIP

시소 : 붉은색과 청색이 있으며 붉은색 시소는 우메보시(매실절임)에 사용하고, 청색은 튀김이나 양념에 사용한다.

② 간장(쇼유) : 음식의 간을 맞추는 기본 양념의 하나로, 진간장(고이구치 쇼유, 생선조림용), 연간장(우스구치쇼유, 색이 엷고 짜며 국물요리나 우동다시 등에 사용), 백간장(시로쇼유, 재료의 풍미를 살리는 요리에 적합), 다마리간장(다마리쇼유, 독특한 향과 진한 맛을 지니며 조림요리에 사용) 등이 있다.

③ 미림(맛술) : 찐 찹쌀에 소주와 누룩을 넣고 버무려 당화시켜 만든 달콤한 요리술로, 요리에 부드러운 맛과 감칠맛을 더한다. 단맛은 설탕보다 고급이다.

④ 소금(시오) : 염화나트륨이 주성분으로 다른 물질에 없는 짠맛을 가지고 있다.

⑤ 식초(스)

5. 일식 조리도구

(1) 일식 조리도구의 종류 및 용도

① 냄비(나베) : 냄비는 재료가 균일하게 열을 받고 보온력이 좋은 것이 적당하며 두꺼운 것을 고르는 것이 좋다. 손잡이가 없는 것과 손잡이가 있는 냄비(유끼라 나베)가 있으며 요리에 따라 선택하여 사용한다.

② 튀김냄비(아게나베) : 덴뿌라의 튀김을 튀길 수 있을 정도의 깊이가 있고 밑부분이 넓은 것이 좋다.

③ 달걀구이팬(다마고야키나베) : 사각으로 두꺼운 것이 좋으며 자루가 달린 것이어야 한다.

④ 찜통(무시끼) : 찜을 할 때 사용한다.

⑤ 칼도매(마나이다) : 생선, 채소, 과일 전용 도마 등을 각각 별도로 사용해야 하며 사용 후에는 잘 닦아 물기를 건조시키고, 직사광선으로 소독하여 항상 청결하게 한다.

---

09 일본요리에서 많이 사용하는 맛술의 특징으로 옳지 않은 것은?

① 요리에 감칠맛을 준다.
② 당류가 깊은 향과 맛을 낸다.
③ 조리 시 알코올과 함께 비린 맛을 제거한다.
④ 단맛 성분인 아미노산과 유기산 등이 재료의 침투를 방해한다.

정답 ④

10 일본 간장 중 향기와 풍미가 좋고, 열을 가하지 않은 간장은?

① 연간장　　　② 백간장
③ 나마쇼유　　④ 다마리간장

해설 ③ 나마쇼유(生醬油)는 열을 가하지 않아서 냉장 보관한다.
④ 다마리간장(다마리쇼유)는 조림요리에 주로 사용한다.

정답 ③

⑥ **분쇄기와 분쇄 방방이(스리바찌와 스리보)** : 식재료를 갈거나 차지게 하는 등 여러 방면으로 사용한다.

⑦ **요리용 뚜껑(오도시부다)** : 오도시부다는 음식을 조릴 때 국물이 뚜껑에 닿아 국물이 재료에 골고루 퍼지게 한다. 수분 증발도 가감하기 위해 재료 위에 직접 눌리도록 사용하는 냄비 뚜껑이다.

⑧ **찜틀(나가시깡)** : 찜틀은 이중으로 되어 있으며 찌는 것, 굳히는 것 등을 만들 때 사용한다.

⑨ 이외 강판(오로시가네), 꼬챙이(구시), 초밥발(마끼스) 등이 있다.

(2) 칼의 종류

① **회칼(사시미보초)** : 회 전용 칼로 칼끝이 뾰족하고 칼날이 가늘어 생선을 손질하거나 재료를 얇게 썰기가 좋다. 칼날의 길이는 27~30cm가 적당하다.

② **데바칼(데바보초)** : 생선 밑 손질, 뼈를 자를 때 사용되는 칼로 등이 두껍고 짧고 작은 칼이다.

③ **우수바보초** : 대개 채소를 손질할 때 많이 사용하며 때로는 작은 뼈를 자를 수 있는 얇은 칼이다.

TIP
가스미보초는 전문가용 칼로 칼날에 다른 금속을 붙여 만든 칼이다.

---

11 일본 된장(미소)에 들어가는 재료가 아닌 것은?

① 대 두
② 누 룩
③ 쌀
④ 밀가루

[해설] 미소는 삶은 대두, 쌀, 누룩, 콩, 소금 등이 들어간다.

[정답] ④

12 생선 뼈를 바르거나 생선을 절단할 때 사용하는 일식 칼의 명칭은?

① 사시미보초
② 데바보초
③ 우스바보초
④ 가스미보초

[해설] 데바보초는 생선 밑 손질, 뼈를 자를 때 사용되는 칼이다.

[정답] ②

무침 조리

1. 무침 조리(和物, 아에모노) 개요

① 어패류, 육류, 채소류 등의 재료에 각종 양념을 무친 것이다.

② 무친 후 시간이 지나면 수분이 용출되므로 되도록 상에 내기 직전에 무친다.

③ 차게 하여 무치며, 맛이 약한 채소의 경우 간을 미리하거나 익혀서 조리하는 경우도 있다.

2. 무침 재료 준비

① 땅두릅 등 채소류는 자른 즉시 물에 담가 고유의 냄새나 색깔 변화를 방지한다.

② 무, 오이 등은 소금으로 씻어 생으로 사용하거나 소금물에 절여 사용한다.

③ 연근은 식초 물에 담갔다가 사용한다.

④ 생선은 소금을 뿌려 놓았다가 식초에 담가 비린내를 제거한다.

⑤ 문어, 굴, 조개류 등의 조개류와 얇게 자른 생선은 식초에 씻어 사용한다.

⑥ 시금치, 배추, 양배추 등의 야채는 삶은 다음 물기를 제거해 놓는다.

⑦ 갑오징어는 얇은 껍질을 벗기고 미지근한 청주에 데쳐 사용한다.

3. 무침 조리 및 담기

(1) 무침 조리

① 오로시아에(간 무우 무침)

　㉠ 무즙을 가볍게 짜서 맛을 내어 재료에 무친 것이다.

　㉡ 어패류, 조류, 버섯, 미역 등의 재료에 이용된다.

② 스미소아에(초된장 무침)

　㉠ 된장에 식초를 넣어 만든 초된장(스미소)으로 무쳐 낸 것이다.

　㉡ 땅두릅 등의 채소류, 미역 등의 해조류 등에 이용된다.

---

13 채소를 데치는 요령으로 적합하지 않은 것은?

① 1~2% 식염을 첨가하면 채소가 부드러워지고 푸른색을 유지할 수 있다.

② 연근을 데칠 때 식초를 3~5% 첨가하면 조직이 단단해져서 씹을 때의 질감이 좋아진다.

③ 죽순을 쌀뜨물에 삶으면 불미 성분이 제거된다.

④ 고구마를 삶을 때 설탕을 넣으면 잘 부스러지지 않는다.

해설 고구마, 옥수수 등을 삶을 때 물에 설탕과 소금을 조금씩 동시에 넣으면 단맛이 훨씬 강해진다. 정답 ④

14 4월에서 5월 상순에 날카로운 가시가 있는 나뭇가지로부터 따낸 어린 순으로, 또 다른 종류에는 독활이라 불리는 것이 있다. 쓴맛과 떫은맛을 제거한 후 회나 전으로 이용하는 식품은?

① 죽 순　　② 아스파라거스

③ 셀러리　　④ 두 릅

해설 두릅은 쓴맛이 많을 때는 데쳐서 찬물에 담가 쓴맛을 우려낸다. 정답 ④

③ 시라아에(두부 무침)
㉠ 볶은 흰 깨와 두부를 섞어서 설탕, 간장, 소금으로 무친 것이다.
㉡ 초록색 채소 무침에 이용된다.
④ 고마아에(깨무침)
㉠ 볶은 참깨를 갈아서 간장과 소량의 미림 또는 설탕을 넣어 무쳐낸 양념이다.
㉡ 재료로 미나리, 쑥갓, 시금치, 가지, 죽순 등이 이용된다.
⑤ 우노하나아에(비지 무침)
㉠ 물기를 짜낸 비지에 미림, 식초, 소금, 설탕 등을 넣어 볶아서 재료를 무쳐낸 양념이다.
㉡ 정어리, 전어, 전갱이 등의 생선을 소금이나 식초에 절였다가 가늘게 썰어서 무친다. 또는 채소류 삶은 것을 무치기도 한다.
⑥ 히타시모노(데친 야채 간장무침)
채소를 무치지 않고, 무침에 사용되는 초된장, 깨간장 등을 재료에 뿌려서 제공한다.
⑦ 사쿠라아에(명란 무침)
㉠ 갑오징어살이 벚꽃의 색이 나도록 무친 것으로 색이 아름다워서 전채(前菜, 젠사이) 요리 술안주로 많이 이용되고 있다.
㉡ 명란젓으로 오징어살을 무친 것이다.

(2) 무침 담기
① 용도에 맞는 그릇을 선택하여 제공 직전에 무쳐 낸다.
② 무침 그릇은 작고, 깊은 것이 어울린다.
③ 무, 유자, 레몬, 무순, 시소 등으로 장식하고, 그릇은 대나무 그릇, 대합 껍질 등을 이용해서 담는다.

15 무침 조리의 특징으로 적합하지 않은 것은?
① 재료에 따라서 가열하거나 밑간을 한 후 무친다.
② 재료는 신선한 것을 준비한다.
③ 요리는 먹기 직전에 무친다.
④ 데친 채소는 색이 변하기 전에 빨리 무친다.
해설 채소는 충분히 식혀서 무친다. 정답 ④

16 무침 조리를 담는 그릇으로 적당하지 않은 것은?
① 작은 그릇
② 큰 접시
③ 대합껍질
④ 대나무 그릇
해설 무침류는 작은 그릇이 어울린다. 정답 ②

국물 조리

1. 국물 조리(汁物, 시루모노) 개요

① 일본요리에서 국물요리는 다른 요리의 맛을 한층 더 깊게 느끼도록 하며, 식욕을 촉진시킨다.

② 국의 종류는 맑은 국과 된장을 풀어 끓인 탁한 국으로 나눌 수 있다.

③ 국물을 뺄 때는 요리를 만들기 직전에 만드는 것이 가장 좋다.

2. 국물 재료 준비

(1) 주재료(다네)

① 어패류 : 도미, 광어, 뱅어, 농어, 숭어, 삼치, 바다모래무지, 새우, 갑오징어, 가리비 등

② 육류, 달걀류 : 닭고기, 오리, 계란, 메추리알 등

③ 가공품 : 어묵류, 콩가루제품, 두부, 유바, 당면, 메밀국수, 찹쌀떡 등

(2) 부재료(츠마)

① 채소류 : 삼엽채(미츠바), 미나리, 시금치, 무순, 오이, 순채, 파, 땅두릅, 죽순, 은행, 쑥갓, 산마, 당근, 우엉 등

② 버섯류 : 송이버섯, 표고버섯, 느타리버섯 등

③ 해초류 : 파란 김, 다시마, 생미역 등

3. 국물 우려내기

(1) 일번 다시(이치반 다시)

① 다시마는 깨끗한 면보로 닦은 다음 분량의 물에 넣어 불에 올린다.

② 처음에는 강한 불로 하며, 바닥에서 거품이 일고 다시마가 뜨면 다시마를 건져 낸다.

TIP

부재료는 주재료에 맞추어 색의 조화, 제철 재료, 음식 궁합 등을 고려하여 선택한다.

TIP

향을 내는 재료
- 국의 뚜껑을 열었을 때 코에 와 닿는 향 그리고 계절적인 색과 맛을 더해 준다.
- 유자 껍질, 계피의 새순, 산초열매, 생강즙, 생강채, 와사비, 후추, 레몬 등이 있다.

---

17 일본 요리에서 국물요리의 특징이 아닌 것은?

① 국의 종류는 맑은 국과 탁한 국으로 나눌 수 있다.

② 국물을 뺄 때는 요리를 만들기 직전에 만든다.

③ 맑은 국물은 뚜껑을 열었을 때 계절감과 향을 내는 것이 중요하다.

④ 탁한 국물은 일번 다시를 사용한다.

[해설] 된장을 풀어 끓인 탁한 국물은 주로 이번 다시를 사용한다.

[정답] ④

18 국물요리에서 향을 내는 재료가 아닌 것은?

① 유자 껍질

② 산초열매

③ 계피의 새순

④ 마 늘

[정답] ④

③ 가다랑어포(가쓰오부시)를 넣은 다음 불을 끈다.

④ 5~10분 정도 지나면 가다랑어포가 가라앉는다.

⑤ 깨끗한 소창에 거른다.

(2) 이번 다시(니반 다시)

① 이번 다시는 일번 다시를 뺀 재료에 곤부(다시마)를 재사용하는 방법이다.

② 된장국(미소시루), 조림요리(니모노) 등에 많이 사용한다.

(3) 멸치 다시(니보시다시)

① 멸치는 머리와 내장을 제거한다.

② 마른 팬에 볶아서 비린내를 날린다.

③ 냄비에 물을 넣고 멸치 다시마를 넣어 뚜껑을 덮지 않고 끓여 소창에 걸러 사용한다.

(4) 다시마 다시(곤부다시)

① 다시마를 젖은 행주로 깨끗이 닦아 낸다.

② 준비된 양의 물과 닦은 다시마를 불에 올려 은근히 끓인다.

③ 끓게 되면 불을 끄고 다시마를 건져내고 다시를 이용한다.

4. 국물요리 조리

① 재료를 담을 때 먼저 주재료와 부재료를 담은 뒤 국물을 붓고 마지막에 향미(향이 나는 재료)로 장식한다.

② 국물요리의 그릇은 따뜻하게 유지해 먹기 직전에 제공한다.

③ 맑은 국에는 레몬(오리발), 쑥갓 등을 곁들이면 상큼한 맛과 식욕을 촉진한다.

④ 된장국에는 산초가루나 후춧가루를 올려 낸다.

> **TIP**
>
> 국물의 종류
> • 맑은 국물(스마시지루) : 대합 맑은국, 도미머리 맑은국
>   - 스이모노 : 마시는 맑은 국물
>   - 요시노시루 : 전분가루를 이용하여 국물을 만든 요리
>   - 우시오시루 : 식재료 자체의 맛을 이용하여 국물을 만든 요리
> • 탁한 국물(니고리시루)
>   - 된장국(미소시루) : 적된장국(아카미소시루), 흰된장국(시로미소시루)

---

19 좋은 가다랑어포를 고르는 법으로 적절하지 않은 것은?

① 가다랑어포는 투명하고 빛깔이 밝은색이 좋다.

② 말린 상태가 좋고 무게가 있는 것이 좋다.

③ 색은 분홍색이며 곰팡이 냄새가 없어야 한다.

④ 색은 어두운 갈색이 좋다.

해설 색은 어두운 것보다 밝은색이 좋다. 정답 ④

20 국물요리의 설명으로 틀린 것은?

① 일번 다시는 맑은 탕 요리에 주로 사용한다.

② 이번 다시는 일번 다시를 뺀 재료를 재사용하는 방법으로 주로 된장국, 조림에 사용한다.

③ 국물요리는 주재료와 부재료를 같이 끓여 제공한다.

④ 주재료를 완(국그릇)에 담고 부재료가 되는 향이 나는 재료를 첨가한다.

해설 주재료 음식이 완성되면 부재료는 주재료에 맞추어 선택한다. 정답 ③

조림 조리

1. 조림 조리(にもの, 니모노) 개요

다시국물에 어패류, 육류, 두부, 채소, 건어 등을 간을 연하게 하여 약불에서 은근하게 간이 배도록 조린다.

2. 조림 재료 준비

(1) 조리과정

① 재료 준비
  ㉠ 냄새나 색깔의 변화가 큰 것은 껍질을 두껍게 벗긴다.
  ㉡ 재료에 적합하도록 가로로 자르거나 세로로 자른다.
② 조림 다시국물로 다시마 국물과 꽃다랑어로 뽑은 이번 다시국물을 사용한다.
③ 처음에는 강한 불로 시작해서 중간 불로 조리며 위에 뜨는 거품 등을 제거한다.

(2) 냄비(나베)

① 냄비는 밑면이 넓고, 얕은 것으로 사용한다.
② 냄비는 크고 두터운 것이 좋으며 요리의 종류에 따라 구분해서 사용한다.
③ 요리용 뚜껑(오토시부타) : 조림 시 수분 증발 및 간이 고르게 스며들도록 냄비 뚜껑 안에 속 뚜껑을 사용한다.

3. 조림하기

(1) 조림의 종류

① 니츠케 : 생선의 일반적인 조림법으로 국물을 조린다.
② 아라다키
  ㉠ 도미, 방어의 아가미 부분의 뼈가 붙어 있는 곳을 조각내어 조린다.
  ㉡ 곁들임 야채로 우엉, 죽순, 꽈리고추 등을 넣는다.

---

21 국물용 다시마를 고르는 방법으로 옳은 것은?

① 두께가 얇은 것
② 무게가 가벼운 것
③ 두껍고 표면에 하얀 가루가 있는 것
④ 색이 연한 갈색인 것

해설 다시마는 두께가 두껍고 색이 어둡고 진한 것이 좋다.
정답 ③

22 조림에 대한 설명으로 적당하지 않은 것은?

① 생선이나 채소는 신선한 것을 고른다.
② 냄비는 작은 것보다 큰 것을 고른다.
③ 조림 시 요리용 속 뚜껑을 사용한다.
④ 조림 시 불은 처음부터 끝까지 강한 불로 한다.

해설 처음에는 강한 불로 조리다가 약불에서 서서히 조려야 맛이 충분히 스며든다.
정답 ④

③ 데리니 : 조림 국물을 진하고 윤기 나게 만든 다음, 익힌 재료를 다시 바짝 조린다.

④ 미소니 : 전갱이, 고등어, 정어리 등을 된장으로 조린다.

⑤ 니시메 : 연근, 곤약, 우엉 등을 국물이 조금 있게 조린다.

⑥ 시로니 : 소금으로 간하여 희게 조린다.

(2) 조림방법

① 재료의 신선도에 따라 간의 세기를 조절한다.

② 생선, 어패류, 육류를 재료의 특성에 맞게 손질하여 양념한 국물에 넣고 조려서 맛이 스며들게 조리한다.

③ 두부, 채소, 버섯류를 재료 특성에 맞게 손질한다.

④ 식재료의 종류에 따라 불의 세기와 시간을 조절한다. 처음에는 강하게 하고, 마지막 단계에는 약하게 조절해서 은근히 조린다.

⑤ 조림은 각 재료에 따라서 진한 맛, 연한 맛, 단맛, 짠맛 등의 깊이를 조절해야 한다.

(3) 조미료의 사용방법

① 조미료를 넣을 때는 일반적으로 단 것을 먼저 하고 소금은 나중에 넣는다.

② 소금이나 간장은 2~3회 정도 나누어서 넣는 것이 실패를 방지할 수 있다.

4. 조림 담기

① 생선이 부스러지지 않게 담아낸다.

② 곁들임은 주재료와 어울리게 담아낸다.

③ 조림의 종류에 따라 국물을 담아낼 수도 있다.

④ 완성 그릇에 생강 채, 산초 새순 등을 올려 낸다.

23 생선조림에 대해서 잘못 설명한 것은?

① 냄비 뚜껑은 처음부터 닫고 조린다.

② 생강이나 마늘은 비린내를 없애는 데 좋다.

③ 가열시간이 길면 탈수작용이 일어나 맛이 없다.

④ 가시가 많은 생선을 조릴 때 식초를 약간 넣어 약한 불에서 졸이면 뼈째 먹을 수 있다.

해설 생선조림 시 처음에는 뚜껑을 열고 끓여야 비린 맛을 휘발시킬 수 있다. 정답 ①

24 다음 중 조림방법에 대한 설명으로 옳지 않은 것은?

① 재료의 신선도에 따라 간의 세기를 조절한다.

② 양념은 처음부터 강하게 맞추어 조린다.

③ 소금이나 간장은 2~3회 정도 나누어 간한다.

④ 처음에는 강한 불로, 마지막에는 약한 불로 조린다.

해설 조림은 재료와 국물을 함께 끓여 조리는 방법으로, 처음에는 간이 세지 않게 조리다가 2~3회 나누어 간을 맞추어 조린다. 정답 ②

면류 조리

1. 면류 조리 개요

일식에서 면 요리는 주로 메밀국수가 쓰인다. 추운 겨울에는 따끈하게 먹을 수도 있고, 식욕이 없는 여름에는 차게 하여 식욕을 돋을 수도 있다.

2. 면 재료 준비

(1) 첨가 재료

어묵, 새우, 흰살생선, 닭고기, 계란 등과 무순, 미츠바(삼엽채), 오이, 표고버섯 등도 잘 어울리는 내용물이다.

(2) 양 념

① **소면** : 생강, 겨자

② **우동** : 생강

③ **메밀국수** : 고추냉이가 비교적 잘 어울림

3. 면 조리

(1) 면 삶기

① 건우동은 큰 냄비에 물을 끓여 준비한 우동을 넣고 끓어오르면 찬물을 부어 가며 3회 정도 반복하며 익힌다.

② 젖은 우동면은 대부분 냉동면으로 나오기 때문에 끓는 물에 데쳐 사용한다.

③ 우동의 다시국물

ㄱ 냄비에 물과 다시마, 가다랑어포, 연간장, 미림을 넣어 5~6분 정도 끓인다.

ㄴ 면보에 받쳐 사용한다.

TIP

향신료

- 대표적인 향신료로 산초가루, 고춧가루가 있다.
- 한 가지 맛을 내는 향신료를 이치미(一味), 일곱 가지 맛을 내는 향신료를 시치미(七味)라고 한다.
- 그 외에도 김을 구워서 부순 것, 무즙, 꽃다랑어 가루, 볶은 깨, 실파 등이 어울린다.
- 주로 쓰이는 양념으로 고추냉이, 생강, 실파 등이 있다.

TIP

- 우동의 종류 : 유부우동, 전분우동, 냄비우동
- 메밀국수의 종류 : 찬 메밀국수(자루소바), 온 메밀국수(가게소바), 튀김 메밀국수(덴뿌라소바), 산마즙 메밀국수

---

25 면류에 대한 설명으로 틀린 것은?

① 계절과 요리의 성질에 따라 차갑게 먹는 면, 따뜻하게 먹는 면으로 구분한다.

② 자루소바는 대바구니를 뜻하며 찬 메밀국수이다.

③ 소바라고 부르는 경우 일반적으로 우동을 말한다.

④ 소바는 메밀국수로 일본의 초밥과 함께 대표적인 음식이다.

[해설] 소바는 일반적으로 메밀국수를 말한다. **정답** ③

26 면류에 어울리는 향신료와 그 성분이 바르게 된 것은?

① 생강 – 차비신(Chavicine)

② 겨자 – 알리신(Allicin)

③ 후추 – 시니그린(Sinigrin)

④ 고추 – 캡사이신(Capsacin)

[해설] ① 생강 : 진저롤, 쇼가올
② 겨자 : 시니그린
③ 후추 : 차비신 **정답** ④

④ 마른 메밀국수(호시소바)

ㄱ 냄비에 물을 끓여 국수를 풀어 넣어 찬물을 부어 가며 끓인다.

ㄴ 손가락으로 눌러 보며 확인하고, 찬물에 비벼 씻고 물기를 뺀다.

⑤ 젖은 메밀(나미소바)

ㄱ 젖은 메밀은 마른 메밀보다 삶는 시간이 단축된다.

ㄴ 찬물에 2~3번 비벼 씻어 대바구니에 받쳐 물기를 뺀다.

⑥ 찬 메밀국수(자루소바) : 차게 먹는 면 요리이다.

⑦ 온 메밀국수(가게소바) : 따뜻하게 먹는 면 요리이다.

⑧ 튀김 메밀국수(덴뿌라소바) : 준비된 그릇에 소바를 놓고, 옆에 튀긴 새우나 가지 등을 같이 담는 방법과 따로 담아내는 방법이 있다.

TIP
- 자루소바 : 대바구니
- 소바유 : 메밀 삶은 국물

(2) 메밀국수 다시국물 만들기

① 다시마는 깨끗한 면보로 닦은 다음 분량의 물에 넣어 불에 올린다.

② 처음에는 강한 불로 하며, 바닥에서 거품이 일고 다시마가 뜨면 다시마를 건져 낸다.

③ 가다랑어포를 넣은 다음 불을 끈다.

④ 5~10분 정도 지나면 가다랑어포가 가라앉는다.

⑤ 깨끗한 소창에 거른다.

⑥ 거른 다시국물에 간장, 설탕, 미림을 넣어 끓인다.

4. 면 담기

① 국물이 있는 우동은 넓고 깊은 우동 그릇을 선택한다.

② 튀김우동의 고명은 튀김 부스러기(아게다마)를 곁들인다.

③ 자루소바는 대바구니에 담아내고 양념(야쿠미)을 곁들인다.

TIP
야쿠미 : 무즙, 실파, 레몬, 김 등

---

27 국수 삶는 방법으로 가장 옳지 않은 것은?

① 끓는 물에 넣는 국수의 양이 많아서는 안 된다.

② 국수 무게의 6~7배 정도의 물에서 삶는다.

③ 국수를 넣은 후 물이 다시 끓기 시작하면 찬물을 넣는다.

④ 국수가 다 익으면 많은 양의 냉수에 천천히 식힌다.

정답 ④

28 면발 굵기에 따른 면의 분류로 옳지 않은 것은?

① 소면 – 세면보다 약간 굵은 면발

② 중면 – 우동면보다 굵은 면

③ 세면 – 굵기가 가장 가는 면

④ 우동면 – 칼국수보다 조금 굵은 면

해설 면발의 굵기 : 우동면 > 칼국수면 > 중면 > 소면 > 세면

정답 ②

밥류 조리

1. 밥(ごはん, 고항) 짓기

① 잘 건조되고 깨끗하며 빛이 좋고 껍질이 조금 단단한 쌀을 선택한다.
② 쌀을 씻을 때 비타민 B의 손실을 막기 위해 가볍게 3~4회 정도 씻는다.
③ 보통 쌀을 씻어 밥을 지을 때는 30분~1시간 정도 수침시킨다.
④ 물의 양은 일반적으로 쌀의 용량에 1~1.2배 정도이다.
⑤ 쌀에 물을 붓고 가열하여 밥을 지으면 쌀알 속의 전분이 호화되어 쌀알의 팽윤, 붕괴가 일어난다.
⑥ 60~65℃에서 호화가 시작되고, 100℃에서 20~30분이면 호화가 완료된다.
⑦ 쌀의 경도는 5분일 때 가장 높고, 15분일 때 가장 낮게 나타난다.
⑧ 15분 정도 뜸을 들였을 때 맛과 향, 탄력 그리고 적당한 찰기가 있다.
⑨ 밥이 완료되면 쌀알의 2.4~2.5배가 된다.

2. 녹차밥 조리

① 차밥(오차즈케)은 따뜻한 밥 위에 뜨거운 차를 부어 먹는 요리이다.
② 차히야시차즈케는 차가운 차를 따뜻한 밥 위에 부어 먹는 요리이다.
③ 차밥에 추가로 사용되는 재료에 따라 명칭을 다르게 부르기도 한다.

3. 덮밥류 조리

(1) 덮밥의 개요

① 돈부리는 밥 위에 각종 조리된 재료를 얹어 먹는 요리이다.
② 돈부리 그릇은 우리가 사용하는 밥그릇보다 약간 크다.
③ 밥 위에 올려 놓는 재료에 따라 여러 가지 이름으로 불린다.

---

29 밥짓기 과정의 설명으로 옳은 것은?

① 쌀을 씻어서 2~3시간 푹 불리면 맛이 좋다.
② 햅쌀은 묵은쌀보다 물을 약간 적게 붓는다.
③ 쌀은 80~90℃에서 호화가 시작된다.
④ 묵은쌀은 쌀 중량의 약 2.5배 정도의 물을 붓는다.

해설 ① 여름에는 30분, 겨울에는 1시간 정도 불리는 것이 좋다.
③ 쌀은 60~65℃에서 호화가 시작된다.
④ 햅쌀의 경우 쌀 중량의 1.4배의 물을 사용하지만 묵은쌀의 경우 햅쌀보다 약간 많이 붓는다. 정답 ②

30 차밥(오차즈케)에 대한 설명으로 옳지 않은 것은?

① 따뜻한 밥 위에 뜨거운 차를 부어 먹는 요리이다.
② 차히야시차즈케는 차가운 차를 따뜻한 밥 위에 부어 먹는 요리이다.
③ 차밥에 추가로 사용되는 재료에 따라 명칭이 다르다.
④ 우메 차즈케는 연어구이를 올린 차밥이다.

해설 우메 차즈케는 매실장아찌를 넣은 차밥, 사케 차즈케는 연어구이를 올린 차밥이다. 정답 ④

(2) 돈부리의 종류

① **규동(소고기덮밥)** : 소고기, 양파, 실파, 팽이버섯 등에 달걀 푼 것을 얹은 것

② **가츠동(돈까스덮밥)** : 밥 위에 돈까스를 썰어 얹는 것

③ **오야코동(닭고기덮밥)** : 닭고기와 파 등을 양념해서 삶은 달걀을 얹은 것

④ **덴동(덴뿌라덮밥)** : 각종 튀김류를 얹은 것

⑤ **우나기동(장어덮밥)** : 찌거나 구운 장어를 얹은 것

⑥ **데카동(참치덮밥)** : 참치회를 얹은 것

(3) 덮밥 재료 완성

① 밥 위에 조리된 재료를 넣고 돈부리 종류에 따라 고명을 곁들인다.

② 곁들이는 재료는 실파, 곤약, 팽이버섯, 김 등 기타 다양한 재료로 변화를 줄 수 있다.

4. 죽류 조리

(1) 죽의 종류

① **오카유** : 보통의 밥보다 물을 많이 넣어 지은 밥이다.

② **조스이** : 밥을 씻어 해물이나 야채를 넣어 다시로 끓인 죽이다.

(2) 죽 만들기

① 쌀을 1시간 정도 수침시킨 후 건져 물기를 뺀다.

② 부재료 종류는 얇게 썰거나 다진다.

③ 냄비에 참기름을 두르고 재료를 볶다가 다시 물을 넣어 끓인다. 이때 물 양은 쌀의 6~7배로 잡는다.

④ 끓기 시작하면 약불로 충분히 끓인다.

(3) 죽 완성

① 먹기 직전 소금과 조미료로 간을 한다.

② 김가루나 달걀노른자를 얹어 낸다.

TIP
덮밥의 맛국물
• 다시마와 가다랑어포를 넣어서 다시국물을 만든다.
• 다시국물에 간장, 맛술(미림), 설탕 등을 넣고 끓여 덮밥 다시를 만든다.

TIP
죽 재료
야채죽, 전복죽, 해물죽, 버섯죽 등이 다양하다.

---

31 돈부리의 종류에 대한 설명으로 틀린 것은?

① 규동 - 소고기를 조리해서 얹은 덮밥
② 가츠동 - 돈까스덮밥
③ 우나기동 - 닭고기덮밥
④ 데카동 - 참치덮밥

[해설] 우나기동은 장어덮밥, 오야코동은 닭고기덮밥이다.
정답 ③

32 죽의 조리법으로 옳지 않은 것은?

① 쌀을 씻어 1시간 이상 충분히 불린다.
② 부재료는 용도에 알맞게 썰거나 다진다.
③ 물은 쌀 분량의 6~7배를 넣는다.
④ 끓기 시작하면 강불로 끓인다.

[해설] 일반 죽은 쌀의 6~7배 정도 물을 부어 끓이고, 오카유는 쌀의 10배 정도 물을 부어 묽게 끓인 죽이다. 죽은 끓기 시작하면 약불에서 오래 끓여 부드럽게 먹는다.
정답 ④

1. 초회 조리(すのもの, 스노모노) 개요

① 초회는 혼합초를 재료에 곁들여 내는 요리로서 새콤달콤한 맛으로 식욕을 증진시키고 개운한 맛을 준다.
② 재료가 가지고 있는 맛을 그대로 살리기 위해서는 재료는 신선한 것으로 준비하는 것이 중요하다.

2. 초회 재료 준비

(1) 식재료 기초 손질

① 생선은 여분의 수분과 비린내를 없애기 위해 소금으로 살짝 절이거나 식초로 씻는다.
② 조개류는 소금물에 해감한다.
③ 건조된 재료는 물에 불려 사용한다.
④ 문어는 소금과 밀가루를 이용해 깨끗이 씻는다.
⑤ 삶거나 데쳐서 사용할 경우는 충분히 식혀서 사용한다.

(2) 모둠초 재료 준비

① 이배초(니하이스) : 식초, 간장, 미림
② 삼배초(산바이스) : 식초, 간장, 설탕(가장 많이 사용)
③ 도사스(土佐醋) : 산바이스, 미림, 가다랑어포
④ 아마스(甘醋) : 식초, 설탕, 미림

---

33 초회 조리 시 유의사항으로 틀린 것은?

① 재료는 신선한 것을 준비한다.
② 생선은 소금으로 살짝 절이거나 식초로 씻는다.
③ 건조된 재료는 물에 살짝 불려 사용한다.
④ 삶거나 데친 경우 충분히 식혀서 사용한다.

[해설] 건조된 재료는 충분히 물에 불려서 사용한다. [정답] ③

34 식초의 기능에 대한 설명으로 틀린 것은?

① 다시마를 연하게 한다.
② 우엉, 연근 등의 산화를 촉진시킨다.
③ 고구마를 삶을 때 넣으면 고구마 색을 좋게 한다.
④ 고사리, 고비 등의 점질 물질을 제거한다.

[해설] 식초는 우엉, 연근 등의 갈변을 억제시킨다. [정답] ②

3. 초회 조리 및 담기

(1) 재료의 전처리
① 생선은 여분의 수분과 비린내를 없애기 위해 소금으로 살짝 절이거나 식초로 씻어 사용한다.
② 생굴 등을 날것으로 먹는 경우는 무즙을 넣어 깨끗이 씻은 다음 다시 소금물에 씻어 사용한다.
③ 채소류는 수분을 빼고 씹히는 맛을 살리기 위해서 소금에 주무르거나 소금물에 담가 사용한다.
④ 초회에 많이 사용하는 미역은 데쳐서 사용한다.
⑤ 삶거나 데치는 경우는 충분히 식혀서 사용한다.

(2) 초회 담기
① 미역이나 오이 등의 야채를 바탕으로 어패류들을 담아낸다.
② 주로 사용되는 혼합초로 산바이스가 가장 많으며, 재료에 따라 선택하여 사용한다.
③ 양념(야쿠미)을 곁들여 낸다.

TIP
초회의 종류
해삼초회, 문어초회, 해초초회, 모둠초회, 순채초회, 장어오이초회 등

TIP
• 야쿠미 : 무즙(오로시), 실파(송송 썬 것), 레몬 등
• 아카오로시(모미지오로시) : 무즙에 고춧가루를 넣어 물들인 것

---

35 신선한 생선의 특징이 아닌 것은?
① 눈알이 밖으로 돌출된 것
② 아가미의 빛깔이 선홍색인 것
③ 비늘이 잘 떨어지며 광택이 있는 것
④ 손가락으로 눌렀을 때 탄력성이 있는 것

해설 윤택이 나고 비늘이 고르게 밀착되어 있는 것이 신선하다.
정답 ③

36 초회에 사용하는 모둠초의 재료로 연결이 잘못된 것은?
① 이배초 - 식초, 간장, 미림
② 삼배초 - 식초, 간장, 설탕
③ 도사스 - 삼배초, 미림, 가다랑어포
④ 아마스 - 식초, 설탕, 간장, 미림

해설 아마스는 간장이 들어가지 않는다.
정답 ④

찜 조리

1. 찜 조리(むしもの, 무시모노) 개요

① 찜통은 바닥이 넓고, 높이가 낮은 것이 열의 손실이 적어 시간적·경제적으로 이롭다.
② 증기를 올린 다음 찌는 요리로 맛과 영양소의 파괴가 적고 맛이 담백하고 부드럽다.

2. 찜 재료 준비

① 어패류 : 도미, 광어, 가재미, 삼치 등의 흰살생선
② 육류 : 닭고기
③ 조개류 : 대합, 중합
④ 채소류 : 살짝만 쪄서 맛, 색, 아삭함을 살린다.
⑤ 달걀류

3. 찜 조리

(1) 찜 조리방법

① 계란두부, 계란찜 등은 약불에서 뚜껑을 조금 열어 놓고 중간 정도의 온도로 찐다. 강한 불에서 찌면 맛과 모양이 나쁘다.
② 만두류, 생선류, 빨간 밥(아까고항, 팥밥) 등은 강한 불로 찐다. 이때에는 뚜껑을 꼭 덮고 찐다.
③ 재료는 찜통에 물이 끓을 때 넣어 찐다.
④ 채소류는 살짝만 쪄서 맛, 색, 아삭함을 살린다.

(2) 찜의 분류

① 술찜(사카무시) : 대합, 도미, 전복, 닭고기 등에 술을 뿌려 쪄 낸 요리이다.
② 된장찜(미소무시) : 된장을 이용해서 찐다.

---

37 찜 조리에 대한 설명으로 옳지 않은 것은?

① 찜통은 바닥이 좁고, 높이가 낮은 것을 선택한다.
② 먼저 불을 붙여 증기를 올린 다음 찜을 한다.
③ 찜 종류에 따라 강, 약불로 찜한다.
④ 재료는 신선한 것을 고른다.

[해설] 찜통 바닥은 넓은 것이 열효율이 좋다.　　　　[정답] ①

38 다음 중 찜의 장점으로 옳지 않은 것은?

① 모양이 흐트러지지 않는다.
② 풍미 유지에 좋다.
③ 수증기의 잠재열을 이용하므로 시간이 절약된다.
④ 수용성 성분의 손실이 끓이기에 비해 적다.

[해설] 수증기 잠재열을 이용하므로 영양 손실이 적지만 시간이 절약되지는 않는다.　　　　[정답] ③

③ 계란찜(자왕무시) : 흰살생선, 닭고기, 새우, 은행, 어묵, 밤 등을 넣고 15~20분 정도 찐다.
④ 대합술찜(하마구리사카무시) : 대합과 함께 찌는 재료는 주로 채소류를 사용하여 한번 데쳐서 술을 뿌려 찐다.
⑤ 도미술찜(다이노사카무시) : 도미와 채소류를 사용하여 한번 데쳐서 술을 뿌려 찐다.
⑥ 신주찜(신슈무시) : 삶은 메밀국수를 생선 위에 얹거나, 흰살생선으로 메밀국수를 감싸서 찐다.
⑦ 벚꽃찜(사쿠라무시) : 색을 낸 찹쌀밥을 흰살생선 위에 얹어 술찜으로 쪄낸 요리이다.

4. 찜 담기

① 찜 종류에 따라 그릇을 선택한다.
② 대부분 찜 그릇 자체를 재료와 함께 쪄내기 때문에 재료의 형태를 유지할 수 있고, 찌는 동안 식탁 준비를 미리 해 놓았다가 바로 먹을 수 있도록 해야 한다.

---

39 찜은 수증기 잠재열에 의해 가열되는데 1g당 수증기의 잠재열은?

① 80kcal
② 539kcal
③ 619kcal
④ 459kcal

정답 ②

40 찜 담기에 대한 설명으로 옳지 않은 것은?

① 찜 종류에 따라 그릇을 선택한다.
② 곁들임 재료는 주재료와 조화롭게 담는다.
③ 찜은 식사 전 미리 내놓는다.
④ 계절에 따라 따뜻하게 제공한다.

해설 찌는 동안 식탁 준비를 미리 해 놓았다가 바로 먹을 수 있도록 한다.

정답 ③

롤 초밥 조리

1. 롤 초밥 재료 준비

(1) 쌀 고르기
① 초밥용 쌀은 우선 밥을 지을 때 흡수력이 좋아야 한다. 흡수력이 약해 초밥초가 스며들지 못하면 밥알 표면에 수분이 흘러 지저분해진다.
② 햅쌀은 수분이 많고 점액이 나기 때문에 수분 함량이 낮은 묵은쌀이 적당하다.
③ 잘 건조되고 깨끗하며 빛이 좋고 껍질이 조금 단단한 것이 좋은 쌀이라고 할 수 있다.

(2) 밥 짓기
① 쌀은 씻어서 여름에는 30분, 겨울에는 1시간 정도 지난 후에 밥을 짓는다.
② 끓는 물로 밥을 짓거나 다시마 국물을 넣어 밥을 짓는 방법도 있다.
③ 초밥용 밥은 상품의 쌀을 이용하고, 보통 밥보다 조금 되게 짓는다.

(3) 롤 초밥 종류
① 굵게 말은 김초밥(후토마키) : 일반적으로 김초밥(노리마키)을 말하며, 오사카에서는 계란말이, 표고버섯, 오이, 시금치, 오보로, 박고지 등을 넣어 만든 굵은 김초밥이다.
② 가늘게 말은 김초밥(호소마키)
　㉠ 단무지, 참치, 오이 등 한 가지씩 넣어 가늘게 말은 초밥을 말한다.
　㉡ 데카마키 : 붉은색 참치(마구로) 김초밥
　㉢ 카파마키(규리마키) : 오이(규리)를 넣어 만든 김초밥으로 호소마키의 대표라고 할 수 있다.

---

41 초밥용 쌀에 대한 설명으로 옳지 않은 것은?

① 초밥용 쌀은 묵은쌀보다 햅쌀이 좋다.
② 쌀은 사용 직전 도정한다.
③ 초밥용 쌀은 흡수력이 좋아야 한다.
④ 여름에는 쌀을 씻고 30분 정도 지난 후 밥을 짓는다.

[해설] 초밥용 쌀은 햅쌀보다 묵은쌀이 좋다. [정답] ①

42 초밥 종류 중 가늘게 말은 초밥 명칭은?

① 후토마키
② 호소마키
③ 지라시초밥
④ 하코초밥

[해설] 하코초밥은 도시락이나 상자에 재료를 넣어 만든 초밥이고, 지라시초밥은 초밥과 스시의 내용물을 따로 담아서 먹는 일본식 회덮밥이다. [정답] ②

(4) 롤 초밥 재료

① **표고버섯** : 불려서 설탕, 간장, 다시국물에 조려서 사용한다.

② **박고지** : 마른 박고지는 물에 부드럽게 불려서 다시물, 간장, 설탕, 미림, 청주에 조려 사용한다.

③ **생선 오보로**

    ㉠ 흰살생선을 삶아 뼈와 껍질을 제거하고 가제행주로 주머니를 만들어 손질한 생선을 넣어 주물러 준 후에 수분을 제거한다.

    ㉡ 볼에 넣고 설탕, 소금을 넣어 간을 한 다음 연한 분홍색으로 물들인다. 이때 약간의 술과 달걀노른자를 넣을 수도 있다.

    ㉢ 두꺼운 냄비에 넣고 젓가락으로 저어 수분을 제거하여 사용한다.

④ **달걀** : 달걀을 풀어 달걀말이를 한 후 초밥에 이용한다.

⑤ **참치** : 미지근한 물에 소금을 넣어 3%의 식염수를 만들고 참치를 해동하여 해동지에 쌓아 준비한다.

⑥ **오이** : 오이는 아삭한 맛과 비타민 공급체로 피클이나 절임류에 많이 이용된다.

(5) 향신료

① **고추냉이(와사비)** : 살균작용과 생선의 비린 맛을 제거하고, 식욕 촉진 역할을 한다.

② **생강(쇼가)** : 생강의 특수성분인 진저롤(Gingerol)은 살균효과와 생선의 비린 맛을 제거한다.

③ **후추** : 후추의 매운맛은 피페린(Piperine)이다.

④ **겨자** : 백겨자와 흑겨자가 있고, 주로 백겨자를 이용한다.

> **TIP**
> • 갱 : 무를 얇게 돌려 깎기하여 가늘게 채 썰어 회 밑에 깔거나 곁들여 놓는 것
> • 츠마 : 생선회 등에 곁들이는 소량의 해초, 야채 등
> • 가리 : 얇게 저며 식초에 절인 생강

---

43 생선 오보로를 만드는 방법으로 틀린 것은?

① 흰살생선을 찌거나 삶아서 사용한다.

② 붉은살생선으로 만든다.

③ 설탕, 소금으로 간을 한 다음 연한 분홍색으로 물들인다.

④ 충분히 수분을 제거한 후 양념한다.

    정답 ②

44 생강을 식초에 절이면 적색으로 변하는 원인은?

① 안토시안 성분 때문이다.

② 생강의 매운맛 성분 때문이다.

③ 생강 중의 진저론 성분 때문이다.

④ 생강의 효소작용 때문이다.

    정답 ①

- 초밥 식히는 나무통(한다이), 눌림 초밥 나무틀, 계란말이 팬, 김밥용 발 등이 있다.
- 한다이는 고목이 좋으며 나무 냄새가 나는 것은 좋지 않다.
- 한다이는 작게 쪼갠 나무 여러 개를 이어 둥글며 밑면이 넓고, 높이는 낮아야 초밥 식히는 데 좋다.

2. 롤 양념초 준비

(1) 초밥초(아와세스) 만드는 방법
① 분량의 식초, 설탕, 소금을 냄비에 넣어 약한 불에 녹인다.
② 보통 관서지방과 관동지방의 초밥초는 차이가 있는데, 관서풍의 초밥이 단맛이 조금 강하다.

(2) 초밥 고루 섞는 방법
한다이에 옮겨 담고 나무주걱으로 살살 옆으로 자르는 식으로 밥알이 으깨어지지 않도록 주의하며 섞는다.

3. 롤 초밥 담기
① 담는 그릇은 색이나 모양이 너무 화려하지 않는 것으로 한다.
② 계절감에 맞추어 도자기, 유리그릇, 대나무 바구니, 나무껍질 등을 선택할 수 있다.
③ 예쁘고 보기 좋게 담으려면 좌상(左上)으로부터 우하(右下)로 대각선으로 담는다.

---

45 질이 좋은 김의 조건이 아닌 것은?
① 겨울에 생산되어 질소함량이 높다.
② 검은색을 띠며 윤기가 난다.
③ 불에 구우면 선명한 녹색을 나타낸다.
④ 구멍이 많고 전체적으로 붉은색을 띤다.

해설 김은 저장 중에 붉은색을 띠게 되는데 이것은 피코시안(Phycocyan)이 피코에리트린(Phycoerythrin)으로 되기 때문이다. 구멍이 많고 붉은색을 띠는 김은 좋은 김이 아니다.
정답 ④

46 초밥 용어로 틀린 것은?
① 참치 – 마구로
② 김 – 노리
③ 생강 – 쇼가
④ 차조기 – 고추냉이

해설 ④ 차조기는 시소이다.
정답 ④

구이 조리

1. 구이 조리(やきもの, 야키모노) 개요

① 주로 생선류를 밑 손질하여 자르거나 통으로 꼬챙이를 꿰어 구운 것을 말한다.

② 직접 열을 가하여 굽는 직화구이와 간접적으로 열을 전달받아 굽는 간접구이가 있다.

③ 조미양념해서 굽는 방법에 따라 분류하기도 한다.

(2) 구이요리의 분류

① 소금구이 : 소금을 뿌려 구운 것(삼치소금구이)

② 양념간장구이 : 데리야키 소스를 발라 구운 것(장어구이)

③ 된장양념구이 : 양념에 재워 구운 것(삼치된장구이)

④ 유안구이 : 유자간장구이

⑤ 버터구이 : 버터를 넣어 볶거나 구운 것(전복버터구이)

⑥ 황금구이 : 구워서 난황 등을 이용하여 색을 낸 것(황금구이)

⑦ 통구이 : 생선의 움직임 모양을 살려 구운 것(생선통구이)

⑧ 포일구이 : 포일(Foil) 등으로 감싸서 구운 것

⑨ 질그릇 냄비구이 : 질그릇 위에 소금을 깔아 구워 낸 것

2. 구이 재료 준비

(1) 식재료 손질

① 어패류는 비늘과 내장, 지느러미, 아가미 등을 제거한다.

② 생선은 용도에 맞게 토막을 내거나 세장 뜨기를 한다.

③ 손질된 생선은 소금을 뿌려 둔다.

---

47 구이에 의한 식품의 변화 중 틀린 것은?

① 살이 단단해진다.
② 기름이 녹아 나온다.
③ 수용성 성분의 유출이 매우 크다.
④ 식욕을 돋우는 맛있는 냄새가 난다.

해설 ③은 끓이기의 단점이다.   정답 ③

48 조절영양소가 비교적 많이 함유된 식품으로 구성된 것은?

① 시금치, 미역, 굴
② 소고기, 달걀, 두부
③ 두부, 감자, 소고기
④ 쌀, 감자, 밀가루

해설 조절영양소는 비타민, 무기질, 물이다.   정답 ①

(2) 꼬챙이(구시) 꿰는 방법

① 노보리구시

  ㉠ 산 것처럼 꿰는 모양으로 우네리구시라고도 한다.

  ㉡ 도미, 은어, 모래무지 등을 통째로 모양을 살려서 꼬챙이를 꿰어 굽는 방식이다.

  ㉢ 꼬치에 생선의 머리와 꼬리를 위로 올라오게 꿴다.

② 히라구시 : 토막 낸 생선을 꼬치에 일직선으로 꽂아 굽는 방식이다.

③ 우치와구시 : 한쪽 끝은 모여지고 한쪽 끝은 넓게 부채꼴 모양으로 굽는 방식이다.

④ 누이구시 : 오징어나 넓은 생선을 구울 때 말리는 것을 방지하기 위해 꼬치로 펼쳐 꿰는 방법이다.

⑤ 노시구시 : 새우를 똑바로 굽기 위해 일자로 꽂아 굽는 방법이다.

3. 구이 조리

(1) 불의 강약 조절

① 대부분의 생선류는 강한 불에서는 멀리 굽는다.

② 조개류는 강한 불로 빨리 굽는다.

③ 양념에 재운 재료는 타기 때문에 불에서 약간 멀리서 굽는 것이 좋다.

(2) 구이 조리 시 주의점

① 생선을 구울 때 바다생선은 살 쪽부터 굽고, 민물생선은 껍질 쪽부터 굽는다. 은어 외에 민물생선은 천천히 시간을 두고 굽는다.

② 표면 쪽이 잘 구워지면 뒤집어 천천히 완전하게 굽는다.

③ 꼬챙이를 사용하여 구울 때는 중간중간 꼬챙이를 3~4회 돌려주면 꼬챙이를 뺄 때 부서지지 않고 잘 뽑을 수 있다.

---

49 작은 생선을 통으로 구울 때 쇠꼬챙이를 꿰는 방법으로, 생선이 헤엄쳐서 물살이 가로질러 올라가는 모양으로 꿰는 꼬치구이 명칭은?

① 노시구시
② 우치와구시
③ 노보리구시
④ 히라구시

정답 ③

50 생선을 구울 때 일어나는 현상이 아닌 것은?

① 고온으로 가열되므로 표면의 단백질이 응고된다.
② 식품 특유의 맛과 향이 잘 생성된다.
③ 식품 표면 주위에 수분이 많아져 수용성 물질의 손실이 적다.
④ 식품 자체의 수용성 성분이 표피 가까이로 이동된다.

해설 ③ 수용성 성분 용출이 적으며 식품 표면의 수분이 감소되면서 독특한 풍미가 난다.

정답 ③

(3) 곁들임(아시라이) 재료

① 곁들임 재료는 제철의 재료를 이용한다.
② 담을 때 색의 조화에 유의한다.
③ 구이요리는 수분이 없으므로 곁들임 요리는 어느 정도 수분이 있게 한다.
④ 곁들임 요리는 경우에 따라 단맛 또는 신맛이 있는 것이 좋다.
⑤ 종류로 오이, 무(국화 모양), 레몬, 유자, 생강, 연근 초절임 등이 있다.

4. 구이 담기

(1) 통 생선구이를 담을 때

① 통 생선을 담을 때는 머리가 왼쪽, 배는 앞쪽으로 담는다.
② 곁들임 요리는 구이의 앞쪽에 놓고, 양념장은 구이 오른쪽에 둔다.
③ 생선 표면에 쇠꼬챙이 꿴 자국이 보이지 않게 담는다.

(2) 토막 생선의 경우

① 토막 내어 구운 생선은 껍질이 위로 향하게 하여 담는다.
② 곁들임 요리와 양념장을 함께 제공할 수 있다.

51 곁들임(아시라이)의 특징으로 틀린 것은?

① 곁들임은 입안 비린내를 제거하는 데 효과가 있다.
② 곁들임 요리는 맛의 변화를 준다.
③ 담을 때 색의 조화에 유의한다.
④ 재료는 항상 정해진 것을 사용한다.

해설 제철 재료를 사용한다. 정답 ④

52 일식에서 구이요리를 담는 방법으로 틀린 것은?

① 통 생선을 담을 때는 머리가 왼쪽, 배는 앞쪽으로 담는다.
② 곁들임 요리는 구이 앞쪽에 놓고, 양념장은 구이 오른쪽에 놓는다.
③ 토막 낸 생선은 껍질이 밑으로 향하게 한다.
④ 구이요리를 따뜻하게 먹을 수 있도록 제공한다.

해설 토막 낸 생선은 껍질이 위로 향하게 담는다. 정답 ③

훌륭한 가정만한 학교가 없고, 덕이 있는 부모만한 스승은 없다.

– 마하트마 간디 –

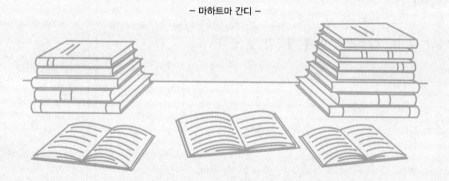

PART 10

최근
기출복원문제

출제비중에서 **공통 이론**이 차지하는 비율이 높기 때문에, 특정 시험을 준비하는 수험생일지라도 다른 종목의 기출복원문제를 **모두 풀어보시는 것**이 좋습니다.

01 급속사여과법과 비교하여 완속사여과법이 갖는 특징으로 맞는 것은?

① 역류세척
② 많은 운영비
③ 약품침전법
④ 넓은 면적 필요

해설

완속여과법과 급속여과법의 특징

분류	완속여과	급속여과
여과속도	3~5m/day	120~150m/day
예비처리	보통침전법 (중력침전)	약품침전
제거율	98~99%	95~98%
부유물질 제거	모래층 표면	–
경산비	적 음	많 음
건설비	많 음	적 음
모래층 청소	사면대치	역류세척
면 적	광대한 면적 필요	좁은 면적도 가능
장 점	세균제거율이 높음	탁도, 색도가 높은 물이 좋고 수면 동결이 쉬워야 함

02 알칼리성 식품이 아닌 것은?

① 오 이
② 달 걀
③ 우 유
④ 토마토

해설

알칼리성 식품과 산성 식품
• 알칼리성 식품 : 나트륨, 칼슘, 칼륨, 마그네슘을 함유한 식품(채소, 과일, 우유, 기름, 굴 등)
• 산성 식품 : 인, 황, 염소를 함유한 식품(곡류, 육류, 어패류, 달걀류 등)

03 밀가루 제품에서 팽창제의 역할을 하지 않는 것은?

① 이스트
② 달 걀
③ 베이킹파우더
④ 설 탕

해설

팽창제로는 효모(이스트) 등의 천연 제품과 베이킹파우더(탄산수소나트륨), 베이킹소다 등 20여 종류의 합성 제품이 있다. 달걀은 팽창제 역할을 하며 색과 풍미를 준다.

04 오자죽에 대한 설명으로 틀린 것은?

① 왕실의 보양식이다.
② 다섯 가지 견과류를 넣고 끓인 죽이다.
③ 잣, 호두, 복숭아씨, 살구씨, 깨를 넣어 끓인 죽이다.
④ 여러 가지 채소류를 넣어 끓인 죽이다.

해설

오자죽은 왕실의 보양식으로 다섯 가지 견과류(살구씨, 잣, 호두, 깨, 복숭아씨)를 이용한 죽이다.

05 식품의 부패과정에서 생성되는 불쾌한 냄새물질과 거리가 먼 것은?

① 인 돌
② 포르말린
③ 황화수소
④ 암모니아

해설

식품의 부패는 단백질이 혐기성 미생물에 의해 분해되면서 황화수소, 인돌, 아민, 암모니아 등 악취를 내는 유해성 물질을 생성하는 현상을 뜻한다. 포르말린은 폼알데하이드의 수용액으로 살균·소독용으로 사용하는 물질이다.

1 ④ 2 ② 3 ④ 4 ④ 5 ② **정답**

06 토장국에 적당하지 않은 국 종류는?

① 시금치국
② 냉이국
③ 오이무름국
④ 북엇국

해설
토장국은 국물에 된장을 풀어서 끓인 국이다.

07 복사열을 운반하므로 열선이라고도 하며 기상의 기온을 좌우하는 것은?

① 가시광선   ② 자외선
③ 적외선   ④ 도르노선

해설
적외선
• 열작용을 나타내므로 열선이라고도 부른다.
• 파장이 7,800 Å 이상으로 가장 길다.
• 기상의 기온을 좌우한다(온열).
• 혈관확장, 홍반, 피부온도 상승 등의 작용을 한다.
• 장시간 쬐면 두통, 현기증, 열경련, 열사병, 백내장의 원인이 된다.

08 식품첨가물의 사용 목적이 아닌 것은?

① 식품의 기호성 증대
② 식품의 유해성 입증
③ 식품의 부패와 변질을 방지
④ 식품의 제조 및 품질 개량

해설
정의(식품위생법 제2조제2호)
식품첨가물이란 식품을 제조·가공·조리 또는 보존하는 과정에서 감미(甘味), 착색(着色), 표백(漂白) 또는 산화방지 등을 목적으로 식품에 사용되는 물질을 말한다. 이 경우 기구(器具)·용기·포장을 살균·소독하는 데에 사용되어 간접적으로 식품으로 옮아갈 수 있는 물질을 포함한다.

09 소분업 판매를 할 수 있는 식품은?

① 전 분   ② 레토르트식품
③ 식 초   ④ 벌 꿀

해설
식품소분업의 신고대상(식품위생법 시행규칙 제38조제1항)
식품제조·가공업 및 식품첨가물제조업의 대상이 되는 식품 또는 식품첨가물과 벌꿀(영업자가 자가채취하여 직접 소분·포장하는 경우를 제외한다)을 말한다. 다만, 다음의 어느 하나에 해당하는 경우에는 소분·판매해서는 안 된다.
• 어육 제품
• 특수용도식품(체중조절용 조제식품은 제외한다)
• 통·병조림 제품
• 레토르트식품
• 전 분
• 장류 및 식초(제품의 내용물이 외부에 노출되지 않도록 개별 포장되어 있어 위해가 발생할 우려가 없는 경우는 제외한다)

10 집단급식소는 1회 몇 인 이상에게 식사를 제공하는 급식소를 말하는가?

① 60명   ② 40명
③ 50명   ④ 30명

해설
집단급식소의 범위(식품위생법 시행령 제2조)
집단급식소는 1회 50명 이상에게 식사를 제공하는 급식소를 말한다.

11 쌀을 갈아서 우유를 넣고 쑨 죽은?

① 콩 죽
② 연자죽
③ 장국죽
④ 타락죽

해설
타락죽은 우유를 넣고 쑨 죽으로 궁중 보양음식이다.

정답 6 ④ 7 ③ 8 ② 9 ④ 10 ③ 11 ④

12 다음 중 젤라틴을 이용하는 음식이 아닌 것은?

① 과일젤리   ② 족 편
③ 두 부   ④ 아이스크림

해설

③ 두부는 대두로 만든 두유를 70℃ 정도에서 응고제를 가하여 응고시킨 것이다.

젤라틴

• 원료 : 동물의 가죽, 연골, 힘줄 등에 열을 가해 얻게 되는 유도단백질
• 특징 : 젤라틴의 응고성을 이용하여 음식물의 단단함을 갖춤

13 다음 중 장독소(엔테로톡신)를 가지고 있는 식 중독은?

① 살모넬라 식중독
② 황색포도상구균 식중독
③ 클로스트리듐 보툴리눔 식중독
④ 장염비브리오 식중독

해설

황색포도상구균

황색포도상구균(*Staphylococcus aureus*)의 균체는 80℃ 에서 30분간 가열하면 죽는다. 그러나 화농성 질환의 대표적인 원인균으로 황색포도상구균이 생산한 독소형인 장독소(엔테로톡신, Enterotoxin)는 120℃에서 30분간 가열하여도 파괴되지 않으며, 열에 매우 강하다.

14 간흡충증의 제2중간숙주는?

① 잉 어   ② 쇠우렁이
③ 물벼룩   ④ 다슬기

해설

중간숙주

• 간흡충 : 우렁이(제1중간숙주), 잉어, 참붕어(제2중간숙주)
• 폐흡충 : 다슬기(제1중간숙주), 가재, 게(제2중간숙주)
• 유구조충 : 돼지
• 무구조충 : 소
• 광절열두조충 : 물벼룩(제1중간숙주), 송어, 연어(제2중간숙주)

15 식품위생법상 식품위생감시원의 직무가 아닌 것은?

① 영업소의 폐쇄를 위한 간판 제거 등의 조치
② 영업의 건전한 발전과 공동의 이익을 도모하는 조치
③ 영업자 및 종업원의 건강진단 및 위생교육의 이행 여부의 확인・지도
④ 조리사 및 영양사의 법령 준수사항 이행 여부의 확인・지도

해설

식품위생감시원의 직무(식품위생법 시행령 제17조)

• 식품 등의 위생적인 취급에 관한 기준의 이행 지도
• 수입・판매 또는 사용 등이 금지된 식품 등의 취급 여부에 관한 단속
• 표시 또는 광고기준의 위반 여부에 관한 단속
• 출입・검사 및 검사에 필요한 식품 등의 수거
• 시설기준의 적합 여부의 확인・검사
• 영업자 및 종업원의 건강진단 및 위생교육의 이행 여부의 확인・지도
• 조리사 및 영양사의 법령 준수사항 이행 여부의 확인・지도
• 행정처분의 이행 여부 확인
• 식품 등의 압류・폐기 등
• 영업소의 폐쇄를 위한 간판 제거 등의 조치
• 그 밖에 영업자의 법령 이행 여부에 관한 확인・지도

16 오월 단오날(음력 5월 5일)의 절식은?

① 토란탕
② 오곡밥
③ 준치만두
④ 진달래화채

해설

단오 절식 : 증편, 수리취떡, 생실과, 앵두편, 앵두화채, 제호탕, 준치만두, 준칫국

17 면상에 올라가지 않는 음식은?

① 나박김치, 전유어
② 겨자채, 편육
③ 깍두기, 젓갈
④ 약식, 생채

> **해설**
> 장국상(면상)은 국수를 주식으로 하는 상차림이다.

18 국, 탕의 육수를 끓일 때 소금이나 간장, 된장을 넣는 시기로 옳은 것은?

① 국물이 우러났을 때 넣는다.
② 처음부터 넣고 끓인다.
③ 다 끓인 후 마지막에 넣는다.
④ 조금 끓이다가 넣는다.

19 감염형 식중독의 원인균이 아닌 것은?

① 살모넬라균
② 장염비브리오균
③ 병원성 대장균
④ 보툴리누스균

> **해설**
> • 감염형 식중독 : 살모넬라균, 장염비브리오균, 병원성 대장균
> • 독소형 식중독 : 포도상구균, 보툴리누스균

20 식품위생법상 집단급식소에 근무하는 영양사의 직무가 아닌 것은?

① 종업원에 대한 식품위생교육
② 식단 작성, 검식 및 배식관리
③ 조리사의 보수교육
④ 급식시설의 위생적 관리

> **해설**
> 영양사의 직무(식품위생법 제52조제2항)
> • 집단급식소에서의 식단 작성, 검식 및 배식관리
> • 구매식품의 검수 및 관리
> • 급식시설의 위생적 관리
> • 집단급식소의 운영일지 작성
> • 종업원에 대한 영양 지도 및 식품위생교육

21 바퀴벌레의 특성이 아닌 것은?

① 잡식성
② 군거성
③ 독립성
④ 질주성

> **해설**
> 바퀴벌레의 특성
> 야간 활동성, 질주성, 군거성, 잡식성으로 소화기계 감염병이나 결핵균 등을 기계적으로 전파한다.

22 안토시안 색소를 함유하는 과일의 붉은색을 보존하려고 할 때 가장 좋은 방법은?

① 식초를 가한다.
② 중조를 가한다.
③ 수산화나트륨을 가한다.
④ 소금을 가한다.

> **해설**
> 안토시안 색소는 산성에 안정하여 적색이 된다.

정답 17 ③ 18 ① 19 ④ 20 ③ 21 ③ 22 ①

23 생선을 프라이팬이나 석쇠에 구울 때 들러붙지 않도록 하는 방법으로 옳지 않은 것은?

① 낮은 온도에서 서서히 굽는다.
② 기구를 먼저 달구어서 사용한다.
③ 기구의 표면에 기름을 칠하여 막을 형성한다.
④ 기구의 금속면을 테플론(Teflon)으로 처리한 것을 사용한다.

<mark>해설</mark>
생선은 프라이팬을 미리 뜨겁게 달군 후에 센불에서 재빠르게 익히고 난 후 중불로 나머지를 익혀 준다. 낮은 온도에서 서서히 구우면 육즙이 빠져나와 들러붙게 된다.

24 미생물이 자라는 데 필요한 조건이 아닌 것은?

① 수 분
② 햇 빛
③ 온 도
④ 영양분

<mark>해설</mark>
① 수분 : 미생물의 주성분이며 생리기능을 조절하는 데 필요하다.
③ 온도 : 온도에 따라 저온균, 중온균, 고온균으로 나눌 수 있으며, 0℃ 이하 및 70℃ 이상에서는 생육할 수 없다.
④ 영양분 : 탄소원(당질), 질소원(아미노산, 무기질소), 무기물, 비타민 등이 있다.

25 한천의 용도가 아닌 것은?

① 곰팡이, 세균 등의 배지
② 푸딩, 양갱의 겔화제
③ 유제품, 청량음료 등의 안정제
④ 훈연제품의 산화방지제

<mark>해설</mark>
한천은 우뭇가사리 등 홍조를 삶아서 그 즙액을 젤리 모양으로 응고·동결시킨 다음 수분을 용출시켜 건조한 해조가공품으로 양갱이나 양장피의 원료로 많이 쓰인다.
※ 훈연제품의 산화방지제는 에리토브산나트륨이다.

26 급식인원이 1,000명인 단체급식소에서 1인당 60g의 풋고추 조림을 주려고 한다. 발주할 풋고추의 양은?(단, 풋고추의 폐기율은 9%이다)

① 55kg
② 60kg
③ 66kg
④ 68kg

<mark>해설</mark>

$$총발주량 = \frac{정미중량 \times 100}{100 - 폐기율} \times 인원수$$

$$= \frac{60 \times 100}{100 - 9} \times 1,000 ≒ 66kg$$

27 식품을 계량하는 방법으로 틀린 것은?

① 밀가루 계량은 부피보다 무게가 더 정확하다.
② 흑설탕은 계량 전, 체로 친 다음 계량한다.
③ 고체 지방은 계량 후 고무주걱으로 잘 긁어 옮긴다.
④ 꿀같이 점성이 있는 것은 계량컵을 이용한다.

<mark>해설</mark>
계량 전, 체로 쳐야 하는 것은 밀가루이다. 흑설탕은 용기에 꼭꼭 눌러 계량한다.

28 맥각중독을 일으키는 원인 물질은?

① 루브라톡신
② 파툴린
③ 에르고톡신
④ 오크라톡신

<mark>해설</mark>
맥각중독을 일으키는 원인 물질은 보리, 밀, 호밀에 기생하는 독소로 에르고톡신, 에르고타민 등이다.

29 튀김요리에 사용한 기름을 보관하는 방법으로 가장 적절한 것은?

① 철제 팬에 담아 보관한다.
② 공기와의 접촉면을 넓게 하여 보관한다.
③ 망에 거른 후 갈색 병에 담아 보관한다.
④ 식힌 후 그대로 서늘한 곳에 보관한다.

해설

산패를 막기 위해 튀김기름을 식힌 다음 거름망에 걸러서 약병이나 색깔이 있는 병에 넣어 보관한다.

30 생선의 조리 방법에 관한 설명으로 옳은 것은?

① 생선조림은 오래 가열해야 단백질이 단단하게 응고되어 맛이 좋아진다.
② 지방함량이 높은 생선보다는 낮은 생선으로 구이를 하는 것이 풍미가 더 좋다.
③ 선도가 낮은 생선은 양념을 담백하게 하고 뚜껑을 닫고 잠깐 끓인다.
④ 양념간장이 끓을 때 생선을 넣어야 맛성분의 유출을 막을 수 있다.

해설

생선은 조림 국물이 끓을 때 생선을 넣어야 표면의 단백질이 응고되어 맛의 유출을 막을 수 있고, 살도 부서지지 않고 비린내도 덜하다.

31 쓴 약을 먹은 직후 물을 마시면 단맛이 나는 것처럼 느끼게 되는 현상은?

① 변조현상   ② 소실현상
③ 대비현상   ④ 미맹현상

해설

① 변조현상 : 한 가지 맛을 본 후 다른 성분의 맛이 정상적으로 느껴지지 않는 것
② 소실현상 : 두 가지 맛을 내는 물질이 혼합되었을 때 맛이 없어지는 현상
③ 대비현상 : 서로 다른 맛을 혼합할 경우 주된 성분의 맛이 강화되는 것
④ 미맹현상 : 쓴맛성분의 PTC를 느끼지 못하는 것

32 국가의 보건수준이나 생활수준을 나타내는 데 가장 많이 이용되는 지표는?

① 조출생률
② 병상이용률
③ 의료보험 수혜자수
④ 영아사망률

해설

영아사망률은 연간 태어난 출생아 1,000명 중에 만 1세 미만에 사망한 영아수의 천분비로서 건강수준이 향상되면 영아사망률은 감소하므로 국민 보건 상태의 측정지표로 널리 사용되고 있다.

33 인공능동면역의 방법에 해당하지 않는 것은?

① 생균백신 접종
② 글로불린 접종
③ 사균백신 접종
④ 순화독소 접종

해설

인공능동면역은 인위적으로 항원을 체내에 투입하여 항체가 생산되도록 하는 방법이며 생균백신, 사균백신, 순화독소 등을 사용하는 예방접종을 말한다.

34 완숙한 달걀의 난황 주위가 변색하는 경우를 잘못 설명한 것은?

① 난백의 유황과 난황의 철분이 결합하여 황화철(FeS)을 형성하기 때문이다.
② pH가 산성일 때 더 신속히 일어난다.
③ 오랫동안 가열하여 그대로 두었을 때 많이 일어난다.
④ 신선한 달걀에서는 변색이 거의 일어나지 않는다.

해설

달걀을 가열하면 난백과 난황 사이에 검푸른 색이 생기는 것을 녹변현상이라고 하는데, 알칼리성일 때 잘 일어난다.

정답 29 ③ 30 ④ 31 ① 32 ④ 33 ② 34 ②

35 육류 조리에 대한 설명으로 틀린 것은?

① 탕 조리 시 찬물에 고기를 넣고 끓여야 추출물이 최대한 용출된다.

② 장조림 조리 시 간장을 처음부터 넣으면 고기가 단단해지고 잘 찢기지 않는다.

③ 편육 조리 시 찬물에 넣고 끓여야 잘 익고 고기 맛이 좋다.

④ 불고기용으로는 결합조직이 되도록 적은 부위가 적당하다.

편육은 뜨거운 물에 고기를 넣고 끓여야 고기의 표면이 변성되면서 굳어 육즙이 고기 내에 남아 맛이 좋아진다.

36 중금속에 의한 중독과 증상을 바르게 연결한 것은?

① 납중독 – 빈혈 등의 조혈장애

② 수은중독 – 골연화증

③ 카드뮴중독 – 흑피증, 각화증

④ 비소중독 – 사지마비, 보행장애

② 수은중독 : 빈혈, 색소침착, 신경염
③ 카드뮴중독 : 이타이이타이병
④ 비소중독 : 신경마비, 지각이상, 탈모, 색소침착

37 다음 중 아이오딘을 많이 함유하고 있는 식품은?

① 우 유   ② 소고기

③ 미 역   ④ 시금치

해조류 특히 갈조류의 미역, 다시마 등은 아이오딘 함유량이 많다. 아이오딘은 갑상선 호르몬을 구성하는 성분으로 유즙 분비 촉진작용을 한다.

38 박력분에 대한 설명으로 맞는 것은?

① 케이크, 튀김옷을 만들 때 사용한다.

② 스파게티를 만들 때 사용한다.

③ 단백질 함량이 10% 이상이다.

④ 글루텐의 탄력성과 점성이 강하다.

밀가루의 종류와 용도
• 강력분(13% 이상) : 식빵, 마카로니, 스파게티 등
• 중력분(10~13%) : 면류, 만두 등
• 박력분(10% 이하) : 케이크, 쿠키, 튀김옷 등

39 다음 중 지방의 하수관이 들어오는 것을 막는 데 사용되는 트랩은?

① S 트랩

② U 트랩

③ 그리스 트랩

④ P 트랩

그리스(Grease) 트랩은 지방의 하수관 유입을 방지한다.

40 탄수화물의 구성요소가 아닌 것은?

① 탄 소   ② 질 소

③ 산 소   ④ 수 소

탄수화물과 지방은 탄소(C), 산소(O), 수소(H)로 구성되어 있으며, 단백질은 탄소, 수소, 산소 이외에 질소(N)를 가지고 있다.

41 식품의 감별법 중 틀린 것은?

① 양배추 – 무겁고 광택이 있는 것
② 송이버섯 – 봉오리가 크고 줄기가 얇고 부드러운 것
③ 감자 – 병충해, 발아, 외상, 부패 등이 없는 것
④ 달걀 – 표면이 거칠고 광택이 없는 것

해설
송이버섯은 봉오리가 자루보다 약간 굵으며 줄기가 단단해야 좋은 것이다.

42 질병을 매개하는 위생해충과 그 질병의 연결이 틀린 것은?

① 모기 – 사상충증, 말라리아
② 파리 – 장티푸스, 발진티푸스
③ 진드기 – 유행성 출혈열, 쯔쯔가무시증
④ 쥐 – 페스트, 발진열

해설
감염병 전파 동물
• 벼룩 : 페스트, 발진열, 재귀열
• 모기 : 말라리아, 일본뇌염, 황열, 사상충증, 뎅기열
• 파리 : 콜레라, 파라티푸스, 이질, 장티푸스, 결핵, 디프테리아
• 바퀴 : 이질, 콜레라, 장티푸스, 폴리오
• 쥐 : 재귀열, 발진열, 페스트, 유행성 출혈열
• 개 : 광견병
• 진드기 : 쯔쯔가무시증(양충병), 유행성 출혈열

43 사시, 동공확대, 언어장애 등 특유의 신경마비 증상을 나타내며 비교적 높은 치사율을 보이는 식중독 원인균은?

① 클로스트리듐 보툴리눔균
② 황색포도상구균
③ 병원성 대장균
④ 바실러스 세레우스균

해설
클로스트리듐 보툴리눔균은 불충분하게 가열살균한 후 밀봉 저장한 식품(통조림, 소시지, 병조림, 햄 등)이 원인이고 뉴로톡신이라는 신경독소를 생성한다.

44 다음 중 천연 산화방지제가 아닌 것은?

① 세사몰(Sesamol)
② 토코페롤(Tocopherol)
③ 베타인(Betaine)
④ 고시폴(Gossypol)

해설
베타인은 아미노산으로 오징어에서 나오는 감칠맛 성분이다.

45 식미에 긴장감을 주고 식욕을 증진시키며 살균 작용을 돕는 매운맛 성분의 연결이 틀린 것은?

① 마늘 – 알리신(Allicin)
② 생강 – 진저롤(Gingerol)
③ 산초 – 호박산(Succinic Acid)
④ 고추 – 캡사이신(Capsaicin)

해설
• 산초 : 쇼가올
• 패류 : 호박산

정답 41 ② 42 ② 43 ① 44 ③ 45 ③

46 예방접종이 감염병 관리상 갖는 의미는?

① 병원소의 제거
② 감염원의 제거
③ 환경의 관리
④ 감수성 숙주의 관리

해설

감수성 숙주란 감염된 환자가 아닌 감염 위험성을 가진 환자이다. 예방접종은 감염성 질병을 예방하기 위한 활동이므로 감수성 숙주를 관리하는 것이다.

47 유지를 가열할 때 일어나는 변화에 대한 설명으로 틀린 것은?

① 이취가 난다.
② 점성이 높아진다.
③ 반복 가열해도 영양가의 변화는 거의 없다.
④ 거품이 나고 색이 짙어진다.

해설

식품을 가열하면 향미, 색, 조직이 변하고 영양가의 변화도 많이 일어난다.

48 햇볕에 말린 생선이나 버섯에 특히 많이 함유되어 있는 비타민은?

① 비타민 D
② 비타민 E
③ 비타민 C
④ 비타민 K

해설

② 비타민 E : 곡식의 배아, 식물성 기름
③ 비타민 C : 채소, 과일, 감자
④ 비타민 K : 녹황색 채소, 동물의 간, 양배추

49 건성유에 대한 설명으로 옳은 것은?

① 고도의 불포화지방산 함량이 많은 기름이다.
② 포화지방산 함량이 많은 기름이다.
③ 공기 중에 방치해도 피막이 형성되지 않는 기름이다.
④ 대표적인 건성유는 올리브유와 낙화생유가 있다.

해설

• 건성유(아이오딘가 130 이상) : 들깨, 아마인유, 호두 등
• 반건성유(아이오딘가 100~130) : 참기름, 대두유, 면실유, 유채기름 등
• 불건성유(아이오딘가 100 이하) : 땅콩기름, 동백기름, 올리브유 등

50 원가의 종류가 바르게 설명된 것은?

① 직접원가 = 직접재료비 + 직접노무비 + 직접경비 + 일반관리비
② 총원가 = 제조원가 + 지급이자
③ 제조원가 = 직접원가 + 제조간접비
④ 판매가격 = 총원가 + 직접원가

해설

① 직접원가 = 직접재료비 + 직접노무비 + 직접경비
② 총원가 = 제조원가 + 판매관리비
④ 판매가격 = 총원가 + 이익

51 감각온도(체감온도)의 3요소에 속하지 않는 것은?

① 기 류
② 기 압
③ 기 온
④ 기 습

해설

감각온도의 3요소 : 기온, 기습, 기류

52 유지의 발연점이 낮아지는 원인에 대한 설명으로 틀린 것은?

① 유리지방산의 함량이 낮은 경우
② 튀김기의 표면적이 넓은 경우
③ 기름에 이물질이 많이 들어 있는 경우
④ 오래 사용하여 기름이 지나치게 산패된 경우

해설

유지의 발연점은 일정한 온도에서 열분해를 일으켜 지방산과 글리세롤로 분해되어 연기가 나기 시작하는 온도로 유리지방산의 함량이 낮으면 발연점이 높아진다.

53 급식 시설에서 주방면적을 산출할 때 고려해야 할 사항으로 가장 거리가 먼 것은?

① 피급식자의 기호
② 조리 인원
③ 조리 기기의 선택
④ 식 단

54 효소적 갈변반응에 의해 색을 나타내는 식품은?

① 분말 오렌지
② 간 장
③ 캐러멜
④ 홍 차

해설

효소적 갈변
• 정의 : 과실과 채소류 등을 파쇄하거나 껍질을 벗길 때 일어나는 현상이다.
• 원인 : 과실과 채소류의 상처받은 조직이 공기 중에 노출되면 페놀화합물이 갈색색소인 멜라닌으로 전환하기 때문이다.
• 갈변현상이 일어나는 식품 : 사과, 배, 가지, 감자, 고구마, 밤, 바나나, 홍차, 우엉 등

55 조리장의 입지조건으로 적당하지 않은 것은?

① 재료의 반입, 오물의 반출이 편리한 곳
② 사고 발생 시 대피하기 쉬운 곳
③ 조리장이 지하층에 위치하여 조용한 곳
④ 급·배수가 용이하고 소음, 악취, 분진, 공해 등이 없는 곳

해설

조리장의 입지조건
• 통풍·채광 및 급수와 배수가 용이한 곳이 좋다.
• 소음·악취·가스·분진 등이 없는 곳이어야 한다.
• 변소 및 오물처리장 등에서 오염될 염려가 없을 정도의 거리에 떨어져 있는 곳이 좋다.
• 물건 구입 및 반출이 용이한 곳이 좋다.
• 종업원의 출입이 편리한 곳으로 작업에 불편하지 않은 곳이어야 한다.

56 음식물이나 식수에 오염되어 경구적으로 침입되는 감염병이 아닌 것은?

① 유행성 이하선염
② 파라티푸스
③ 세균성 이질
④ 폴리오

해설

유행성 이하선염은 기침, 재채기 등의 호흡기를 통해 감염되는 급성 감염병이다.

57 소시지 등 가공육 제품의 육색을 고정하기 위해 사용하는 식품첨가물은?

① 발색제   ② 착색제
③ 보존제   ④ 강화제

해설

발색제(색소고정제)는 발색제 자체에는 색이 없으나 식품 중의 색소 단백질과 반응하여 식품 자체의 색을 고정(안정화)시키고, 선명하게 하거나 발색되게 하는 물질이다.

58 식품위생법상 식중독 환자를 진단한 의사는 누구에게 이 사실을 제일 먼저 보고하여야 하는가?

① 보건소장
② 경찰서장
③ 보건복지부장관
④ 관할 시장·군수·구청장

해설

식중독에 관한 조사 보고 등(식품위생법 제86조제1항)
다음의 어느 하나에 해당하는 자는 지체 없이 관할 특별자치시장·시장·군수·구청장에게 보고하여야 한다. 이 경우 의사나 한의사는 대통령령으로 정하는 바에 따라 식중독 환자나 식중독이 의심되는 자의 혈액 또는 배설물을 보관하는 데에 필요한 조치를 하여야 한다.

• 식중독 환자나 식중독이 의심되는 자를 진단하였거나 그 사체를 검안(檢案)한 의사 또는 한의사
• 집단급식소에서 제공한 식품 등으로 인하여 식중독 환자나 식중독으로 의심되는 증세를 보이는 자를 발견한 집단급식소의 설치·운영자

59 소고기의 부위별 용도와 조리법 연결이 틀린 것은?

① 앞다리 – 불고기, 육회, 장조림
② 설도 – 탕, 샤브샤브, 육회
③ 목심 – 불고기, 국거리
④ 우둔 – 산적, 장조림, 육포

해설

② 설도 : 육포, 육회, 산적, 불고기

60 다음은 식품위생법상 교육에 관한 내용이다. 괄호 안에 알맞은 내용을 순서대로 나열한 것은?

( )은 식품위생 수준 및 자질의 향상을 위하여 필요한 경우 조리사와 영양사에게 교육을 받을 것을 명할 수 있다. 다만, 집단급식소에 종사하는 조리사와 영양사는 ( )마다 교육을 받아야 한다.

① 식품의약품안전처장, 1년
② 식품의약품안전처장, 2년
③ 보건복지부장관, 1년
④ 보건복지부장관, 2년

해설

교육(식품위생법 제56조제1항)
식품의약품안전처장은 식품위생 수준 및 자질의 향상을 위하여 필요한 경우 조리사와 영양사에게 교육(조리사의 경우 보수교육을 포함한다)을 받을 것을 명할 수 있다. 다만, 집단급식소에 종사하는 조리사와 영양사는 1년마다 교육을 받아야 한다.

01 식품위생 수준 및 자질의 향상을 위해 조리사 및 영양사에게 교육을 받을 것을 명할 수 있는 자는?

① 보건복지부장관
② 보건소장
③ 식품의약품안전처장
④ 시장·군수·구청장

해설

교육(식품위생법 제56조제1항)
식품의약품안전처장은 식품위생 수준 및 자질의 향상을 위하여 필요한 경우 조리사와 영양사에게 교육(조리사의 경우 보수교육을 포함한다)을 받을 것을 명할 수 있다. 다만, 집단급식소에 종사하는 조리사와 영양사는 1년마다 교육을 받아야 한다.

02 가자미식해의 가공원리는?

① 건조법
② 당장법
③ 냉동법
④ 염장법

해설

가자미식해는 가자미를 엿기름, 고춧가루, 마늘, 생강 등을 넣고 소금에 삭혀서 먹는 음식이다. 염장법은 재료에 소금을 사용하여 가공하는 방법으로서, 진한 소금물에 재료를 담그는 물간법, 재료에 직접 소금을 뿌리는 마른간법 등이 있다.

03 효소를 이용하여 만들어진 식품은?

① 식 혜
② 백설기
③ 유당분해우유
④ 국 수

04 우유의 가공에 관한 설명으로 틀린 것은?

① 크림의 주성분은 우유의 지방성분이다.
② 분유는 전유, 탈지유, 반탈지유 등을 건조시켜 분말화한 것이다.
③ 무당연유는 살균과정을 거치지 않고, 유당연유만 살균과정을 거친다.
④ 저온살균법은 61.6~65.6℃에서 30분간 가열하는 것이다.

해설

무당연유와 유당연유는 당의 유무로 구분한다. 무당연유는 수분의 60% 정도를 제거하고 농축한 것으로, 방부력이 없어서 통조림으로 살균한다. 반면에 유당연유는 설탕이나 포도당을 첨가함으로써 당분의 방부력을 이용해 살균하지 않고 저장할 수 있다.

05 기생충과 중간숙주와의 연결이 틀린 것은?

① 간흡충 – 쇠우렁, 참붕어
② 무구조충 – 소
③ 폐흡충 – 다슬기, 게
④ 광절열두조충 – 돼지고기, 소고기

해설

광절열두조충(긴촌충)
• 제1중간숙주는 물벼룩, 제2중간숙주는 송어와 연어이다.
• 소장에 붙어 기생하며, 10~20년간 생존한다.

06 병원체가 바이러스(Virus)인 감염병은?

① 결 핵
② 회 충
③ 발진티푸스
④ 일본뇌염

해설

① 세균, ② 기생충, ③ 리케차에 의한 감염병이다.

정답 1 ③ 2 ④ 3 ③ 4 ③ 5 ④ 6 ④

07 다음 중 영업에 종사하지 못하는 질병의 종류가 아닌 것은?

① 비감염성 결핵
② A형간염
③ 화농성 질환
④ 피부병

해설

영업에 종사하지 못하는 질병의 종류(식품위생법 시행규칙 제50조)
• 결핵(비감염성인 경우는 제외한다)
• 콜레라, 장티푸스, 파라티푸스, 세균성 이질, 장출혈성대장균감염증, A형간염
• 피부병 또는 그 밖의 고름형성(화농성) 질환
• 후천성면역결핍증(성매개감염병에 관한 건강진단을 받아야 하는 영업에 종사하는 사람만 해당한다)

08 식품위생법으로 정의한 "식품첨가물"에 해당하는 것은?

① 화학적 수단으로 원소 또는 화합물에 분해 반응 외의 화학 반응을 일으켜서 얻은 물질
② 식품을 제조・가공・조리 또는 보존하는 과정에서 감미, 착색, 표백 또는 산화방지 등을 목적으로 식품에 사용되는 물질
③ 식품에 들어 있는 영양소의 양 등 영양에 관한 정보를 표시하는 것
④ 식품을 제조・가공단계부터 판매단계까지 각 단계별로 정보를 기록・관리하여 그 식품의 안전성 등에 문제가 발생할 경우 그 식품을 추적하여 원인을 규명하고 필요한 조치를 할 수 있도록 관리하는 것

해설

정의(식품위생법 제2조제2호)
식품첨가물이란 식품을 제조・가공・조리 또는 보존하는 과정에서 감미, 착색, 표백 또는 산화방지 등을 목적으로 식품에 사용되는 물질을 말한다. 이 경우 기구・용기・포장을 살균・소독하는 데에 사용되어 간접적으로 식품으로 옮겨갈 수 있는 물질을 포함한다.

09 필수지방산이 가장 많이 들어 있는 것은?

① 녹 두   ② 풋 콩
③ 땅 콩   ④ 팥

해설

필수지방산은 대두유, 옥수수유, 땅콩(햇땅콩) 등 천연 식물기름에 많이 있다.

10 주방의 바닥조건으로 맞는 것은?

① 산이나 알칼리에 약하고, 습기・열에 강해야 한다.
② 바닥 전체의 물매는 20분의 1이 적당하다.
③ 조리작업을 드라이 시스템화할 경우의 물매는 100분의 1 정도가 적당하다.
④ 고무타일, 합성수지타일 등이 잘 미끄러지지 않으므로 적합하다.

해설

① 산이나 알칼리에 강할 뿐만 아니라 충분한 내구력을 갖추어야 한다.
② 물매는 100분의 1 이상이어야 한다.
③ 드라이 시스템화는 조리장의 바닥을 항상 건조한 상태로 유지하는 시스템을 말한다.

11 식품과 독성분의 연결이 틀린 것은?

① 매실 – 베네루핀(Venerupin)
② 섭조개 – 삭시톡신(Saxitoxin)
③ 독버섯 – 무스카린(Muscarine)
④ 독보리 – 테물린(Temuline)

해설

• 아미그달린 : 매실(청매)
• 베네루핀 : 모시조개, 굴, 바지락, 고동 등

12 **식품취급자가 손을 씻는 방법으로 적합하지 않은 것은?**

① 손을 씻은 후 비눗물을 흐르는 물에 충분히 씻는다.

② 팔에서 손으로 씻어 내려온다.

③ 살균효과를 증대시키기 위해 역성비누액에 일반비누액을 섞어 사용한다.

④ 역성비누원액을 몇 방울 손에 받아 30초 이상 문지르고 흐르는 물로 씻는다.

해설

역성비누는 일반비누와 동시에 사용하면 살균효과가 떨어진다. 두 가지 모두 사용할 때는 일반비누를 먼저 사용하고 역성비누를 다음에 사용하여 살균효과를 높인다.

13 **식품을 조리 또는 가공할 때 생성되는 유해물질과 그 생성 원인을 잘못 짝지은 것은?**

① N-나이트로사민(N-nitrosamine) - 육가공품의 발색제 사용으로 인한 아질산과 아민과의 반응 생성물

② 다환방향족 탄화수소(Polycyclic Aromatic Hydrocarbon) - 유기물질을 고온으로 가열할 때 생성되는 단백질이나 지방의 분해 생성물

③ 아크릴아마이드(Acrylamide) - 전분식품 가열 시 아미노산과 당의 열에 의한 결합 반응 생성물

④ 헤테로사이클릭아민(Heterocyclic Amine) - 주류 제조 시 에탄올과 카바밀기의 반응에 의한 생성물

해설

헤테로사이클릭아민은 단백질을 300℃ 이상에서 가열할 때 생성된다.

14 **생선 조리에 대한 설명으로 옳은 것은?**

① 생선에 식초를 발라 주거나 석쇠를 달군 후 구이를 하는 것은 지방을 빨리 굳게 하기 위해서이다.

② 생선을 가열 조리할 때는 60℃ 이상에서 가열해야 영양가를 보존할 수 있다.

③ 생선을 조릴 때 처음 10분 정도는 뚜껑을 닫고 끓여야 생선의 제 맛을 낼 수 있다.

④ 생강이나 파를 넣을 때는 생선과 함께 넣어 향이 배도록 한다.

해설

① 생선에 식초를 바르거나 석쇠를 달군 후 구이를 하는 것은 껍질이 눌러 붙지 않고 깔끔하게 조리하기 위해서이다.

③ 처음에는 냄비 뚜껑을 열어 두어야 휘발성인 비린내를 공기 중으로 날려버릴 수가 있다. 국물이 끓어올라 생선 살이 익기 시작할 쯤에는 뚜껑을 닫아 끓인다.

④ 생강은 생선이 익은 후에 넣어야 비린내 제거에 효과적이다.

15 **단체급식에서 지켜야 할 사항이 아닌 것은?**

① 위생상 사고 위험을 방지하기 위해 항상 청결하게 관리한다.

② 급식대상자의 영양량을 산출하여 생활시간 조사에 따른 3식의 영양량을 배분한다.

③ 개인의 기호에 중점을 두어 식단을 조정한다.

④ 지역적인 식습관을 고려해서 식단을 작성한다.

해설

단체급식은 비영리 급식시설로 개인의 기호가 아닌 특정인을 대상으로 식생활의 합리화와 영양개선 및 건강증진에 중점을 두어야 한다.

정답 12 ③ 13 ④ 14 ② 15 ③

16 당류 중에 가장 단맛이 강한 것은?

① 포도당   ② 과 당

③ 설 탕   ④ 맥아당

당질의 감미도 : 과당 > 전화당 > 서당(설탕) > 포도당 > 맥아당 > 갈락토스 > 유당

17 다음 중 제2급 감염병이 아닌 것은?

① 파라티푸스

② 유행성이하선염

③ 디프테리아

④ 세균성이질

③ 디프테리아는 제1급 감염병이다.
제2급 감염병 : 결핵, 수두, 홍역, 콜레라, 장티푸스, 파라티푸스, 세균성이질, 장출혈성대장균감염증, A형간염, 백일해, 유행성이하선염, 풍진, 폴리오, 수막구균 감염증, b형헤모필루스인플루엔자, 폐렴구균 감염증, 한센병, 성홍열, 반코마이신내성황색포도알균(VRSA) 감염증, 카바페넴내성장내세균속균종(CRE) 감염증, E형간염

18 미역에 대한 설명으로 틀린 것은?

① 알칼리성 식품이다.

② 미역에 들어 있는 알긴산은 열량공급원에 속한다.

③ 갈조식물이다.

④ 아이오딘이 많이 함유된 식품이다.

알긴산은 해조류에 함유되는 다당류의 일종으로 물에는 녹지 않고 팽윤하며, 주로 증점안정제 역할을 한다. 사람의 소화효소로 분해가 되지 않기 때문에 영양성분에는 해당되지 않는다.

19 헤테로사이클릭아민류(Heterocyclic Amine)에 대한 설명으로 틀린 것은?

① 구워 태운 생선, 육류 및 그 제조·가공품에서 생성된다.

② 강한 돌연변이 활성을 나타내는 물질을 함유한다.

③ 단백질이나 아미노산의 열분해에 의해 생성된다.

④ 변이원성 물질은 낮은 온도로 구울 때 많이 생성된다.

④ 변이원성 물질은 높은 온도로 구울 때 많이 생성된다.

20 김치의 1인분량은 60g, 김치의 원재료인 포기배추의 폐기율은 10%, 예상식수가 1,000식인 경우 포기배추의 발주량은?

① 약 60kg   ② 약 65kg

③ 약 67kg   ④ 약 70kg

$$발주량 = \frac{정미중량 \times 100}{100 - 폐기율} \times 인원수 = \frac{60 \times 100}{100 - 10} \times 1,000$$
$$\fallingdotseq 66,666g으로 \ 답은 \ 약 \ 67kg이다.$$

21 다음 식품 중 아이소사이오사이아네이트(Isothiocyanates) 화합물에 의해 매운맛을 내는 것은?

① 겨 자   ② 고 추

③ 후 추   ④ 양 파

겨자분을 물로 반죽하면 겨자 속에 들어 있던 시니그린(Sinigrin), 시날빈(Sinalbin)이라는 물질과 마이로시나제(Myrosinase)라는 효소의 작용으로 분해되어 알릴 아이소사이오사이아네이트(Allyl Isothiocyanate), 파라하이드록시 벤질 아이소사이오사이아네이트(Parahydroxy Benzyl Isothiocyanate)가 생성되어 매운맛과 자극성을 나타낸다.

22 훈연제품이 아닌 것은?

① 소시지
② 치 즈
③ 베이컨
④ 햄

해설
② 치즈 : 우유에 린넷(Rennet) 또는 젖산균을 작용시켜, 카세인과 지방을 응고시켜 얻은 커드를 세균이나 곰팡이 등으로 숙성시켜 만든 유제품(가공식품)

23 식품별 보관장소로 옳게 연결된 것은?

① 감자 – 냉장고
② 바나나 – 냉장고
③ 마요네즈 – 냉동고
④ 쌀 – 식품창고

해설
감자와 바나나는 냉장고보다는 바람이 잘 통하는 곳에 실온보관하는 것이 좋으며, 특히 바나나의 경우 오래 보관하기 위해서는 매달아 놓는 것이 가장 좋다. 마요네즈는 냉장고에 보관하는 것이 좋다.

24 대두의 성분 중 거품을 내며 용혈작용을 하는 것은?

① 사포닌
② 레 닌
③ 아비딘
④ 청산배당체

해설
대두와 팥에는 사포닌(Saponin)이라는 용혈 독성분이 있지만 가열 시 파괴된다.

25 질병예방 단계 중 의학적·직업적 재활 및 사회 복귀 차원의 적극적인 예방단계는?

① 1차적 예방
② 2차적 예방
③ 3차적 예방
④ 4차적 예방

해설
3차적 예방
질병이 이미 발병한 후 후유증의 발생을 예방하고 신체 기능에 장애가 오지 않도록 하며, 재활을 통해 사회에 복귀할 수 있도록 한다.

26 다음 중 점탄성을 가진 것은?

① 쌀가루
② 빵가루
③ 옥수수가루
④ 밀가루

해설
밀가루의 점탄성 : 밀가루에 물을 가하면 점탄성을 가진 도(Dough)가 된다. 이것은 밀의 단백질인 글리아딘(Glia-din)과 글루테닌(Glutenin)이 결합하여 글루텐(Gluten)을 형성하기 때문이다. 따라서 글루텐의 함량에 따라 밀가루의 종류와 용도가 결정된다.

27 난백의 기포성에 대한 설명으로 틀린 것은?

① 난백에 올리브유를 소량 첨가하면 거품이 잘 생기고 윤기도 난다.
② 난백은 냉장온도보다 실내온도에 저장했을 때 점도가 낮고 표면장력이 작아져 거품이 잘 생긴다.
③ 신선한 달걀보다는 어느 정도 묵은 달걀이 수양난백이 많아 거품이 쉽게 형성된다.
④ 난백의 거품이 형성된 후 설탕을 서서히 소량씩 첨가하면 안정성 있는 거품이 형성된다.

해설
난백의 기포는 묵은 달걀일수록, 난백이 응고하지 않을 정도의 온도에서 거품이 잘 난다. 기름을 넣고 저으면 거품이 나는 것을 현저히 저하시키며 소량의 소금, 산의 첨가는 기포현상을 돕는다. 거품을 완전히 낸 후 마지막 단계에서 설탕을 넣어 주면 거품이 안정된다.

28 다음 중 계량방법이 올바른 것은?

① 마가린을 잴 때는 실온일 때 계량컵을 꼭꼭 눌러 담고, 직선으로 된 칼이나 Spatula로 깎아 계량한다.

② 밀가루를 잴 때는 측정 직전에 체로 친 뒤 누르지 말고 가만히 수북하게 담은 상태에서 측정한다.

③ 흑설탕을 측정할 때는 체로 친 뒤 누르지 말고 가만히 수북하게 담고 직선 Spatula로 깎아 측정한다.

④ 쇼트닝을 계량할 때는 냉장온도에서 계량컵에 꼭 눌러 담은 뒤, 직선 Spatula로 깎아 측정한다.

해설

마가린, 버터, 쇼트닝 같은 지방제품은 온도에 따라 변화가 일어나므로 냉장보다는 실온일 때 계량도구에 담아 직선으로 된 칼이나 스패출러(Spatula)로 깎아 계량한다.

29 직업과 직업병과의 연결이 옳지 않은 것은?

① 용접공 – 백내장
② 인쇄공 – 진폐증
③ 채석공 – 규폐증
④ 용광로공 – 열쇠약

해설

• 납중독 : 인쇄공, 축전지공, 광부
• 공기오염 : 석공, 채광부, 도자기공(진폐증), 인쇄공, 염료공, 축전지공, 도료공(납중독), 섬유공, 제재공(천식증)

30 다음 중 병원체가 세균인 질병은?

① 폴리오   ② 백일해
③ 발진티푸스   ④ 홍 역

해설

세균성 질병
한센병, 결핵, 백일해, 디프테리아, 페스트, 장티푸스, 콜레라, 세균성 이질, 파라티푸스 등

31 식중독에 관한 설명으로 틀린 것은?

① 자연독이나 유해물질이 함유된 음식물을 섭취함으로써 생긴다.

② 발열, 구역질, 구토, 설사, 복통 등의 증세가 나타난다.

③ 세균, 곰팡이, 화학물질 등이 원인이다.

④ 대표적인 식중독은 콜레라, 세균성 이질, 장티푸스 등이 있다.

해설

대표적인 식중독에는 황색포도상구균, 보툴리눔, 살모넬라, 장염비브리오균, 병원성 대장균 등이 있다. 콜레라, 장티푸스, 세균성 이질 등은 수인성 감염병에 속한다.

32 식품 등을 제조 · 가공하는 영업자가 식품 등이 기준과 규격에 맞는지 자체적으로 검사하는 것을 일컫는 식품위생법상의 용어는?

① 제품검사
② 자가품질검사
③ 수거검사
④ 정밀검사

해설

자가품질검사 의무(식품위생법 제31조제1항)
식품 등을 제조 · 가공하는 영업자는 총리령으로 정하는 바에 따라 제조 · 가공하는 식품 등이 규정에 따른 기준과 규격에 맞는지를 검사하여야 한다.

33 카드뮴 만성중독의 주요 3대 증상이 아닌 것은?

① 빈 혈
② 폐기종
③ 신장기능 장애
④ 단백뇨

해설

카드뮴의 주증상으로는 폐기종, 신장장애, 단백뇨, 골연화증(이타이이타이병) 등이 있다.

34 당류 가공품 중 결정형 캔디는?

① 캐러멜(Caramel)

② 퐁당(Fondant)

③ 마시멜로(Marshmallow)

④ 젤리(Jelly)

해설

퐁당은 설탕 결정체로 캔디와 아이싱 등에 사용된다.

35 간디스토마와 폐디스토마의 제1중간숙주를 순서대로 짝지어 놓은 것은?

① 우렁이 – 다슬기

② 잉어 – 가재

③ 사람 – 가재

④ 붕어 – 참게

해설

• 간흡충(간디스토마)
  – 제1중간숙주 : 왜우렁이
  – 제2중간숙주 : 붕어, 잉어 등의 민물고기
• 폐흡충(폐디스토마)
  – 제1중간숙주 : 다슬기
  – 제2중간숙주 : 가재, 게

36 어떤 단백질의 질소함량이 18%라면 이 단백질의 질소계수는 약 얼마인가?

① 5.56

② 6.30

③ 6.47

④ 6.67

해설

질소계수 = 100/질소함량 = 100/18 ≒ 5.56

37 신선한 생선을 판별하는 방법으로 틀린 것은?

① 생선이 사후경직 중인 빳빳한 것

② 아가미가 빨간색 또는 자주색인 것

③ 내장을 눌러보아 물렁물렁한 것

④ 생선 특유의 색과 광택이 있는 것

해설

생선은 사후경직 중에 있는 것이 신선한데 사후경직기의 생선은 복부가 단단하여 탄력이 있다.

38 화학적 산소요구량을 나타내는 것은?

① COD

② DO

③ BOD

④ SS

해설

COD는 화학적 산소요구량을 말하며 COD가 높을수록 오염된 물이다. 해양오염의 지표 및 공장폐수를 측정하는 데 사용된다.

39 다음 채소류 중 일반적으로 꽃 부분을 식용으로 하는 것과 거리가 먼 것은?

① 브로콜리(Broccoli)

② 콜리플라워(Cauliflower)

③ 비트(Beets)

④ 아티초크(Artichoke)

해설

비트(근대)는 원산지가 유럽 남부로 붉은 시금치라고도 불리며, 잎과 뿌리 모두 식용으로 쓰이는 뿌리채소이다.

40 폐기율이 20%인 식품의 출고계수는 얼마인가?

① 0.5

② 1.0

③ 1.25

④ 2.0

해설

출고계수 = 100/(100 – 폐기율)이므로 100/(100 – 20) = 1.25이다.

41 직영급식과 비교하여 위탁급식의 단점에 해당하지 않는 것은?

① 인건비가 증가하고 서비스가 잘되지 않는다.
② 기업이나 단체의 권한이 축소된다.
③ 급식경영을 지나치게 영리화하여 운영할 수 있다.
④ 영양관리에 문제가 발생할 수 있다.

해설
위탁급식은 인력관리 측면에서 전문업체가 체계적으로 관리하므로 급식운영에 따른 제반업무를 감소할 수 있다.

42 식품 취급자의 화농성 질환에 의해 감염되는 식중독은?

① 살모넬라 식중독
② 황색포도상구균 식중독
③ 장염비브리오 식중독
④ 병원성 대장균 식중독

해설
황색포도상구균은 인체에서 화농성 질환을 일으키는 균이기 때문에 피부에 외상을 입거나 각종 장기 등에 고름이 생기는 경우 식품을 다뤄서는 안 된다.

43 대표적인 콩단백질인 글로불린(Globulin)이 가장 많이 함유하고 있는 성분은?

① 글리시닌(Glycinin)
② 알부민(Albumin)
③ 글루텐(Gluten)
④ 제인(Zein)

해설
콩단백질인 글리시닌은 글로불린의 한 종류로 대두단백의 84% 정도를 차지한다. 글리시닌이 두부응고제와 열에 의해 응고되는 성질을 이용해 두부를 만든다.

44 식품첨가물의 사용 목적과 이에 따른 첨가물의 종류가 바르게 연결된 것은?

① 식품의 영양 강화를 위한 것 - 착색료
② 식품의 관능을 만족시키기 위한 것 - 조미료
③ 식품의 변질이나 변패를 방지하기 위한 것 - 감미료
④ 식품의 품질을 개량하거나 유지하기 위한 것 - 산미료

해설
① 식품의 영양 강화를 위한 것 : 강화제
③ 식품의 변질이나 변패를 방지하기 위한 것 : 보존료, 살균료, 산화방지제
④ 식품의 품질을 개량하거나 유지하기 위한 것 : 품질개량제, 밀가루 개량제, 호료, 유화제, 이형제, 피막제, 추출제, 용제, 습윤제

45 국이나 전골 등에 국물 맛을 독특하게 내는 조개류의 성분은?

① 아이오딘
② 주석산
③ 구연산
④ 호박산

해설
호박산은 조개류에 들어 있는 성분으로 독특한 감칠맛을 낸다.

46 매월 고정적으로 포함해야 하는 경비는?

① 지급운임
② 감가상각비
③ 복리후생비
④ 수 당

해설
고정자산의 감가를 일정한 내용연수에 일정한 비율로 할당하여 비용으로 계산하는 것으로 이때 감가된 비용을 감가상각비라 한다.

41 ① 42 ② 43 ① 44 ② 45 ④ 46 ② 정답

47 동물이 도축된 후 화학변화가 일어나 근육이 긴장되어 굳어지는 현상은?

① 사후경직
② 자기소화
③ 산 화
④ 팽 화

해설
동물을 도살하여 방치하면 조직이 단단해지는 사후경직 현상이 일어나고, 이 기간이 지나면 근육 자체에서 자기소화 현상이 일어나면서 고기는 연해지고, 풍미도 좋고 소화도 잘되는 숙성 현상이 일어난다.

48 복어의 먹을 수 있는 부위는?

① 간
② 내 장
③ 껍 질
④ 아가미

해설
복어의 먹을 수 있는 부위는 살코기, 껍질 등이며 아가미, 간, 알, 내장 등은 섭취하면 복어독에 중독될 수 있어 조심해야 한다.

49 생선 조리방법으로 적합하지 않은 것은?

① 탕을 끓일 경우 국물을 먼저 끓인 후에 생선을 넣는다.
② 생강은 처음부터 넣어야 어취 제거에 효과적이다.
③ 생선조림은 양념장을 끓이다가 생선을 넣는다.
④ 생선 표면을 물로 씻으면 어취가 감소된다.

해설
생강은 생선이 익은 후에 첨가하는 것이 효과적이다.

50 다수인이 밀집한 실내 공기가 물리·화학적 조성의 변화로 불쾌감, 두통, 권태, 현기증 등을 일으키는 것은?

① 자연독
② 진균독
③ 산소중독
④ 군집독

해설
군집독의 예방방법으로는 환기가 가장 좋다.

51 식품 등을 판매하거나 판매할 목적으로 취급할 수 있는 것은?

① 병을 일으키는 미생물에 오염되었거나 그 염려가 있어 인체의 건강을 해칠 우려가 있는 식품
② 포장에 표시된 내용량에 비하여 중량이 부족한 식품
③ 영업의 신고를 하여야 하는 경우에 신고하지 아니한 자가 제조한 식품
④ 썩거나 상하거나 설익어서 인체의 건강을 해칠 우려가 있는 식품

해설
위해식품 등의 판매 등 금지(식품위생법 제4조)
누구든지 다음의 어느 하나에 해당하는 식품 등을 판매하거나 판매할 목적으로 채취·제조·수입·가공·사용·조리·저장·소분·운반 또는 진열하여서는 아니 된다.
• 썩거나 상하거나 설익어서 인체의 건강을 해칠 우려가 있는 것
• 유독·유해물질이 들어 있거나 묻어 있는 것 또는 그러할 염려가 있는 것. 다만, 식품의약품안전처장이 인체의 건강을 해칠 우려가 없다고 인정하는 것은 제외한다.
• 병(病)을 일으키는 미생물에 오염되었거나 그러할 염려가 있어 인체의 건강을 해칠 우려가 있는 것
• 불결하거나 다른 물질이 섞이거나 첨가(添加)된 것 또는 그 밖의 사유로 인체의 건강을 해칠 우려가 있는 것
• 안전성 심사 대상인 농·축·수산물 등 가운데 안전성 심사를 받지 아니하였거나 안전성 심사에서 식용(食用)으로 부적합하다고 인정된 것
• 수입이 금지된 것 또는 「수입식품안전관리 특별법」에 따른 수입신고를 하지 아니하고 수입한 것
• 영업자가 아닌 자가 제조·가공·소분한 것

52 두부를 물에 끓이는 것보다 새우젓국에 끓이면
나타나는 현상은?

① 단단해진다.
② 부드러워진다.
③ 구멍이 많이 생긴다.
④ 색깔이 하얗게 된다.

53 물에 녹는 비타민은?

① 레티놀(Retinol)
② 토코페롤(Tocopherol)
③ 티아민(Tiamine)
④ 칼시페롤(Calciferol)

• 수용성 비타민 : 비타민 B₁(티아민), 비타민 B₂(리보플라
  빈), 비타민 B₆(피리독신), 비타민 C(아스코르브산)
• 지용성 비타민 : 비타민 A(레티놀), 비타민 D(칼시페롤),
  비타민 E(토코페롤), 비타민 K₁(필로퀴논)

54 DPT 예방접종과 관계없는 감염병은?

① 백일해
② 디프테리아
③ 페스트
④ 파상풍

DPT 예방접종은 디프테리아, 백일해, 파상풍을 예방하기
위한 백신이다.

55 유해감미료에 속하는 것은?

① 아스파탐   ② D-소르비톨
③ 둘 신   ④ 자일리톨

유해감미료 : 사이클라메이트, 둘신, 페릴라틴, 에틸렌글
라이콜

56 과일, 채소류의 저장법으로 적합하지 않은 것은?

① 피막제 이용법
② 호일포장 상온저장법
③ 냉장법
④ ICF(Ice Coating Film)저장법

청과물 저장법
상온저장, 저온저장, ICF저장, 냉동저장, 가스저장 및 플라
스틱 필름저장, 피막제의 이용, 방사선저장, 건조저장, 절
임저장

57 다음 중 가열 조리방법에 대한 설명으로 옳은
것은?

① 가열 시 식품의 내부와 표면온도차를 줄이
   기 위해서 식품을 뜨거운 물에 넣는다.
② 데치기는 식품의 모양을 그대로 유지하며,
   수용성 성분의 용출이 적은 것이 특징이다.
③ 구이는 높은 온도에서 가열 조리하는 방법
   으로 독특한 풍미를 갖는다.
④ 굽기, 볶기, 조리기, 튀기기는 건열 조리방
   법이다.

② 찌기는 식품의 모양을 그대로 유지하며, 수용성 성분의
   용출이 적은 것이 특징이다.
④ 조리기는 습열 조리방법이다.

52 ② 53 ③ 54 ③ 55 ③ 56 ② 57 ③ 정답

58 튀김기름을 여러 번 사용하였을 때 일어나는 현상이 아닌 것은?

① 불포화지방산의 함량이 감소한다.
② 흡유량이 작아진다.
③ 점도가 증가한다.
④ 튀김 시 거품이 생긴다.

해설
튀김기름의 점도가 높을수록, 즉 여러 번 사용한 기름일수록 기름의 흡수가 많아진다.

60 토마토 퓌레를 농축하여 설탕, 소금, 마늘 등을 넣어 만든 것은?

① 토마토 페이스트
② 토마토 케첩
③ 토마토 소스
④ 토마토 주스

해설
토마토 페이스트
토마토 퓌레를 농축하여 만든 것으로 주로 샌드위치나 카나페 등에 바르거나 소스로 사용한다.

59 노화를 억제하기 위한 방법이 아닌 것은?

① 유화제를 첨가한다.
② 설탕을 첨가한다.
③ 냉동한다.
④ 수분 함량을 30~60%로 조절한다.

해설
노화는 수분 30~60%, 온도 0℃일 때 가장 잘 일어난다.

정답 58 ② 59 ④ 60 ①

01 중식조리에 사용되는 농후제로 적합하지 않은 것은?

① 감자 전분
② 중력분
③ 고구마 전분
④ 옥수수 전분

02 한천 젤리를 만든 후 시간이 지나면 내부에서 표면으로 수분이 빠져나오는 현상은?

① 삼투현상(Osmosis)
② 이장현상(Syneresis)
③ 님비현상(NIMBY)
④ 노화현상(Retrogradation)

해설
① 삼투현상 : 콩을 간장에 조릴 때 콩 속의 수분이 밖으로 빠져 나와 딱딱해지는 현상을 말한다.
③ 님비현상 : 'Not In My Backyard'라는 영어 구절의 각 단어 머리글자를 따서 만든 신조어로 '내 뒷마당에는 안 된다'는 혐오시설 기피현상을 일컫는 말이다.
④ 노화현상 : 식품 중 특히 전분의 경우에 호화전분, 즉 α-전분을 실온에 방치할 때 차차 굳어져서 β-전분으로 되돌아가는 현상이다.

03 식품과 그 식품에서 유래될 수 있는 독성물질의 연결이 틀린 것은?

① 복어 – 테트로도톡신
② 모시조개 – 베네루핀
③ 맥각 – 에르고톡신
④ 은행 – 말토리진

해설
④ 은행 : 아미그달린, 부르니민, 메틸피리독신
※ 말토리진은 곡류에서 검출되는 페니실륨속 곰팡이에 의한 독성분이다.

04 간차오(乾炒)에 대한 설명으로 적절한 것은?

① 국물이 남아 있게 볶는 것
② 센 불에서 국물 없이 볶는 것
③ 전분을 풀어 걸쭉하게 하는 조리법
④ 재료를 가열해서 조리는 것

해설
간차오(乾炒)는 차오(炒)의 한 방법으로 이미 처리된 재료를 센 불에서 국물이 없어질 때까지 볶는 조리법이다.
※ 차오(炒) : 이미 처리된 재료를 센 불에서 단시간에 볶는 조리법

05 감자의 발아 부위와 녹색으로 나타나는 곳에 해당하는 독은?

① 솔라닌(Solanine)
② 셉신(Sepsine)
③ 아코니틴(Aconitine)
④ 시큐톡신(Cicutoxin)

해설
식물성 자연독
• 솔라닌 : 감자의 발아 부위와 녹색 부위
• 아코니틴 : 오디
• 시큐톡신 : 독미나리

06 새우, 게류를 삶을 때 나타나는 색소는?

① 카로틴(Carotene) 색소
② 헤모글로빈(Hemoglobin) 색소
③ 아스타신(Astacin) 색소
④ 안토시안(Anthocyan) 색소

해설
새우 등의 갑각류 피부에 함유된 아스타잔틴은 단백질과 결합하여 살아 있는 동안에는 녹색을 띠는 어두운 청색 색소 단백질로서 존재한다. 이 색소 단백질은 가열하면 쉽게 분해되고 산화되어 아스타신으로 된다. 아스타신은 적색 색소이기 때문에 새우, 꽃게 등을 삶거나 가열 조리하면 붉게 변하는 것이다.

1 ② 2 ② 3 ④ 4 ② 5 ① 6 ③ 정답

07 식품위생법상 출입·검사·수거 등에 관한 사항으로 틀린 것은?

① 식품의약품안전처장은 검사에 필요한 최소량의 식품 등을 무상으로 수거하게 할 수 있다.

② 출입·검사·수거 또는 장부 열람을 하고자 하는 공무원은 그 권한을 표시하는 증표를 지녀야 하며 관계인에게 이를 내보여야 한다.

③ 시장·군수·구청장은 필요에 따라 영업을 하는 자에 대하여 필요한 서류나 그 밖의 자료의 제출요구를 할 수 있다.

④ 행정응원의 절차, 비용부담 방법 그 밖에 필요한 사항은 검사를 실시하는 담당 공무원이 임의로 정한다.

해설

출입·검사·수거 등(식품위생법 제22조제1항)

식품의약품안전처장, 시·도지사 또는 시장·군수·구청장은 식품 등의 위해방지·위생관리와 영업질서의 유지를 위하여 필요하면 다음의 구분에 따른 조치를 할 수 있다.

• 영업자나 그 밖의 관계인에게 필요한 서류나 그 밖의 자료의 제출 요구
• 관계 공무원으로 하여금 다음에 해당하는 출입·검사·수거 등의 조치
 – 영업소(사무소, 창고, 제조소, 저장소, 판매소, 그 밖에 이와 유사한 장소를 포함한다)에 출입하여 판매를 목적으로 하거나 영업에 사용하는 식품 등 또는 영업시설 등에 대하여 하는 검사
 – 위 검사에 필요한 최소량의 식품 등의 무상 수거
 – 영업에 관계되는 장부 또는 서류의 열람

08 단백질 식품이 부패할 때 생성되는 물질이 아닌 것은?

① 레시틴　　② 암모니아
③ 아민류　　④ 황화수소

해설

레시틴 : 세포막의 구성 성분으로, 유화력이 좋아서 식품가공이나 제과 등의 유화제로 사용된다. 난황, 대두에 많이 함유되어 있다.

09 과실의 젤리화 3요소와 관계없는 것은?

① 젤라틴　　② 당
③ 펙틴　　④ 산

해설

과일의 젤리화 3요소 : 당, 유기산, 펙틴

10 세균성 식중독에 속하지 않는 것은?

① 노로바이러스 식중독
② 비브리오 식중독
③ 병원성 대장균 식중독
④ 장구균 식중독

해설

노로바이러스(Norovirus)

위와 장에 염증을 일으키는 위장염 질환으로 매스꺼움, 구토, 설사, 복통의 증상을 나타내고, 때로는 두통, 오한 및 근육통을 유발하기도 한다. 바이러스 크기는 아주 작고, 바이러스에 감염된 이후 1~2일 정도 후에 증상이 나타나기 시작해 빠르면 12시간 뒤에 소실된다. 수분 공급을 충분히 하여 탈수를 막는 것 이외에 특별한 치료 방법이 없다.

11 수인성 감염병의 특징을 설명한 것 중 옳지 않은 것은?

① 단시간에 다수의 환자가 발생한다.
② 환자의 발생은 그 급수지역과 관계가 깊다.
③ 발생율이 남녀노소, 성별, 연령별로 차이가 크다.
④ 오염원의 제거로 일시에 종식될 수 있다.

해설

수인성 감염병은 오염된 물이나 음식물을 통해 감염되는 질병이므로 성별, 연령별로도 큰 차이가 없다. 집단 식중독으로 손을 자주 씻는 등 개인위생을 철저히 해야 한다.

정답 7 ④　8 ①　9 ①　10 ①　11 ③

12 침수 조리에 대한 설명으로 틀린 것은?

① 곡류, 두류 등은 조리 전에 충분히 침수시켜 조미료의 침투를 용이하게 하고 조리시간을 단축시킨다.
② 불필요한 성분을 용출시킬 수 있다.
③ 간장, 술, 식초, 조미액, 기름 등에 담가 필요한 성분을 침투시켜 맛을 좋게 해 준다.
④ 당장법·염장법 등은 보존성을 높일 수 있고, 식품을 장시간 담가둘수록 영양성분이 많이 침투되어 좋다.

해설
침 수
쓴맛, 떫은맛, 아린맛 등의 불미성분의 제거에 이용되며, 침수시간, 흡수속도, 흡수량은 각 식품에 따라 차이가 있으며, 흡수속도는 침수하는 수온이 높을수록 빠르다.

13 WHO에서 말하는 비만의 기준으로 옳은 것은?

① 인체 내에 탄수화물이 증가하거나 크기가 커져 과잉 축적된 상태의 질병
② 인체 내에 단백질이 증가하거나 크기가 커져 과잉 축적된 상태의 질병
③ 인체 내에 지방이 증가하거나 크기가 커져 과잉 축적된 상태의 질병
④ 인체 내에 비타민이 증가하거나 크기가 커져 과잉 축적된 상태의 질병

14 강한 환원력이 있어 식품가공에서 갈변이나 향이 변하는 산화반응을 억제하는 효과가 있으며, 안전하고 실용성이 높은 산화방지제로 사용되는 것은?

① 티아민(Thiamine)
② 나이아신(Niacin)
③ 리보플라빈(Riboflavin)
④ 아스코르브산(Ascorbic Acid)

해설
산화방지제
식품보존상 공기 중의 산소에 의해 일어나는 변질로 수용성 산화방지제, 에리토브산, 아스코르브산, 지용성 산화방지제 등이 있다.

15 다음 당류 중 단맛이 가장 약한 것은?

① 포도당
② 과 당
③ 맥아당
④ 설 탕

해설
당질의 감미도
과당 > 자당(설탕) > 포도당 > 자일로스 > 맥아당 > 젖당

16 기생충과 중간숙주와의 연결이 틀린 것은?

① 구충 – 오리
② 간디스토마 – 민물고기
③ 무구조충 – 소
④ 유구조충 – 돼지

해설
• 중간숙주가 없는 기생충 : 회충, 구충(십이지장충), 요충, 편충, 이질아메바, 톡소플라스마, 트리코모나스
• 중간숙주가 하나뿐인 기생충 : 사상충(모기), 무구조충(소), 유구조충(돼지), 말라리아원충(사람), 선모충(돼지)
• 중간숙주가 둘인 기생충 : 간흡충(쇠우렁이, 민물고기), 폐흡충(다슬기, 게, 가재), 긴촌충(물벼룩, 민물고기)

17 페디스토마의 제1중간숙주와 제2중간숙주를
순서대로 짝지어 놓은 것은?

	제1중간숙주	제2중간숙주
①	우렁이	다슬기
②	잉어	가재
③	사람	가재
④	다슬기	참게

해설

폐흡충(페디스토마)
• 제1중간숙주 : 다슬기
• 제2중간숙주 : 가재, 게

18 식품위생법상 누가 조리사와 영양사에게 교육
을 받을 것을 명할 수 있는가?

① 식품의약품안전처장
② 보건복지부장관
③ 대통령
④ 시·도지사

해설

교육(식품위생법 제56조제1항)
식품의약품안전처장은 식품위생 수준 및 자질의 향상을
위하여 필요한 경우 조리사와 영양사에게 교육(조리사의
경우 보수교육을 포함한다)을 받을 것을 명할 수 있다.
다만, 집단급식소에 종사하는 조리사와 영양사는 1년마다
교육을 받아야 한다.

19 수분 70g, 당질 40g, 섬유질 7g, 단백질 5g, 무
기질 4g, 지방 3g이 들어 있는 식품의 열량은?

① 165kcal   ② 178kcal
③ 198kcal   ④ 207kcal

해설

열량소 1g당 당질과 단백질 4kcal, 지방 9kcal의 열량을
내므로 (40 × 4) + (5 × 4) + (3 × 9) = 207kcal이다.

20 물 1,000L를 0.2ppm 유리잔류 염소농도로 유
지하고자 할 때 염소 유효성분 50% 표백분은
몇 mg을 주입해야 하는가?

① 400mg   ② 200mg
③ 40mg   ④ 30mg

해설

0.2ppm = 0.2mg/L = 200mg/1,000L
염소의 유효성분이 50%이므로 주입해야 할 표백분의 양은
200mg × 100/50 = 400mg

21 과일의 갈변을 방지하는 방법으로 바람직하지
않은 것은?

① 레몬즙, 오렌지즙에 담가 둔다.
② 희석된 소금물에 담가 둔다.
③ -10℃ 온도에서 동결시킨다.
④ 설탕물에 담가 둔다.

해설

온도를 낮추면 갈변현상을 어느 정도 늦출 수는 있지만
너무 낮은 온도에 보관하면 향기와 맛의 저하를 일으킬
수 있다. 특히 바나나 등 열대 과일을 냉장하면 변색과
부패를 일으킬 수 있다. 따라서 10℃ 내외에서 보관하는
것이 적절하다.

22 염화마그네슘을 함유하고 있으며 김치나 생선
절임용으로 주로 사용하는 소금은?

① 호 렴   ② 정제염
③ 식탁염   ④ 가공염

해설

• 호렴 : 일명 청염이라 불리며 알이 거칠고 굵으며 염도는
  가공염에 비해 낮다.
• 정제염 : 소금 성분 중에 있는 마그네슘(Mg), 칼슘(Ca),
  황산(SO_4) 등 염화나트륨(NaCl) 이외의 성분을 화학적으
  로 제거한 소금으로 염도는 99% 이상이다.

정답 17 ④ 18 ① 19 ④ 20 ① 21 ③ 22 ①

23 폐디스토마를 옮기는 숙주로 옳지 않은 것은?

① 다슬기
② 게
③ 가 재
④ 우렁이

24 다음 (   ) 안에 들어갈 단어로 알맞게 짝지어진 것은?

> 꽃, 채소, 과일 등에 존재하는 안토시안 색소는 산성 – 중성 – 알칼리성으로 변함에 따라 (   ) – (   ) – (   )으로 된다.

① 적색 – 청색 – 자색
② 적색 – 자색 – 청색
③ 청색 – 적색 – 자색
④ 자색 – 청색 – 적색

해설

안토시안 색소 : 과실, 꽃, 뿌리에 있는 빨간색, 보라색, 청색의 색소로, 산성에서는 붉은색, 중성에서는 보라색, 알칼리에서는 청색을 띤다.

25 복어와 모시조개 섭취 시 식중독을 유발하는 독성 물질이 바르게 연결된 것은?

① 테트로도톡신, 사포닌
② 테트로도톡신, 아플라톡신
③ 테트로도톡신, 뉴린
④ 테트로도톡신, 베네루핀

해설

• 복어 : 테트로도톡신
• 모시조개 : 베네루핀
• 콩 : 사포닌
• 독버섯 : 뉴린
• 땅콩 : 아플라톡신

26 일반적인 젓갈류의 염도로 가장 알맞은 것은?

① 1~5%
② 20~25%
③ 50~55%
④ 80~85%

해설

젓갈류
• 풍미 있는 저장성 발효식품으로 생선의 내장, 알, 조개류 등에 20~30%의 소금을 넣어 숙성시킨 것
• 새우젓, 굴젓, 조개젓, 오징어젓, 명란젓 등

27 젤라틴과 한천에 관한 설명으로 틀린 것은?

① 한천은 보통 28~35℃에서 응고되는데 온도가 낮을수록 빨리 굳는다.
② 한천은 식물성 급원이다.
③ 젤라틴은 젤리, 양과자 등에서 응고제로 쓰인다.
④ 젤라틴에 생파인애플을 넣으면 단단하게 응고한다.

해설

파인애플은 브로멜린이라는 단백질 분해효소를 가지고 있기 때문에 젤라틴에 넣으면 응고되지 않는다.

28 식품의 결착성을 높여 씹을 때 식욕 향상, 변색 및 변질 방지, 맛의 조화, 풍미 향상, 조직의 개량 등을 위하여 사용하는 첨가물은 무엇인가?

① 발색제
② 표백제
③ 결착제
④ 호 료

29 체내에서 흡수되면 신장의 재흡수 장애를 일으켜 칼슘 배설을 증가시키는 중금속은?

① 납　　　　　② 수 은
③ 비 소　　　　④ 카드뮴

해설
① 빈혈, 구토, 사지마비, 소화기장애, 시력장애 유발
② 중추신경장애(미나마타병) 유발
③ 급성 중독에 의한 위장장애, 설사, 만성 중독에 의한 피부 이상 및 신경장애 유발

30 효소적 갈변반응을 방지하기 위한 방법이 아닌 것은?

① 가열하여 효소를 불활성화시킨다.
② 효소의 최적조건을 변화시키기 위해 pH를 낮춘다.
③ 아황산가스 처리를 한다.
④ 산화제를 첨가한다.

해설
④ 산화제는 갈변반응을 촉진한다.
효소적 갈변 억제법
• 산소 및 기질 제거(pH나 온도조건 조절)
• 효소의 불활성화(열처리 등)
• 아황산염, 아황산가스 이용
• 철분이나 구리 등 금속 이온의 제거

31 튀김에 사용한 기름을 보관하는 방법으로 가장 적절한 것은?

① 식힌 후 그대로 서늘한 곳에 보관한다.
② 공기와의 접촉면을 넓게 하여 보관한다.
③ 망에 거른 후 갈색 병에 담아 보관한다.
④ 철제 팬에 담아 보관한다.

해설
튀김기름을 식힌 다음 거름망에 걸려서 약병이나 색깔이 있는 병에 넣어 보관한다.

32 해조류에서 추출한 성분으로 식품에 점성을 주고 안정제, 유화제로서 널리 이용되는 것은?

① 알긴산
② 펙 틴
③ 젤라틴
④ 이눌린

해설
식품첨가물인 알긴산은 유화를 안정화시키는 효과가 있어 유화안정제라고 한다.

33 다음 중 소화·흡수에 관한 설명으로 틀린 것은?

① 당질은 단당류의 형태로 소화되지 않은 것은 흡수되지 않는다.
② 단백질은 보통 아미노산으로 소화된 것이 흡수된다.
③ 지방은 지방산, 글리세롤, 글리세린으로 되어 위장에서 흡수된다.
④ 소화산물의 흡수는 핵산에 의한다.

해설
지방은 지방산과 글리세롤로 분해되어 소장에서 흡수된다.

34 밥 1공기(쌀 100g)에서 발생하는 열량은 약 몇 kcal인가?(단, 밥 1공기 : 당질 77g, 단백질 6.5g)

① 250kcal
② 283kcal
③ 334kcal
④ 564kcal

해설
당질과 단백질은 1g당 4kcal의 열량을 내므로 (77 × 4) + (6.5 × 4) = 334kcal이다.

정답 29 ④　30 ④　31 ③　32 ①　33 ③　34 ③

35 조리장의 입지조건으로 적당하지 않은 것은?

① 채광, 환기, 건조, 통풍이 잘 되는 곳
② 양질의 음료수 공급과 배수가 용이한 곳
③ 조리장은 단층보다 지하층에 위치하여 조용한 곳
④ 오물처리장과 변소가 멀리 떨어져 있는 곳

해설
조리장이 지하층에 위치하면 통풍·채광 및 배수 등의 문제점이 발생하므로 좋지 않다.

36 기름을 오랫동안 저장하여 산소, 빛, 열에 노출되었을 때 색깔, 맛, 냄새 등이 변하게 되는 현상은?

① 발 효   ② 부 패
③ 산 패   ④ 변 질

해설
식품의 변질
• 산패 : 유지의 변질로, 미생물과 관련 없고 빛, 공기, 수분이 원인
• 부패 : 단백질 식품의 변질(혐기성)
• 후란 : 단백질 식품의 변질(호기성)
• 변패 : 탄수화물 식품의 변질
• 발효 : 미생물의 작용으로 유기산 생성(무해물질)

37 급식인원이 1,000명인 단체급식소에서 1인당 60g의 풋고추 조림을 주려고 한다. 발주할 풋고추의 양은?(단, 풋고추의 폐기율은 9%이다)

① 55kg   ② 60kg
③ 66kg   ④ 68kg

해설
1,000명분의 요리를 하려면 60kg의 풋고추가 사용되지만 폐기율 9%를 감안하여 더 발주해야 하므로
60 ÷ 0.91(9%) = 약 66kg이 적당하다.

38 우엉의 조리에 관련된 내용으로 틀린 것은?

① 우엉을 삶을 때 청색을 띠는 것은 독성물질 때문이다.
② 껍질을 벗겨 공기 중에 노출하면 갈변된다.
③ 갈변현상을 막기 위해서는 물이나 1% 정도의 소금물에 담근다.
④ 우엉의 떫은맛은 타닌, 클로로겐산 등의 페놀성분이 함유되어 있기 때문이다.

해설
우엉을 삶을 때 청색을 띠는 것은 우엉에 함유된 K, Ca, Na, Mg 등의 알칼리성 무기질이 용출되어 안토잔틴 색소를 청색으로 변화시키기 때문이다.

39 다음 중 통조림관을 통해 주로 중독될 수 있는 유해금속은?

① 수 은
② 주 석
③ 비 소
④ 바 륨

해설
통조림은 강철판에 얇게 주석을 입힌 캔으로 채소나 과일 등을 보관하는 데 사용한다.

40 쓰거나 신 음식을 맛본 후 금방 물을 마시면 물이 달게 느껴지는데 이는 어떤 원리에 의한 것인가?

① 변조현상
② 대비효과
③ 순응현상
④ 억제현상

해설
변조현상이란 한 가지 맛을 본 직후 다른 맛을 정상적으로 느끼지 못하는 현상이다.

41 총비용과 총수익(판매액)이 일치하여 이익도 손실도 발생되지 않는 기점은?

① 매상선점
② 가격결정점
③ 손익분기점
④ 한계이익점

해설
• 손익분석은 원가, 조업도, 이익의 상호관계를 조사·분석하여 이 자료에서 경영계획을 세우는 데 필요한 정보를 얻어내기 위한 경영기법이다. 일정한 기간의 총수익의 합계로부터 총비용의 합계를 차감한 것을 손익분석이라 한다.
• 손익분기점은 수익과 총비용(고정비 + 변동비)이 일치하므로 이익이나 손실이 발생하지 않는다.

42 다음 식품첨가물 중 주요 목적이 다른 것은?

① 과산화벤조일
② 과황산암모늄
③ 이산화염소
④ 아질산나트륨

해설
과산화벤조일, 과황산암모늄, 이산화염소는 밀가루 개량제이고, 아질산나트륨은 발색제이다.

43 두부를 만들 때 간수에 의해 응고되는 것은 단백질의 변성 중 무엇에 의한 변성인가?

① 산
② 효 소
③ 염 류
④ 동 결

해설
콩 단백질인 글리시닌은 묽은 염류 용액에서 녹는다. 80℃ 정도로 가열하면 단백질이 침전되는데, 침전되고 응고된 상태가 두부이다.

44 내열성이 강한 아포를 형성하며 식품의 부패 식중독을 일으키는 혐기성균은?

① 리스테리아속
② 비브리오속
③ 살모넬라속
④ 클로스트리듐속

해설
클로스트리듐속은 그람 양성의 간균으로 내열성 아포를 갖는 혐기성균이다. 토양이나 하수 등에 존재하며 부패 활성이 높다.

45 아린맛은 어느 맛의 혼합인가?

① 신맛과 쓴맛
② 쓴맛과 단맛
③ 신맛과 떫은맛
④ 쓴맛과 떫은맛

해설
아린맛은 쓴맛과 떫은맛에 가까운 목구멍을 자극하는 독특한 향미를 말한다.

46 과일이 성숙함에 따라 일어나는 성분 변화가 아닌 것은?

① 과육은 점차로 연해진다.
② 엽록소가 분해되면서 푸른색은 옅어진다.
③ 비타민 C와 카로틴 함량이 증가한다.
④ 타닌은 증가한다.

해설
타닌은 많은 식물에 널리 존재하며 떫은맛을 낸다. 일반적으로 미숙한 과일에는 많이 함유되지만 성숙되어 감에 따라 타닌의 성분은 감소한다.

47 사과나 딸기 등이 잼에 이용되는 가장 중요한 이유는?

① 과숙이 잘되어 좋은 질감을 형성하므로
② 펙틴과 유기산이 함유되어 잼 제조에 적합하므로
③ 색이 아름다워 잼의 상품가치를 높이므로
④ 새콤한 맛 성분이 잼 맛에 적합하므로

해설
펙틴은 다당의 종류로 잼의 점도를 높이는 역할을 한다. 유기산은 펙틴의 점도를 돕는 역할을 하며 잼을 만들 때 첨가하는 설탕을 분해하는 역할을 한다.

48 달걀의 기포성을 이용한 것은?

① 달걀찜
② 푸딩(Pudding)
③ 머랭(Meringue)
④ 마요네즈(Mayonnaise)

해설
머랭이란 달걀흰자에 설탕과 아몬드, 코코넛 등을 넣고 거품을 낸 뒤에 오븐에서 구운 것을 말한다.

49 카드뮴이나 수은 등의 중금속 오염 가능성이 가장 큰 식품은?

① 육 류   ② 어패류
③ 식용유   ④ 통조림

해설
공장폐수나 생활하수, 농약이 비에 씻겨 내린 물 등에 섞인 중금속이 하천에 모여 수질 오염을 일으킬 경우, 특히 하천 바닥에 서식하고 있는 어패류에 중금속이 침투되고 이러한 어패류를 먹는 포식자의 체내에 중금속이 축적되어 화학물질에 의한 식중독 증상을 일으킬 수 있다.

50 다수인이 밀집한 장소에서 발생하며 화학적 조성이나 물리적 조성의 큰 변화를 일으켜 불쾌감, 두통, 권태, 현기증, 구토 등의 생리적 이상을 일으키는 현상은?

① 빈 혈   ② 일산화탄소 중독
③ 분압 현상   ④ 군집독

해설
군집독
• 많은 사람이 밀집된 실내에서 공기가 물리적・화학적 조성의 변화를 일으킴
• 산소(O_2) 감소, 이산화탄소(CO_2) 증가, 고온・고습의 상태에서 유해가스 및 취기, 구취, 체취 등으로 인하여 공기의 조성이 변함
• 현기증, 구토, 권태감, 불쾌감, 두통 등의 증상

51 식품과 대표적인 맛 성분(유기산)을 연결한 것 중 틀린 것은?

① 포도 – 주석산
② 감귤 – 구연산
③ 사과 – 사과산
④ 요구르트 – 호박산

52 생선 조리방법에 대한 설명으로 틀린 것은?

① 생강과 술은 비린내를 없애는 용도로 사용한다.
② 처음 가열할 때 몇 분간은 뚜껑을 약간 열어 비린내를 휘발시킨다.
③ 모양을 유지하고 맛 성분이 밖으로 유출되지 않도록 양념간장이 끓을 때 생선을 넣기도 한다.
④ 선도가 약간 저하된 생선은 조미를 비교적 약하게 하여 뚜껑을 덮고 짧은 시간 내에 끓인다.

해설
• 신선한 생선, 흰살생선은 조미를 약하게 한다.
• 선도가 저하된 생선, 붉은살생선은 조미를 강하게 한다.

53 다음 설명 중 맞는 것은?

① 사람은 호흡 시 산소를 체외로 배출하고 이산화탄소를 체내로 흡입한다.

② 수중에서 작업하는 사람은 이상기압으로 인해 참호족에 걸린다.

③ 조리장에서 작업 시에는 적절한 환기가 필요하다.

④ 정상공기는 주로 수소와 이산화탄소로 구성되어 있다.

해설
① 사람은 호흡 시 산소를 체내로 흡입하고 이산화탄소를 배출한다.
② 참호족은 저온환경에서 걸리는 직업병이고, 이상기압으로 걸리는 것은 잠수병이다.
④ 정상공기는 주로 산소와 이산화탄소로 구성되어 있다.

54 식품위생법상 영업에 종사하지 못하는 질병의 종류가 아닌 것은?

① 비감염성 결핵

② 세균성 이질

③ 장티푸스

④ 화농성 질환

해설
영업에 종사하지 못하는 질병의 종류(식품위생법 시행규칙 제50조)
• 결핵(비감염성인 경우는 제외한다)
• 콜레라, 장티푸스, 파라티푸스, 세균성 이질, 장출혈성대장균감염증, A형간염
• 피부병 또는 그 밖의 고름형성(화농성) 질환
• 후천성면역결핍증(성매개감염병에 관한 건강진단을 받아야 하는 영업에 종사하는 사람만 해당한다)

55 총원가는 제조원가에 무엇을 더한 것인가?

① 제조간접비

② 판매관리비

③ 이 익

④ 판매가격

해설
총원가 = 제조원가 + 판매관리비

56 자외선에 의한 인체 건강 장해가 아닌 것은?

① 설안염

② 피부암

③ 폐기종

④ 결막염

해설
폐기종은 유해 입자와 가스의 흡입에 의하여 발생하며 직간접 흡연 및 직업적으로 분진이나 화학물질, 대기오염 등에 지속적으로 노출되는 것이 만성 폐쇄성 폐질환의 원인이 될 수 있다. 만성적인 기침과 가래, 호흡곤란 등이 주요 증상이다.

57 지방의 경화에 대한 설명으로 옳은 것은?

① 물과 지방이 서로 섞여 있는 상태이다.

② 불포화지방산에 수소를 첨가하는 것이다.

③ 기름을 7.2℃까지 냉각시켜서 지방을 여과하는 것이다.

④ 반죽 내에서 지방층을 형성하여 글루텐 형성을 막는 것이다.

해설
불포화지방산은 탄소 간에 이중결합이 있는 지방산을 말하며 불포화지방산에 수소를 첨가하여 산패가 덜 되는 포화지방산으로 바꾸는 경우가 많은데 이러한 과정을 '경화'라고 한다. 포화지방산은 불포화지방산보다 녹는점이 높아서 상온에서 고체인 경우가 많기 때문이다. 마가린이 경화처리의 대표적인 예이다.

58 채소류의 신선도 선별방법으로 적절한 것은?

① 토마토는 만져 보아 단단하고 무거운 느낌이 드는 것이 좋다.
② 가지는 무거울수록 부드럽고 맛이 좋고 구부러진 모양이 좋다.
③ 오이는 색깔이 선명하고, 돌기를 만져 보았을 때 아프지 않은 것이 좋다.
④ 애호박은 진한 녹색을 띠며 만져보았을 때 부드럽고 가벼운 것이 좋다.

해설
② 가지는 가벼울수록 부드럽고 맛이 좋고 구부러지지 않고 바른 모양이 좋다.
③ 오이는 꼭지가 마르지 않고 색깔이 선명하며 시든 꽃이 붙어 있는 것이 좋다. 또한 처음과 끝의 굵기가 일정하고, 과면에 울퉁불퉁한 돌기가 있고 가시를 만져 보아 아픈 것이 좋다.
④ 애호박은 옅은 녹색을 띠며 굵기가 일정하고 단단한 것이 좋다. 늙은 호박은 짙은 황색을 띠고 표피에 흠이 없어야 하고, 단호박은 껍질의 색이 진한 녹색을 띠며 무겁고 단단해야 한다.

59 맛을 가지고 있어 감미료로도 사용되며, 포도당과 이성체(Isomer) 관계인 것은?

① 한 천
② 펙 틴
③ 과 당
④ 전 분

해설
과당(Fructose)
• 과실과 꽃 등에 유리상태로 존재
• 벌꿀에 특히 많이 함유
• 단맛은 포도당의 2배 정도로 가장 단맛이 강함

60 주방의 바닥조건으로 맞는 것은?

① 산이나 알칼리에 약하고, 습기·열에 강해야 한다.
② 바닥 전체의 물매는 20분의 1이 적당하다.
③ 조리작업을 드라이 시스템화할 경우의 물매는 100분의 1 정도가 적당하다.
④ 고무타일, 합성수지타일 등이 잘 미끄러지지 않으므로 적합하다.

해설
① 산이나 알칼리에 강할 뿐만 아니라 충분한 내구력을 갖추어야 한다.
② 물매는 100분의 1 이상이어야 한다.
③ 드라이 시스템화는 조리장의 바닥을 항상 건조한 상태로 유지하는 시스템을 말한다.

58 ① 59 ③ 60 ④ 정답

01 다음 중 식품안전관리인증기준(HACCP)을 수행하는 단계에 있어서 가장 먼저 실시하는 것은?

① 중요관리점 규명
② 관리기준의 설정
③ 기록유지방법의 설정
④ 식품의 위해요소를 분석

해설
HACCP(식품안전관리인증기준) 7가지 원칙
· 1단계 : 위해요소 분석
· 2단계 : 중요관리점(CCP) 결정
· 3단계 : 한계기준 결정
· 4단계 : CCP에 대한 모니터링 방법 설정
· 5단계 : 관리상태의 위반 시 개선조치 실시
· 6단계 : HACCP가 효과적으로 시행되는지 검증 방법 설정
· 7단계 : 원칙 및 적용에 대한 문서화와 기록유지방법 설정

02 일본 된장국을 만들 때 사용하는 재료가 아닌 것은?

① 미 역
② 두 부
③ 가다랑어포
④ 고춧가루

해설
된장국(미소시루)에는 산초가루를 넣는다.

03 식품의 부패 또는 변질과 관련이 적은 것은?

① 수 분   ② 온 도
③ 압 력   ④ 효 소

해설
· 미생물에 의한 변질 : 곰팡이, 효모, 세균 등
· 물리적 작용에 의한 변질 : 광선, 온도, 수분, 금속, 열 등
· 화학적 작용에 의한 변질 : 갈변현상, 육류의 사후경직

04 도미를 손질할 때 살과 뼈를 분리하는 방법은?

① 3장 뜨기
② 5장 뜨기
③ 2장 뜨기
④ 토막 치기

해설
뼈를 중심으로 살을 분리하면 살 2장 뜨기이고, 뼈(가운데 뼈)까지 분리하면 3장 뜨기이다.

05 세계보건기구(WHO)에 따른 식품위생의 정의 중 식품의 안전성 및 건전성이 요구되는 단계는?

① 식품의 재료, 채취에서 가공까지
② 식품의 생육, 생산에서 섭취의 최종까지
③ 식품의 재료 구입에서 섭취 전의 조리까지
④ 식품의 조리에서 섭취 및 폐기까지

해설
식품의 생육, 생산 및 제조로부터 인간이 섭취하는 모든 단계를 말한다.

06 일식 덮밥(돈부리모노)은 밥 위에 얹은 반찬에 따라 명칭이 달라진다. 다음 중 반찬과 그 명칭이 다른 것은?

① 규동 – 소고기덮밥
② 우나동 – 장어덮밥
③ 오야코동 – 닭고기덮밥
④ 덴동 – 돼지고기 구이 덮밥

해설
덴동은 각종 튀김류, 부타동은 돼지고기 구이를 위에 올린다.

정답 1 ④ 2 ④ 3 ③ 4 ① 5 ② 6 ④

07 아미노-카보닐 반응에 대한 설명 중 틀린 것은?

① 마이야르 반응(Maillard Reaction)이라고
   도 한다.
② 당의 카보닐 화합물과 단백질 등의 아미노
   기가 관여하는 반응이다.
③ 갈색 색소인 캐러멜을 형성하는 반응이다.
④ 비효소적 갈변반응이다.

해설
아미노-카보닐 반응
갈색화를 수반하는 경우가 많아서 갈변이라고도 한다. 효
소적인 것과 비효소적인 것으로 나뉘는데 비효소적 갈변의
중심이 되는 것이 아미노-카보닐 반응이며, 아미노 화합물
과 카보닐 화합물이 반응하여 최종적으로는 멜라노이딘
(Melanoidin)이라고 하는 착색중합물을 생성한다.

08 700℃ 이하로 구운 옹기독에 음식물을 넣으면
   유해물질이 용출되는데, 이때의 유독성분은 무
   엇인가?

① 주석(Sn)
② 납(Pb)
③ 아연(Zn)
④ 피시비(PCB)

해설
주석은 통조림, 아연은 식기류, PCB는 폴리염화비닐에
의한다.

09 장마가 지난 후 저장되었던 쌀이 적홍색 또는
   황색으로 착색되어 있었다. 이러한 현상의 설
   명으로 틀린 것은?

① 수분 함량이 15% 이상되는 조건에서 저장할
   때 특히 문제가 된다.
② 기후조건 때문에 동남아시아 지역에서 곡류
   저장 시 특히 문제가 된다.
③ 저장된 쌀에 곰팡이류가 오염되어 그 대사
   산물에 의해 쌀이 황색으로 변한 것이다.
④ 황변미는 일시적인 현상이므로 위생적으로
   무해하다.

해설
수분이 많은(15% 이상) 쌀에 푸른곰팡이가 번식하여 쌀이
누렇게 변질되면서 독소를 생성하여 황변미 중독(신경독,
간장독 등)을 일으킬 수 있다.

10 손에 상처가 있는 사람이 만든 크림빵을 먹은
   후 식중독 증상이 나타났을 경우 가장 의심되는
   식중독균은?

① 포도상구균
② 클로스트리듐 보툴리눔
③ 병원성 대장균
④ 살모넬라균

해설
포도상구균 식중독
화농성 질환을 가진 사람에 의한 식품 취급 시 유발할
수 있다. 손이나 몸에 화농이 있는 사람은 식품 취급을
금해야 한다.
• 감염형 식중독 : 살모넬라 식중독, 장염비브리오 식중독,
  병원성 대장균 식중독
• 독소형 식중독 : 포도상구균 식중독, 클로스트리듐 보툴
  리눔 식중독

11 웰치균에 대한 설명으로 옳은 것은?

① 아포는 60℃에서 10분 가열하면 사멸한다.
② 혐기성 균주이다.
③ 냉장온도에서 잘 발육한다.
④ 당질식품에서 주로 발생한다.

해설
① 아포는 일반적으로 105℃에서 5분 동안 가열하면 파괴
되지만, 식중독을 일으키는 A형균과 C형균은 100℃에
서 4시간 동안 가열해도 파괴되지 않는다.
③ 발육 최적온도는 37~45℃이다.
④ 단백질성 식품에서 주로 발생한다.

12 다음 중 효소가 관여하여 갈변이 되는 것은?

① 식 빵   ② 간 장
③ 사 과   ④ 캐러멜

해설
효소적 갈변
과실과 채소류 등을 파쇄하거나 껍질을 벗길 때 일어난다.
과실과 채소류의 상처받은 조직이 공기 중에 노출되면
페놀화합물이 갈색색소인 멜라닌으로 전환하기 때문이다.

13 식중독 중 해산어류를 통해 많이 발생하는 식중
독은?

① 살모넬라균 식중독
② 클로스트리듐 보툴리눔균 식중독
③ 황색포도상구균 식중독
④ 장염 비브리오균 식중독

해설
장염 비브리오균 식중독
• 원인균 : *Vibrio parahaemolyticus*로 해수세균의 일종이
  며 3%의 소금물에서 생육하고 적온은 37℃이다.
• 감염경로 : 어패류의 생식, 어패류를 손질한 도마(조리기
  구)나 손을 통한 2차 감염
• 예방법 : 여름철에 어패류의 생식을 금하며, 이 균은 저온
  에서 번식하지 못하므로 냉장보관한다.

14 유지의 산패를 차단하기 위해 상승제(Synergist)
와 함께 사용하는 물질은?

① 보존제   ② 발색제
③ 항산화제   ④ 표백제

해설
유지의 산패는 공기 중의 산소와 결합에 의해 일어나는 산화
작용으로 이를 방지하기 위해서는 항산화제를 사용한다.

15 육류의 발색제로 사용되는 아질산염이 산성조
건에서 식품 성분과 반응하여 생성되는 발암성
물질은?

① 지질 과산화물
② 벤조피렌
③ 나이트로사민
④ 폼알데하이드

해설
나이트로사민은 발색제인 아질산염과 아민류가 반응하여
생성되는 물질로 발암성을 갖는다.
나이트로사민류는 아민(Amine, R-NH)의 나이트로소화
(Nitrosation)에 의해 생성되는 물질로 질소화합물과 아질
산(Nitrous Acid)의 반응에 의해 생성된다.

16 다음 중 복어독의 유독 성분은?

① 솔라닌
② 무스카린
③ 아미그달린
④ 테트로도톡신

해설
테트로도톡신(Tetrodotoxin)
복어의 알과 생식선(난소·고환), 간, 내장, 피부 등에 함유
되어 있다. 독성이 강하고 물에 녹지 않으며 열에 안정하여
끓여도 파괴되지 않는다. 복어독은 식후 30분~5시간 만에
발병하며 중독증상이 단계적으로 진행되어 사망에 이른다.

정답 11 ② 12 ③ 13 ④ 14 ③ 15 ③ 16 ④

17 다음 중 건조식품, 곡류 등에 가장 잘 번식하는 미생물은?

① 효 모
② 세 균
③ 곰팡이
④ 바이러스

해설

곰팡이는 세균 또는 효모에 비해 생육에 필요한 수분량이 가장 적어 건조식품 등에서 잘 번식한다.

18 다음 냄새 성분 중 어류와 관계가 먼 것은?

① 트라이메틸아민(Trimethylamine)
② 암모니아(Ammonia)
③ 피페리딘(Piperidine)
④ 다이아세틸(Diacetyl)

해설

다이아세틸(Diacetyl)

인조 과실향료나 마가린 향료로 사용되는 식물 정유에 함유되어 있는 물질 또는 코티지 치즈, 요구르트, 버터, 크림 등 유제품의 향기 성분이다.

• *Streptococcus diacetylactis* 등의 락트산균에 의하여 락토스 및 시트르산으로부터 생성된다.
• 맥주, 청주 등의 발효식품 중에도 널리 존재한다.

19 아밀로펙틴에 대한 설명으로 틀린 것은?

① 찹쌀은 아밀로펙틴으로만 구성되어 있다.
② 기본 단위는 포도당이다.
③ α-1,4 결합과 α-1,6 결합으로 되어 있다.
④ 아이오딘과 반응하면 갈색을 띤다.

해설

찹쌀은 아이오딘(Iodine)과 반응하면 자색을 띤다.

20 다음 중 결합수의 특성이 아닌 것은?

① 수증기압이 유리수보다 낮다.
② 압력을 가해도 제거하기 어렵다.
③ 0℃에서 매우 잘 언다.
④ 용질에 대해서 용매로 작용하지 않는다.

해설

결합수의 특성
• 용매로 작용하지 못한다.
• 미생물 번식이 불가능하다.
• 압력을 가해도 제거되지 않는다.
• 끓는점과 녹는점이 매우 높다.

21 다음 유지 중 건성유는?

① 참기름   ② 면실유
③ 아마인유   ④ 올리브유

해설

• 건성유 : 불포화지방산이 많고 아이오딘가 130 이상(들깨, 아마인유, 호두, 잣 등)
• 반건성유 : 건성과 불건성의 중간으로 아이오딘가 100~130(콩, 유채, 참깨, 고추씨, 해바라기씨 등)
• 불건성유 : 포화지방산이 많고 아이오딘가 100 이하(땅콩, 낙화생유, 동백유, 올리브유, 피마자유 등)

22 인체에 필요한 직접 영양소는 아니지만, 식품에 색, 냄새, 맛 등을 부여하여 식욕을 증진시킨 것은?

① 단백질 식품   ② 인스턴트 식품
③ 기호 식품   ④ 건강 식품

해설

기호 식품은 인체에 필요한 직접 영양소는 아니지만 식품에 색, 냄새, 맛 등을 부여하여 기호를 만족시켜 주는 식품이다. 대표적으로 차, 커피, 코코아, 알코올음료, 청량음료 등이 있다.

23 두류 가공품 중 발효과정을 거치는 것은?

① 두 유   ② 피넛 버터
③ 유 부   ④ 된 장

해설
된장은 삶은 콩에 쌀 또는 코지(Koji)를 섞어 물과 소금을
넣어 발효시킨다.

24 생선 조리 시 식초를 적당량 넣었을 때 장점이
아닌 것은?

① 생선의 가시를 연하게 해 준다.
② 어취를 제거한다.
③ 살을 연하게 하여 맛을 좋게 한다.
④ 살균효과가 있다.

해설
생선 조리 시 산(식초, 레몬즙, 유자즙)을 첨가하면 산은
트라이메틸아민과 결합하여 냄새가 감소되고, 어육단백질
은 산에 의해 응고되어 살이 단단해진다.

25 전분의 호정화에 대한 설명으로 옳지 않은 것은?

① 호정화란 화학적 변화가 일어난 것이다.
② 호화된 전분보다 물에 녹기 쉽다.
③ 전분을 150~190℃에서 물을 붓고 가열할
   때 나타나는 변화이다.
④ 호정화되면 덱스트린이 생성된다.

해설
전분을 160℃ 이상에서 수분을 사용하지 않고 가열하면
전분은 호정화(덱스트린화)된다. 호정화된 전분은 물에
잘 녹고 소화되기 쉽다(미숫가루, 뻥튀기 등).

26 멥쌀과 찹쌀에 있어 노화속도 차이의 원인 성분
으로 가장 적절한 것은?

① 아밀라제(Amylase)
② 글리코젠(Glycogen)
③ 아밀로펙틴(Amylopectin)
④ 글루텐(Gluten)

해설
전분의 노화는 아밀로펙틴(Amylopectin)의 함량 비율이
높을수록 빠르다. 그러므로 찹쌀로 만든 떡보다 멥쌀로
만든 떡이 노화가 빨리 일어난다.

27 1일 2,500kcal를 섭취하는 성인 남자 100명이
있다. 총열량의 60%를 쌀로 섭취한다면 하루
에 쌀 약 몇 kg 정도가 필요한가?(단, 쌀 100g
은 340kcal이다)

① 12.70kg
② 44.12kg
③ 127.02kg
④ 441.18kg

해설
• 하루 쌀 섭취열량 : 2,500kcal × 60% = 1,500kcal
• 하루 쌀 섭취량 : 100g : 340kcal = x : 1,500kcal
  → x = 441.18g
• 100명의 하루 쌀 섭취량 : 441.18g × 100 ≒ 44.12kg

정답 23 ④ 24 ③ 25 ③ 26 ③ 27 ②

28 **육류의 사후경직과 숙성에 대한 설명으로 틀린 것은?**

① 사후경직은 근섬유가 액토마이오신(Acto-myosin)을 형성하여 근육이 수축되는 상태이다.

② 도살 후 글리코겐이 호기적 상태에서 젖산을 생성하여 pH가 저하된다.

③ 사후경직 시기에는 보수성이 저하되고 육즙이 많이 유출된다.

④ 자가분해효소인 카텝신(Cathepsin)에 의해 연해지고 맛이 좋아진다.

해설
육류가 도살되면 피로나 긴장 및 운동으로 인하여 근육 내 글리코겐의 잔존량이 낮아지며, 극한 산성의 pH가 높아진다.

29 **과실의 젤리화 3요소와 관계없는 것은?**

① 젤라틴 ② 당
③ 펙 틴 ④ 산

해설
펙틴, 산, 당분이 일정한 비율로 들어 있을 때 젤리화가 일어난다.
젤라틴(Gelatin)
• 젤라틴은 동물의 가죽이나 뼈에 다량 존재하는 단백질인 콜라겐(Collagen)의 가수분해로 생긴 물질이다.
• 아교풀은 이와 같이 만든 조제품이고, 이것을 정제하여 고급화한 것이 식용 젤라틴이다.
• 젤라틴은 젤리·샐러드·족편 등의 응고제로 쓰이고, 마시멜로(Marshmallow)·아이스크림 및 기타 얼린 후식 등에 유화제로 쓰인다.

30 **마늘에 함유된 황화합물로 특유의 냄새를 가지는 성분은?**

① 알리신(Allicin)
② 다이메틸설파이드(Dimethyl Sulfide)
③ 머스타드 오일(Mustard Oil)
④ 캡사이신(Capsaicin)

해설
알리신(Allicin)은 단백질의 일종으로 항산화물질이다. 마늘의 대표적 성분인 알린(Allin)은 마늘을 자를 때 파괴된 세포의 알리나제라는 알린 분해효소가 산소에 접촉하면서 매운맛과 냄새가 나는 알리신으로 변한다.

31 **다음 급식시설 중 1인 1식 사용 급수량이 가장 많이 필요한 시설은?**

① 학교급식
② 보통급식
③ 산업체급식
④ 병원급식

해설
1인당 사용수의 평균
학교급식(5L) → 공장급식(7L) → 기숙사급식(8L) → 병원급식(15L)

32 **다음 당류 중 단맛이 가장 강한 것은?**

① 맥아당
② 포도당
③ 과 당
④ 유 당

해설
당질의 감미도
과당 > 전화당 > 서당 > 포도당 > 맥아당 > 갈락토스 > 유당

33 열무김치가 시어졌을 때 클로로필이 변색되는 이유는 김치가 익어 감에 따라 어떤 성분이 증가하기 때문인가?

① 단백질　　　　② 탄수화물
③ 칼 슘　　　　④ 유기산

> **해설**
> 유기산
> 산성을 띠는 유기화합물의 총칭으로 일반적으로 무기산보다 약하지만, 설폰산과 같이 강한 산도 있다. 젖산발효, 초산발효의 식품에 이용한다(발효유제품, 침채류, 식초).

34 소고기 두 근을 30,000원에 구입하여 50명의 식사를 공급하였다. 식단가격을 2,500원으로 정한다면 식품의 원가율은 몇 %인가?

① 83%　　　　② 42%
③ 24%　　　　④ 12%

> **해설**
> 원가율 = 원가 ÷ 판매가 × 100
> 　　　= {30,000 ÷ (2,500 × 50)} × 100
> 　　　= (30,000 ÷ 125,000) × 100 = 24%

35 식품원가율을 40%로 정하고 햄버거의 1인당 식품단가를 1,000원으로 할 때 햄버거의 판매 가격은?

① 4,000원　　　　② 2,500원
③ 2,250원　　　　④ 1,250원

> **해설**
> 식품원가율 $= \dfrac{식품단가}{식단가격} \times 100$이므로
>
> 식단가격 $= \dfrac{식품단가}{식품원가율} \times 100$
>
> 　　　　$= \dfrac{1,000}{40} \times 100 = 2,500$원

36 다음 중 발효유는 어느 것인가?

① 요구르트
② 탈지분유
③ 저염유
④ 지방연유

> **해설**
> 요구르트는 발효유의 일종으로 우유류에 유산균을 접종·발효시켜 응고시킨 제품이다.

37 원가에 대한 설명으로 틀린 것은?

① 원가의 3요소는 재료비, 노무비, 경비이다.
② 간접비는 여러 제품의 생산에 대하여 공통으로 사용되는 원가이다.
③ 직접비에 제조 시 소요된 간접비를 포함한 것은 제조원가이다.
④ 제조원가에 관리 비용만 더한 것은 총원가이다.

> **해설**
> • 직접원가 = 직접재료비 + 직접노무비 + 직접경비
> • 제조원가 = 직접원가 + 제조간접비
> • 총원가 = 제조원가 + 판매관리비
> • 판매원가 = 총원가 + 이익

정답 33 ④　34 ③　35 ②　36 ①　37 ④

38 육류 조리에 대한 설명으로 틀린 것은?

① 탕 조리 시 찬물에 고기를 넣고 끓여야 추출물이 최대한 용출된다.

② 장조림 조리 시 간장을 처음부터 넣으면 고기가 단단해지고 잘 찢기지 않는다.

③ 편육 조리 시 찬물에 넣고 끓여야 잘 익고 고기 맛이 좋다.

④ 불고기용으로는 결합조직이 되도록 적은 부위가 적당하다.

> **해설**
> 편육은 뜨거운 물에 고기를 넣고 끓여야 고기의 표면이 변성되면서 굳어 육즙이 고기 내에 남아 맛이 좋아진다.

39 신선한 달걀의 감별법이 아닌 것은?

① 햇빛(전등)에 비출 때 공기집의 크기가 작다.

② 흔들 때 내용물이 잘 흔들린다.

③ 6% 소금물에 넣으면 가라앉는다.

④ 깨뜨려 접시에 놓으면 노른자가 볼록하고 흰자의 점도가 높다.

> **해설**
> 달걀을 소금물에 넣었을 때 바로 가라앉으면 신선한 달걀이고, 떠오르면 신선함이 떨어진 달걀이다. 달걀을 흔들어 봤을 때 신선한 달걀은 내부의 흔들림이 거의 없다.

40 차, 커피, 코코아, 과일 등에서 수렴성 맛을 주는 성분은?

① 타닌(Tannin)

② 카로틴(Carotene)

③ 엽록소(Chlorophyll)

④ 안토시안(Anthocyan)

> **해설**
> 타닌은 주로 식물의 잎이나 줄기, 뿌리, 열매 등에 널리 분포되어 있다. 특히 감이나 밤, 녹차 그리고 덜 익은 과일류에 많이 함유되어 있어 수렴성이 강하고 떫은맛이 난다.

41 연제품 제조에서 어육단백질을 용해하며 탄력성을 주기 위해 꼭 첨가해야 하는 물질은?

① 소 금

② 설 탕

③ 전 분

④ 글루타민산소다

> **해설**
> 연제품은 생선살을 갈아서 조미료, 전분, 향신료, 소금, 난백 등을 첨가해 만든 제품으로, 소금은 어육단백질인 마이오신을 용해시키고 제품의 탄력성을 증가시킨다.

42 곰국이나 스톡을 조리하는 방법으로 은근하게 오랫동안 끓이는 조리법은?

① 포 칭

② 스티밍

③ 블랜칭

④ 시머링

> **해설**
> ④ 시머링(Simmering) : 85~96℃ 온도에서 은근하게 끓이는 방법
> ① 포칭(Poaching) : 달걀, 생선, 채소 등을 서서히 끓이며 익히는 방법
> ② 스티밍(Steaming) : 음식을 찜통에 넣고 수증기열로 익히는 방법
> ③ 블랜칭(Blanching) : 끓는 물에 재료를 잠깐 넣은 후 꺼내어 찬물에 식히는 방법

43 생선 육질이 소고기 육질보다 연한 것은 주로 어떤 성분의 차이에 의한 것인가?

① 마이오신(Myosin)
② 헤모글로빈(Hemoglobin)
③ 포도당(Glucose)
④ 콜라겐(Collagen)

해설
육류의 결합조직인 콜라겐은 가열에 의해 젤라틴화되어 수용성이 되므로 육질이 연해진다.

44 체내에서 흡수되면 신장의 재흡수 장애를 일으켜 칼슘 배설을 증가시키는 중금속은?

① 납
② 수 은
③ 비 소
④ 카드뮴

해설
① 빈혈, 구토, 사지마비, 소화기장애, 시력장애 유발
② 중추신경장애(미나마타병) 유발
③ 급성 중독에 의한 위장장애, 설사, 만성 중독에 의한 피부 이상 및 신경장애 유발

45 진동이 심한 작업을 하는 사람에게 국소진동 장애로 생길 수 있는 직업병은?

① 진폐증
② 파킨슨병
③ 잠함병
④ 레노병

해설
① 진폐증 : 분진
② 파킨슨병 : 노인성 신경계 질환
③ 잠함병 : 고압환경

46 판매 목적으로 식품 등을 제조 · 가공 · 소분 · 수입 또는 판매한 영업자는 해당 식품이 식품 등의 위해와 관련이 있는 규정을 위반하여 유통 중인 해당 식품 등을 회수하고자 할 때 회수계획을 보고해야 하는 대상이 아닌 것은?

① 시 · 도지사
② 식품의약품안전처장
③ 보건소장
④ 시장 · 군수 · 구청장

해설
위해식품 등의 회수(식품위생법 제45조제1항)
판매의 목적으로 식품 등을 제조 · 가공 · 소분 · 수입 또는 판매한 영업자(「수입식품안전관리 특별법」에 따라 등록한 수입식품 등 수입 · 판매업자를 포함한다)는 해당 식품 등이 제4조부터 제6조까지, 제7조제4항, 제8조, 제9조제4항, 제9조의3 또는 제12조의2제2항을 위반한 사실(식품 등의 위해와 관련이 없는 위반사항을 제외한다)을 알게 된 경우에는 지체 없이 유통 중인 해당 식품 등을 회수하거나 회수하는 데에 필요한 조치를 하여야 한다. 이 경우 영업자는 회수계획을 식품의약품안전처장, 시 · 도지사 또는 시장 · 군수 · 구청장에게 미리 보고하여야 하며, 회수 결과를 보고받은 시 · 도지사 또는 시장 · 군수 · 구청장은 이를 지체 없이 식품의약품안전처장에게 통보하여야 한다. 다만, 해당 식품 등이 「수입식품안전관리 특별법」에 따라 수입한 식품 등이고, 보고의무자가 해당 식품 등을 수입한 자인 경우에는 식품의약품안전처장에게 보고하여야 한다.

47 작업장에서 발생하는 작업의 흐름에 따라 시설과 기기를 배치할 때 작업의 흐름이 순서대로 연결된 것은?

> ㉠ 전처리　　　　　 ㉡ 장식, 배식
> ㉢ 식기세척, 수납　 ㉣ 조 리
> ㉤ 식재료의 구매, 검수

① ㉤ - ㉠ - ㉣ - ㉡ - ㉢
② ㉠ - ㉡ - ㉢ - ㉣ - ㉤
③ ㉤ - ㉣ - ㉡ - ㉠ - ㉢
④ ㉢ - ㉠ - ㉣ - ㉤ - ㉡

해설
• 작업장의 배치 : 준비대(냉장고) - 개수대 - 조리대 - 가열대 - 배선대
• 작업의 흐름 : 식재료의 구매·검수 - 전처리 - 조리 - 장식·배식 - 식기세척·수납

48 **육류 조리 시 열에 의한 변화로 맞는 것은?**

① 불고기는 열의 흡수로 부피가 증가한다.
② 스테이크는 가열하면 질겨져서 소화가 잘 되지 않는다.
③ 미트로프(Meatloaf)는 가열하면 단백질이 응고, 수축, 변성된다.
④ 소꼬리의 젤라틴이 콜라겐화된다.

해설
가열에 의한 고기의 변화
• 응고 : 고기의 단백질은 열, 산, 염에 의해서 응고되며, 열에 의해서는 65℃ 부근에서 응고한다(중량 및 보수성 감소).
• 수축 : 고기를 가열하면 응고가 시작되면서 수축이 시작된다.
• 분해 : 65℃에서 서서히 분해되어 80℃ 이상에서 젤라틴화한다.
• 결합조직의 변화 : 콜라겐에서 젤라틴화(지방의 융해)하면서 고기는 연해진다.
• 풍미의 변화, 색의 변화(선홍색에서 회갈색)가 일어난다.

49 신선도가 저하된 생선에 대한 설명으로 옳은 것은?

① 히스타민의 함량이 많다.
② 꼬리가 약간 치켜 올라갔다.
③ 비늘이 고르게 밀착되어 있다.
④ 살이 탄력적이다.

해설
생선의 신선도가 저하되면 생선의 비린내 성분인 트라이메틸아민의 양이 증가하고 히스타민 함량이 많아진다.

50 고등어 150g을 돼지고기로 대체하려고 한다. 고등어의 단백질 함량을 고려했을 때 돼지고기는 약 몇 g 필요한가?(단, 고등어 100g당 단백질 함량 : 20.2g, 지질 : 10.4g, 돼지고기 100g당 단백질 함량 : 18.5g, 지질 : 13.9g)

① 137g　　　　　② 152g
③ 164g　　　　　④ 178g

해설

$$대치식품량 = \frac{원래\ 식품성분}{대치\ 식품성분}$$

$$= \frac{20.2g}{18.5g} \times 150 = 163.78g$$

51 **영양소와 급원식품의 연결이 옳은 것은?**

① 동물성 단백질 - 두부, 소고기
② 비타민 A - 당근, 미역
③ 필수지방산 - 대두유, 버터
④ 칼슘 - 우유, 뱅어포

해설
• 두부 : 식물성 단백질
• 비타민 A : 간, 난황, 버터, 당근 등
• 필수지방산 : 대두유, 옥수수유, 생선의 간유 등

52 소고기가 값이 비싸 돼지고기로 대체하려고 할 때 소고기 300g을 돼지고기 몇 g으로 대체하면 되는가?(단, 식품분석표상 단백질 함량은 소고기 20g, 돼지고기 15g이다)

① 200g   ② 360g
③ 400g   ④ 460g

해설

소고기 300g에 함유한 단백질 양은 300g × 20g = 6,000g이다. 6,000g의 단백질이 필요하므로, 6,000g ÷ 15g(돼지고기에서의 단백질 함량) = 400g이다.

53 다음 중 영양소와 해당 소화효소의 연결이 잘못된 것은?

① 단백질 – 트립신(Trypsin)
② 탄수화물 – 아밀라제(Amylase)
③ 지방 – 리파제(Lipase)
④ 설탕 – 말타제(Maltase)

해설

말타제는 엿당(맥아당)을 가수분해하여 포도당을 생성하는 효소이다.

54 국가의 보건수준이나 생활수준을 나타내는 데 가장 많이 이용되는 지표는?

① 조출생률
② 병상이용률
③ 의료보험 수혜자수
④ 영아사망률

해설

영아사망률
연간 태어난 출생아 1,000명 중에 만 1세 미만에 사망한 영아수의 천분비로서 건강수준이 향상되면 영아사망률은 감소하므로 국민 보건상태의 측정지표로 널리 사용되고 있다.

55 다음 중 이타이이타이병의 유발물질은?

① 수은(Hg)
② 납(Pb)
③ 칼슘(Ca)
④ 카드뮴(Cd)

해설

카드뮴은 공해병인 이타이이타이병을 일으키는 대표적인 유해 중금속이다.

56 섭조개 속에 들어 있으며 특히 신경계통의 마비 증상을 일으키는 독성분은?

① 무스카린
② 시큐톡신
③ 베네루핀
④ 삭시톡신

해설

삭시톡신(Saxitoxin)
삭시톡신은 홍합과의 섭조개 또는 굴, 바지락 등을 잘못 조리해 섭취할 경우 식중독 증상을 일으키는 독성 물질로서, 열에 안정적이며 신경마비, 호흡곤란 등의 증상을 일으키고, 치사율은 10%에 달한다.

57 콩나물이 10cm 정도 자란 후, 식용할 때의 영양소 변화 중 가장 특징적인 것은?

① 지방의 함량이 많아진다.
② 당질의 함량이 많아진다.
③ 비타민 C의 함량이 많아진다.
④ 비타민 B_1의 함량이 많아진다.

해설

콩나물 생장과정 중 지방은 현저히 감소하는 한편 섬유소는 증가하고 또한 비타민류는 대단히 많은 양이 증가한다. 비타민류 중 특히 비타민 A와 비타민 C의 함량 증가가 현저하다.

정답 52 ③ 53 ④ 54 ④ 55 ④ 56 ④ 57 ③

58 기생충과 중간숙주와의 연결이 잘못된 것은?

① 간흡충 – 쇠우렁, 참붕어
② 요코가와흡충 – 다슬기, 은어
③ 폐흡충 – 다슬기, 게
④ 광절열두조충 – 돼지고기, 소고기

해설
광절열두조충 : 물벼룩(제1중간숙주), 민물고기(제2중간숙주)

59 자외선이 인체에 주는 작용이 아닌 것은?

① 살균작용
② 구루병 예방
③ 열사병 예방
④ 피부색소 침착

해설
자외선이 인체에 주는 작용
• 강한 살균작용을 한다.
• 비타민 D를 형성, 구루병을 예방한다.
• 건강선(Dorno-ray)이라고 하며, 피부의 모세혈관을 확장시켜 홍반을 일으킨다.
• 표피의 기저 세포층에 존재하는 멜라닌(Melanin) 색소를 증대시켜 색소 침착을 가져온다.
• 피부암, 일시적인 시력 장애를 유발하고, 강한 자외선에 조사되면 설맹, 설안염, 각막염, 결막염을 일으킨다.
• 혈액의 재생기능을 촉진, 신진대사를 항진시킨다.

60 복사열을 운반하므로 열선이라고도 하며 기상의 기온을 좌우하는 것은?

① 가시광선
② 자외선
③ 적외선
④ 도르노선

해설
적외선
• 열작용을 나타내므로 열선이라고도 부른다.
• 파장이 7,800 Å 이상으로 가장 길다.
• 기상의 기온을 좌우한다(온열).
• 혈관확장, 홍반, 피부온도 상승 등의 작용을 한다.
• 장시간 쬐면 두통, 현기증, 열경련, 열사병, 백내장의 원인이 된다.

2023년 한식 기출복원문제

01 장마가 지난 후 저장되었던 쌀이 적홍색 또는 황색으로 착색되어 있었다. 이러한 현상의 설명으로 틀린 것은?

① 수분함량이 15% 이상 되는 조건에서 저장할 때 특히 문제가 된다.

② 기후조건 때문에 동남아시아 지역에서 곡류 저장 시 특히 문제가 된다.

③ 저장된 쌀에 곰팡이류가 오염되어 그 대사산물에 의해 쌀이 황색으로 변한 것이다.

④ 황변미는 일시적인 현상이므로 위생적으로 무해하다.

해설
수분이 많은(15% 이상) 쌀에 푸른곰팡이가 번식하여 쌀이 누렇게 변질되면서 독소를 생성하여 황변미 중독(신경독, 간장독 등)을 일으킬 수 있다.

02 식중독을 일으키는 버섯의 독성분은?

① 아마니타톡신(Amanitatoxin)

② 엔테로톡신(Enterotoxin)

③ 솔라닌(Solanine)

④ 아트로핀(Atropine)

해설
아마니타톡신은 알광대버섯(독버섯)에 함유되어 있으며 섭취 시 심한 설사를 유발할 수 있다.
• 엔테로톡신 : 포도상구균
• 솔라닌 : 감자싹
• 아트로핀 : 미치광이풀

03 다음 중 유해성 표백제는?

① 론갈리트(Rongalite)

② 아우라민(Auramine)

③ 폼알데하이드(Formaldehyde)

④ 사이클라메이트(Cyclamate)

해설
① 론갈리트 : 유해표백제
② 아우라민 : 유해착색료
③ 폼알데하이드 : 유해보존료
④ 사이클라메이트 : 유해감미료

04 설탕의 특성을 설명한 내용으로 틀린 것은?

① 설탕은 물에 녹기 쉽다.

② 설탕은 다른 당류와 함께 흡습성을 가지고 있다.

③ 설탕은 노화를 촉진시킨다.

④ 설탕은 농도가 높아지면 방부성을 지닌다.

해설
설탕은 노화를 지연시킨다.

05 불포화지방산을 포화지방산으로 변화시키는 경화유에는 어떤 물질이 첨가되는가?

① 산 소

② 수 소

③ 질 소

④ 칼 슘

해설
경화유는 불포화지방에 수소를 첨가하고 니켈(Ni), 백금(Pt)을 촉매로 하여 고체유로 만든 유지를 말하며, 대표적으로 마가린과 쇼트닝이 있다.

06 어떤 식품의 수분활성도(Aw)가 0.96이고 수증 기압이 1.39일 때 상대습도는 몇 %인가?

① 0.69%　　　② 1.15%

③ 139%　　　④ 96%

해설

• 수분활성도(Aw) = $\dfrac{\text{식품 속의 수증기압}}{\text{순수한 물의 수증기압}}$

• 상대습도 = $\dfrac{\text{식품 속의 수증기압}}{\text{순수한 물의 수증기압}} \times 100$

∴ 0.96 × 100 = 96%

07 식품의 갈변에 대한 설명 중 잘못된 것은?

① 감자는 물에 담가 갈변을 억제할 수 있다.
② 사과는 설탕물에 담가 갈변을 억제할 수 있다.
③ 냉동 채소의 전처리로 블랜칭(Blanching) 을 하여 갈변을 억제할 수 있다.
④ 복숭아, 오렌지 등은 갈변 원인 물질이 없기 때문에 미리 껍질을 벗겨 두어도 변색하지 않는다.

해설

페놀 화합물을 함유하고 있는 식물계 식품은 산소와 결합하여 페놀옥시다제로 변하고 이에 의해 갈색 색소인 멜라닌으로 전환되어 변색된다.

08 다음 중 돼지고기에 의해 감염될 수 있는 기생 충은?

① 선모충　　　② 간흡충
③ 편 충　　　④ 아니사키스충

해설

① 선모충 : 돼지
② 간흡충 : 왜우렁이(제1중간숙주), 민물고기(제2중간숙주)
③ 편충 : 채소류
④ 아니사키스충 : 바다갑각류(제1중간숙주), 바닷물고기 (제2중간숙주)

09 카로티노이드(Carotenoid) 색소와 소재 식품 의 연결이 틀린 것은?

① 베타카로틴(β-carotene) - 당근, 녹황색 채소
② 라이코펜(Lycopene) - 토마토, 수박
③ 아스타잔틴(Astaxanthin) - 감, 옥수수
④ 푸코잔틴(Fucoxanthin) - 다시마, 미역

해설

아스타잔틴(Astaxanthin)은 연어, 송어, 도미, 새우, 바닷 가재 등에 풍부하게 함유되어 있다.

10 식품위생법령상 주류를 판매할 수 없는 업종은?

① 휴게음식점영업
② 일반음식점영업
③ 유흥주점영업
④ 단란주점영업

해설

휴게음식점영업(식품위생법 시행령 제21조제8호)
주로 다류(茶類), 아이스크림류 등을 조리·판매하거나 패스트푸드점, 분식점 형태의 영업 등 음식류를 조리·판매하는 영업으로서 음주행위가 허용되지 아니하는 영업 (다만, 편의점, 슈퍼마켓, 휴게소, 그 밖에 음식류를 판매하는 장소에서 컵라면, 일회용 다류 또는 그 밖의 음식류에 물을 부어 주는 경우는 제외)

11 다음 중 건조식품, 곡류 등에 가장 잘 번식하는 미생물은?

① 효 모　　　② 세 균
③ 곰팡이　　　④ 바이러스

해설

곰팡이는 세균 또는 효모에 비해 생육에 필요한 수분량이 가장 적어 건조식품 등에서 잘 번식하다.

12 다음 중 전을 부칠 때 사용하는 기름으로 적절하지 않은 것은?

① 콩기름
② 옥수수기름
③ 들기름
④ 카놀라유

해설
전 기름은 발연점이 높은 기름이 적당하다.

13 전통적인 식혜 제조방법에서 엿기름에 대한 설명이 잘못된 것은?

① 엿기름의 효소는 수용성이므로 물에 담그면 용출된다.
② 엿기름을 가루로 만들면 효소가 더 쉽게 용출된다.
③ 엿기름 가루를 물에 담가 두면서 주물러 주면 효소가 더 빠르게 용출된다.
④ 식혜 제조에 사용되는 엿기름의 농도가 낮을수록 당화 속도가 빨라진다.

해설
엿기름에는 당화효소인 아밀라제가 있기 때문에 농도가 높을수록 당화 속도가 빨라진다.

14 단백질 급원식품으로만 연결된 것은?

① 소고기, 한천, 시금치
② 두부, 깨소금, 당근
③ 달걀, 버터, 감자
④ 치즈, 달걀, 생선

해설
단백질 급원식품 : 소고기, 돼지고기, 닭고기, 생선, 조개, 콩, 두부, 달걀, 된장, 햄, 베이컨, 치즈 등

15 미역국을 끓이는 데 1인당 사용되는 재료와 필요량, 가격은 다음과 같다. 미역국 10인분을 끓이는 데 필요한 재료비는?(단, 총 조미료의 가격 70원은 1인분 기준이다)

재 료	필요량(g)	가격(원/100g당)
미 역	20	150
소고기	60	850
총 조미료	–	70(1인분)

① 610원
② 6,100원
③ 870원
④ 8,700원

해설
• 미역 필요량 20g × 10명 = 200g
• 소고기 필요량 60g × 10명 = 600g
• 미역 100g당 150원이므로 150원 × 2 = 300원
• 소고기 100g당 850원이므로 850원 × 6 = 5,100원
• 1인분당 조미료 70원이므로 70원 × 10인분 = 700원
∴ 300원 + 5,100원 + 700원 = 6,100원

16 어패류의 조리 원리에 대한 설명으로 가장 적절한 것은?

① 달군 석쇠에 생선을 구우면 생선 단백질이 갑자기 응고되어 모양이 잘 유지되지 않는다.
② 빵가루 등을 씌운 냉동 가공품은 자연 해동시켜 튀기는 것이 모양 유지에 좋다.
③ 홍어 초무침에서 오돌오돌한 것은 생선 단백질이 식초에 의해 응고되기 때문이다.
④ 어묵의 탄력성 젤이 만들어지는 것은 전분이 열에 의해 응고되기 때문이다.

해설
① 달군 석쇠에 생선을 구우면 생선 단백질이 갑자기 응고되어 모양이 잘 유지된다.
② 빵가루 등을 씌운 냉동 가공품은 바로 튀긴다.
④ 어묵의 탄력성 젤이 만들어지는 것은 전분이 소금에 의해 응고되기 때문이다.

정답 12 ③ 13 ④ 14 ④ 15 ② 16 ③

17 다음 중 식품위생감시원의 직무가 아닌 것은?

① 식품 제조방법에 대한 기준 설정
② 시설기준의 적합 여부의 확인·검사
③ 식품 등의 압류·폐기 등
④ 영업소의 폐쇄를 위한 간판 제거 등의 조치

해설
식품위생감시원의 직무(식품위생법 시행령 제17조)
• 식품 등의 위생적인 취급에 관한 기준의 이행 지도
• 수입·판매 또는 사용 등이 금지된 식품 등의 취급 여부에 관한 단속
• 표시 또는 광고기준의 위반 여부에 관한 단속
• 출입·검사 및 검사에 필요한 식품 등의 수거
• 시설기준의 적합 여부의 확인·검사
• 영업자 및 종업원의 건강진단 및 위생교육의 이행 여부의 확인·지도
• 조리사 및 영양사의 법령 준수사항 이행 여부의 확인·지도
• 행정처분의 이행 여부 확인
• 식품 등의 압류·폐기 등
• 영업소의 폐쇄를 위한 간판 제거 등의 조치
• 그 밖에 영업자의 법령 이행 여부에 관한 확인·지도

18 곡류에 관한 설명으로 옳은 것은?

① 강력분은 글루텐의 함량이 13% 이상으로 케이크 제조에 알맞다.
② 박력분은 글루텐의 함량이 10% 이하로 과자, 비스킷 제조에 알맞다.
③ 보리의 고유한 단백질은 오리제닌이다.
④ 압맥, 할맥은 소화율을 저하시킨다.

해설
① 강력분은 글루텐 함량이 13% 이상으로 스파게티, 식빵 등에 적합하다.
③ 보리의 단백질은 홀데인(Hordein)이다.
④ 압맥, 할맥은 보리의 소화율을 높인 것이다.

19 한식 조리에서 고명으로 사용되지 않는 것은?

① 황백지단, 은행
② 산초, 후춧가루
③ 잣, 호두, 은행
④ 미나리초대, 석이버섯

해설
산초, 후춧가루는 양념으로 사용한다.

20 포를 뜬 생선살과 채소에 녹말가루를 묻혀 끓는 물에 넣어 익힌 음식은?

① 어 채
② 겨자채
③ 월과채
④ 죽순채

해설
어채는 주안상에 어울리는 음식으로, 비린내가 나지 않는 흰살생선을 이용한다.

21 식품의 감별법으로 옳은 것은?

① 돼지고기는 진한 분홍색으로 지방이 단단하지 않은 것
② 고등어는 아가미가 붉고 눈이 들어가고 냄새가 없는 것
③ 달걀은 껍질이 매끄럽고 광택이 있는 것
④ 쌀은 알갱이가 고르고 광택이 있으며 경도가 높은 것

해설
식품 감별법
• 육류 : 돼지고기는 담홍색, 소고기는 선홍색을 띠고 눌렀을 때 자국이 생겼다가 바로 없어지는 것이 좋다.
• 어류 : 광택이 나고 탄력성이 있으며 아가미는 선홍색이고 눈알이 맑은 것이 좋다.
• 달걀 : 표면이 까칠까칠하고 광택이 없는 것이 좋다.

22 다음의 식단에서 부족한 영양소는?

> • 밥　　　　• 시금칫국
> • 삼치조림　• 김구이
> • 사과

① 단백질　　　　② 지 방
③ 칼 슘　　　　④ 비타민

해설
밥(탄수화물), 시금칫국, 사과(무기질, 비타민), 삼치조림(단백질), 김구이(무기질, 지방)

23 기생충과 중간숙주와의 연결이 잘못된 것은?

① 간흡충 - 쇠우렁, 참붕어
② 요코가와흡충 - 다슬기, 은어
③ 폐흡충 - 다슬기, 게
④ 동양모양선충 - 민물고기

해설
• 동양모양선충 : 채소, 물
• 간흡충증 : 민물고기

24 다음 중 식품안전관리인증기준(HACCP)에 의한 중요관리점(CCP)에 해당하지 않는 것은?

① 교차오염 방지
② 권장된 온도에서의 냉각
③ 생물학적 위해요소 분석
④ 권장된 온도에서의 조리와 재가열

25 건조된 갈조류 표면의 흰 가루 성분으로 단맛을 나타내는 것은?

① 만니톨　　　　② 알긴산
③ 클로로필　　　④ 피코시안

해설
건조된 갈조류 표면의 흰 가루 성분으로 단맛을 내는 것은 만니톨 성분이다.

26 쌀의 품질기준과 관련한 설명으로 틀린 것은?

① 쌀알이 통통하고 윤기가 있으며, 가루가 묻어나지 않는 쌀
② 쌀 고유의 냄새가 나고 곰팡이 냄새가 나지 않는 쌀
③ 품종 고유의 모양으로 미강층을 완전히 제거한 쌀
④ 수분함량이 18% 이상인 쌀

해설
쌀은 수분함량이 14~16%일 때 밥맛이 좋다. 쌀은 도정한 지 15일이 지나면 수분함량이 떨어진다.

27 각 식품을 냉장고에서 보관할 때 나타나는 현상의 연결이 틀린 것은?

① 바나나 - 껍질이 검게 변한다.
② 고구마 - 전분이 변해서 맛이 없어진다.
③ 식빵 - 딱딱해진다.
④ 감자 - 솔라닌이 생성된다.

해설
감자는 2℃ 냉장 보관하면 당분이 증가하여 단맛이 난다.

28 식품 구매 시 대체식품으로 옳은 것은?

① 치즈 – 버터, 마가린
② 두부 – 뱅어포, 멸치
③ 우유 – 당근, 오이
④ 밥 – 국수, 라면

해설

5가지 기초식품군 중 같은 군끼리만 대체식품이 될 수 있다. 우유는 칼슘군, 버터는 지방군, 치즈는 단백질군으로 상호 간에 대체식품이 될 수 없다.

29 다음 중 밥물을 잘못 잡은 것은?

① 햅쌀밥 – 쌀 용량의 1배
② 찹쌀밥 – 쌀 용량의 0.9~1배
③ 백미(보통) – 쌀 용량의 1.2배
④ 미리 침수시킨 쌀 – 쌀 용량의 1.5배

해설

불린쌀의 물의 분량
• 중량에 대한 물의 분량 : 1.2배
• 부피(용량)에 대한 물의 분량 : 동량

30 전분의 호화에 대한 설명으로 적절한 것은?

① 전분이 가열에 의해 덱스트린이 형성된 것
② 전분이 가열에 의해 분자량이 감소한 것
③ 전분의 미셀구조가 형성된 것
④ 흡수된 전분이 가열에 의해 미셀구조가 파괴된 것

해설

전분의 호화
• 호화하기 위한 온도는 전분의 종류에 따라 다르지만 가열 온도가 높을수록, 전분 크기가 작을수록 잘 일어난다.
• 가열 시 첨가하는 물의 양이 많을수록 호화하기 쉽다.
• 가열하기 전 불림시간이 길수록 호화하기 쉽다.

31 오징어에 대한 설명으로 틀린 것은?

① 오징어는 가열하면 근육섬유와 콜라겐섬유 때문에 수축하거나 둥글게 말린다.
② 오징어의 살이 붉은색을 띠는 것은 색소포에 의한 것으로 신선도와는 상관이 없다.
③ 신선한 오징어는 무색투명하며, 껍질에는 짙은 적갈색의 색소포가 있다.
④ 오징어의 근육은 평활근으로 색소를 가지지 않으므로 껍질을 벗긴 오징어는 가열하면 백색이 된다.

해설

오징어의 신선도가 나빠지면 붉은색을 띤다.

32 불고기를 먹기에 적당하게 구울 때 나타나는 현상은?

① 탄수화물의 노화
② 탄수화물이 C, H, O로 분해
③ 단백질의 변성
④ 단백질이 C, H, O, N으로 분해

해설

조리 및 가공 시 발생하는 가장 일반적인 현상은 가열에 의한 단백질의 변성이다.

33 다음 중 보존료가 아닌 것은?

① 안식향산(Benzoic Acid)

② 소르브산(Sorbic Acid)

③ 프로피온산(Propionic Acid)

④ 구아닐산(Guanylic Acid)

해설
④ 구아닐산은 헥산계 감칠맛 조미료이다.

34 콩나물밥을 지을 때 뚜껑을 닫으면 콩 비린내 생성을 방지할 수 있다. 그 이유는?

① 건조를 방지해서

② 산소를 차단해서

③ 색의 변화를 차단해서

④ 오래 삶을 수 있어서

해설
콩 비린내의 원인이 되는 리폭시게나제 효소의 활동을 방지하기 위해 열수 침지법, 공기 차단법, 증자법 등 다양한 방법이 이용된다.

35 김치의 독특한 맛을 나타내는 성분과 거리가 먼 것은?

① 유기산

② 젖 산

③ 지 방

④ 아미노산

해설
김치에서 젓갈 맛을 느끼게 하는 사과산나트륨(Sodium Malate), 좋은 맛을 느끼게 하는 아미노산(Amino Acid), 호박산(Succinic Acid) 등이 있고, 쓴맛을 느끼게 하는 안식향산소다(Benzoic Acid Soda) 등이 있다. 유기산에는 주석산(Tartaric Acid), 구연산(Citric Acid), 젖산(Latic Acid), 초산(Acetic Acid) 등을 들 수 있다.

36 보통 조리할 때 열에 대해 안정성이 가장 큰 비타민은?

① 비타민 A ② 비타민 B

③ 비타민 C ④ 비타민 B_2

해설
지용성 비타민 A, D, E, K는 열에 안정하다.

37 쌀을 주식으로 하는 사람에게 결핍되기 쉬운 아미노산은?

① 트립토판, 라이신

② 아이소류신, 류신

③ 발린, 트레오닌

④ 류신, 시스테닌

38 보리에는 색소, 섬유, 고랑이 존재하므로 색과 모양이 좋지 않다. 이를 개선하는 방법으로서 가장 실질적인 것은?

① 팽화가공
② 압맥가공
③ 절단맥가공
④ 혼수가공

해설
보리는 도정을 해도 속겨층이 제거되지 않아서, 고열증기로 부드럽게 하여 기계로 눌러 단단한 조직을 파괴하여 압맥으로 만들기도 하고, 홈을 따라 분쇄하여 할맥으로 만들기도 한다.

39 단시간에 조리되므로 영양소의 손실이 가장 적은 조리방법은?

① 튀 김
② 볶 음
③ 구 이
④ 조 림

해설
튀김은 160℃ 이상의 기름 속에서 단시간에 가열하므로 영양소의 손실이 가장 적다.

40 다음 중 찌개의 국물과 건더기의 비율로 알맞은 것은?

① 4 : 6
② 1 : 2
③ 6 : 4
④ 2 : 1

해설
찌개는 국물과 건더기의 비율이 4 : 6 정도로, 건더기를 주로 먹기 위한 음식이다.

41 생선구이 시 생선의 맛과 탈수가 일어나지 않게 구우려면 소금의 양은 얼마가 적당한가?

① 약 0.1%
② 약 2%
③ 약 5%
④ 약 10%

해설
생선구이의 경우 중량 대비 소금의 양은 2~3%가 적당하다.

42 청국장 발효 때의 최적 온도는?

① 10℃ 전후
② 20℃ 전후
③ 30℃ 전후
④ 40℃ 전후

해설
청국장 제조 시 최적 발효온도는 40~45℃이며, 발효시간을 줄이면 오염과 악취를 최소화할 수 있다.

43 죽의 설명으로 연결이 잘못된 것은?

① 미음 – 쌀알을 오래 끓여 체에 밭친 죽
② 옹근죽 – 쌀알을 통으로 쑤는 죽
③ 비단죽 – 곡물의 전분을 물에 풀어서 끓인 죽
④ 원미죽 – 쌀알을 굵게 갈아서 쑤는 죽

해설
비단죽은 쌀알을 완전히 곱게 갈아서 쑤는 죽이다.

44 식단 작성 시 무기질과 비타민을 공급하려면 어떤 식품으로 구성하는 것이 가장 좋은가?

① 곡류, 감자류
② 채소류, 과일류
③ 유지류, 어패류
④ 육류, 두류

해설

영양소별 식품
• 탄수화물 : 곡류, 감자류
• 단백질 : 육류, 두류
• 지방 : 유지류, 어패류
• 비타민, 무기질 : 채소류, 과일류

45 주방 설비 구역 중 특히 다음과 같은 점에 유의하여 설비해야 하는 곳은?

• 물을 많이 사용하므로 급 · 배수 시설이 중요하다.
• 흙이나 오물, 쓰레기 등의 처리가 용이해야 한다.
• 냉장 보관시설이 잘 되어야 한다.

① 가열조리 구역
② 식기세척 구역
③ 육류처리 구역
④ 채소 · 과일처리 구역

46 다음 중 발효유는 어느 것인가?

① 지방연유
② 탈지분유
③ 저염유
④ 요구르트

해설

요구르트는 발효유의 일종으로 우유류에 유산균을 접종 · 발효시켜 응고시킨 제품이다.

47 식품의 조리 목적과 거리가 먼 것은?

① 영양소 손실을 적게 하기 위하여
② 각 식품의 성분이 조화되어 풍미를 돋우게 하기 위하여
③ 질병을 예방하고 치료하기 위하여
④ 외관상 식욕을 자극하기 위하여

48 열원의 사용방법에 따라 직접구이와 간접구이로 분류할 때 직접구이에 속하는 것은?

① 오븐을 사용하는 방법
② 프라이팬에 기름을 두르고 굽는 방법
③ 숯불 위에서 굽는 방법
④ 철판을 이용하여 굽는 방법

해설

직접구이는 재료를 불에 직접 닿게 하는 방식이고, 간접구이는 재료를 프라이팬, 철판과 같은 기구를 사용하여 불에는 직접 닿지 않게 하여 굽는 방식이다.

49 채소류를 취급하는 방법으로 옳지 않은 것은?

① 샐러드용 채소는 냉수에 담갔다가 사용한다.
② 배추나 셀러리, 파 등은 세워서 밑동이 아래로 가도록 보관한다.
③ 도라지의 쓴맛을 빼내기 위해 소금물에 주물러 절인다.
④ 쑥은 소금에 절여 물기를 꼭 짜낸 후 냉장보관한다.

해설

④ 쑥은 소금물에 데친다.

정답 44 ② 45 ④ 46 ④ 47 ③ 48 ③ 49 ④

50 다음 중 이타이이타이병의 유발 물질은?

① 수은(Hg)

② 납(Pb)

③ 칼슘(Ca)

④ 카드뮴(Cd)

[해설]
카드뮴은 공해병인 이타이이타이병을 일으키는 대표적인
유해 중금속이다.

51 우유 100g 중에서 당질 5g, 단백질 3.5g, 지방
3.7g이 함유되어 있다면 이때 얻게 되는 열량은?

① 약 47kcal

② 약 67kcal

③ 약 87kcal

④ 약 107kcal

[해설]
1g당 탄수화물(당질)과 단백질은 4kcal, 지방은 9kcal의
열량을 낼 수 있다.
∴ $(5 \times 4) + (3.5 \times 4) + (3.7 \times 9) = 67.3kcal$

52 영양 결핍 증상과 원인이 되는 영양소의 연결이
틀린 것은?

① 빈혈 – 엽산

② 구순구각염 – B_{12}

③ 야맹증 – 비타민 A

④ 괴혈병 – 비타민 C

[해설]
비타민 B_2의 섭취량이 부족할 경우 구순구각염에 걸릴
수 있다. 비타민 B_{12}의 섭취량이 부족하면 악성빈혈이 올
수 있다.

53 새우젓 등 젓갈류 생성과정의 주원리는?

① 식염과 핵산의 상호작용으로 생성된다.

② 미생물의 분해작용으로만 생성된다.

③ 자가소화 작용으로만 생성된다.

④ 자가소화 및 미생물과의 분해작용으로 생성
된다.

[해설]
젓갈류의 제조 원리는 자가 소화효소에 의한 가수분해
작용(숙성) 및 미생물의 작용에 의한 발효가 혼합된 복합발
효로 인식된다.

54 감염병 예방대책 중에서 감염경로에 대한 대책
에 속하는 것은?

① 환자와의 접촉을 피한다.

② 보균자를 색출하여 격리한다.

③ 면역혈청을 주사한다.

④ 손을 소독한다.

[해설]
• 감염경로 대책 : 환경위생, 개인위생, 소독철저
• 감염원 대책 : 환자와의 접촉을 피함, 보균자 색출 및
격리수용
• 감수성 대책 : 예방접종 실시

55 식품을 절단하는 목적이 아닌 것은?

① 조미료의 침투로 영양 손실을 방지하기 위해

② 모양이나 크기를 알맞게 하기 위해

③ 표면적을 크게 하여 열전도를 높이기 위해

④ 가식부와 폐기부를 분리하기 위해

56 채소를 조리하는 목적으로 틀린 것은?

① 섬유소를 유연하게 한다.

② 탄수화물과 단백질을 보다 소화되기 쉽도록 한다.

③ 맛을 내게 하고 좋지 못한 맛을 제거한다.

④ 색깔을 보존하기 위해서 한다.

57 다음 중 사과, 바나나, 파인애플 등의 주요 향미 성분은?

① 퓨란(Furan)류

② 고급지방산류

③ 유황화합물류

④ 에스테르(Ester)류

해설

에스테르류는 과일향과 꽃향의 주성분으로 산과 알코올의 반응으로 생긴 것이다. 파인애플처럼 상대적으로 큰 과일에 향미성분이 더 풍부하다.

58 식품을 볶을 때 일어나는 현상 중 옳은 것은?

① 카로틴을 함유한 식품은 기름에 용해되어 체내 이용률이 높아진다.

② 동물성 식품은 일반적으로 연화되고, 식물성 식품은 단단해진다.

③ 식품의 수분량이 증가되고 풍미가 없어진다.

④ 고온 장시간의 가열로 인하여 비타민 손실이 적다.

59 다음 중 면상에 올라가지 않는 음식은?

① 나박김치, 전유어

② 깍두기, 젓갈

③ 약식, 김치

④ 겨자채, 편육

해설

국수를 주식으로 차리는 상을 면상이라 한다.

60 온도가 미각에 영향을 미치는 현상에 대한 설명으로 틀린 것은?

① 온도가 상승함에 따라 단맛에 대한 반응이 증가한다.

② 쓴맛은 온도가 높을수록 강하게 느껴진다.

③ 신맛은 온도에 거의 영향을 받지 않는다.

④ 짠맛은 온도가 높아질수록 최소감량이 늘어난다.

해설

쓴맛은 체온 이상의 온도에서 온도가 올라갈수록 약해진다.

정답 55 ① 56 ② 57 ④ 58 ① 59 ② 60 ②

2023년 양식 기출복원문제

01 가열 조리를 위한 기기가 아닌 것은?

① 프라이어(Fryer)

② 로스터(Roaster)

③ 브로일러(Broiler)

④ 미트초퍼(Meat Chopper)

해설

④ 미트초퍼는 고기를 잘게 자르는 기계이다.

02 중온세균의 최적 발육온도는?

① 0~10℃

② 17~25℃

③ 25~37℃

④ 50~60℃

해설

온도에 따른 미생물의 분류

미생물	최적온도(℃)	발육 가능온도(℃)
저온균	15~20	0~25
중온균	25~37	15~55
고온균	50~60	40~70

03 경구감염병과 세균성 식중독의 주요 차이점에 대한 설명으로 옳은 것은?

① 경구감염병은 다량의 균으로, 세균성 식중독은 소량의 균으로 발병한다.

② 세균성 식중독은 2차 감염이 많고, 경구감염병은 거의 없다.

③ 경구감염병은 면역성이 없고, 세균성 식중독은 있는 경우가 많다.

④ 세균성 식중독은 잠복기가 짧고, 경구감염병은 일반적으로 길다.

해설

세균성 식중독과 경구감염병

구 분	세균성 식중독	경구감염병
발병 원인	대량 증식된 균, 독소 (수십만~수백만)	미량의 병원체, 소량의 균(수십~수백)
발병 경로	식중독균에 오염된 식품 섭취	감염병균에 오염된 물 또는 식품 섭취
2차 감염	살모넬라, 장염비브리오 외에는 2차 감염이 안 된다.	2차 감염이 된다.
잠복기	짧다.	비교적 길다.
면 역	안 된다.	된다.

04 식중독을 일으킬 수 있는 화학물질로 보기 어려운 것은?

① 포르말린

② 만니톨

③ 붕 산

④ 승 홍

해설

만니톨(Mannitol)은 다시마 표면에 있는 흰 가루인 감미성분으로 일종의 헥시톨(Hexitol)이다. 균류, 박테리아 등에서 발견되는 천연 당 알코올(인공감미료)로 주로 식물에 많이 함유되어 있으며 혈중에 존재하는 다당류이기 때문에 급성신부전증, 뇌부종, 고혈압 등의 치료제로 이용되기도 한다.

1 ④ 2 ③ 3 ④ 4 ② **정답**

05 **기생충과 중간숙주와의 연결이 틀린 것은?**

① 구충 – 오리
② 간디스토마 – 민물고기
③ 사상충 – 모기
④ 유구조충 – 돼지

해설
- 중간숙주가 없는 기생충 : 회충, 구충(십이지장충), 요충, 편충, 이질아메바, 톡소플라스마, 트리코모나스
- 중간숙주가 하나뿐인 기생충 : 사상충(모기), 무구조충(소), 유구조충(돼지), 말라리아원충(사람), 선모충(돼지)
- 중간숙주가 둘인 기생충 : 간흡충(쇠우렁이, 민물고기), 폐흡충(다슬기, 게, 가재), 긴촌충(물벼룩, 민물고기)

06 **스톡에 대한 설명으로 틀린 것은?**

① 육류, 뼈 등에 미르포아를 넣어 끓여낸 육수이다.
② 찬물로 재료가 충분히 잠길 정도까지 부어 끓인다.
③ 스톡 조리 시 표면 위에 떠오르는 불순물과 거품 등을 제거해 준다.
④ 스톡 조리 시 사용하는 조리법은 블랜칭이다.

해설
스톡 조리방법은 시머링(Simmering)이다.

07 **과실류나 채소류 등 식품의 살균 목적 이외에 사용하여서는 아니 되는 살균소독제는?(단, 참깨에는 사용 금지)**

① 차아염소산나트륨
② 양성비누
③ 과산화수소수
④ 에틸알코올

해설
차아염소산나트륨 : 잔류 염소가 미생물의 호흡계 효소를 저해하여 세포의 동화작용을 정지시키는 염소계 살균제로 채소, 식기, 과일, 음료수 소독(50~100ppm) 등에 사용된다.

08 **인공감미료에 대한 설명으로 틀린 것은?**

① 사카린나트륨은 모든 식품에 사용이 금지되었다.
② 식품에 감미를 부여할 목적으로 첨가된다.
③ 화학적 합성품에 해당된다.
④ 천연물유도체도 포함되어 있다.

해설
식품첨가물 공전에 따른 사카린나트륨의 사용 항목은 젓갈류, 절임류, 조림류, 김치류, 음료류(발효음료류, 인삼·홍삼음료, 다류 제외), 어육가공품류, 시리얼류, 뻥튀기 등이다.

09 **육류의 직화구이나 훈연 중에 발생하는 발암물질은?**

① 아크릴아마이드(Acrylamide)
② N–나이트로사민(N–nitrosamine)
③ 에틸카바메이트(Ethylcarbamate)
④ 벤조피렌(Benzopyrene)

해설
벤조피렌 : 화석연료 등을 열처리하는 과정에서 만들어지는 유해물질로 석탄·석유·목재 등을 태울 때 불완전한 연소로 생성되거나 식물·미생물에 의해서도 합성되며, 태운 식품이나 훈제품에 함량이 높다.

정답 5 ① 6 ④ 7 ① 8 ① 9 ④

10 식품과 유지의 특성이 잘못 짝지어진 것은?

① 버터크림 - 크림성
② 쿠키 - 점성
③ 마요네즈 - 유화성
④ 튀김 - 열매체

해설
쿠키 제조 시 밀가루에 유지를 첨가하면 유지의 연화효과 (바삭한 맛)를 낼 수 있다.

11 단백질 식품이 부패할 때 생성되는 물질이 아닌 것은?

① 레시틴
② 암모니아
③ 아민류
④ 황화수소(H_2S)

해설
단백질 식품의 부패는 단백질이 혐기성 미생물에 의해 분해되면서 황화수소, 인돌, 아민, 암모니아 등 악취를 내는 유해성 물질을 생성하는 현상을 말한다.

12 영업의 허가 및 신고를 받아야 하는 관청이 다른 것은?

① 식품운반업
② 식품조사처리업
③ 단란주점업
④ 유흥주점업

해설
허가를 받아야 하는 영업 및 허가관청(식품위생법 시행령 제23조)
• 식품조사처리업 : 식품의약품안전처장
• 단란주점영업과 유흥주점영업 : 특별자치시장·특별자치도지사 또는 시장·군수·구청장
※ 식품운반업은 특별자치시장·특별자치도지사 또는 시장·군수·구청장에게 신고를 하여야 하는 영업이다 (식품위생법 시행령 제25조제1항).

13 집단급식소는 1회 몇 인 이상에게 식사를 제공하는 급식소를 말하는가?

① 60명
② 40명
③ 50명
④ 30명

해설
집단급식소는 1회 50명 이상에게 식사를 제공하는 급식소를 말한다(식품위생법 시행령 제2조).

14 식품위생법상 집단급식소 운영자의 준수사항으로 틀린 것은?

① 실험 등의 용도로 사용하고 남은 동물을 처리하여 조리해서는 안 된다.
② 지하수를 먹는 물로 사용하는 경우 수질검사의 모든 항목검사는 1년마다 하여야 한다.
③ 식중독이 발생한 경우 원인 규명을 위한 행위를 방해하여서는 아니 된다.
④ 동일 건물에서 동일 수원을 사용하는 경우 타 업소의 수질검사결과로 갈음할 수 있다.

해설
집단급식소의 설치·운영자의 준수사항(식품위생법 시행규칙 별표 24)
수돗물이 아닌 지하수 등을 먹는 물 또는 식품의 조리·세척 등에 사용하는 경우에는 「먹는물관리법」에 따른 먹는물 수질검사기관에서 다음의 구분에 따른 검사를 받아야 한다.
• 모든 항목 검사 : 2년마다 「먹는물 수질기준 및 검사 등에 관한 규칙」 제2조에 따른 먹는 물의 수질기준에 따른 검사

10 ② 11 ① 12 ② 13 ③ 14 ② **정답**

15 일반음식점의 모범업소의 지정기준이 아닌 것은?

① 화장실에 일회용 위생종이 또는 에어타월이 비치되어 있어야 한다.

② 주방에는 입식조리대가 설치되어 있어야 한다.

③ 일회용 물 컵을 사용하여야 한다.

④ 종업원은 청결한 위생복을 입고 있어야 한다.

해설

일반음식점의 모범업소 지정기준(식품위생법 시행규칙 별표 19)
일회용 컵, 일회용 숟가락, 일회용 젓가락 등을 사용하지 않아야 한다.

16 식품위생법상 식중독 환자를 진단한 의사는 누구에게 이 사실을 제일 먼저 보고하여야 하는가?

① 보건소장

② 경찰서장

③ 보건복지부장관

④ 관할 시장·군수·구청장

해설

식중독에 관한 조사 보고 등(식품위생법 제86조제1항)
식중독 환자나 식중독이 의심되는 자를 진단하거나 그 사체를 검안한 의사 또는 한의사는 지체 없이 관할 특별자치시장·시장·군수·구청장에게 보고하여야 한다. 이 경우 의사나 한의사는 대통령령으로 정하는 바에 따라 식중독 환자나 식중독이 의심되는 자의 혈액 또는 배설물을 보관하는 데에 필요한 조치를 하여야 한다.

17 바퀴벌레의 특성이 아닌 것은?

① 잡식성
② 주거성
③ 독립성
④ 질주성

해설

바퀴벌레의 특성 : 야간 활동성, 질주성, 군거성, 잡식성

18 다음 스파이스 중 고추의 원종이 아닌 것은?

① 칠리 페퍼
② 파프리카
③ 카이엔 페퍼
④ 펜 넬

해설

펜넬(Fennel, 회향)은 소스, 스튜 등과 생선이나 육류의 향신료로 사용된다.

19 과실 주스에 설탕을 섞은 농축액 음료수는?

① 탄산음료
② 시럽(Syrup)
③ 스쿼시(Squash)
④ 젤리(Jelly)

해설

스쿼시는 천연과즙을 탄산수로 희석하여 마시는 음료로 레몬, 오렌지 등을 짠 즙과 시럽, 냉탄산수를 혼합한다.

20 스튜(Stew)에 대한 설명으로 옳지 않은 것은?

① 토마토는 처음부터 넣고 가열한다.
② 우리나라 찜과 유사한 방법이다.
③ 사태육이나 양지육 등의 부위가 이용된다.
④ 고기를 일단 익힌 다음, 양념과 채소 등을 넣어 다시 끓인다.

해설
스튜 조리 시 토마토는 나중에 넣는다.

21 지방에 대한 설명으로 틀린 것은?

① 동식물에 널리 분포되어 있으며 일반적으로 물에 잘 녹지 않고 유기 용매에 녹는다.
② 에너지원으로서 1g당 9kcal의 열량을 공급한다.
③ 포화지방산은 이중결합을 가지고 있는 지방산이다.
④ 포화 정도에 따라 융점이 달라진다.

해설
포화지방산은 이중결합이 없고 상온에서 고체로 존재한다.

22 탄수화물 식품의 노화를 억제하는 방법과 가장 거리가 먼 것은?

① 항산화제의 사용
② 수분 함량 조절
③ 설탕의 첨가
④ 유화제의 사용

해설
전분의 노화를 억제하는 방법
• 수분 함량 조절 : 10~15% 이하로 조절
• 설탕 첨가 : 탈수제로 작용
• 냉동건조 : 0℃ 이하에서 급속 냉동
• 유화제 사용 : 교질용액의 안정성 증가

23 수프의 농밀제로 사용되지 않는 것은?

① 밀가루   ② 감 자
③ 쌀   ④ 육 수

해설
밀가루, 전분 등이 농밀제로서 수프, 소스, 크림류 등의 농도를 내는 데 사용되었으나 최근에는 잔탄검이나 펙틴 등이 이용되고 있다.

24 탄수화물의 구성요소가 아닌 것은?

① 탄 소   ② 질 소
③ 산 소   ④ 수 소

해설
탄수화물과 지방은 탄소, 산소, 수소로 구성되어 있으며, 단백질은 탄소, 수소, 산소 이외에 질소를 가지고 있다.

25 다음 중 쌀 가공식품이 아닌 것은?

① 현 미   ② 강화미
③ 팽화미   ④ 알파미

해설
쌀을 가공한 제품으로는 알파미, 팽화미, 강화미, 즉석미 등이 있다. 현미는 수확한 벼를 건조하고 탈곡하여 왕겨를 벗긴 상태의 쌀이다.

26 우유에 산을 넣으면 응고물이 생기는데 이 응고물의 주체는?

① 유 당　　② 레 닌
③ 카세인　　④ 유지방

해설
카세인은 인산기와 결합한 상태이며, 산성이 되어야 응고된다.

27 단맛 성분에 소량의 짠맛 성분을 혼합할 때 단맛이 증가하는 현상은?

① 맛의 상쇄현상
② 맛의 억제현상
③ 맛의 변조현상
④ 맛의 대비현상

해설
대비현상 : 주된 맛을 내는 물질에 다른 맛을 혼합할 경우 원래의 맛이 강해지는 현상

28 단맛을 가지고 있어 감미료로도 사용되며, 포도당과 이성체(Isomer) 관계인 것은?

① 한 천
② 펙 틴
③ 과 당
④ 전 분

해설
과당(Fructose)
• 과실과 꽃 등에 유리상태로 존재
• 벌꿀에 특히 많이 함유
• 단맛은 포도당의 2배 정도로 가장 강함
• 포도당과 결합하여 서당을 이룸

29 밀가루의 용도별 분류는 어느 성분을 기준으로 하는가?

① 글리아딘
② 글로불린
③ 글루타민
④ 글루텐

해설
밀가루에 들어 있는 글루텐은 불용성 단백질로 글루텐 함량에 따라 박력분, 중력분, 강력분으로 나뉜다.

30 육류 조리 시의 향미성분과 관계가 먼 것은?

① 질소함유물
② 유기산
③ 유리아미노산
④ 아밀로스

해설
아밀로스(Amylose)
분자형태가 나선형으로 되어 있어 아이오딘과 반응하면 청색을 나타낸다. 수많은 포도당이 직선상(직쇄)으로 연결되어 있다. 전분의 노화는 아밀로스의 함량 비율이 높을수록 빠르고 아밀로스가 많으면 젤 형성이 잘된다.

31 생선에 레몬즙을 뿌렸을 때 나타나는 현상이 아닌 것은?

① 단백질이 응고된다.
② 생선의 비린내가 감소한다.
③ pH가 산성이 되어 미생물의 증식이 억제된다.
④ 신맛이 가해져서 생선이 부드러워진다.

해설
레몬즙은 어육질의 단백질을 응고시켜 고기를 가열하였을 때 육질이 단단해진다.

32 육류의 가열 조리 시 나타나는 현상으로 틀린 것은?

① 색의 변화
② 수축 및 중량 감소
③ 풍미의 증진
④ 부피의 증가

해설
육류의 가열에 따른 변화
• 회갈색으로의 색소 변화
• 단백질의 응고로 고기의 수축
• 중량 및 보수성 감소, 지방 및 육즙 손실
• 풍미의 변화

33 화이트소스(White Sauce)를 만드는 주재료는?

① 달걀, 버터, 우유, 소금
② 육수, 밀가루, 달걀, 소금
③ 버터, 밀가루, 우유, 소금
④ 밀가루, 식초, 설탕, 간장

해설
화이트소스의 주재료는 밀가루, 버터, 우유이다.

34 유지의 발연점이 낮아지는 원인에 대한 설명으로 틀린 것은?

① 유리지방산의 함량이 낮은 경우
② 튀김기의 표면적이 넓은 경우
③ 기름에 이물질이 많이 들어 있는 경우
④ 오래 사용하여 기름이 지나치게 산패된 경우

해설
유지의 발연점은 일정한 온도에서 열분해를 일으켜 지방산과 글라이세롤로 분해되어 연기가 나기 시작하는 온도로 유리지방산의 함량이 적으면 발연점이 높아진다.

35 고기를 양념에 재는 과정을 말하며 향신료와 소금 등으로 고기의 누린내를 제거하고 향을 부여하며 맛을 좋게 하는 과정은?

① 시어링(Searing)
② 글레이징(Glazing)
③ 그레티네이팅(Gratinaing)
④ 마리네이드(Marinade)

해설
마리네이드는 고기를 조리하기 전에 간이 배게 하거나, 육류의 누린내를 제거하고 맛을 좋게 한다.

36 영양소의 손실이 가장 큰 조리법은?

① 바삭바삭한 튀김을 위해 튀김옷에 중조를 첨가한다.
② 푸른색 채소를 데칠 때 약간의 소금을 첨가한다.
③ 감자를 껍질째 삶은 후 절단한다.
④ 쌀을 담가 놓았던 물을 밥물로 사용한다.

해설
밀가루 내의 백색 색소인 플라보노이드라는 성분이 알칼리성분(중조 : 베이킹파우더)과 만나면 제품이 황색으로 변하며, 특히 비타민 B_1, B_2의 손실을 가져온다.

37 두부에 대한 설명으로 틀린 것은?

① 두부는 두유를 만들어 80~90℃에서 응고제를 조금씩 넣으면서 저어 단백질을 응고시킨 것이다.
② 응고된 두유를 굳히기 전은 순두부라 하고 일반 두부와 순두부 사이의 경도를 갖는 것은 연두부라 한다.
③ 두부를 데칠 경우는 가열하는 물에 식염을 조금 넣으면 더 부드러운 두부가 된다.
④ 응고제의 양이 적거나 가열시간이 짧으면 두부가 딱딱해진다.

해설
응고제의 양이 많거나 가열시간이 길면 두부가 딱딱해진다.

38 식초를 첨가하였을 때 얻어지는 효과가 아닌 것은?

① 방부성
② 콩의 연화
③ 생선 가시 연화
④ 생선의 비린내 제거

해설
콩을 빨리 연화시키는 방법으로 1%의 식염수에 담가 두었다가 끓이는 방법과 0.3%의 중조(탄산수소나트륨)를 가하여 끓이는 방법이 있다.

39 다음 중 젤라틴을 이용하는 음식이 아닌 것은?

① 과일젤리
② 족 편
③ 두 부
④ 아이스크림

해설
두부는 대두로 만든 두유를 70℃ 정도에서 응고제를 가하여 응고시킨 것이다.

40 서양요리에 사용되는 소스 재료이다. 연결이 옳지 않은 것은?

① 프렌치드레싱 – 식용유, 식초, 소금, 후춧가루, 레몬즙
② 마요네즈 소스 – 밀가루, 식용유, 달걀흰자, 소금, 식초, 겨자가루
③ 베사멜 소스 – 밀가루, 버터, 우유
④ 타르타르 소스 – 마요네즈, 피클, 파슬리, 양파

해설
마요네즈 소스의 재료는 식용유, 달걀노른자, 식초, 소금, 머스터드이다.

정답 36 ① 37 ④ 38 ② 39 ③ 40 ②

41 과실 중 밀감이 쉽게 갈변되지 않는 주된 이유로 적절한 것은?

① 섬유소 함량이 많으므로
② Cu, Fe 등의 금속 이온이 많으므로
③ 비타민 C의 함량이 많으므로
④ 비타민 A의 함량이 많으므로

해설
레몬이나 밀감처럼 신맛이 많이 나는 과일은 환원성 물질인 비타민 C 함량이 많아서 쉽게 갈변되지 않는다.

42 식미에 긴장감을 주고 식욕을 증진시키며 살균작용을 돕는 매운맛 성분의 연결이 틀린 것은?

① 마늘 – 알리신(Allicin)
② 생강 – 진저롤(Gingerol)
③ 산초 – 호박산(Succinic Acid)
④ 고추 – 캡사이신(Capsaicin)

해설
• 산초 : 산쇼올(Sanshol)
• 패류 : 호박산

43 닭튀김을 하였을 때 살코기 색이 분홍색을 나타내는 것은?

① 근육성분의 화학적 반응이므로 먹어도 된다.
② 병에 걸린 닭이므로 먹어서는 안 된다.
③ 변질된 닭이므로 먹지 못한다.
④ 닭의 크기가 클수록 분홍색이 더 선명하게 나타난다.

해설
닭고기의 마이오글로빈이 열과 산소와 만나 결합하면서 혈색소(Fe)가 산화되어 분홍빛을 띠게 되는데, 이 현상을 '핑킹현상'이라 한다.

44 튀김 시 기름에서 일어나는 변화를 설명한 것 중 틀린 것은?

① 기름은 비열이 낮기 때문에 온도가 쉽게 상승하고 쉽게 저하된다.
② 튀김재료의 당, 지방 함량이 많거나 표면적이 넓을 때 흡유량이 많아진다.
③ 기름의 열용량에 비하여 재료의 열용량이 클 경우 온도의 회복이 빠르다.
④ 튀김옷으로 사용하는 밀가루는 글루텐의 양이 적은 것이 좋다.

해설
③ 기름의 열용량에 비하여 재료의 열용량이 작을 경우 온도의 회복이 빠르다.

45 냉매와 같은 저온 액체 속에 넣어 냉각, 냉동시키는 방법으로 닭고기 같은 고체식품에 적합한 냉동법은?

① 침지식 냉동법
② 분무식 냉동법
③ 접촉식 냉동법
④ 송풍 냉동법

해설
② 분무식 냉동법 : 무해하며 증발하는 액체 질소, 액화이산화탄소 등을 식품에 직접 살포하는 냉동법이다.
③ 접촉식 냉동법 : −30~−10℃ 정도의 금속판과 접촉시켜 냉동시키는 냉동법이다.
④ 송풍 냉동법 : −40~−30℃ 정도의 찬 공기를 강제순환시켜 냉동시키는 냉동법이다.

46 소시지 등 가공육 제품의 육색을 고정하기 위해 사용하는 식품첨가물은?

① 발색제   ② 착색제
③ 보존제   ④ 강화제

해설
발색제(색소고정제)는 발색제 자체에는 색이 없으나 식품 중의 색소 단백질과 반응하여 식품 자체의 색을 고정(안정화)시키고, 선명하게 하거나 발색시키는 물질이다.

47 하루 동안 섭취한 음식 중에 단백질 70g, 지질 40g, 당질 400g이 있었다면 이때 얻을 수 있는 열량은?

① 1,995kcal   ② 2,195kcal
③ 2,240kcal   ④ 2,295kcal

해설
단백질(70 × 4) = 280kcal
지질(40 × 9) = 360kcal
당질(400 × 4) = 1,600kcal
따라서, 280 + 360 + 1,600 = 2,240kcal

48 유화(Emulsion)와 관련이 적은 식품은?

① 버터   ② 생크림
③ 묵   ④ 우유

해설
유화란 물과 기름처럼 두 가지 이상의 액체를 잘 섞어 에멀션 상태로 만드는 것을 말한다. 유중수적형(버터, 마가린)과 수중유적형(우유, 아이스크림, 생크림, 마요네즈)이 있다.

49 식품감별법 중 옳은 것은?

① 오이는 가시가 있고 가벼운 느낌이 나며, 절단했을 때 성숙한 씨가 있는 것이 좋다.
② 양배추는 무겁고 광택이 있는 것이 좋다.
③ 우엉은 굽고 수염뿌리가 있는 것으로 외피가 딱딱한 것이 좋다.
④ 토란은 겉이 마르지 않고 잘랐을 때 점액질이 없는 것이 좋다.

해설
① 오이는 색이 좋고, 굵기는 고르며, 만졌을 때 가시가 있고, 끝에 꽃 마른 것이 달렸으며, 무거운 느낌이 드는 것이 좋다.
③ 우엉은 길게 쭉 뻗은 모양이 좋은 것으로, 살집이 좋고 외피가 부드러운 것을 선택한다. 모양이 굽었거나 건조된 것은 좋지 않다.
④ 토란은 원형에 가까운 모양의 것으로 껍질을 벗겼을 때 살이 흰색이고, 자른 단면이 단단하고 끈적끈적한 감이 강한 것이 좋다.

50 700℃ 이하로 구운 옹기독에 음식물을 넣으면 유해물질이 용출되는데, 이때의 유독성분은 무엇인가?

① 주석(Sn)   ② 납(Pb)
③ 아연(Zn)   ④ 피시비(PCB)

해설
주석은 통조림, 아연은 식기류, PCB는 폴리염화비닐에 의한다.

정답 46 ① 47 ③ 48 ③ 49 ② 50 ②

51 아린 맛은 어느 맛의 혼합인가?

① 신맛과 쓴맛
② 쓴맛과 단맛
③ 신맛과 떫은맛
④ 쓴맛과 떫은맛

> **해설**
> 아린 맛은 쓴맛과 떫은맛에 가까운 목구멍을 자극하는 독특한 향미를 말한다.

52 환기효과를 높이기 위한 중성대(Neutral Zone)의 위치로 가장 적합한 것은?

① 방바닥 가까이
② 방바닥과 천장의 중간
③ 방바닥과 천장 사이의 1/3 정도의 높이
④ 천장 가까이

> **해설**
> 중성대(Neutral Zone)
> 들어오는 공기는 하부로, 나가는 공기는 상부로 이루어지는데, 실내에 유입되는 공기는 하반부일수록 힘이 강하고, 그 중앙에 압력이 0인 면이 생기는 부분을 중성대라 한다. 중성대가 천장 가까이에 형성될 때 환기량이 크며, 방바닥 가까이 있으면 환기량은 적어진다.

53 원가의 종류가 바르게 설명된 것은?

① 직접원가 = 직접재료비 + 직접노무비 + 직접경비 + 일반관리비
② 총원가 = 제조원가 + 지급이자
③ 제조원가 = 직접원가 + 제조간접비
④ 판매가격 = 총원가 + 직접원가

> **해설**
> ① 직접원가 = 직접재료비 + 직접노무비 + 직접경비
> ② 총원가 = 제조원가 + 판매관리비
> ④ 판매가격 = 총원가 + 판매이익

54 다음 중 안전관리 책임자가 실시해야 할 법정 안전교육에 해당하지 않는 것은?

① 정기교육
② 긴급교육
③ 채용 시 교육
④ 작업내용 변경 시 교육

> **해설**
> 안전관리 책임자가 실시해야 할 법정 안전교육은 정기교육, 채용 시 교육, 작업내용 변경 시 교육, 특별교육의 4가지이다(산업안전보건법 시행규칙 별표 4).

55 화재가 발생했을 때 대처 요령과 소화기 사용에 대한 설명으로 옳지 않은 것은?

① 소화기는 건조하지 않은 곳에 보관한다.
② 화재 발생 시 경보를 울리거나 큰소리로 주위에 먼저 알린다.
③ 몸에 불이 붙었을 경우 제자리에서 바닥에 구른다.
④ 불의 원인을 신속히 제거한다.

> **해설**
> 소화기는 습기가 적고 건조하며 서늘한 곳에 설치한다.

56 냉장했던 딸기의 색깔을 선명하게 보존할 수 있는 조리법은?

① 서서히 가열한다.
② 짧은 시간에 가열한다.
③ 높은 온도로 가열한다.
④ 전자레인지에서 가열한다.

해설
딸기는 서서히 가열하여 세포호흡에 필요한 산소를 완전히 소모하면 색을 선명하게 보존할 수 있다.

58 다음의 육류요리 중 영양분의 손실이 가장 적은 것은?

① 탕   ② 편 육
③ 장조림   ④ 산 적

해설
산적처럼 팬이나 석쇠 등을 이용하여 육류를 조리할 경우 식육 표면의 단백질이 응고되어 내부의 영양 손실과 육즙 용출이 적다.

59 다음 중 약한 불로 조려야 할 음식으로만 묶여 져 있는 것은?

① 수프, 죽, 콩조림
② 스튜, 콩조림, 생선조림
③ 오믈렛, 스튜, 채소 블랜칭(Blanching)
④ 생선조림, 갈비찜, 도넛

57 음식을 제공할 때 온도를 고려해야 하는데, 다음 중 맛있게 느끼는 식품의 온도가 가장 높은 것은?

① 전 골
② 국
③ 커 피
④ 밥

해설
음식의 적온은 전골이 95~98℃로 가장 높고, 보통 청량음료는 2~5℃, 우유는 40~45℃ 정도이다.

60 생채나 샐러드를 만들 때 식초는 어느 때 넣으 면 비타민 손실이 적은가?

① 양념과 식초를 함께 넣는다.
② 식초를 먼저 넣고 양념한다.
③ 양념을 한 후 먹기 직전에 식초를 넣는다.
④ 식초를 넣어 두었다가 먹기 직전에 양념한다.

정답 56 ① 57 ① 58 ④ 59 ① 60 ③

01 식품 취급자의 개인위생에 대한 설명 중 옳은 것은?

① 위생복에 손을 닦는다.
② 피부는 세균 증식의 장소이므로 자주 씻는다.
③ 손목시계를 착용하여 수시로 조리시간을 확인할 수 있도록 한다.
④ 반지를 끼는 것은 위생상 문제가 되지 않는다.

해설
식품종사자의 손에 의하여 식품이 오염되거나, 병원균이나 유독물질을 혼입시키는 일이 없도록 주의를 기울인다.

02 다음 중 간장의 지미성분은?

① 포도당(Glucose)
② 전분(Starch)
③ 글루탐산(Glutamic Acid)
④ 아스코브산(Ascorbic Acid)

해설
글루탐산은 다시마에 많이 함유되어 있으며 간장, 고추장, 된장 등에 포함되어 맛을 낸다.

03 우유를 130~150℃에서 0.5~5초로 살균하는 방법은 무엇인가?

① 고온순간살균법
② 간헐살균법
③ 초고온순간살균법
④ 건열살균법

해설
초고온순간살균법(UHT)
130~150℃에서 2초간 가열하는 방법(우유, 과즙 등)

04 중국요리 조리기술 중 정육면체 주사위 모양으로 써는 방법은?

① 편(片)　　　② 정(丁)
③ 사(絲)　　　④ 조(條)

해설
① 편(片) : 포 뜨듯이 얇게 편 써는 방법
③ 사(絲) : 채 써는 방법
④ 조(條) : 막대 모양으로 써는 방법

05 볶음 조리의 설명 중 옳은 것은?

① 조리기구의 온도가 높아지기 전에 내용물을 넣는다.
② 고온 단시간 가열하므로 비타민 손실이 적다.
③ 푸른 채소는 장시간 고온 가열해야 하므로 색이 퇴화한다.
④ 조리기구는 가열면이 넓고 깊이가 깊은 것이 좋다.

06 식단 작성 시 공급열량의 구성비로 가장 적절한 것은?

① 당질 50%, 지질 25%, 단백질 25%
② 당질 65%, 지질 20%, 단백질 15%
③ 당질 75%, 지질 15%, 단백질 10%
④ 당질 80%, 지질 10%, 단백질 10%

해설
우리나라 탄수화물, 지방, 단백질 섭취 비율은 각각 55~65%, 15~30%, 7~20%이다.

1 ② 　2 ③ 　3 ③ 　4 ② 　5 ② 　6 ② **정답**

07 식품창고를 관리하는 방법으로 적절하지 않은 것은?

① 항상 적당한 습도를 유지하도록 한다.
② 저장식품과 바로 사용할 채소류는 따로 저장한다.
③ 직사광선을 피하고 통풍과 환기가 잘되어야 한다.
④ 방충망을 설치하고 살충제나 소독약을 구비해 둔다.

해설
식품창고에 식품이 아닌 소독제, 세제, 살충제는 보관하지 않도록 한다. 항상 정리정돈 상태를 유지하며, 수시 또는 정기점검을 하여야 한다.

08 중국 요리의 조리용어 중 이미 처리된 재료를 기름에 지지는 조리법은?

① 증(蒸)　　　　② 전(煎)
③ 소(燒)　　　　④ 초(炒)

해설
① 증(蒸) : 재료를 쪄서 익히는 방법
③ 소(燒) : 재료를 조리는 조리법
④ 초(炒) : 재료를 볶는 조리법

09 생선의 신선도를 판별하는 방법으로 옳지 않은 것은?

① 생선의 육질이 단단하고 탄력성이 있는 것이 신선하다.
② 눈의 수정체가 투명하지 않고 아가미색이 어두운 것은 신선하지 않다.
③ 어체의 특유한 빛을 띠는 것이 신선하다.
④ 트라이메틸아민(TMA)이 많이 생성된 것이 신선하다.

해설
트라이메틸아민은 휘발성 염기질소화합물로 어육의 부패에 의해 증가하므로 신선도의 기준이 된다. 트라이메틸아민 함량이 높은 것은 비린내가 많이 나며 부패된 것이다.

10 다음 중 액체가 흐르기 쉬운지 어려운지를 나타내는 성질을 나타내는 것은?

① 탄 성　　　　② 점 성
③ 가소성　　　　④ 기포성

해설
점성은 내부의 마찰력에 의해 일어나는 끈끈한 액체의 성질이다.

11 노로바이러스에 대한 설명으로 틀린 것은?

① 발병 후 자연치유되지 않는다.
② 크기가 매우 작고 구형이다.
③ 급성 위장염을 일으키는 식중독 원인체이다.
④ 감염되면 설사, 복통, 구토 등의 증상이 나타난다.

해설
노로바이러스는 식중독을 일으키는 주요 바이러스로 크기가 매우 작고 구형을 띠고 있으며 감염되면 급성 위장염과 설사, 복통, 구토 등의 증상이 나타난다. 현재 노로바이러스에 대한 항바이러스제는 없으며 감염을 예방할 백신도 없다.

정답 7 ④　8 ②　9 ④　10 ②　11 ①

12 트랜스지방은 식물성 기름에 어떤 원소를 첨가하는 과정에서 발생하는가?

① 수 소　　　　② 질 소
③ 산 소　　　　④ 탄 소

해설
트랜스지방은 불포화지방산의 한 종류로 글리세린과 결합한 것이다. 트랜스지방의 대부분은 식물성 기름이 수소화 공정을 거치면서 생겨난 것이며 혈관에 쌓이면 각종 심혈관계 질환 발병률이 높아진다.

13 콩밥은 쌀밥에 비하여 특히 어떤 영양소의 보완에 좋은가?

① 단백질　　　　② 당 질
③ 지 방　　　　④ 비타민

해설
쌀밥에는 탄수화물이 가장 많이 들어 있어서 단백질이나 비타민을 섭취하기가 어렵다. 콩밥은 밥에 있는 탄수화물과 콩의 풍부한 단백질, 비타민으로 쌀밥보다 영양가가 높다.

14 발효식품이 아닌 것은?

① 두 부　　　　② 식 빵
③ 치 즈　　　　④ 맥 주

해설
두부는 콩에서 두유를 추출한 후 콩단백질(글리시닌)을 응고시켜 만든 식품이다.

15 다음 중 후식으로 적당하지 않은 것은?

① 빠스류　　　　② 무스류
③ 파이류　　　　④ 튀김류

해설
후식류는 음식을 먹고 입가심으로 먹기 때문에 튀김류는 어울리지 않는다.

16 중국 볶음요리 중 마파두부에 많이 사용되는 양념은?

① 노두유　　　　② XO소스
③ 두반장　　　　④ 해선장

해설
두반장은 콩으로 만든 된장에 고추를 갈아 넣고 향신료를 넣어 만든 소스이다.

17 중식의 절임·무침에 많이 사용되는 재료로 중국 사천성의 대표적인 식재료는?

① 청경채　　　　② 부 추
③ 자차이　　　　④ 양상추

해설
자차이(짜사이)는 뿌리 식품으로 주로 염장해서 먹는다. 우리나라 장아찌와 비슷하다.

18 진흙으로 싸서 왕겨 속에 넣어 삭힌 것으로 주로 냉채요리에 사용하는 식재료는?

① 해 삼　　　　② 송이버섯
③ 패 주　　　　④ 송화단

해설
송화단은 '피단'이라고도 하는데, 오리알을 진흙으로 싸서 왕겨 속에 넣어 삭힌 것으로 냉채요리에 사용한다.

19 탕수(糖醋)소스를 설명한 것으로 적절한 것은?

① 설탕, 식초를 이용해서 새콤달콤하게 만든 소스이다.
② 매실을 농축시켜 만든 독특한 소스로 양념장에 단맛을 더 한다.
③ 고추기름에 마늘, 생강, 파, 두반장, 토마토케첩, 식초, 설탕 등을 넣어 만든 소스이다.
④ 겨자가루를 따뜻한 물에 개어 설탕, 식초, 소금, 육수, 참기름을 넣어 만든 소스이다.

해설
②는 매실소스, ③은 칠리소스, ④는 겨자소스이다.

20 중국 요리에서 녹말물을 사용하는 이유로 옳지 않은 것은?

① 색깔을 좋게 하기 위해서이다.
② 기름과 물이 분리되지 않게 한다.
③ 재료에 맛있는 성분이 흘러나오는 것을 막아 준다.
④ 재료의 맛을 유지해 주고 윤기가 돌게 한다.

해설
녹말물은 재료의 맛을 유지해 주고, 맛있는 성분이 빠져나오지 않게 하며 부드러운 맛을 준다.

21 다음 요리 용어의 설명 중 잘못된 것은?

① 라유 – 중국 요리의 향신료로, 고추를 넣어 볶은 기름
② 캐러멜소스 – 설탕을 녹여 갈색으로 만든 소스
③ 수프 스톡 – 서양 요리에 사용되는 육수
④ 골패 썰기 – 한식 조리의 채썰기

해설
골패 썰기는 직사각형으로 써는 방법이다.

22 식품과 함께 입을 통해 감염되거나 피부로 직접 침입하는 기생충은?

① 회 충
② 십이지장충
③ 요 충
④ 동양모양선충

해설
십이지장충 등은 경피적으로 인체에 침입하거나 매개 곤충에 의하여 주입되어 성충으로 자란다.

23 영양 권장량에 대한 설명으로 틀린 것은?

① 권장량의 값은 다양한 가정을 전제로 하여 제정된다.
② 권장량은 필요량보다 높다.
③ 권장량은 식생활 자료를 기초로 하여 구해진 값이다.
④ 보충제를 통한 섭취 시 흡수율이나 대사상의 문제점도 고려한 값이다.

해설
④ 보충제의 섭취는 영양 권장량으로 고려하지 않는다.

정답 18 ④　19 ①　20 ①　21 ④　22 ②　23 ④

24 구매한 식품의 재고관리 시 적용되는 방법 중 최근에 구입한 식품부터 사용하는 것으로 가장 오래된 물품이 재고로 남게 되는 것은?

① 선입선출법(First-In, First-Out)
② 후입선출법(Last-In, First-Out)
③ 총평균법
④ 최소-최대관리법

25 찹쌀의 아밀로스와 아밀로펙틴에 대한 설명 중 맞는 것은?

① 아밀로스 함량이 더 많다.
② 아밀로스 함량과 아밀로펙틴의 함량이 거의 같다.
③ 아밀로펙틴으로 이루어져 있다.
④ 아밀로펙틴은 존재하지 않는다.

> **해설**
> 찹쌀이나 찰옥수수, 차조 등의 찰 전분은 거의 아밀로펙틴으로만 구성되어 있다.

26 조리 시 첨가하는 물질의 역할에 대한 설명으로 틀린 것은?

① 식염 – 면 반죽의 탄성 증가
② 식초 – 백색 채소의 색 고정
③ 중조 – 펙틴 물질의 불용성 강화
④ 구리 – 녹색 채소의 색 고정

> **해설**
> 중조(NaHCO₃, 탄산수소나트륨)
> 팽창제, 인조 탄산수, 발포 분말주스의 원료로 사용하며 물에 녹고 에탄올에 녹지 않으며, 수용액은 약알칼리성을 나타낸다.

27 살균이 불충분한 저산성 통조림 식품에 의해 발생되는 세균성 식중독의 원인균은?

① 포도상구균
② 젖산균
③ 클로스트리듐 보툴리눔
④ 병원성 대장균

> **해설**
> 클로스트리듐 보툴리눔으로 인한 식중독은 불충분하게 가열해 살균한 통조림이나 병조림, 소시지, 햄 등이 주요 원인식품이다.

28 설탕을 포도당과 과당으로 분해하여 전화당을 만드는 효소는?

① 아밀라제(Amylase)
② 인버타제(Invertase)
③ 리파제(Lipase)
④ 피타제(Phytase)

> **해설**
> ① 아밀라제(Amylase) : 탄수화물 분해효소
> ③ 리파제(Lipase) : 지방 분해효소
> ④ 피타제(Phytase) : 피틴을 가수분해해서 인산을 유리하는 반응을 접촉하는 효소

29 식품위생법상 총리령으로 정하는 식품위생검사기관이 아닌 것은?

① 식품의약품안전평가원
② 지역 보건소
③ 보건환경연구원
④ 지방식품의약품안전청

해설

위생검사 등 요청기관(식품위생법 시행규칙 제9조의2)
총리령으로 정하는 식품위생검사기관이란 식품의약품안전평가원, 지방식품의약품안전청, 보건환경연구원을 말한다.

30 식품접객업 중 음식류를 조리·판매하는 영업으로서 식사와 함께 부수적으로 음주행위가 허용된 영업은?

① 단란주점영업
② 유흥주점영업
③ 휴게음식점영업
④ 일반음식점영업

해설

일반음식점영업은 음식류를 조리·판매하는 영업으로서 식사와 함께 부수적으로 음주행위가 허용되는 영업이다 (식품위생법 시행령 제21조제8호).

31 식품 등을 제조·가공하는 영업자가 식품 등이 기준과 규격에 맞는지 자체적으로 검사하는 것을 일컫는 식품위생법상의 용어는?

① 제품검사
② 자가품질검사
③ 수거검사
④ 정밀검사

해설

자가품질검사 의무(식품위생법 제31조제1항)
식품 등을 제조·가공하는 영업자는 총리령으로 정하는 바에 따라 제조·가공하는 식품 등이 기준과 규격에 맞는지를 검사하여야 한다.

32 다음 중 조리기구의 소독에 사용하는 약품은?

① 석탄산수, 크레졸수, 포르말린수
② 염소, 표백분, 차아염소산나트륨
③ 석탄산수, 크레졸수, 생석회
④ 역성비누, 차아염소산나트륨

해설

①은 병실, ②는 음료수, ③은 화장실 및 하수구 소독에 사용된다.

33 조리장에서 식용유 사용 관련 화재 발생 시 해당하는 것은?

① A급 화재
② K급 화재
③ B급 화재
④ C급 화재

해설

K급 화재에 해당한다. 식용유 화재는 일반 유류화재와는 달리 자연 발화로 발생하기 때문에 발화점 이상에서 화염이 발생하면 온도가 더욱 빠르게 상승한다.

34 음식물이나 식수에 오염되어 경구적으로 침입되는 감염병이 아닌 것은?

① 유행성 이하선염
② 파라티푸스
③ 세균성 이질
④ 폴리오

해설
유행성 이하선염은 기침, 재채기 등의 호흡기를 통해 감염되는 급성 감염병이다.

35 무침 조리의 특징으로 적합하지 않은 것은?

① 재료에 따라서 가열하거나 밑간을 한 후 무친다.
② 재료는 신선한 것을 준비한다.
③ 요리는 먹기 직전에 무친다.
④ 데친 채소는 색이 변하기 전에 빨리 무친다.

해설
데친 채소는 충분히 식혀서 무친다.

36 유화의 형태가 나머지 셋과 다른 것은?

① 우유
② 마가린
③ 마요네즈
④ 아이스크림

해설
• 유중수적형(W/O) : 마가린, 버터
• 수중유적형(O/W) : 우유, 아이스크림, 마요네즈, 생크림

37 우유의 가공에 관한 설명으로 틀린 것은?

① 크림의 주성분은 우유의 지방성분이다.
② 분유는 전유, 탈지유, 반탈지유 등을 건조시켜 분말화한 것이다.
③ 저온살균법은 61.6~65.6℃에서 30분간 가열하는 것이다.
④ 무당연유는 살균과정을 거치지 않고, 유당연유만 살균과정을 거친다.

해설
무당연유는 수분의 60% 정도를 제거하고 농축한 것으로, 방부력이 없어서 통조림하여 살균한다. 반면에 유당연유는 설탕이나 포도당을 첨가함으로써 당분의 방부력을 이용해 살균하지 않고 저장할 수 있다.

38 오징어 먹물색소의 주색소는?

① 안토잔틴
② 클로로필
③ 유멜라닌
④ 플라보노이드

해설
오징어 먹물의 색소는 유멜라닌으로 물이나 유지, 알코올 등 대부분의 용매에서 녹지 않는 특징이 있다.

39 색소 성분의 변화에 대한 설명 중 맞는 것은?

① 엽록소는 알칼리성에서 갈색화
② 플라본 색소는 알칼리성에서 황색화
③ 안토시안 색소는 산성에서 청색화
④ 카로틴 색소는 산성에서 흰색화

해설
① 엽록소는 산성에서 갈색, 알칼리성에서 선명한 녹색을 띤다.
③ 안토시안 색소는 산성에서 적색, 중성에서 보라색, 알칼리성에서 청색을 띤다.
④ 카로틴 색소는 황색, 오렌지색, 적색의 색소이다.

40 사과의 갈변 촉진 현상에 영향을 주는 효소는?

① 아밀라제(Amylase)
② 리파제(Lipase)
③ 아스코르비나제(Ascorbinase)
④ 폴리페놀옥시다제(Polyphenol Oxidase)

해설
폴리페놀옥시다제는 효소적 갈변의 일종으로 사과 외에 배, 가지 등에도 영향을 준다.

41 곰국이나 스톡을 조리하는 방법으로 은근하게 오랫동안 끓이는 조리법은?

① 포칭(Poaching)
② 스티밍(Steaming)
③ 블랜칭(Blanching)
④ 시머링(Simmering)

해설
시머링은 센 불로 가열하여 끓기 시작하면 불을 조절하여 식지 않을 정도의 약한 불에서 조리하는 것이다.

42 뜨거워진 공기를 팬(Fan)으로 강제 대류시켜 균일하게 열이 순환되므로 조리시간이 짧고 대량조리에 적당하나 식품 표면이 건조해지기 쉬운 조리기기는?

① 틸팅튀김팬
② 튀김기
③ 증기솥
④ 컨벡션오븐

해설
컨벡션오븐은 대류열을 이용하므로 열 전달 방식의 오븐에 비해 음식이 골고루 잘 익지만 식품이 건조해지는 현상이 발생할 수 있다.

43 육류에서 빌(Veal)이란 무엇을 말하는가?

① 1년 미만의 닭고기
② 송아지 고기
③ 1년 미만의 양고기
④ 1년 미만의 칠면조 고기

해설
송아지 고기(Veal)는 담적색이고 지방이 섞여 있지 않다. 근섬유는 가늘고 수분이 많아서 연하지만, 육즙이 적어 풍미는 덜하다.

44 중국요리는 역사적·지역적 특성에 따라 크게 4대 지방요리로 나눌 수 있다. 이에 속하지 않는 지역은?

① 강소요리
② 북경요리
③ 사천요리
④ 상해요리

해설
강소(江蘇, 수차이)요리는 중국 8대 요리 중 하나이다.

45 과일의 과육 전부를 이용하여 점성을 띠게 농축한 잼(Jam) 제조 조건과 관계없는 것은?

① 펙틴과 산이 적당량 함유된 과일이 좋다.
② 펙틴의 함량은 0.1%일 때 잘 형성된다.
③ 최적의 pH는 3.0~3.3 정도이다.
④ 60~65%의 설탕이 필요하다.

해설
② 펙틴의 함량은 1.0~1.5%일 때 잘 형성된다.

46 사람이 예방접종을 통하여 얻는 면역은?

① 선천면역
② 자연수동면역
③ 자연능동면역
④ 인공능동면역

해설
① 선천면역 : 태생기의 태반 혈행을 통하여 모체의 면역체가 태아에 들어오므로 생기는 면역, 즉 비특이성 저항력을 토대로 하는 면역
② 자연수동면역 : 모체의 태반 또는 모유로부터 면역 항체를 받아서 획득한 면역
③ 자연능동면역 : 과거에의 현성 또는 불현성 감염에 의하여 획득한 면역

47 체내 산·알칼리 평형유지에 관여하며 가공 치즈나 피클에 많이 함유된 영양소는?

① 철 분
② 나트륨
③ 황
④ 마그네슘

해설
치즈, 간장, 젓갈, 염장식품, 오이피클, 올리브피클 등에는 나트륨이 다량 포함되어 있는데, 나트륨을 과다섭취하면 혈압 상승, 위암 발병률 증가 등의 부작용을 겪을 수 있다.

48 꽈리고추를 보관하기에 알맞은 온도는?

① 0~3℃
② 5~7℃
③ 10~15℃
④ 15~20℃

해설
꽈리고추를 저장하는 적정한 온도는 5~7℃이다. 그 이하에서 장기간 저장하면 저온장해 피팅 현상이 일어나 조직이 손상되고 씨가 검게 변한다.

49 달걀 삶기에 대한 설명 중 틀린 것은?

① 달걀을 완숙하려면 98~100℃의 온도에서 12분 정도 삶아야 한다.
② 삶은 달걀을 냉수에 즉시 담그면 부피가 수축하여 난각과의 공간이 생기므로 껍질이 잘 벗겨진다.
③ 달걀을 오래 삶으면 난황 주위에 생기는 황화수소는 녹색을 띠며 이로 인해 녹변이 된다.
④ 달걀은 70℃ 이상의 온도에서 난황과 난백이 모두 응고한다.

해설
달걀을 오래 삶으면 난백과 난황 사이에 검푸른 색의 녹변 현상이 생기는데 이는 황화제1철 때문이다.

50 불리기 조리조작의 장점이 아닌 것은?

① 염분의 용출
② 식품 팽윤-열전도가 용이
③ 식품재료 조직의 균질화
④ 조리시간 단축

해설
가열 전 식품 내부에 수분을 침투시켜 호화시간을 단축하기 위해서이다.

51 중식 볶음 조리의 특징으로 옳지 않은 것은?

① 넉넉한 기름에 서서히 익힌다.
② 빠른 시간 안에 조리한다.
③ 재료의 고유한 맛, 색, 향을 살린다.
④ 강한 화력을 이용한다.

해설
볶음요리는 기름을 조금 두르고 팬을 뜨겁게 달군 후 불을 최대한 강하게 해서 짧은 시간에 재료를 뒤섞으며 익히는 조리법이다.

52 식품과 그 식품에서 유래될 수 있는 독성물질의 연결이 틀린 것은?

① 복어 – 테트로도톡신
② 모시조개 – 베네루핀
③ 맥각 – 에르고톡신
④ 은행 – 말토리진

해설
④ 은행 : 아미그달린, 부르니민, 메틸피리독신
※ 말토리진은 곡류에서 검출되는 페니실륨 속 곰팡이에 의한 독성분이다.

53 CA저장에 가장 적합한 식품은?

① 육 류   ② 과일류
③ 우 유   ④ 생선류

해설
CA(Controlled Atmosphere)저장은 냉장실의 온도와 공기조성을 함께 제어하여 냉장하는 방법으로, 사과 등의 청과물 저장에 많이 사용된다. 온도는 적당히 낮추고, 냉장실 내 공기 중의 CO_2 분압을 높이고, O_2 분압은 낮춤으로써 호흡을 억제하는 방법이 사용된다.

54 대표적인 콩단백질인 글로불린(Globulin)이 가장 많이 함유하고 있는 성분은?

① 글리시닌(Glycinin)
② 알부민(Albumin)
③ 글루텐(Gluten)
④ 제인(Zein)

해설
콩단백질인 글리시닌은 글로불린의 한 종류로 대두단백의 84% 정도를 차지한다.

55 작업장 안전관리에 대한 설명으로 옳지 않은 것은?

① 작업자의 손을 보호하고 조리위생을 개선하기 위해 위생장갑을 착용한다.
② 안전보호구를 공용으로 비치해 놓고 사용한다.
③ 화재의 원인이 될 수 있는 곳을 점검하고 화재진압기를 배치, 사용한다.
④ 유해, 위험, 화학물질은 물질안전보건자료를 비치하고 취급방법에 대하여 교육한다.

해설
안전보호구는 개인 전용으로 사용해야 한다. 또 사용 목적에 맞는 보호구를 갖추고 작업 시 반드시 착용해야 하며, 청결하게 보존해야 한다.

56 냉동식품을 공기 중에서 해동할 때 주의할 점으로 옳은 것은?

① 해동 후 즉시 재동결한다.
② 습도를 높게 한다.
③ 어육류는 일반적으로 완전 해동한다.
④ 공기와의 접촉 면적을 넓게 한다.

해설
냉동식품을 완전히 해동하지 않고 조리한 경우는 품질이 현저히 떨어지므로 반드시 적절한 해동을 거쳐 사용한다.

57 식품의 변화현상에 대한 설명 중 틀린 것은?

① 산패 – 유지식품의 지방질 산화
② 발효 – 화학물질에 의한 유기화합물의 분해
③ 변질 – 식품의 품질 저하
④ 부패 – 단백질과 유기물이 부패미생물에 의해 분해

해설
② 발효 : 탄수화물이 미생물의 작용을 받아 유기산, 알코올 등을 생성하게 되는 현상

58 아미노-카보닐화 반응, 캐러멜화 반응, 전분의 호정화가 일어나는 온도의 범위는?

① 20~50℃
② 50~100℃
③ 100~200℃
④ 200~300℃

해설
• 아미노-카보닐 반응은 약 100℃에서 일어난다.
• 캐러멜화 반응은 약 120℃에서 일어난다.
• 전분의 호정화는 약 160~170℃에서 일어난다.

59 식품을 계량하는 방법으로 틀린 것은?

① 밀가루 계량은 부피보다 무게가 더 정확하다.
② 흑설탕은 계량 전, 체로 친 다음 계량한다.
③ 고체 지방은 계량 후 고무주걱으로 잘 긁어 옮긴다.
④ 꿀같이 점성이 있는 것은 계량컵을 이용한다.

해설
계량 전, 체로 쳐야 하는 것은 밀가루이다. 흑설탕은 용기에 꼭꼭 눌러 계량한다.

60 식품 구매 시 고려해야 할 점이 아닌 것은?

① 식품의 재고량을 고려한다.
② 값이 저렴한 식품만을 구입한다.
③ 되도록 제철 식품을 구입한다.
④ 급식의 목적을 검토해야 한다.

해설
재료 구매는 좋은 품질의 적정 품목을 적절한 가격에 구입하는 것이 바람직하다.

55 ② 56 ③ 57 ② 58 ③ 59 ② 60 ② **정답**

01 Pork Cutlet을 튀길 때 튀김옷의 순서로 옳은 것은?

① 달걀 – 밀가루 – 빵가루
② 빵가루 – 달걀 – 밀가루
③ 밀가루 – 빵가루 – 달걀
④ 밀가루 – 달걀 – 빵가루

02 다음 중 교차오염의 개선방법으로 옳지 않은 것은?

① 칼, 도마 등 조리기구는 용도별로 구분하여 사용한다.
② 청결도가 다른 것들이 교차되지 않도록 관리한다.
③ 식품 취급 등의 작업은 바닥으로부터 60cm 이상 높이에서 실시한다.
④ 용기를 충분히 세척한 후에는 건조시킬 필요가 없다.

해설
용기는 세척 · 소독 후 반드시 건조시켜 사용한다.

03 소량씩 장시간 섭취할 경우 피로, 소화기장애, 체중감소 등과 같은 만성중독 증상을 보이며, 옹기류, 수도관 등을 통하여 식품에 혼입되는 것은?

① 주 석   ② 비 소
③ 구 리   ④ 납

해설
납은 통조림의 땜납, 도자기의 안료를 통해 중독된다.

04 안전사고 예방 내용으로 옳지 않은 것은?

① 위험요인 제거
② 품질 향상
③ 위험발생 경감
④ 사고피해 경감

해설
품질 향상은 개인 안전사고 예방과 거리가 멀다.

05 초밥용 쌀에 대한 설명으로 옳지 않은 것은?

① 초밥용 쌀은 묵은쌀보다 햅쌀이 좋다.
② 쌀은 사용 직전 도정한다.
③ 초밥용 쌀은 흡수력이 좋아야 한다.
④ 여름에는 쌀을 씻고 30분 정도 지난 후 밥을 짓는다.

해설
초밥용 쌀은 햅쌀보다 묵은쌀이 좋다.

06 식재료의 위생적 취급관리로 잘못된 것은?

① 소비기한 및 신선도를 확인한다.
② 해동된 식재료는 사용하고 남은 재료는 다시 냉동 보관한다.
③ 가열한 음식은 즉시 냉각하여 냉장, 냉동 보관한다.
④ 보관 시에는 품목명과 날짜를 표시한 네임택을 붙인다.

해설
해동된 식재료는 다시 냉동해서는 안 된다.

정답 1 ④ 2 ④ 3 ④ 4 ② 5 ① 6 ②

07 질이 좋은 김의 조건이 아닌 것은?

① 겨울에 생산되어 질소함량이 높다.
② 검은색을 띠며 윤기가 난다.
③ 불에 구우면 선명한 녹색을 나타낸다.
④ 구멍이 많고 전체적으로 붉은색을 띤다.

> **해설**
> 김은 저장 중에 붉은색을 띠게 되는데, 이것은 피코시안
> (Phycocyan)이 피코에리트린(Phycoerythrin)으로 되기
> 때문이다. 구멍이 많고 붉은색을 띠는 김은 좋은 김이
> 아니다.

08 고기를 연화시키려고 생강, 키위, 무화과 등을 사용할 때 관련된 설명으로 틀린 것은?

① 가열 온도가 85℃ 이상이 되면 효과가 없다.
② 단백질의 분해를 촉진시킴으로써 연화시키는 방법이다.
③ 즙을 뿌린 후 포크로 찔러주고 일정 기간 둔다.
④ 두꺼운 로스트용 고기에 적당하다.

> **해설**
> 두꺼운 로스트용 고기는 높은 온도에서 살짝 익혀 먹어야
> 연한 맛이 난다.

09 미숙한 매실이나 살구씨에 있는 독성분은?

① 라이코린
② 하이오사이어마인
③ 리 신
④ 아미그달린

> **해설**
> 청산배당체인 아미그달린은 시안배당체의 일종으로 살구
> 씨나 미숙한 매실에 들어 있는 성분이다.

10 소고기의 부위 중 탕, 스튜, 찜 조리에 가장 적합한 부위는?

① 목 심   ② 설 도
③ 양 지   ④ 사 태

> **해설**
> ④ 사태 : 탕, 조림, 편, 찜
> ① 목심(장정육, 목살) : 구이, 전골, 편육, 조림
> ② 설도(대접살) : 구이, 조림, 육회, 육포, 산적
> ③ 양지(업진살) : 편육, 탕, 조림, 육수

11 좋은 가다랑어포를 고르는 법에 해당하지 않는 것은?

① 가다랑어포는 투명하고 빛깔이 밝은색이 좋다.
② 말린 상태가 좋고 무게가 있는 것이 좋다.
③ 색은 분홍색이며 곰팡이 냄새가 없어야 한다.
④ 색은 어두운 갈색이 좋다.

> **해설**
> 색은 어두운 것보다 밝은색이 좋다.

12 결합수의 특성으로 옳은 것은?

① 식품조직을 압착하여도 제거되지 않는다.
② 점성이 크다.
③ 미생물의 번식과 발아에 이용된다.
④ 보통의 물보다 밀도가 작다.

> **해설**
> 결합수의 특성
> • 용질에 대해 용매로 작용하지 않는다.
> • 수증기압이 보통의 물보다 낮으므로 대기 중에서 100℃
>   이상으로 가열하여도 제거되지 않는다.
> • 0℃보다 낮은 온도에서도 잘 얼지 않는다.
> • 보통의 물보다 밀도가 크다.
> • 조직에 압력을 가하여 압착해도 제거되지 않는다.
> • 미생물의 번식과 발아에 이용되지 못한다.

13 일본요리의 특색으로 적절한 것은?

① 기름진 음식과 초밥이 특색이다.
② 해산물과 채소를 이용한 담백한 맛이다.
③ 생선과 마늘을 이용한 강한 맛이다.
④ 요리를 그릇에 담을 때 넉넉하게 가득 담는다.

해설

일본요리는 눈으로 먹는다고 할 만큼 색깔과 조화를 이루며 담백한 맛이다. 요리를 그릇에 담을 때도 비교적 요리의 양이 적고, 그릇에 가득차지 않게 담는다.

14 건조 한천을 물에 담그면 물에 흡수하여 부피가 커지는 현상은?

① 이 장
② 응 석
③ 투 석
④ 팽 윤

해설

건조한 한천이나 젤라틴 등의 친수성 겔 물질을 물에 담갔을 때 물을 흡수하여 부피가 커지는 현상을 팽윤(Swelling)이라고 한다.

15 국물요리의 설명으로 틀린 것은?

① 일번 다시는 맑은 탕 요리에 주로 사용한다.
② 이번 다시는 일번 다시를 뺀 재료를 재사용하는 방법으로 주로 된장국, 조림에 사용한다.
③ 국물요리는 주재료와 부재료를 같이 끓여 제공한다.
④ 주재료를 완(국그릇)에 담고 부재료가 되는 향이 나는 재료를 첨가한다.

해설

주재료 음식이 완성되면 부재료는 주재료에 맞추어 선택한다.

16 급식인원이 500명인 단체급식소에서 가지조림을 하려고 한다. 가지의 1인당 중량이 30g이고, 폐기율이 6%일 때 총발주량은?

① 약 15kg
② 약 16kg
③ 약 20kg
④ 약 25kg

해설

30g의 가지가 필요한데 폐기율이 6%이므로 31.8g의 가지가 필요하다. 급식인원이 500명이므로 15,900g, 총발주량은 약 16kg이 된다.

17 육류의 직화구이 및 훈연 중에 발생하는 발암물질은?

① 아크릴아마이드(Acrylamide)
② N-나이트로사민(N-nitrosamine)
③ 에틸카바메이트(Ethylcarbamate)
④ 벤조피렌(Benzopyrene)

해설

벤조피렌(발암성)은 다환 방향족 탄화수소로 석탄·석유·목재 등을 태울 때 불완전한 연소로 생성되거나, 식물·미생물에 의해서도 합성되며, 태운 식품이나 훈제품에 함량이 높다.

18 생선회를 다루는 방법으로 옳은 것은?

① 뼈째로 토막을 낸다.
② 한쪽으로 등뼈를 붙여서 두 쪽으로 낸다.
③ 등뼈를 중심으로 아래쪽과 위쪽 살을 저며 낸다.
④ 등에 칼을 대고 쪼개어 내장을 빼 낸다.

해설

회는 신선도가 좋은 생선을 선택하고, 3장 뜨기(三枚おろし : 산마이오로시)한 생선을 회가 될 수 있게 한 후 껍질을 벗기고 회를 뜬다.

19 귤의 갈변현상이 심하지 않은 이유는?

① 비타민 C 함량이 많으므로
② 비타민 A 함량이 많으므로
③ 갈변효소가 함유되어 있지 않으므로
④ 아스코르비나제 함량이 많으므로

해설
갈변현상은 과일이나 야채에 함유되어 있는 타닌 등의 폴리페놀 성분이 산화작용을 일으켜 산화하면서 갈변하는 것인데, 귤에는 비타민 C가 풍부해서 갈변현상이 생기지 않는다.

20 일반적인 잼의 설탕 함량은?

① 15~25%
② 35~45%
③ 60~70%
④ 90~100%

해설
잼의 설탕 함량은 최소 50% 이상이며, 보통 60~70% 정도이다.

21 다음 중 가열 조리에 의해 가장 파괴되기 쉬운 비타민은?

① 비타민 C
② 비타민 B₆
③ 비타민 A
④ 비타민 D

해설
채소나 과일에 많이 함유되어 있는 비타민 C(아스코르브산)는 수용성으로서, 열을 가하면 쉽게 파괴될 수 있다.

22 소고기의 부위별 용도의 연결이 적합하지 않은 것은?

① 앞다리 – 불고기, 육회, 구이
② 설도 – 스테이크, 샤브샤브
③ 목심 – 불고기, 국거리
④ 우둔 – 산적, 장조림, 육포

해설
② 설도 : 장조림, 산적, 육포

23 단백질의 분해효소로 식물성 식품에서 얻어지는 것은?

① 펩신(Pepsin)
② 트립신(Trypsin)
③ 파파인(Papain)
④ 레닌(Rennin)

해설
파파인은 파파야에 들어 있는 식물성 단백질 분해효소로 연결조직, 교원지질, 탄성에 상당한 효과를 가지고 있기 때문에 육류요리 시 연화제로 사용한다.

24 면류에 대한 설명으로 틀린 것은?

① 계절과 요리의 성질에 따라 차갑게 먹는 면, 따뜻하게 먹는 면으로 구분한다.

② 자루소바는 대바구니를 뜻하며 찬 메밀국수이다.

③ 소바라고 부르는 경우 일반적으로 우동을 말한다.

④ 소바는 메밀국수로 일본의 초밥과 함께 대표적인 음식이다.

해설
소바는 일반적으로 메밀국수를 말한다.

25 섭조개 속에 들어 있으며 특히 신경계통의 마비 증상을 일으키는 독성분은?

① 무스카린

② 시큐톡신

③ 베네루핀

④ 삭시톡신

해설
삭시톡신(Saxitoxin)
삭시톡신은 홍합과의 섭조개 또는 굴, 바지락 등을 잘못 조리해 섭취할 경우 식중독 증상을 일으키는 독성 물질로서, 열에 안정적이며 신경마비, 호흡곤란 등의 증상을 일으키고, 치사율은 10%에 달한다.

26 과거 일본 미나타마병의 집단발병 원인이 되는 중금속은?

① 카드뮴   ② 납

③ 수 은   ④ 비 소

해설
미나마타병은 유기 수은(Hg)에 의한 병으로 언어장애, 난청, 보행장애, 운동장애, 지각장애, 정신장애를 일으킨다.

27 고기의 질긴 결합조직 부위를 물과 함께 장시간 끓였을 때 연해지는 이유는?

① 엘라스틴이 알부민으로 변화되어 용출되어서

② 엘라스틴이 젤라틴으로 변화되어 용출되어서

③ 콜라겐이 알부민으로 변화되어 용출되어서

④ 콜라겐이 젤라틴으로 변화되어 용출되어서

해설
육류의 결합조직을 장시간 물에 끓이면 콜라겐이 젤라틴으로 되면서 부드러워진다.

28 중금속과 중독 증상의 연결이 잘못된 것은?

① 카드뮴 – 신장기능 장애

② 크로뮴 – 비중격천공

③ 수은 – 홍독성 흥분

④ 납 – 섬유화 현상

해설
납의 중독증상
• 헤모글로빈 합성 장애에 의한 빈혈
• 구토, 구역질, 복통, 사지 마비(급성)
• 피로, 지각상실, 시력장애

정답 24 ③ 25 ④ 26 ③ 27 ④ 28 ④

29 식품위생법상 식품위생감시원의 직무가 아닌 것은?

① 영업소의 폐쇄를 위한 간판 제거 등의 조치
② 영업의 건전한 발전과 공동의 이익을 도모하는 조치
③ 영업자 및 종업원의 건강진단 및 위생교육의 이행 여부의 확인·지도
④ 조리사 및 영양사의 법령 준수사항 이행 여부의 확인·지도

해설
식품위생감시원의 직무(식품위생법 시행령 제17조)
• 식품 등의 위생적인 취급에 관한 기준의 이행 지도
• 수입·판매 또는 사용 등이 금지된 식품 등의 취급 여부에 관한 단속
• 표시 또는 광고기준의 위반 여부에 관한 단속
• 출입·검사 및 검사에 필요한 식품 등의 수거
• 시설기준의 적합 여부의 확인·검사
• 영업자 및 종업원의 건강진단 및 위생교육의 이행 여부의 확인·지도
• 조리사 및 영양사의 법령 준수사항 이행 여부의 확인·지도
• 행정처분의 이행 여부 확인
• 식품 등의 압류·폐기 등
• 영업소의 폐쇄를 위한 간판 제거 등의 조치
• 그 밖에 영업자의 법령 이행 여부에 관한 확인·지도

30 식품첨가물의 사용 목적이 아닌 것은?

① 식품의 기호성 증대
② 식품의 유해성 입증
③ 식품의 부패와 변질을 방지
④ 식품의 제조 및 품질 개량

해설
식품첨가물이란 식품을 제조·가공·조리 또는 보존하는 과정에서 감미, 착색, 표백 또는 산화방지 등을 목적으로 식품에 사용되는 물질을 말한다. 이 경우 기구·용기·포장을 살균·소독하는 데에 사용되어 간접적으로 식품으로 옮겨갈 수 있는 물질을 포함한다(식품위생법 제2조제2호).

31 다음 중 식품위생법령상 위해평가 대상이 아닌 것은?

① 국내외 연구·검사기관에서 인체의 건강을 해할 우려가 있는 원료 또는 성분 등을 검출한 식품 등
② 바람직하지 않은 식습관 등에 의해 건강을 해할 우려가 있는 식품 등
③ 국제식품규격위원회 등 국제기구 또는 외국의 정부가 인체의 건강을 해할 우려가 있다고 인정하여 판매 등을 금지하거나 제한한 식품 등
④ 새로운 원료·성분 또는 기술을 사용하여 생산·제조·조합되거나 안전성에 대한 기준 및 규격이 정하여지지 아니하여 인체의 건강을 해할 우려가 있는 식품 등

해설
위해평가의 대상 등(식품위생법 시행령 제4조제1항)
• 국제식품규격위원회 등 국제기구 또는 외국 정부가 인체의 건강을 해칠 우려가 있다고 인정하여 판매하거나 판매할 목적으로 채취·제조·수입·가공·사용·조리·저장·소분·운반 또는 진열을 금지하거나 제한한 식품 등
• 국내외의 연구·검사기관에서 인체의 건강을 해칠 우려가 있는 원료 또는 성분 등이 검출된 식품 등
• 소비자단체 또는 식품 관련 학회가 위해평가를 요청한 식품 등으로서 식품위생심의위원회가 인체의 건강을 해칠 우려가 있다고 인정한 식품 등
• 새로운 원료·성분 또는 기술을 사용하여 생산·제조·조합되거나 안전성에 대한 기준 및 규격이 정하여지지 아니하여 인체의 건강을 해칠 우려가 있는 식품 등

32 다음 중 토마토 크림수프를 만들 때 나타나는 응고현상은?

① 산에 의한 우유의 응고
② 레닌에 의한 우유의 응고
③ 염류에 의한 밀가루의 응고
④ 가열에 의한 밀가루의 응고

해설
토마토의 산도가 pH 4.4~4.6이기 때문에 우유 조리 시 산을 가해주면 응고된다.

33 세계보건기구에 따른 식품위생의 정의 중 식품의 안전성 및 건전성이 요구되는 단계는?

① 식품의 재료, 채취에서 가공까지
② 식품의 생육, 생산에서 섭취의 최종까지
③ 재료 구입에서 섭취 전의 조리까지
④ 식품의 조리에서 섭취 및 폐기까지

해설
식품의 생육, 생산 및 제조로부터 인간이 섭취하는 모든 단계를 말한다.

34 튀김의 설명으로 틀린 것은?

① 밀가루는 박력분을 사용하는 것이 좋다.
② 온도는 100℃ 정도에서 튀기는 것이 좋다.
③ 발연점이 높은 기름을 사용한다.
④ 달걀을 넣으면 잘 부풀면서 튀겨진다.

해설
보통 튀김 온도는 160~180℃가 적당하다.

35 단맛을 가장 강하게 느끼게 하려면 다음 조미료 중 어느 것을 넣어야 하는가?

① 식 초
② 소 금
③ 화학조미료
④ 간 장

해설
설탕 – 소금 – 식초 순으로 조미한다.

36 육류 조리방법에 대한 설명으로 옳은 것은?

① 돼지고기찜에 토마토를 넣으려면 처음부터 함께 넣는다.
② 편육은 끓는 물에 넣어 삶는다.
③ 탕을 끓일 때는 끓는 물에 소금을 약간 넣은 후 고기를 넣는다.
④ 장조림을 할 때는 먼저 간장을 넣고 끓여야 한다.

해설
편육 고기를 삶을 때에는 끓는 물에 넣어 근육 표면의 단백질이 빨리 응고되게 하여야 수용성 물질이 물에 녹지 않는다.

37 요구르트 제조는 우유 단백질의 어떤 성질을 이용하는가?

① 응고성
② 용해성
③ 팽 윤
④ 수 화

해설
요구르트는 우유 단백질의 응고성을 이용하여 만들며 탈지유를 1/2로 농축시켜 8%의 설탕에 넣고 가열·살균한 후 젖산 발효시킨 것으로 정장작용을 한다.

38 카스텔라를 만들 때 적당한 밀가루는?

① 박력분
② 강력분
③ 중력분
④ 강력분과 중력분

해설
박력분은 글루텐 함량이 10% 이하로 케이크, 튀김옷, 카스텔라, 약과 등에 사용된다.

39 돈부리 종류에 대한 설명이 잘못 연결된 것은?

① 규동 – 소고기덮밥
② 덴동 – 튀김덮밥
③ 가츠동 – 커틀릿덮밥
④ 오야코동 – 돼지고기덮밥

해설
오야코동은 닭고기덮밥이다.

40 날콩에 함유된 단백질의 체내 이용을 저해하는 것은?

① 펩신
② 트립신
③ 글로불린
④ 안티트립신

해설
날콩에는 소화를 방해하는 효소인 안티트립신이 들어 있어 콩을 날로 먹으면 소화력이 떨어진다.

41 다음 중 훈연식품이 아닌 것은?

① 베이컨
② 치즈
③ 소시지
④ 햄

해설
치즈는 가공식품이다.

42 색소를 보존하기 위한 방법 중 틀린 것은?

① 녹색 채소를 데칠 때 식초를 넣는다.
② 매실지를 담글 때 소엽(차조기 잎)을 넣는다.
③ 연근을 조릴 때 식초를 넣는다.
④ 햄 제조 시 질산칼륨을 넣는다.

해설
녹색 채소의 녹색을 유지하기 위해서는 소금을 넣고, 뚜껑을 열고, 단시간에 데친 후 찬물에 재빨리 헹궈야 한다.

43 달걀을 이용한 조리식품과 관계가 없는 것은?

① 오믈렛
② 수란
③ 치즈
④ 커스터드

해설
치즈는 우유를 젖산 발효시켜 pH를 카세인의 등전점이 4.6 정도가 되게 하여 카세인을 모아서 다시 발효 숙성시킨 것이다.

44 생선 뼈를 바르거나 생선을 절단할 때 사용하는 일식 칼의 명칭은?

① 사시미보초
② 데바보초
③ 우스바보초
④ 가스미보초

해설
데바보초는 생선 밑 손질, 뼈를 자를 때 사용되는 칼이다.

45 소금 절임 시 저장성이 좋아지는 이유는?

① pH가 낮아져 미생물이 살아갈 수 없는 환경이 조성된다.
② pH가 높아져 미생물이 살아갈 수 없는 환경이 조성된다.
③ 고삼투성에 의한 탈수효과로 미생물의 생육이 억제된다.
④ 저삼투성에 의한 탈수효과로 미생물의 생육이 억제된다.

해설
소금 절임은 고삼투압으로 원형질이 분리되어 미생물의 생육이 억제되기 때문에 저장성이 좋아진다.

46 달걀에서 시간이 지남에 따라 나타나는 변화가 아닌 것은?

① 호흡작용을 통해 알칼리성으로 된다.
② 흰자의 점성이 커져 끈적끈적해진다.
③ 흰자에서는 황화수소가 검출된다.
④ 주위의 냄새를 흡수한다.

해설
달걀은 신선할수록 난백이 많으며, 오래될수록 난백이 묽어진다.

47 쌀에서 섭취한 전분이 체내에서 에너지를 발생하기 위해 반드시 필요한 것은?

① 비타민 A
② 비타민 B_1
③ 비타민 C
④ 비타민 D

해설
비타민 B_1은 탄수화물의 대사를 촉진한다.

48 곡물 저장 시 미생물에 의한 변패를 억제하기 위해 수분함량을 몇 %로 저장하여야 하는가?

① 14% 이하
② 18% 이하
③ 25% 이하
④ 30% 이하

해설
세균은 수분함량 15% 이하, 곰팡이는 13% 이하에서 거의 번식하지 못한다.

정답 44 ② 45 ③ 46 ② 47 ② 48 ①

49 다음 중 찜의 장점에 대한 설명으로 옳지 않은 것은?

① 모양이 흐트러지지 않는다.
② 풍미 유지에 좋다.
③ 수증기의 잠재열을 이용하므로 시간이 절약된다.
④ 수용성 성분의 손실이 끓이기에 비해 적다.

해설
수증기의 잠재열을 이용하기 때문에 시간이 많이 걸린다.

50 황변미 중독을 일으키는 오염 미생물은?

① 곰팡이   ② 효 모
③ 세 균   ④ 기생충

해설
페니실륨 속의 곰팡이는 황변미 중독을 일으킨다.

51 바다에서 잡히는 어류(생선)를 먹고 기생충증에 걸렸다면 이와 가장 관계 깊은 기생충은?

① 아니사키스충
② 유구조충
③ 동양모양선충
④ 선모충

해설
해산포유류의 위에 기생하는 회충인 아니사키스충은 사람이 먹으면 소화관 벽에 침입하여 복부의 통증이나 구토 등을 일으킨다.

52 채소, 과일 샐러드를 담는 그릇으로 적당하지 않은 것은?

① 알루미늄
② 사기그릇
③ 유리그릇
④ 나무그릇

53 안토시안 색소를 함유하는 과일의 붉은색을 보존하려고 할 때 가장 좋은 방법은?

① 식초를 가한다.
② 중조를 가한다.
③ 수산화나트륨을 가한다.
④ 소금을 가한다.

해설
안토시안 색소 : 과실, 꽃, 뿌리에 있는 빨간색, 보라색, 청색의 색소로, 산성에서는 붉은색, 중성에서는 보라색, 알칼리에서는 청색을 띤다.

54 버섯에 대한 일반적인 설명과 거리가 먼 것은?

① 엽록소가 들어가 있다.
② 검화물이 많다.
③ 단백질 급원식품은 아니다.
④ 비교적 소화율이 낮다.

해설
엽록소는 녹색식물의 잎 속에 들어 있는 화합물로 클로로필이라고도 한다.

55 육류나 어류의 구수한 맛을 내는 성분은?

① 이노신산
② 호박산
③ 알리신
④ 나린진

해설
① 이노신산 : 가다랑어의 감칠맛 성분

56 다음 중 계량방법이 잘못된 것은?

① 저울은 수평으로 놓고 눈금은 정면에서 읽으며 바늘은 0에 고정시킨다.
② 가루상태의 식품은 계량기에 꼭꼭 눌러 담은 다음 윗면이 수평이 되도록 스패츌러로 깎아서 잰다.
③ 액체식품은 투명한 계량용기를 사용하여 계량컵의 눈금과 눈높이를 맞추어서 계량한다.
④ 된장이나 다진 고기 등의 식품재료는 계량기구에 눌러 담아 빈 공간이 없도록 채워서 깎아 잰다.

해설
가루상태의 식품은 체에 쳐서 누르지 않고 수북하게 담아 직선으로 평면을 깎아서 계량한다.

57 다음 중 내인성 위해 식품은?

① 지나치게 구운 생선
② 푸른곰팡이에 오염된 쌀
③ 싹이 튼 감자
④ 농약을 많이 뿌린 채소

해설
내인성 위해 요인으로는 고유의 독과 유해독으로 싹이 튼 감자가 해당하고, 외인성 인위적 요인으로는 유해첨가물, 농약, 포장재료의 용출 등이 해당한다.

58 홍조류에 속하며 무기질이 골고루 함유되어 있고, 단백질도 많이 함유된 해조류는?

① 김
② 미 역
③ 우뭇가사리
④ 다시마

해설
해조류 중에서 미역과 다시마는 갈조류에 속하고 김과 우뭇가사리는 홍조류에 속한다. 김은 비타민과 무기질, 단백질이 풍부하여 치매, 고혈압, 골다공증 예방 및 다이어트에 좋다. 우뭇가사리는 식이섬유소가 풍부하고 한천의 원료로 쓰인다.

59 죽의 조리법으로 옳지 않은 것은?

① 쌀을 씻어 1시간 이상 충분히 불린다.
② 부재료는 용도에 알맞게 썰거나 다진다.
③ 물은 쌀 분량의 6~7배를 넣는다.
④ 끓기 시작하면 강불로 끓인다.

해설
일반 죽은 쌀의 6~7배 정도 물을 부어 끓이고, 오카유는 쌀의 10배 정도 물을 부어 묽게 끓인 죽이다. 죽은 끓기 시작하면 약불에서 오래 끓여 부드럽게 먹는다.

60 국물용 다시마를 고르는 방법으로 옳은 것은?

① 두께가 얇은 것
② 무게가 가벼운 것
③ 두껍고 표면에 하얀 가루가 있는 것
④ 색이 연한 갈색인 것

해설
다시마는 두께가 두껍고 색이 어둡고 진한 것이 좋다.

정답 55 ① 56 ② 57 ③ 58 ① 59 ④ 60 ③

2024년 한식 기출복원문제

01 다음 중 간장이 들어간 음식은?

① 섭산적　　　　② 육원전
③ 장산적　　　　④ 고추전

> **해설**
> 장산적은 소고기를 곱게 다져서 만든 섭산적을 썰어 간장에 조린 음식이다.

02 달걀을 삶았을 때 난황 주위에 일어나는 암녹색의 변색에 대한 설명으로 옳은 것은?

① 낮은 온도에서 가열할 때 색이 더욱 진해진다.
② 100℃의 물에서 5분 이상 가열 시 나타난다.
③ 신선한 달걀일수록 색이 진해진다.
④ 난황의 철과 난백의 황화수소가 결합하여 생성된다.

> **해설**
> 녹변현상이 잘 일어나는 조건
> 가열온도가 높을수록, 가열시간이 길수록, 오래된 달걀일수록, 삶은 후 즉시 냉수에 식히지 않을수록, 알칼리성일수록 잘 일어난다.

03 튀김기름으로 적당한 것은?

① 향미가 좋은 기름
② 발연점이 높은 기름
③ 반복 사용한 기름
④ 정제되지 않은 기름

> **해설**
> 발연점이 높은 기름 : 대두유(콩기름), 옥수수유, 포도씨유, 카놀라유

04 식품첨가물의 사용 목적과 첨가물이 잘못 연결된 것은?

① 착색료 - 철클로로필린나트륨
② 산미제 - 벤조피렌
③ 표백제 - 메타중아황산칼륨
④ 감미료 - 사카린나트륨

> **해설**
> 벤조피렌
> 타르(Tar) 등에 들어 있으며 담배 연기, 배기가스에도 들어 있는 것으로 알려져 있는 발암물질의 하나이다.

05 위생해충과 이들이 전파하는 질병과의 관계가 잘못 연결된 것은?

① 바퀴 - 사상충
② 모기 - 말라리아
③ 쥐 - 유행성 출혈열
④ 파리 - 장티푸스

> **해설**
> 모기는 사상충증 · 말라리아를, 바퀴는 이질 · 콜레라 · 장티푸스 · 폴리오 등을 전파한다.

06 구이나 조림용으로 적당하지 않은 생선은?

① 광 어　　　　② 병 어
③ 조 기　　　　④ 고등어

> **해설**
> ① 광어는 주로 생선회 또는 매운탕으로 이용된다.

1 ③　2 ④　3 ② 4 ② 5 ① 6 ① **정답**

07 다음 중 홍조류에 속하는 해조류는?

① 김 　　　　　　② 청 각
③ 미 역 　　　　　④ 다시마

해설

홍조류
• 엽록소 외에 홍조소와 남조소를 함유하고 있어 붉은빛 또는 자줏빛을 띤 해초이다.
• 김, 우뭇가사리, 해인초, 풀가사리 등이 있다.

08 단맛 성분에 소량의 짠맛 성분을 혼합할 때 단맛이 증가하는 현상은?

① 맛의 상쇄현상
② 맛의 억제현상
③ 맛의 변조현상
④ 맛의 대비현상

해설

대비현상 : 주된 맛을 내는 물질에 다른 맛을 혼합할 경우 원래의 맛이 강해지는 현상

09 DPT 예방접종과 관계없는 감염병은?

① 파상풍 　　　　② 백일해
③ 페스트 　　　　④ 디프테리아

해설

DTP 예방접종은 디프테리아(Diphtheria), 백일해(Pertussis), 파상풍(Tetanus)을 예방하기 위한 접종이다.

10 식품 감별 시 품질이 좋지 않은 것은?

① 석이버섯은 봉우리가 작고 줄기가 단단한 것
② 무는 가벼우며 어두운 빛깔을 띠는 것
③ 토란은 껍질을 벗겼을 때 흰색으로 단단하고 끈적끈적한 감이 강한 것
④ 파는 굵기가 고르고 뿌리에 가까운 부분의 흰색이 긴 것

해설

채소나 과일은 윤기가 좋고 본래의 색과 형태를 잘 갖추고 있는 것, 인공적으로 건조시키지 않은 것을 고른다. 좋은 무는 무겁고 육질이 단단하고 치밀하다.

11 녹색 채소 조리 시 중조($NaHCO_3$)를 가할 때 나타나는 결과에 대한 설명으로 틀린 것은?

① 진한 녹색으로 변한다.
② 비타민 C가 파괴된다.
③ 페오피틴(Pheophytin)이 생성된다.
④ 조직이 연화된다.

해설

녹색 채소의 조리 시 중조를 사용하면 녹색은 선명히 유지되나 섬유소를 분해하여 질감이 물러지고 비타민 C가 파괴된다.

12 어육연제품의 결착제로 사용되는 것은?

① 소금, 한천 　　　② 설탕, MSG
③ 전분, 달걀 　　　④ 소르비톨, 물

해설

결착제는 품질개량제라고 불리며 식육이나 어육을 원료로 연제품을 제조할 때 결착성을 높여 식감을 향상시키고 식품의 탄력성, 팽창성, 보수성을 증대시켜 맛의 조화와 풍미의 향상을 가져오는 첨가물을 말한다.

정답 7 ① 　8 ④ 　9 ③ 　10 ② 　11 ③ 　12 ③

13 냉동 생선을 해동하는 방법으로 위생적이며 영양 손실이 가장 적은 경우는?

① 냉장고 속에서 해동한다.
② 40℃의 미지근한 물에 담가 둔다.
③ 18~22℃의 실온에 방치한다.
④ 흐르는 물에 담가 둔다.

해설
냉동 생선은 5~6℃에서 해동하는 것이 단백질의 변성이 가장 적으므로 시간적 여유가 있으면 냉장고에서 해동하는 것이 가장 좋다.

14 우유의 초고온순간살균법에 가장 적합한 가열 온도와 시간은?

① 200℃에서 2초간
② 162℃에서 5초간
③ 150℃에서 5초간
④ 132℃에서 2초간

해설
초고온순간살균법(UHT) : 130~150℃에서 2초간 가열하는 방법(우유, 과즙 등)

15 버터의 수분함량이 17%라면 버터 15g은 몇 칼로리(kcal) 정도의 열량을 내는가?

① 10kcal ② 112kcal
③ 210kcal ④ 315kcal

해설
15 × 0.83 = 12.45, 12.45 × 9(kcal) = 112.05 ≒ 112kcal

16 감염병과 발생원인의 연결이 틀린 것은?

① 임질 – 직접 감염
② 장티푸스 – 파리
③ 일본뇌염 – 큐렉스속 모기
④ 유행성 출혈열 – 중국얼룩날개모기

해설
④ 유행성 출혈열 : 쥐

17 다음 색소 중 동물성 색소는?

① 헤모글로빈(Hemoglobin)
② 클로로필(Chlorophyll)
③ 안토시안(Anthocyan)
④ 플라보노이드(Flavonoid)

해설
• 식물성 색소 : 카로티노이드, 클로로필, 플라보노이드, 안토시안
• 동물성 색소 : 마이오글로빈, 헤모글로빈, 아스타잔틴

18 주로 부패한 감자에 생성되어 중독을 일으키는 물질은?

① 셉신(Sepsine)
② 아미그달린(Amygdalin)
③ 시큐톡신(Cicutoxin)
④ 마이코톡신(Mycotoxin)

해설
① 셉신 : 부패한 감자, 솔라닌 : 감자 싹
② 아미그달린 : 청매
③ 시큐톡신 : 독미나리
④ 마이코톡신 : 곰팡이독

19 밀가루를 물로 반죽하여 면을 만들 때 반죽의 점성에 관계하는 주성분은?

① 글로불린(Globulin)
② 글루텐(Gluten)
③ 아밀로펙틴(Amylopectin)
④ 덱스트린(Dextrin)

해설
밀가루에는 글루테닌과 글리아딘 단백질이 들어 있는데, 밀가루에 물을 부어 반죽하면 글루텐을 형성하여 점탄성을 갖게 된다.

20 식초의 기능에 대한 설명으로 틀린 것은?

① 생선에 사용하면 생선살이 단단해진다.
② 붉은 비츠(Beets)에 사용하면 선명한 적색이 된다.
③ 양파에 사용하면 황색이 된다.
④ 마요네즈 만들 때 사용하면 유화액을 안정시켜 준다.

해설
양파는 플라보노이드계 색소를 함유하고 있어 식초와 같은 산에서 흰색을 유지하고 알칼리성에서 황색을 나타낸다.

21 겨자를 갤 때 매운맛을 가장 강하게 느낄 수 있는 온도는?

① 20~25℃   ② 30~35℃
③ 40~45℃   ④ 50~55℃

해설
겨자를 갤 때 매운맛이 가장 강하게 느껴지는 온도는 40℃에서 45℃ 사이이다.

22 한천에 대한 설명으로 틀린 것은?

① 겔은 고온에서 잘 견디므로 안정제로 사용된다.
② 홍조류의 세포벽 성분인 점질성의 복합다당류를 추출하여 만든다.
③ 30℃ 부근에서 굳어져 겔화된다.
④ 일단 겔화되면 100℃ 이하에서는 녹지 않는다.

해설
한천을 가열하면 80℃ 이상의 온도에서 녹는다. 한천의 농도가 높을수록 용해온도도 높고, 겔의 강도도 크다.

23 식품 등의 표시기준상 소비기한의 정의는?

① 해당 식품의 품질이 유지될 수 있는 기한을 말한다.
② 제품의 제조일로부터 소비자에게 판매가 허용되는 기한을 말한다.
③ 제품의 출고일로부터 대리점으로의 유통이 허용되는 기한을 말한다.
④ 식품 등에 표시된 보관방법을 준수할 경우 섭취하여도 안전에 이상이 없는 기한을 말한다.

해설
소비기한이라 함은 식품 등에 표시된 보관방법을 준수할 경우 섭취하여도 안전에 이상이 없는 기한을 말한다(식품 등의 표시기준).

정답 19 ② 20 ③ 21 ③ 22 ④ 23 ④

24 MSG(Monosodium Glutamate)의 설명으로 틀린 것은?

① 아미노산계 조미료이다.
② pH가 낮은 식품에는 정미력이 떨어진다.
③ 흡습력이 강해 장기간 방치하면 안 된다.
④ 신맛과 쓴맛을 완화시키고 단맛에 감칠맛을 부여한다.

> **해설**
> 글루타민산(MSG)은 거의 모든 단백질에 들어 있는 아미노산으로, 현재 공업적으로 대량생산되고 있는 화학조미료이다.

25 삼치구이를 하려고 한다. 정미중량 60g을 조리하고자 할 때 1인당 발주량은 약 얼마인가?(단, 삼치의 폐기율은 34%)

① 43g
② 67g
③ 91g
④ 110g

> **해설**
> 34%를 폐기하고 60g이 남아야 하므로 60/0.66 ≒ 90.9g이다.

26 다음 중 일반적인 식품의 구매방법으로 가장 적절한 것은?

① 고등어는 2주일분을 한꺼번에 구입한다.
② 느타리 버섯은 3일에 한 번씩 구입한다.
③ 쌀은 1개월분을 한꺼번에 구입한다.
④ 소고기는 1개월분을 한꺼번에 구입한다.

> **해설**
> 육류 및 어패류, 채소류는 매일매일 구입하고, 건물류와 조미료 등 장기간 보관이 가능한 식품은 자주 구매하지 않아도 된다.

27 라면류, 건빵류, 비스킷 등은 상온에서 비교적 장시간 저장해 두어도 노화가 잘 일어나지 않는데, 주된 이유는?

① 낮은 수분함량
② 낮은 pH
③ 높은 수분함량
④ 높은 pH

> **해설**
> 노화는 수분함량이 60% 이상이거나 30% 이하에서는 그 속도가 급격히 감소되는데, 10~15%에서는 거의 일어나지 않는다.

28 다음 중 가열 조리방법에 대한 설명으로 옳은 것은?

① 구이는 높은 온도에서 가열 조리하는 방법으로 독특한 풍미를 갖는다.
② 가열 시 식품의 내부와 표면온도차를 줄이기 위해서 식품을 뜨거운 물에 넣는다.
③ 굽기, 볶기, 조리기, 튀기기는 건열 조리방법이다.
④ 데치기는 식품의 모양을 그대로 유지하며, 수용성 성분의 용출이 적은 것이 특징이다.

> **해설**
> ③ 조리기는 습열 조리방법이다.
> ④ 찌기는 식품의 모양을 그대로 유지하며, 수용성 성분의 용출이 적은 것이 특징이다.

29 부드러운 살코기로서 맛이 좋으며 구이, 전골, 산적용으로 적당한 소고기 부위는?

① 양지, 사태, 목심
② 안심, 채끝, 우둔
③ 갈비, 삼겹살, 안심
④ 양지, 설도, 삼겹살

해설
소고기의 구이, 전골, 산적용으로 적당한 부위는 안심, 채끝살, 우둔살 부위이다.

30 토마토의 붉은색을 나타내는 색소는?

① 카로티노이드
② 클로로필
③ 안토시안
④ 타 닌

해설
카로티노이드는 황색, 오렌지색, 적색 색소로 토마토, 당근, 고추, 감 등에 함유되어 있는 색소이다.

31 당용액으로 만든 결정형 캔디는?

① 퐁당(Fondant)
② 캐러멜(Caramel)
③ 마시멜로(Marshmallow)
④ 젤리(Jelly)

해설
캔디에는 결정형 캔디와 비결정형 캔디가 있는데 결정형 캔디에는 퐁당(Fondant)과 퍼지(Fudge)가 있다.

32 곰팡이 독소에 대한 설명으로 틀린 것은?

① 곰팡이가 생산하는 2차 대사산물로 사람과 가축에 질병이나 이상생리작용을 유발하는 물질이다.
② 온도 24~35℃, 수분 7% 이상의 환경조건에서는 발생하지 않는다.
③ 곡류, 견과류와 곰팡이가 번식하기 쉬운 식품에서 주로 발생한다.
④ 아플라톡신(Aflatoxin)은 간암을 유발하는 곰팡이 독소이다.

해설
곰팡이의 생육 가능 온도는 5~45℃이며, 수분이 13% 이하이면 잘 자라지 못한다.

33 베이컨류는 돼지고기의 어느 부위를 가공한 것인가?

① 볼기부위 ② 어깨살
③ 복부육   ④ 다리살

해설
③ 복부육 : 베이컨
① 볼기부위 : 햄, 구이용
② 어깨살 : 스테이크용 살코기
④ 다리살 : 구이, 찜용

34 나무 등을 태운 연기에 훈제한 육가공품이 아닌 것은?

① 육 포   ② 베이컨
③ 햄   ④ 소시지

해설
육포는 고기의 부위를 섬유 결대로 떠서 양념을 바르고 볕에 말린 것으로 훈연과는 거리가 멀다.

정답 29 ② 30 ① 31 ① 32 ② 33 ③ 34 ①

35 입고가 먼저된 것부터 순차적으로 출고하여 출고 단가를 결정하는 방법은?

① 선입선출법   ② 후입선출법
③ 이동평균법   ④ 총평균법

해설
① 선입선출법 : 먼저 구입한 재료부터 먼저 소비하는 것
② 후입선출법 : 나중에 구입한 재료부터 먼저 소비하는 것
③ 이동평균법 : 구입단가가 다른 재료를 구입할 때마다 재고량과의 가중평균가를 산출하여 이를 소비재료의 가격으로 하는 방법

36 다음 중 물, 기구, 용기 등의 소독에 가장 효과적인 자외선의 파장은?

① 50nm   ② 150nm
③ 260nm   ④ 410nm

해설
• 자외선 파장 범위가 2,600~2,800 Å(옹스트롬)일 때 가장 소독력이 크다.
• 2,600 Å = 260nm(Nanometer)

37 월과채는 어느 조리법에 속하는가?

① 생 채   ② 숙 회
③ 숙 채   ④ 볶 음

해설
숙채는 채소를 손질하여 기름에 볶아 익힌 나물류로, 월과채는 호박을 이용한 무침류이다.

38 장기간의 식품보존방법과 거리가 먼 것은?

① 배건법
② 염장법
③ 산저장법(초지법)
④ 냉장법

해설
냉장법은 단기저장 이용법이다.

39 다음 중 발효식품이 아닌 것은?

① 김 치   ② 젓 갈
③ 된 장   ④ 콩조림

해설
콩조림은 콩을 불려서 조린 반찬이다.

40 생선찌개를 끓일 때 국물이 끓은 후에 생선을 넣는 이유는?

① 살이 덜 단단해지기 때문
② 비린내를 없애기 위해
③ 국물을 맛있게 하기 위해
④ 살이 부서지지 않게 하기 위해

35 ①   36 ③   37 ③   38 ④   39 ④   40 ④   **정답**

41 옹근죽에 대한 설명으로 맞는 것은?

① 쌀알을 굵게 갈아서 쑤는 죽
② 쌀알을 통으로 쑤는 죽
③ 쌀알을 완전히 곱게 갈아서 쑤는 죽
④ 쌀에 물을 많이 붓고 오래 끓여 체에 밭친 죽

해설
①은 원미죽, ③은 비단죽(무리죽), ④는 미음에 대한 설명이다.

42 소독제의 살균력을 비교하기 위해서 이용되는 소독약은?

① 석탄산(Phenol)
② 크레졸(Cresol)
③ 과산화수소(H_2O_2)
④ 알코올(Alcohol)

해설
• 석탄산계수 $= \dfrac{\text{소독약의 희석배수}}{\text{석탄산의 희석배수}}$
• 석탄산은 각종 소독약의 소독력(살균력)을 나타내는 기준이 된다.

43 세균성 식중독의 감염 예방대책이 아닌 것은?

① 원인균의 식품오염을 방지한다.
② 위염환자의 식품 조리를 금한다.
③ 냉장, 냉동보관하여 오염균의 발육, 증식을 방지한다.
④ 세균성 식중독에 관한 보건교육을 철저히 실시한다.

해설
세균성 식중독의 일반적인 예방대책은 청결유지, 온도관리, 신속한 음식 섭취 등이다.

44 우리나라 식품위생법 등 식품위생행정 업무를 담당하고 있는 기관은?

① 환경부
② 고용노동부
③ 보건복지부
④ 식품의약품안전처

해설
우리나라 식품위생법 등 식품위생행정 업무를 총괄·관장하는 기관은 식품의약품안전처이다.

45 조리사가 타인에게 면허를 대여하여 사용하게 할 때 1차 위반 시 행정처분기준은?

① 업무정지 1월
② 업무정지 2월
③ 업무정지 3월
④ 면허취소

해설
행정처분기준(식품위생법 시행규칙 별표 23)
면허를 타인에게 대여하여 사용하게 한 경우
• 1차 위반 : 업무정지 2개월
• 2차 위반 : 업무정지 3개월
• 3차 위반 : 면허취소

정답 41 ② 42 ① 43 ② 44 ④ 45 ②

46 다음은 안전한 작업환경에 대한 설명이다. 옳지 않은 것은?

① 작업장 온도는 겨울에는 18.3~21.1℃ 사이, 여름에는 20.6~22.8℃ 사이를 유지하는 것이 좋다.
② 적정한 상대습도는 40~60% 정도이다.
③ 조리작업장의 권장 조도는 50~100lx이다.
④ 적재물은 사용시기, 용도별로 구분하여 정리하고, 먼저 사용할 것은 하부에 보관한다.

해설
③ 조리작업장의 권장 조도는 143~161lx이다.

47 전 또는 적의 재료의 전처리 방법으로 적절하지 않은 것은?

① 육류, 해산물은 다른 재료의 길이보다 짧게 자른다.
② 육류나 어패류는 포를 떠서 잔 칼집을 낸 뒤 소금, 후춧가루를 뿌려 밑간한다.
③ 단단한 재료는 미리 데치거나 익혀 놓는다.
④ 전의 속재료는 두부, 육류, 해산물을 다지거나 으깨어 양념하는데, 두부는 물기를 짜서 소금과 참기름으로 밑간한다.

해설
육류, 해산물은 익으면 길이가 줄어들기 때문에 다른 재료보다 길게 자른다.

48 식품의 풍미를 증진시키는 방법으로 적합하지 않은 것은?

① 부드러운 채소 조리 시 그 맛을 제대로 유지하려면 조리시간을 단축해야 한다.
② 빵을 갈색이 나게 잘 구우려면 건열로 갈색 반응이 일어날 때까지 충분히 구워야 한다.
③ 사태나 양지머리와 같은 질긴 고기의 국물을 맛있게 맛을 내기 위해서는 약한 불에 서서히 끓인다.
④ 빵은 증기로 찌거나 전자 오븐으로 시간을 단축시켜 조리한다.

해설
증기로 찌거나 전자 오븐으로 시간을 단축시켜 조리한 빵은 갈색반응이 일어나지 않으며 건열 오븐에 구운 것 같은 맛과 향이 나지 않는다.

49 함유된 주요 영양소가 바르게 짝지어진 것은?

① 뱅어포 – 당질, 비타민 B_1
② 밀가루 – 지방, 지용성 비타민
③ 사골 – 칼슘, 비타민 B_2
④ 두부 – 지방, 철분

해설
① 뱅어포 : 칼슘, 비타민 D
② 밀가루 : 탄수화물, 비타민 B_1
④ 두부 : 단백질, 철분

46 ③ 47 ① 48 ④ 49 ③ **정답**

50 마가린, 쇼트닝, 튀김유 등은 식물성 유지에 무엇을 첨가하여 만드는가?

① 염 소　　　　② 산 소
③ 탄 소　　　　④ 수 소

해설
마가린, 쇼트닝, 튀김유 등은 식물성 기름에 수소를 첨가한 것으로서, 포화지방산이 많아 건강에 좋지 않은 것으로 알려져 있다.

51 HACCP에 대한 설명으로 틀린 것은?

① 어떤 위해를 미리 예측하여 그 위해요인을 사전에 파악하는 것이다.
② 위해 방지를 위한 사전 예방적 식품안전관리체계를 말한다.
③ 미국, 일본, 유럽연합, 국제기구(Codex, WHO) 등에서도 모든 식품에 HACCP을 적용할 것을 권장하고 있다.
④ HACCP 12절차의 첫 번째 단계는 검증방법 설정이다.

해설
④ HACCP의 12절차 중 첫 번째 단계는 HACCP팀 구성이다.

52 다음 중 난백으로 거품을 만들 때의 설명으로 옳은 것은?

① 레몬즙을 1~2방울 떨어뜨리면 거품 형성을 용이하게 한다.
② 지방은 거품 형성을 용이하게 한다.
③ 소금은 거품의 안정성에 기여한다.
④ 묽은 달걀보다 신선란이 거품 형성을 용이하게 한다.

해설
② 지방은 거품 형성을 방해한다.
③ 설탕을 첨가하면 안정성 있는 거품이 된다.
④ 신선한 달걀보다 묽은 달걀이 거품 형성에 용이하다.

53 식품의 갈변에 대한 설명 중 잘못된 것은?

① 감자는 물에 담가 갈변을 억제할 수 있다.
② 사과는 설탕물에 담가 갈변을 억제할 수 있다.
③ 냉동 채소의 전처리로 블랜칭(Blanching)을 하여 갈변을 억제할 수 있다.
④ 복숭아, 오렌지 등은 갈변 원인 물질이 없기 때문에 미리 껍질을 벗겨 두어도 변색하지 않는다.

해설
페놀화합물을 함유하고 있는 식물계 식품은 산소와 결합하여 페놀옥시다제로 변하고 이에 의해 갈색 색소인 멜라닌으로 전환되어 변색된다.

54 다음 중 간장의 지미 성분은?

① 포도당   ② 전 분

③ 글루탐산   ④ 아스코르브산

해설

글루탐산(Glutamic Acid)

간장, 된장, 다시마의 맛 성분

55 각 조리법의 유의사항으로 옳은 것은?

① 떡이나 빵을 너무 오래 찌면 물이 생겨 형태와 맛이 저하된다.

② 멸치국물을 낼 때 끓는 물에 멸치를 넣고 끓여야 수용성 단백질과 지미성분이 빨리 용출되어 맛이 좋아진다.

③ 튀김 시 기름의 온도를 측정하기 위하여 소금을 떨어뜨리는 것은 튀김기름에 영향을 주지 않으므로 온도계를 사용하는 것보다 더 합리적이다.

④ 물오징어 등을 삶을 때 둥글게 말리는 것은 가열에 의해 무기질이 용출되기 때문이므로 내장이 있는 안쪽 면에 칼집을 넣어 준다.

해설

② 멸치국물을 낼 때 처음에는 약한 불에서 끓이다가 끓기 시작하면 센 불에서 10분 정도 더 끓인다.

③ 튀김 시 소금을 넣으면 기름이 쉽게 산화된다.

④ 물오징어를 삶을 때 말리는 것은 단백질 변성에 의한 것이다.

56 구이 조리 중 애벌구이하지 않는 음식은?

① 북어양념구이

② 더덕구이

③ 생선양념구이

④ 제육구이

해설

제육구이는 고추장 양념에 재웠다가 바로 석쇠에 굽는다.

57 찌개류 중 고추장이 들어가지 않는 음식은?

① 생선찌개

② 콩비지찌개

③ 병어감정

④ 게감정

해설

콩비지찌개는 콩을 불려서 갈아 만든 찌개이다.

58 조림 중 홍합초 양념에 들어가지 않는 것은?

① 간 장   ② 설 탕

③ 식 초   ④ 참기름

해설

초(炒)는 조림과 비슷한 조리법으로, 조림에 물 녹말을 넣어서 걸쭉하고 전체적으로 윤기 나게 조린 조리법이다.

59 죽 조리의 특징으로 옳지 않은 것은?

① 곡물에 물을 6~7배가량 붓고 오래 끓여서 녹말이 완전 호화상태까지 무르익게 만든 것이다.

② 주재료인 곡물을 물에 담가서 수분을 흡수시킨다.

③ 죽을 끓일 때는 센 불에서 빨리 끓인다.

④ 간을 할 경우 미리 하지 말고 상에 내기 직전에 해야 죽이 삭지 않는다.

해설
죽은 약불에서 서서히 끓인다.

60 죽상 차림에 어울리지 않는 음식은?

① 동치미
② 나박김치
③ 북어보푸라기
④ 고추장찌개

해설
죽상 차림에 짜고 매운 음식은 어울리지 않는다.

01 미르포아(Mirepoix)에 들어가지 않는 재료는?

① 양 파
② 파슬리
③ 당 근
④ 셀러리

해설
미르포아에 들어가는 재료는 양파, 당근, 셀러리이다.

02 브라운 스톡(Brown Stock) 조리의 설명으로 틀린 것은?

① 팬에 버터를 넣고 소뼈를 갈색이 나도록 구워 준다.
② 팬에 미르포아와 토마토를 갈색이 나게 조린다.
③ 스톡은 완성하여 간을 하고 맛을 낸다.
④ 스톡 포트(Stock Pot)에 조리된 뼈와 미르포아, 향신료 주머니를 넣고 끓인다.

해설
스톡의 기본은 간을 하지 않는다.

03 점성이 없고 보슬보슬한 매시드 포테이토(Mashed Potato)용 감자로 가장 알맞은 것은?

① 충분히 숙성한 분질의 감자
② 소금 1컵 : 물 11컵의 소금물에서 표면에 뜨는 감자
③ 전분의 숙성이 불충분한 수확 직후의 햇감자
④ 10℃ 이하의 찬 곳에 저장한 감자

해설
매시드 포테이토용 감자는 분질감자로 소금물에 가라앉으며, 분이 나게 감자를 삶아서 으깨는 데 적당하다.

04 서양 요리 조리방법 중 건열 조리와 거리가 먼 것은?

① 브로일링(Broiling)
② 로스팅(Roasting)
③ 팬프라잉(Pan-frying)
④ 시머링(Simmering)

해설
시머링은 85~96℃의 비교적 높은 온도에서 은근히 끓여 재료를 습식열로 부드럽게 하고 국물을 우려내는 것이다.

05 밀가루 반죽 시 넣는 첨가물에 관한 설명으로 옳은 것은?

① 유지는 글루텐 구조 형성을 방해하여 반죽을 부드럽게 한다.
② 달걀을 넣고 가열하면 단백질의 연화작용으로 반죽이 부드러워진다.
③ 소금은 글루텐 단백질을 연화시켜 밀가루 반죽의 점탄성을 떨어뜨린다.
④ 설탕은 글루텐 망상구조를 치밀하게 하여 반죽을 질기고 단단하게 한다.

해설
유지는 글루텐의 표면을 둘러싸면서 밀단백질의 수화를 어렵게 하여 글루텐의 망상구조 형성을 억제함으로써 반죽을 부드럽고 연하게 한다.

1 ② 2 ③ 3 ① 4 ④ 5 ① 정답

06 박력분에 대한 설명으로 적절한 것은?

① 경질의 밀로 만든다.
② 다목적으로 사용된다.
③ 탄력성과 점성이 약하다.
④ 마카로니, 식빵 제조에 알맞다.

해설
박력분은 글루텐의 함량이 10% 이하로 탄성과 점성이 약하여 제과 제조에 알맞다.

07 다음 유지 중 건성유는?

① 참기름 　　② 면실유
③ 아마인유 　　④ 올리브유

해설
• 건성유 : 불포화지방산이 많고 아이오딘가 130 이상(들깨, 아마인유, 호두, 잣 등)
• 반건성유 : 건성과 불건성의 중간으로 아이오딘가 100~130(콩, 유채, 참깨, 고추씨, 해바라기씨 등)
• 불건성유 : 포화지방산이 많고 아이오딘가 100 이하(땅콩, 낙화생유, 동백유, 올리브유, 피마자유 등)

08 포테이토 샐러드에 들어가지 않는 재료는?

① 감 자 　　② 양 파
③ 셀러리 　　④ 파슬리

해설
양식조리기능사 실기 과제인 포테이토 샐러드에는 셀러리가 들어가지 않는다.

09 다음 중 조리를 하는 목적으로 적합하지 않은 것은?

① 소화흡수율을 높여 영양효과를 증진
② 식품 자체의 부족한 영양성분을 보충
③ 풍미, 외관을 향상시켜 기호성을 증진
④ 세균 등의 위해요소로부터 안전성 확보

해설
조리의 목적
• 기호성 : 향미와 외관 등을 좋게 하여 기호성을 높인다.
• 안전성 : 유독성분 등의 위해물을 제거하여 위생상 안전하게 한다.
• 영양성 : 소화를 용이하게 하여 영양효율을 높인다.
• 저장성 : 음식의 저장성을 높인다.

10 저장 중에 생긴 감자의 녹색 부위에 많이 들어 있는 독소는?

① 리 신 　　② 솔라닌
③ 테물린 　　④ 아미그달린

해설
솔라닌은 무색의 고체로서, 감자의 싹눈에 많이 들어 있다. 독성이 있어 구토 · 현기증 · 복통 등의 증상을 일으키고 심한 경우에는 중추신경의 마비를 일으킬 수 있으나, 살충제로 쓰이기도 한다.

11 감칠맛 성분과 소재 식품을 연결한 것으로 적절하지 않은 것은?

① 베타인(Betaine) – 오징어, 새우
② 크레아티닌(Creatinine) – 어류, 육류
③ 카노신(Carnosine) – 육류, 어류
④ 타우린(Taurine) – 버섯, 죽순

해설
• 타우린 : 모시조개, 바지락, 대합 등의 조개류와 새우, 낙지, 오징어, 문어
• 버섯 : 구아닐산

12 지방 산패 촉진인자가 아닌 것은?

① 빛
② 지방 분해효소
③ 비타민 E
④ 산 소

해설
③ 비타민 E는 천연 산화방지제로 사용된다.
유지의 변질(산패)에 영향을 미치는 인자
• 불포화도가 높은 지방산일수록 산화하기 쉽다.
• 온도가 높을수록 산화반응 속도가 커진다(10℃ 증가함에 따라 2~3배 산패속도 증가).

13 유지의 발연점이 낮아지는 원인이 아닌 것은?

① 유리지방산의 함량이 낮은 경우
② 튀김기의 표면적이 넓은 경우
③ 기름에 이물질이 많이 들어 있는 경우
④ 오래 사용하여 기름이 지나치게 산패된 경우

해설
유리지방산의 함량이 높은 기름은 발연점이 낮다.

14 밀가루를 반죽할 때 연화(쇼트닝)작용과 팽화작용의 효과를 얻기 위해 넣는 것은?

① 소 금
② 지 방
③ 달 걀
④ 이스트

해설
밀가루 반죽에 지방을 넣으면 글루텐 표면을 둘러싸서 음식이 부드럽고 연해지는데, 이를 연화(쇼트닝화)라고 한다.

15 시금치나물을 조리할 때 1인당 80g이 필요하다면, 식수인원 1,500명에 적합한 시금치 발주량은?(단, 시금치 폐기율은 4%이다)

① 100kg
② 110kg
③ 125kg
④ 132kg

해설
$$총발주량 = \frac{정미중량 \times 100}{100 - 폐기율} \times 인원수$$
$$= \frac{80 \times 100}{100 - 4} \times 1,500$$
$$= 125,000g = 125kg$$

11 ④ 12 ③ 13 ① 14 ② 15 ③ 정답

16 단백질의 특성에 대한 설명으로 틀린 것은?

① C, H, O, N, S, P 등으로 이루어져 있다.
② 단백질은 뷰렛에 의한 정색반응을 나타내지 않는다.
③ 조단백질은 일반적으로 질소의 양에 6.25를 곱한 값이다.
④ 아미노산은 분자 중에 아미노기와 카복시기를 갖는다.

해설
뷰렛반응은 단백질이나 펩타이드를 검출하는 반응으로서, 뷰렛구조가 구리 이온과 반응하여 보라색을 나타내는 특성을 이용한 것이다.

17 쓴맛 물질과 식품의 연결로 잘못된 것은?

① 테오브로민(Theobromine) – 코코아
② 나린진(Naringin) – 감귤류의 과피
③ 휴물론(Humulone) – 맥주
④ 쿠쿠르비타신(Cucurbitacin) – 도토리

해설
쿠쿠르비타신 : 참외나 오이 꼭지 부분의 쓴맛

18 다음 중 신선하지 않은 식품은?

① 생선 – 윤기가 있고 눈알이 약간 튀어나온 듯한 것
② 고기 – 육색이 선명하고 윤기 있는 것
③ 달걀 – 껍질이 반들반들하고 매끄러운 것
④ 오이 – 가시가 있고 곧은 것

해설
신선한 달걀 감별법
• 껍질이 까칠까칠하고 튼튼하며 타원형인 것
• 광선에 비추었을 때 투명한 것
• 6~10%의 식염수에 달걀을 넣었을 때 아래로 가라앉는 것
• 난황계수가 0.36~0.44인 것
• 깨뜨렸을 때 난백이 퍼지지 않는 것

19 달걀의 열 응고성에 대한 설명 중 옳은 것은?

① 식초는 응고를 지연시킨다.
② 소금은 응고온도를 낮추어 준다.
③ 설탕은 응고온도를 내려 주어 응고물을 연하게 한다.
④ 온도가 높을수록 가열시간이 단축되어 응고물은 연해진다.

해설
달걀의 난백은 60~65℃, 난황은 65~70℃에서 응고되기 시작하며 설탕을 넣으면 응고온도가 높아지고 소금, 우유 등의 칼슘(Ca)과 산은 응고를 촉진한다.

정답 16 ② 17 ④ 18 ③ 19 ②

20 다음 중 어떤 무기질이 결핍되면 갑상선종이 발생될 수 있는가?

① 칼슘(Ca)
② 아이오딘(I)
③ 인(P)
④ 마그네슘(Mg)

해설
무기질의 결핍증
• 칼슘(Ca) : 골다공증, 골격과 치아의 발육 불량
• 아이오딘(I) : 갑상선종
• 인(P) : 골격과 치아의 발육 불량
• 마그네슘(Mg) : 피로, 식욕저하, 불면증, 무력감 등

21 다음 중 조리기기와 그 용도의 연결로 적절한 것은?

① 그라인더(Grinder) – 고기를 다질 때
② 필러(Peeler) – 난백 거품을 낼 때
③ 슬라이서(Slicer) – 당근의 껍질을 벗길 때
④ 초퍼(Chopper) – 고기를 일정한 두께로 저밀 때

해설
② 필러 : 감자, 당근 등의 껍질을 벗길 때
③ 슬라이서 : 고기를 일정한 두께로 저밀 때
④ 초퍼 : 고기나 채소를 다질 때

22 세균성 식중독 중 독소형 식중독은?

① 포도상구균 식중독
② 장염비브리오균 식중독
③ 살모넬라 식중독
④ 리스테리아 식중독

해설
• 감염형 식중독 : 살모넬라 식중독, 장염비브리오 식중독, 병원성 대장균 식중독
• 독소형 식중독 : 포도상구균 식중독, 클로스트리듐 보툴리눔 식중독

23 용어에 대한 설명 중 틀린 것은?

① 소독 – 병원성 세균을 제거하거나 감염력을 없애는 것
② 멸균 – 모든 세균을 제거하는 것
③ 방부 – 모든 세균을 완전히 제거하여 부패를 방지하는 것
④ 자외선 살균 – 살균력이 큰 250~260nm의 파장을 이용하여 미생물을 제거하는 것

해설
방부는 세균을 제거하지 않고 발육을 정지시켜 부패를 방지하는 방법이다.

24 손에 상처가 있는 사람이 만든 크림빵을 먹은 후 식중독 증상이 나타났을 경우, 가장 의심되는 식중독균은?

① 포도상구균
② 클로스트리듐 보툴리눔
③ 병원성 대장균
④ 살모넬라균

해설
화농성 질환을 가지고 있는 사람이 식품을 취급하는 경우 포도상구균 식중독을 유발할 수 있다. 손이나 몸에 화농이 있는 사람은 식품 취급을 금해야 한다.

20 ② 21 ① 22 ① 23 ③ 24 ① **정답**

25 육류의 발색제로 사용되는 아질산염이 산성 조건에서 식품 성분과 반응하여 생성되는 발암성 물질은?

① 지질 과산화물
② 벤조피렌
③ 나이트로사민
④ 폼알데하이드

해설
나이트로사민류는 아민의 나이트로소화에 의해 생성되는 물질로 질소화합물과 아질산의 반응에 의해 생성된다.

26 조미료의 일반적인 첨가 순서로 맞는 것은?

① 소금 – 식초 – 설탕
② 소금 – 설탕 – 식초
③ 설탕 – 소금 – 식초
④ 설탕 – 식초 – 소금

해설
조미 순서는 설탕 → 소금 → 식초이다.

27 브로멜린(Bromelin)이 함유되어 있어 고기를 연화시키는 데 이용되는 과일은?

① 사 과   ② 파인애플
③ 귤   ④ 복숭아

해설
파인애플에 함유되어 있는 브로멜린은 단백질을 분해하는 효소로 아주 적은 양을 넣어도 뛰어난 연육효과가 있다.

28 식품과 자연독의 연결이 틀린 것은?

① 독버섯 – 무스카린(Muscarine)
② 감자 – 솔라닌(Solanine)
③ 살구씨 – 파세오루나틴(Phaseolunatin)
④ 목화씨 – 고시폴(Gossypol)

해설
매실, 살구씨의 식물성 자연독은 아미그달린(Amygdalin)이다.

29 녹색 채소를 데칠 때 색을 선명하게 하기 위한 조리방법으로 부적합한 것은?

① 휘발성 유기산을 휘발시키기 위해 뚜껑을 열고 끓는 물에 데친다.
② 산을 희석시키기 위해 조리수를 다량 사용하여 데친다.
③ 섬유소가 알맞게 연해지면 가열을 중지하고 냉수에 헹군다.
④ 조리수의 양을 최소로 하여 색소의 유출을 막는다.

해설
푸른 채소를 삶거나 데칠 때는 다량의 물을 사용하여 뚜껑을 열고 단시간에 끓이되, 소금을 약간 넣어 주어야 하며, 바로 찬물에 헹구어야 한다.

30 우뭇가사리를 주원료로 이들 점액을 얻어 굳힌 해조류 가공제품은?

① 젤라틴   ② 곤 약
③ 한 천   ④ 키 틴

해설
한천은 우뭇가사리 등 홍조류를 삶아서 그 즙액을 젤리 모양으로 응고·동결시킨 다음 수분을 용출시켜 건조한 해조류 가공품이다. 양갱이나 양장피 원료로 이용된다.

31 채소의 무기질, 비타민의 손실을 줄일 수 있는 조리방법은?

① 데치기
② 끓이기
③ 삶 기
④ 볶 기

해설
음식을 볶는 방식은 조작이 간편하고, 단시간에 조리하므로 비타민 등의 성분 손실이 적고, 기름을 두르면 지용성 비타민의 흡수도 도울 수 있다.

32 알칼리성 식품에 대한 설명 중 옳은 것은?

① Na, K, Ca, Mg이 많이 함유되어 있는 식품
② S, P, Cl이 많이 함유되어 있는 식품
③ 당질, 지질, 단백질 등이 많이 함유되어 있는 식품
④ 곡류, 육류, 치즈 등의 식품

해설
채소가 보통 알칼리성 식품이라고 불리는 것은 Na, K, Ca, Mg, P, S, Fe 등의 무기질을 함유하고 있기 때문이다. 반면 S, P, Cl 등이 많이 함유된 식품은 산성 식품이다.

33 다음 중 신선한 우유의 특징은?

① 이물질이나 침전물이 있다.
② 물이 담긴 컵 속에 한 방울 떨어뜨렸을 때 구름같이 퍼져가며 내려간다.
③ 진한 황색이며 특유한 냄새를 가지고 있다.
④ 알코올과 우유를 동량으로 섞었을 때 백색의 응고가 일어난다.

해설
물컵에 우유를 떨어뜨렸을 때 구름같이 퍼지는 것은 선도가 좋은 것으로 잘 확인한다.

34 안전사고 예방 내용으로 옳지 않은 것은?

① 위험요인 제거
② 품질 향상
③ 위험발생 경감
④ 사고피해 경감

해설
품질 향상은 개인 안전사고 예방과 거리가 멀다.

35 경구감염병과 세균성 식중독의 주요 차이점에 대한 설명으로 옳은 것은?

① 경구감염병은 다량의 균으로, 세균성 식중독은 소량의 균으로 발병한다.
② 세균성 식중독은 2차 감염이 많고, 경구감염병은 거의 없다.
③ 경구감염병은 면역성이 없고, 세균성 식중독은 있는 경우가 많다.
④ 세균성 식중독은 잠복기가 짧고, 경구감염병은 일반적으로 길다.

해설
• 경구감염병 : 오염된 음식물이나 음용수에 의해 경구감염되며 적은 양의 균으로 발생한다. 면역성이 있고 잠복기가 비교적 길며, 2차 감염이 있다.
• 세균성 식중독 : 오염된 음식물의 섭취로 발생하며 많은 양의 균이나 독소에 의해 발생한다. 면역성이 없고 잠복기가 짧으며, 2차 감염이 거의 없다.

31 ④ 32 ① 33 ② 34 ② 35 ④ **정답**

36 전분의 호화에 대한 설명으로 맞는 것은?

① α-전분이 β-전분으로 되는 현상이다.
② 전분의 마이셀(Micelle) 구조가 파괴된다.
③ 온도가 낮으면 호화시간이 빠르다.
④ 전분이 덱스트린(Dextrin)으로 분해되는 과정이다.

해설
호화란 전분에 물을 넣고 가열했을 때 전분의 마이셀 구조가 파괴되어 점성이 있는 물질로 변화되는 현상을 말한다.

37 다음 채소류 중 일반적으로 꽃 부분을 식용으로 하는 것과 거리가 먼 것은?

① 브로콜리(Broccoli)
② 콜리플라워(Cauliflower)
③ 비트(Beet)
④ 아티초크(Artichoke)

해설
비트(근대)는 원산지가 유럽 남부로 붉은 시금치라고도 불리며, 잎과 뿌리 모두 식용으로 쓰이는 뿌리채소이다.

38 다음 중 과일통조림으로부터 용출되어 다량 섭취 시 구토, 설사, 복통 등을 일으킬 가능성이 있는 물질은?

① 아연(Zn)   ② 납(Pb)
③ 구리(Cu)   ④ 주석(Sn)

해설
통조림을 개봉한 후 그대로 보관하면 뚜껑이 밀봉되지 않아 미생물에 오염될 가능성이 높아진다. 주석도금 캔의 경우 외부 산소와 접촉되어 부식이 빨라진다.

39 증식에 필요한 최저 수분활성도(Aw)가 높은 미생물부터 바르게 나열된 것은?

① 세균 - 곰팡이 - 효모
② 곰팡이 - 효모 - 세균
③ 세균 - 효모 - 곰팡이
④ 효모 - 곰팡이 - 세균

해설
수분활성도의 값은 1 미만으로 세균 0.91, 효모 0.88, 곰팡이 0.80 정도이다.

40 엔테로톡신에 대한 설명으로 옳은 것은?

① 해조류 식품에 많이 들어 있다.
② 100℃에서 10분간 가열하면 파괴된다.
③ 황색포도상구균이 생성한다.
④ 잠복기는 2~5일이다.

해설
엔테로톡신(Enterotoxin : 장독소)은 열에 강하여 끓여도 파괴되지 않고, 손이나 몸에 화농성이 있는 사람은 식품취급을 피해야 하며 잠복기는 식후 3시간이면 발생한다.

41 다음 설명 중 틀린 것은?

① β-전분이 α-전분보다 소화가 잘된다.
② 전분이 호화되면 팽창한다.
③ 호정은 전분보다 소화되기 쉽다.
④ 찰옥수수 전분은 호화가 높다.

해설
호화된 전분을 실온이나 냉장고에 방치하면 전분의 노화가 일어난다.

정답 36 ② 37 ③ 38 ④ 39 ③ 40 ③ 41 ①

42 다음 당류 중 단맛이 가장 강한 것은?

① 맥아당　　　　② 포도당
③ 과 당　　　　④ 유 당

해설

당질의 감미도 : 과당 > 전화당 > 설탕 > 포도당 > 맥아당 > 갈락토스 > 유당

43 효소적 갈변반응을 방지하기 위한 방법이 아닌 것은?

① 가열하여 효소를 불활성화시킨다.
② 효소의 최적조건을 변화시키기 위해 pH를 낮춘다.
③ 아황산가스 처리를 한다.
④ 산화제를 첨가한다.

해설

④ 산화제는 갈변반응을 촉진한다.
효소적 갈변 억제법
• 산소 및 기질 제거(pH나 온도조건 조절)
• 효소의 불활성화(데치기 등)
• 아황산염, 아황산가스 이용
• 철분이나 구리 등 금속 이온의 제거

44 양파, 식초 등으로 허브에센스를 만들고 달걀 노른자와 정제버터를 이용하여 만든 소스는?

① 홀랜다이즈 소스
② 브라운 소스
③ 베사멜 소스
④ 화이트크림 소스

해설

홀랜다이즈 : 다른 소스와 곁들여 색을 내는 용도로 사용하는 경우가 많으므로 농도에 유의하며, 따뜻하게 보관하는 것이 가장 중요하다.

45 마요네즈를 만들 때 들어가지 않는 재료는?

① 오 일　　　　② 소 금
③ 머스터드　　　④ 달걀흰자

해설

마요네즈 재료는 달걀노른자, 오일, 머스터드, 식초, 소금, 흰후춧가루 등이다.

46 팬에 버터나 식용유를 두르고 달걀을 풀어서 넣어 빠르게 휘저어 만든 요리는?

① 에그 베네딕트
② 에그 프라이
③ 오믈렛
④ 보일드 에그

해설

오믈렛(Omelet)
• 프라이팬을 이용하여 스크램블하여 럭비공 모양으로 만든 요리
• 속재료에 따라 치즈 오믈렛, 스패니시 오믈렛 등이 있음

47 식품의 감별법 중 틀린 것은?

① 생과일 – 성숙하고 신선하며 청결한 것
② 송이버섯 – 봉오리가 크고 줄기가 부드러운 것
③ 달걀 – 표면이 거칠고 광택이 없는 것
④ 감자 – 병충해, 발아, 외상, 부패 등이 없는 것

해설

송이버섯은 봉오리가 자루보다 약간 굵으며 줄기가 단단해야 좋은 것이다.

48 식품의 변화현상에 대한 설명 중 틀린 것은?

① 산패 – 유지식품의 지방질 산화
② 발효 – 화학물질에 의한 유기화합물의 분해
③ 변질 – 식품의 품질 저하
④ 부패 – 단백질과 유기물이 부패미생물에 의해 분해

해설
발효는 탄수화물 식품이 미생물의 작용에 의해 유기산이나 알코올을 생성하는 유익한 변화이다.

49 식품의 냉동에 대한 설명으로 틀린 것은?

① 육류나 생선은 원형 그대로 혹은 부분으로 나누어 냉동한다.
② 채소류는 블랜칭(Blanching) 후 냉동한다.
③ 식품을 냉동보관하면 영양 손실이 적다.
④ –10℃ 이하에서 보존하면 장기간 보존해도 위생상 안전하다.

해설
④ 영하 온도에서 보관해도 위생상 안전하지 않다.

50 버터와 마가린의 지방함량은 얼마인가?

① 50% 이상
② 60% 이상
③ 70% 이상
④ 80% 이상

해설
버터와 마가린은 지방성분이 80% 이상이며 수분함량은 18% 이하이다.

51 단팥죽에 설탕 외에 약간의 소금을 넣으면 단맛이 더 크게 느껴진다. 이에 대한 맛의 현상은?

① 대비효과
② 상쇄효과
③ 상승효과
④ 변조효과

해설
맛의 대비효과(강화효과)
서로 다른 두 가지 맛이 작용하여 주된 맛성분이 강해지는 현상으로, 설탕용액에 약간의 소금을 첨가하면 단맛이 증가한다.

52 우유에 많이 함유된 단백질로 치즈의 원료가 되는 것은?

① 카세인(Casein)
② 알부민(Albumin)
③ 글로불린(Globulin)
④ 마이오신(Myosin)

해설
치즈는 우선 레닌이나 산에 의하여 우유단백질(카세인)을 응고시켜 덩어리로 만든 후 그 응고물을 우유에 있는 효소와 미생물에 있는 효소에 의하여 숙성시킨다.

53 치즈 제품을 굳기에 따라 구분할 때 일반적으로 가장 경도가 높은 것은?

① 체다 치즈(Cheddar Cheese)
② 블루 치즈(Blue Cheese)
③ 카망베르 치즈(Camembert Cheese)
④ 크림 치즈(Cream Cheese)

해설
치즈는 경도(딱딱한 정도)에 따라 연질치즈와 경질치즈로 구분할 수 있다. 연질치즈는 수분함량이 비교적 높은 치즈로 모차렐라, 리코타 치즈 등이 있고, 경질치즈는 수분함량이 비교적 낮은 치즈로 체다, 고다 치즈 등이 있다.

54 샌드위치를 만들고 남은 식빵을 냉장고에 보관하였을 때 식빵이 딱딱해지는 원인 물질과 그 현상은?

① 단백질 – 젤화
② 지방 – 산화
③ 전분 – 노화
④ 전분 – 호화

> **해설**
> 부드럽게 호화된 전분을 상온에서 방치하면 다시 호화 이전의 전분 상태로 돌아가는데, 이것을 전분의 노화(베타화)라고 한다. 전분의 노화는 온도 0~4℃, 습도 30~60% 조건에서 빨리 일어난다.

55 식품을 구입, 조리, 배식하는 모든 과정에서부터 서빙까지 같은 장소에서 이루어지는 급식제도는?

① 중앙공급식 급식제도
② 예비조리식 급식제도
③ 조합식 급식제도
④ 전통적 급식제도

> **해설**
> 식품을 구입·조리하고 배식하는 과정에서부터 서빙까지 같은 장소에서 이루어지는 것을 전통적 급식제도라고 한다.

56 다음의 작업장 안전관리에 대한 설명 중 옳지 않은 것은?

① 작업자의 손을 보호하고 조리위생을 개선하기 위해 위생장갑을 착용한다.
② 유해, 위험, 화학물질은 유해물질안전보건자료를 비치하고 취급방법에 대하여 교육한다.
③ 화재의 원인이 될 수 있는 곳을 점검하고 화재진압기를 배치, 사용한다.
④ 안전보호구를 공용으로 비치해 놓고 사용한다.

> **해설**
> 안전보호구는 개인 전용으로 사용해야 한다. 또 사용 목적에 맞는 보호구를 갖추고 작업 시 반드시 착용해야 하며, 청결하게 보존해야 한다.

57 역성비누를 보통비누와 함께 사용할 때 가장 올바른 방법은?

① 보통비누로 먼저 때를 씻어낸 후 역성비누를 사용
② 보통비누와 역성비누를 섞어서 거품을 내며 사용
③ 역성비누를 먼저 사용한 후 보통비누를 사용
④ 역성비누와 보통비누의 사용 순서는 무관함

> **해설**
> 역성비누는 일반비누와 동시에 사용하면 살균효과가 떨어진다. 두 가지 모두 사용할 때는 일반비누를 먼저 사용하고 역성비누를 다음에 사용하여 살균효과를 높인다.

58 식품위생법에 따라 조리사를 두어야 하는 영업은?

① 식품첨가물제조업
② 인삼제품제조업
③ 복어조리 · 판매업
④ 식품제조업

해설
조리사를 두어야 하는 식품접객업자(식품위생법 시행령 제36조)
식품접객업 중 복어독 제거가 필요한 복어를 조리 · 판매하는 영업을 하는 자를 말한다. 이 경우 해당 식품접객업자는 「국가기술자격법」에 따른 복어 조리 자격을 취득한 조리사를 두어야 한다.

60 식품위생법상의 각 용어에 대한 정의로 옳은 것은?

① 기구 – 식품 또는 식품첨가물을 넣거나 싸는 물품
② 식품첨가물 – 화학적 수단으로 원소 또는 화합물에 분해반응 외의 화학반응을 일으켜 얻는 물질
③ 위해 – 식품, 식품첨가물, 기구 또는 용기 · 포장에 존재하는 위험요소로서 인체의 건강을 해치거나 해칠 우려가 있는 것
④ 집단급식소 – 영리를 목적으로 불특정 다수인에게 음식물을 공급하는 대형음식점

해설
① 기구 : 식품 또는 식품첨가물에 직접 닿는 기계 · 기구나 그 밖의 물건을 말한다.
② 식품첨가물 : 식품을 제조 · 가공 · 조리 또는 보존하는 과정에서 감미(甘味), 착색(着色), 표백(漂白) 또는 산화방지 등을 목적으로 식품에 사용되는 물질이다.
④ 집단급식소 : 영리를 목적으로 하지 아니하면서 특정 다수인에게 계속하여 음식물을 공급하는 급식시설이다.

59 식품접객업 중 음식류를 조리 · 판매하는 영업으로서 식사와 함께 부수적으로 음주행위가 허용되는 영업은?

① 휴게음식점영업
② 단란주점영업
③ 유흥주점영업
④ 일반음식점영업

해설
일반음식점영업(식품위생법 시행령 제21조)
음식류를 조리 · 판매하는 영업으로서 식사와 함께 부수적으로 음주행위가 허용되는 영업

01 중국 요리에서 가장 많이 사용되는 조리법으로 이미 처리된 재료를 센 불에서 단시간에 볶는 방법은?

① 소(燒)　　　② 작(炸)
③ 초(炒)　　　④ 류(溜)

해설
① 소(燒) : 조리는 것
② 작(炸) : 튀기는 것
④ 류(溜) : 전분물을 풀어 걸쭉하게 만드는 것

02 튀김에 사용한 기름을 보관하는 방법으로 가장 적절한 것은?

① 식힌 후 그대로 서늘한 곳에 보관한다.
② 공기와의 접촉면을 넓게 하여 보관한다.
③ 망에 거른 후 갈색 병에 담아 보관한다.
④ 철제 팬에 보관한다.

해설
산패를 막기 위해 튀김기름을 식힌 다음 거름망에 걸러서 약병이나 색깔이 있는 병에 넣어 보관한다.

03 새우볶음밥 조리의 설명으로 틀린 것은?

① 밥은 고슬고슬하게 지어 식힌다.
② 새우는 내장을 제거하고 데쳐 놓는다.
③ 팬에 기름을 두르고 달걀 푼 물을 익혀 나중에 넣어 완성한다.
④ 당근, 피망, 새우살을 넣고 볶은 후 밥을 넣어 볶는다.

해설
달걀은 잘 풀어서 부드럽게 먼저 익힌 후 나머지 재료를 넣어 완성한다.

04 중식 칼의 특징이 아닌 것은?

① 칼은 넓고 두꺼우며 쇠로 되어 있어 무겁다.
② 칼끝이 둥글거나, 뾰족한 모양으로 나눌 수 있다.
③ 용도에 따라 칼을 사용하고, 칼의 길이는 보통 21~23cm이다.
④ 칼의 폭이 좁다.

해설
중식 칼은 대체로 폭이 넓다.

05 식중독을 방지하는 데 일반적으로 가장 중요한 사항은?

① 식품의 냉장과 냉동보관
② 감염자의 예방접종
③ 취급자의 마스크 사용
④ 위생복의 착용

해설
식품은 냉장·냉동상태로 보관하여 식중독균의 번식을 막아야 한다.

06 밀가루 반죽 시 지방의 연화작용에 대한 설명으로 틀린 것은?

① 포화지방산으로 구성된 지방이 불포화지방산보다 효과적이다.
② 기름의 온도가 높을수록 쇼트닝 효과가 커진다.
③ 반죽횟수 및 시간과 반비례한다.
④ 난황이 많을수록 쇼트닝 작용이 감소된다.

해설
③ 반죽횟수 및 시간과 비례한다.

07 구충의 감염 예방과 관계가 없는 것은?

① 분변 비료 사용금지

② 밭에서 맨발 작업금지

③ 청정채소의 장려

④ 모기에 물리지 않도록 주의

해설

구충의 감염 예방
- 중간숙주를 생식하지 않으며, 충분히 가열 조리한다.
- 도축검사를 철저히 한다.
- 조리기구에 의해 전파되지 않도록 주의한다.

08 식품과 독성분의 연결이 틀린 것은?

① 복어 – 테트로도톡신

② 섭조개 – 시큐톡신

③ 모시조개 – 베네루핀

④ 청매 – 아미그달린

해설

섭조개(홍합), 대합의 독성분은 삭시톡신이다.

09 화력이 강한 불보다 은근한 불에서 익히는 조리법은?

① 조 림   ② 찜

③ 튀 김   ④ 볶 음

해설

조림은 양념장과 물을 넣어 함께 조려낸 것으로, 수조육류와 어패류조림, 채소조림 등이 있다. 조림은 화력이 강한 불보다 은근한 불에서 익히는 것이 기본이다.

10 다음 중 밀가루 반죽에 사용되는 물의 기능이 아닌 것은?

① 탄산가스 형성을 촉진한다.

② 소금의 용해를 도와 반죽에 골고루 섞이게 한다.

③ 글루텐의 형성을 돕는다.

④ 전분의 호화를 방지한다.

해설

밀가루의 단백질과 혼합되어 글루텐을 형성하는 물은 굽기 과정 중 전분의 호화를 도와준다. 또한 반죽의 되기를 조절하고 온도조절의 역할도 한다.

11 조리의 목적과 관계 없는 것은?

① 배추를 깨끗이 다듬어 씻어서 갖은 양념을 하여 먹음직스러운 김치를 담근다.

② 쌀 등 식재료를 그대로 생식하면 생산성이 높아진다.

③ 달걀을 반숙하면 소화·흡수가 잘 된다.

④ 소고기로 장조림을 만들면 저장성이 좋아진다.

해설

생식은 소화율과 안전성이 떨어지고, 조리의 목적과 관계가 없다.

12 향신료와 그 성분이 잘못 연결된 것은?

① 후추 – 차비신(Chavicine)

② 생강 – 진저롤(Gingerol)

③ 참기름 – 세사몰(Sesamol)

④ 겨자 – 캡사이신(Capsaicin)

해설
- 겨자 : 시니그린(Sinigrin)
- 고추 : 캡사이신(Capsaicin)

13 다음 냄새 성분 중 어류와 관계가 먼 것은?

① 트라이메틸아민(Trimethylamine)

② 암모니아(Ammonia)

③ 피페리딘(Piperidine)

④ 다이아세틸(Diacetyl)

해설
다이아세틸은 버터의 냄새 요인이다.

14 일반적으로 비스킷 및 튀김의 제품 특성에 가장 적합한 밀가루는?

① 박력분　　② 중력분

③ 강력분　　④ 반강력분

해설
밀가루의 종류와 용도

종 류	글루텐 함량	용 도
강력분	13% 이상	빵, 마카로니, 스파게티 등
중력분	10~13%	국수류, 만두 등
박력분	10% 이하	튀김, 케이크, 과자 등

15 생선을 조릴 때 어취를 제거하기 위하여 생강을 넣는다. 이때 생선을 미리 가열하여 열 변성시 킨 후에 생강을 넣는 주된 이유는?

① 생강을 미리 넣으면 다른 조미료가 침투되는 것을 방해하기 때문에

② 열변성이 되지 않은 어육단백질이 생강의 탈취작용을 방해하기 때문에

③ 생선의 비린내 성분이 지용성이기 때문에

④ 생강이 어육단백질의 응고를 방해하기 때문에

해설
열변성이 되지 않은 어육단백질이 생강의 탈취작용을 방해하기 때문에 가열하여 단백질을 변성시킨 후 생강을 넣는 것이 효과적이다.

16 다음 중 영양소와 해당 소화효소의 연결이 잘못된 것은?

① 단백질 – 트립신(Trypsin)

② 탄수화물 – 아밀라제(Amylase)

③ 지방 – 리파제(Lipase)

④ 설탕 – 말타제(Maltase)

해설
말타제는 엿당(맥아당)을 가수분해하여 포도당을 생성하는 효소이다.

17 어떤 음식의 직접원가는 500원, 제조원가는 800원, 총원가는 1,000원이다. 이 음식의 판매관리비는?

① 200원
② 300원
③ 400원
④ 500원

해설
- 직접원가 = 직접재료비 + 직접노무비 + 직접경비
- 제조원가 = 직접원가 + 제조간접비
- 총원가 = 제조원가 + 판매관리비
- 판매원가 = 총원가 + 이익
- 1,000원(총원가) = 800원(제조원가) + 판매관리비
∴ 판매관리비 = 200원

18 냉동어의 해동법으로 가장 좋은 방법은?

① 저온에서 서서히 해동시킨다.
② 얼린 상태로 조리한다.
③ 실온에서 해동시킨다.
④ 뜨거운 물속에 담가 빨리 해동시킨다.

해설
높은 온도에서 해동할 경우 조직이 상해서 식품의 액즙이 유출되는 드립현상이 일어나므로 냉장고에서 서서히 해동하거나 포장된 상태로 흐르는 물에 해동하는 것이 좋다.

19 감염병과 감염경로의 연결이 틀린 것은?

① 성병 – 직접 접촉
② 폴리오 – 공기 감염
③ 결핵 – 개달물 감염
④ 파상풍 – 토양 감염

해설
- 소화기계 감염병 : 콜레라, 장티푸스, 파라티푸스, 세균성 이질, 폴리오, 유행성 간염 등
- 호흡기계 감염병 : 디프테리아, 백일해, 홍역, 인플루엔자 등
- 동물매개 감염병 : 페스트, 발진티푸스, 발진열, 유행성 출혈열, 유행성 일본뇌염

20 탕수육 조리 시 전분을 물에 풀어서 넣을 때 용액의 성질은?

① 젤(Gel)
② 현탁액
③ 유화액
④ 콜로이드 용액

21 복어독에 관한 설명으로 잘못된 것은?

① 복어독은 햇볕에 약하다.
② 난소, 간, 내장 등에 독이 많다.
③ 복어독은 테트로도톡신이다.
④ 복어독에 중독되었을 때에는 신속하게 위장 내의 독소를 제거하여야 한다.

해설
복어의 난소, 간, 내장, 피부 등에 존재하는 독소인 테트로도톡신은 독성이 강하여 끓여도 파괴되지 않는다.

정답 17 ① 18 ① 19 ② 20 ② 21 ①

22 식품이 세균에 오염되는 것을 막기 위한 방법으로 바람직하지 않은 것은?

① 식품취급 장소의 위생동물 관리
② 식품취급자의 마스크 착용
③ 식품취급자의 손을 역성비누로 소독
④ 식품의 철제 용기를 석탄산으로 소독

해설
석탄산은 금속부식성을 가지고 있어 철제 용기 소독에는 부적합하다.

23 새우나 게 등의 갑각류에 함유되어 있으며 사후 가열되면 적색을 띠는 색소는?

① 안토시안(Anthocyan)
② 아스타잔틴(Astaxanthin)
③ 클로로필(Chlorophyll)
④ 멜라닌(Melanin)

해설
새우 등의 갑각류 피부에 함유된 카로티노이드 계열 색소의 일종인 아스타잔틴(Astaxanthin)은 단백질과 결합하여 살아 있는 동안에는 녹색을 띠는 어두운 청색 색소 단백질로서 존재한다. 이 색소 단백질은 매우 불안정하여 갑각류를 열로 가열하면 단백질이 쉽게 분해되고 산화되어 아스타신(Astacin)으로 된다. 아스타신은 적색 색소이기 때문에 새우, 꽃게 등을 삶거나 가열 조리하면 붉게 변한다.

24 다음 중 식품의 산성 및 알칼리성을 결정하는 기준 성분은?

① 필수지방산 존재 여부
② 필수아미노산 존재 여부
③ 구성 탄수화물
④ 구성 무기질

해설
• 산성식품은 P(인), S(황), Cl(염소), N(질소) 등의 무기질을 함유하고 있는 식품을 말하며 주로 동물성 식품, 곡류, 어류 등에 포함되어 있다.
• 알칼리성 식품은 Na(나트륨), K(칼륨), Ca(칼슘), Fe(철분) 등의 무기질을 함유하고 있는 식품을 말하며 식물성 식품, 과일, 채소, 우유에 많다.

25 다음의 식단 구성 중 편중되어 있는 영양가의 식품군은?

• 완두콩밥	• 된장국
• 장조림	• 명란찜
• 두부조림	• 생선구이

① 탄수화물군
② 단백질군
③ 비타민 · 무기질군
④ 지방군

해설
수조어육류, 난류, 두유 및 콩제품은 단백질군에 해당된다.

26 다음 중 버터의 특성이 아닌 것은?

① 독특한 맛과 향기로 음식에 풍미를 준다.
② 냄새를 빨리 흡수하므로 밀폐하여 저장하여야 한다.
③ 포화지방산과 불포화지방산을 모두 함유하고 있다.
④ 성분은 단백질이 80% 이상이다.

해설
버터는 지방 함량이 80% 이상이다.

27 병원성 미생물의 발육과 그 작용을 저지 또는 정지시켜 부패나 발효를 방지하는 조작은?

① 산 화   ② 멸 균
③ 방 부   ④ 응 고

해설
• 소독 : 병원미생물을 사멸시키거나 병원성을 약화시키는 방법
• 멸균 : 병원미생물을 완전히 사멸시키는 것
• 방부 : 병원미생물의 발육을 저지 또는 정지시켜 부패나 발효를 방지하는 방법

28 백신 등의 예방접종으로 형성되는 면역은?

① 자연능동면역
② 자연수동면역
③ 인공능동면역
④ 인공수동면역

해설
후천성 면역
• 자연능동면역 : 질병 감염 후 획득
• 인공능동면역 : 예방접종으로 획득(BCG, DPT 등)
• 자연수동면역 : 모체로 유전
• 인공수동면역 : 혈청 접종

29 생선 육질이 소고기 육질보다 연한 것은 주로 어떤 성분의 차이에 의한 것인가?

① 마이오신(Myosin)
② 헤모글로빈(Hemoglobin)
③ 포도당(Glucose)
④ 콜라겐(Collagen)

해설
육류의 결합조직인 콜라겐은 가열에 의해 젤라틴화되어 수용성이 되므로 육질이 연해진다.

30 소금의 종류와 설명을 연결한 것 중 옳지 않은 것은?

① 호렴 – 입자가 크고 색이 약간 검다.
② 재제염 – 희고 입자가 곱다.
③ 식탁염 – 염화나트륨과 염화마그네슘이 많고 장을 담그거나 채소를 절일 때 사용한다.
④ 가공염 – 식탁염에 다른 맛을 내는 성분을 첨가한 소금이다.

해설
식탁염은 이온교환법으로 만든 정제도가 높은 소금으로, 설탕처럼 입자가 곱다.

31 돼지고기를 불충분하게 가열하여 섭취할 경우 감염되기 쉬운 기생충은?

① 간흡충   ② 무구조충
③ 폐흡충   ④ 유구조충

해설
돼지고기에 의해 감염되기 쉬운 기생충
선모충, 유구조충(갈고리촌충)

32 튀김 시 흡유량에 대한 설명으로 틀린 것은?

① 흡유량이 많으면 입안에서의 느낌이 나빠진다.
② 흡유량이 많으면 소화속도가 느려진다.
③ 튀김시간이 길어질수록 흡유량이 많아진다.
④ 튀기는 식품의 표면적이 클수록 흡유량은 감소한다.

해설
튀기는 식품의 표면적이 클수록 흡유량은 증가한다.

33 신선한 생선의 특징이 아닌 것은?

① 눈알이 밖으로 돌출된 것
② 아가미의 빛깔이 선홍색인 것
③ 비늘이 잘 떨어지며 광택이 있는 것
④ 손가락으로 눌렀을 때 탄력성이 있는 것

해설
신선한 생선의 비늘은 광택이 나고 고르게 밀착되어 있다.

34 아이스크림 제조 시 사용되는 안정제는?

① 전화당
② 바닐라
③ 레시틴
④ 젤라틴

해설
아이스크림은 우유 또는 유지방, 무지유고형분에 설탕, 달걀, 안정제(젤라틴), 향료, 색소 등을 넣고 휘저어서 얼려 만든다. 호료(중점제)는 아이스크림, 마요네즈 등에서 분산 안정제로 이용되고 있다.

35 식품접객업소의 조리판매 등에 대한 기준 및 규격에 의한 조리용 칼·도마, 식기류의 미생물 규격은?(단, 사용 중인 것은 제외한다)

① 살모넬라 음성, 대장균 양성
② 살모넬라 음성, 대장균 음성
③ 황색포도상구균 양성, 대장균 음성
④ 황색포도상구균 음성, 대장균 양성

해설
식품접객업소(집단급식소 포함)의 조리식품 등에 대한 기준 및 규격(식품공전)
칼·도마 및 숟가락, 젓가락, 식기, 찬기 등 음식을 먹을 때 사용하거나 담는 것(사용 중인 것은 제외한다)
• 살모넬라 : 음성이어야 한다.
• 대장균 : 음성이어야 한다.

36 푸른색 채소의 색과 질감을 고려할 때 데치기의 가장 좋은 방법은?

① 식소다를 넣어 오랫동안 데친 후 얼음물에 식힌다.
② 공기와의 접촉으로 산화되어 색이 변하는 것을 막기 위해 뚜껑을 닫고 데친다.
③ 물을 적게 하여 데치는 시간을 단축시킨 후 얼음물에 식힌다.
④ 많은 양의 물에 소금을 약간 넣고 데친 후 얼음물에 식힌다.

해설
① 푸른색 채소는 오랜 시간 조리 시 녹갈색으로 변하며 식소다를 넣으면 선명한 푸른색을 띠지만 영양소 파괴가 크다.
② 뚜껑을 닫고 데치면 휘발성 유기산이 방출되지 못하여 녹갈색이 된다.
③ 재료의 5배 양의 끓는 물에 단시간 데친 다음 찬물에 식히는 것이 좋다.

37 젤라틴과 한천에 관한 설명으로 틀린 것은?

① 젤라틴은 동물성 급원이다.
② 한천은 식물성 급원이다.
③ 젤라틴은 젤리, 양과자 등에서 응고제로 쓰인다.
④ 한천용액에 과즙을 첨가하면 단단하게 응고한다.

해설
한천용액에 과즙을 첨가하면 과즙의 유기산이 겔 형성을 약화시킨다.

38 세균성 식중독의 일반적인 특성으로 옳지 않은 것은?

① 주요 증상은 두통, 구역질, 구토, 복통, 설사 등이다.
② 살모넬라균, 장염비브리오균, 포도상구균 등이 원인이다.
③ 감염 후 면역성이 획득된다.
④ 발병하는 식중독의 대부분은 세균에 의한 세균성 식중독이다.

해설
세균성 식중독의 특징
• 식중독균에 오염된 식품을 섭취하여 발생한다.
• 식품에 많은 양의 균과 독소가 있다.
• 살모넬라, 장염비브리오 외에는 2차 감염이 없다.
• 잠복기가 짧다.
• 면역력이 없다.

39 영양소와 급원식품의 연결이 옳은 것은?

① 동물성 단백질 – 두부, 소고기
② 비타민 A – 당근, 미역
③ 필수지방산 – 대두유, 버터
④ 칼슘 – 우유, 뱅어포

해설
• 두부 : 식물성 단백질
• 비타민 A : 간, 난황, 버터, 당근 등
• 필수지방산 : 대두유, 옥수수유, 생선의 간유 등

40 다음 중 다시마, 된장, 간장의 감칠맛을 내는 정미성분은?

① 이노신산   ② 글루타민산
③ 구아닐산   ④ 시스테인

해설
① 이노신산 : 멸치, 가다랑어 말린 것
③ 구아닐산 : 표고버섯
④ 시스테인 : 육류, 어류

41 단체급식소에서 식수인원 500명의 풋고추조림을 할 때 풋고추의 총발주량은 약 얼마인가? (단, 풋고추 1인분 30g, 풋고추의 폐기율 6%)

① 15kg   ② 16kg
③ 20kg   ④ 25kg

해설
$$총발주량 = \frac{정미중량 \times 100}{100 - 폐기율} \times 인원수$$
$$= \frac{30 \times 100}{100 - 6} \times 500 ≒ 15,957g$$
$$≒ 16kg$$

정답 37 ④ 38 ③ 39 ④ 40 ② 41 ②

42 말린 다시마의 표면에 붙은 흰 가루의 성분은 무엇인가?

① 알긴(Algin)

② 솔비톨(Sorbitol)

③ 만니톨(Mannitol)

④ 둘시톨(Dulcitol)

해설

다시마 표면의 하얀 가루는 만니톨(Mannitol)이라는 감칠맛을 내는 성분이므로 사용하기 전에 씻지 않는다.

43 식재료를 불리는 조리의 장점이 아닌 것은?

① 식품 중 쓴맛, 떫은맛 성분 등의 불미성분을 제거한다.

② 건조식품은 불리면 팽윤되어 용적이 증대된다.

③ 식품재료 조직이 균질화된다.

④ 불림과정을 통해 밥맛은 좋아지고, 조리시간이 단축된다.

해설

가열 전 식품 내부에 수분을 침투시켜 호화시간을 단축하기 위해서이다.

44 국이나 탕에 사용되는 국물에 대한 설명으로 틀린 것은?

① 멸치는 머리와 내장을 빼고 볶아서 사용한다.

② 다시마는 오래 끓여 사용한다.

③ 국물은 국, 찌개 따위의 음식에서 건더기를 제외한 물을 말한다.

④ 사골 육수는 국, 찌개, 전골요리 등에 사용할 경우 핏물을 빼고 사용한다.

해설

다시마는 오래 끓이면 아이오딘, 핵산 성분이 빠져나와 끈적이므로 오래 끓이지 않는다.

45 석탄산계수가 3이고, 석탄산의 희석배수가 40인 경우 실제 소독약품의 희석배수는?

① 20배　　　　② 40배

③ 80배　　　　④ 120배

해설

$$석탄산계수 = \frac{소독약의\ 희석배수}{석탄산의\ 희석배수}$$

46 소(燒) 조리법으로 만든 음식은?

① 난자완스　　　② 라조기

③ 부추잡채　　　④ 홍쇼두부

해설

홍쇼두부는 소(燒, 샤오)의 조리법, 난자완스는 전(煎, 찌앤)의 조리법이다.

47 새우케첩볶음에 들어가는 재료가 아닌 것은?

① 양 파   ② 완두콩
③ 오 이   ④ 당 근

해설
중식조리기능사 실기 과제인 새우케첩볶음에는 오이가
재료로 들어가지 않는다.

48 양장피를 만들 때 가장 많이 사용되는 전분은?

① 감자 전분   ② 고구마 전분
③ 옥수수 전분   ④ 복합 전분

해설
양장피는 고구마 등의 전분으로 만든 얇고 부드러운 전분
피로 냉채 등에 이용된다.

49 호화와 노화에 대한 설명으로 옳은 것은?

① 쌀과 보리는 물이 없어도 호화가 잘 된다.
② 떡의 노화는 냉장고보다 냉동고에서 더 잘
일어난다.
③ 호화된 전분을 80℃ 이상에서 급속히 건조
하면 노화가 촉진된다.
④ 설탕의 첨가는 노화를 지연시킨다.

해설
① 전분에 물을 넣고 가열하면 전분입자가 물을 흡수하여
팽창하는데 이를 호화라 한다.
② · ③ 전분을 80℃ 이상에서 급속히 건조시키거나 0℃
이하에서 급속 냉동하여 수분함량을 15% 이하로 하면
노화를 방지할 수 있다.

50 카세인(Casein)은 어떤 단백질에 속하는가?

① 당단백질   ② 지단백질
③ 유도단백질   ④ 인단백질

해설
인단백질
단순단백질에 인산이 공유결합을 한 복합단백질을 통틀어
일컫는 말로 달걀노른자에 있는 비텔린, 젖에 함유된 카세
인 등이 대표적이다.

51 분리된 마요네즈를 재생시키는 방법으로 옳은
것은?

① 분리된 마요네즈에 난황을 넣어 약하게 저
어 준다.
② 새 난황 한 개에 분리된 마요네즈를 조금씩
넣어 힘차게 저어 준다.
③ 식초를 넣으면서 계속 힘차게 저어 준다.
④ 소금을 소량 넣으면서 힘차게 저어 준다.

해설
분리된 마요네즈를 재생시키려면 새로운 난황에 분리된
것을 조금씩 넣으면서 한 방향으로 저어주어야 한다.

52 다환방향족 탄화수소이며, 훈제육이나 태운 고
기에서 다량 검출되는 발암 작용을 일으키는
것은?

① 질산염   ② 알코올
③ 벤조피렌   ④ 폼알데하이드

해설
벤조피렌은 벤젠고리 5개로 다이옥신과 더불어 독성이
강력하다.

정답 47 ③   48 ②   49 ④   50 ④   51 ②   52 ③

53 신맛 성분에 유기산인 아미노기(-NH₂)가 있으면 어떤 맛이 가해진 산미가 되는가?

① 단 맛
② 신 맛
③ 쓴 맛
④ 짠 맛

54 칼슘(Ca)과 인(P)의 대사이상을 초래하여 골연화증을 유발하는 유해금속은?

① 철(Fe)
② 카드뮴(Cd)
③ 은(Ag)
④ 주석(Sn)

해설
카드뮴은 골연화증과 신장기능 장애 등을 일으키는 원인이 된다.

55 식품의 조리 및 가공 시 발생되는 갈변현상의 설명으로 틀린 것은?

① 설탕 등의 당류를 160~180℃로 가열하면 마이야르(Maillard) 반응으로 갈색물질이 생성된다.
② 사과, 가지, 고구마 등의 껍질을 벗길 때 폴리페놀성 물질을 산화시키는 효소작용으로 갈변물질이 생성된다.
③ 감자를 절단하면 효소작용으로 흑갈색의 멜라닌 색소가 생성되며, 갈변을 막으려면 물에 담근다.
④ 아미노-카보닐 반응으로 간장과 된장의 갈변물질이 생성된다.

해설
①은 캐러멜화 반응이다.

56 조리사 또는 영양사 면허의 취소처분을 받고 그 취소된 날부터 얼마의 기간이 경과되어야 면허를 받을 자격이 있는가?

① 1개월
② 3개월
③ 6개월
④ 1년

해설
결격사유(식품위생법 제54조제4호)
조리사 면허의 취소처분을 받고 그 취소된 날부터 1년이 지나지 아니한 자는 조리사 면허를 받을 수 없다.

57 식품위생법상 출입·검사·수거에 대한 설명 중 틀린 것은?

① 관계 공무원은 영업소에 출입하여 영업에 사용하는 식품 또는 영업시설 등에 대하여 검사를 실시한다.
② 관계 공무원은 영업상 사용하는 식품 등을 검사를 위하여 필요한 최소량이라 하더라도 무상으로 수거할 수 없다.
③ 관계 공무원은 필요에 따라 영업에 관계되는 장부 또는 서류를 열람할 수 있다.
④ 출입·검사·수거 또는 열람하려는 공무원은 그 권한을 표시하는 증표 등을 지니고 이를 관계인에게 내보여야 한다.

해설
출입·검사·수거 등(식품위생법 제22조제1항)
식품의약품안전처장, 시·도지사 또는 시장·군수·구청장은 식품 등의 위해방지·위생관리와 영업질서의 유지를 위하여 필요하면 다음의 구분에 따른 조치를 할 수 있다.
• 영업자나 그 밖의 관계인에게 필요한 서류나 그 밖의 자료의 제출 요구
• 관계 공무원으로 하여금 다음에 해당하는 출입·검사·수거 등의 조치
  – 영업소에 출입하여 판매를 목적으로 하거나 영업에 사용하는 식품 등 또는 영업시설 등에 대하여 하는 검사
  – 위 검사에 필요한 최소량의 식품 등의 무상 수거
  – 영업에 관계되는 장부 또는 서류의 열람

58 식품 등의 표시기준에 의한 성분명 및 함량의 표시대상 성분이 아닌 영양성분은?(단, 강조표시를 하고자 하는 영양성분은 제외)

① 트랜스지방
② 나트륨
③ 콜레스테롤
④ 불포화지방

해설
영양성분 표시대상 식품은 열량, 나트륨, 탄수화물, 당류, 지방, 트랜스지방, 포화지방, 콜레스테롤 및 단백질에 대하여 그 명칭, 함량 및 규칙 관련 1일 영양성분 기준치에 대한 비율(%)을 표시하여야 한다(식품 등의 표시기준 별지 1).

59 조리사 면허의 취소처분을 받았을 때 면허증 반납은 누구에게 하는가?

① 특별자치시장·특별자치도지사·시장·군수·구청장
② 보건소장
③ 식품의약품안전처장
④ 보건복지부장관

해설
조리사 면허증의 반납(식품위생법 시행규칙 제82조)
조리사가 그 면허의 취소처분을 받은 경우에는 지체 없이 면허증을 특별자치시장·특별자치도지사·시장·군수·구청장에게 반납하여야 한다.

60 식품 등의 위생적 취급에 관한 기준으로 틀린 것은?

① 어류와 육류를 취급하는 칼·도마는 구분하지 않아도 된다.
② 소비기한이 경과된 식품 등을 판매하거나 판매의 목적으로 진열·보관하여서는 아니 된다.
③ 식품원료 중 부패·변질되기 쉬운 것은 냉동·냉장시설에 보관·관리하여야 한다.
④ 식품의 조리에 직접 사용되는 기구는 사용 후에 세척·살균하는 등 항상 청결하게 유지·관리하여야 한다.

해설
식품 등의 위생적인 취급에 관한 기준(식품위생법 시행규칙 별표 1)
식품 등의 제조·가공·조리에 직접 사용되는 기계·기구 및 음식기는 사용 후에 세척·살균하는 등 항상 청결하게 유지·관리하여야 하며, 어류·육류·채소류를 취급하는 칼·도마는 각각 구분하여 사용하여야 한다.

01 돈부리(덮밥류) 중 소고기를 조리해서 밥 위에 올린 덮밥은?

① 우나기동 ② 오야코동
③ 덴 동   ④ 규 동

해설
① 우나기동 : 장어덮밥
② 오야코동 : 닭고기덮밥
③ 덴동 : 덴뿌라덮밥

02 메밀국수에 대한 설명으로 틀린 것은?

① 가게소바 - 따뜻하게 먹는 면 요리
② 자루소바 - 차게 먹는 면 요리
③ 덴뿌라소바 - 튀긴 재료를 같이 먹는 면 요리
④ 호시소바 - 젖은 면을 이용한 소바

해설
호시소바는 건조된 면을 사용한 소바이다.

03 갓 지은 밥이 맛있고 소화가 잘되는 이유는?

① 전분 분자가 흐트러져 있기 때문
② α-전분이 β화되기 때문
③ 전분 입자와 수분이 분리되기 때문
④ 전분 분자가 규칙적인 분자 절단으로 되어 있기 때문

해설
β-전분은 전분의 분자가 밀착되어 규칙적으로 정렬되어 있기 때문에 물이나 소화액이 침투하지 못한다. β-전분을 물에 끓이면 그 분자에 금이 가서 물 분자가 전분 속에 들어가 팽윤한 상태가 된다. 이 현상을 호화라 한다.

04 못처럼 생겨서 정향이라고도 하며 양고기, 피클, 청어절임, 마리네이드 절임 등에 이용되는 향신료는?

① 캐러웨이   ② 코리엔더
③ 클로브   ④ 아니스

해설
클로브는 프랑스어 클루(못)에서 유래한 향신료, 유일하게 꽃봉오리를 사용한다.

05 유화의 형태가 나머지 셋과 다른 것은?

① 우 유   ② 마가린
③ 마요네즈   ④ 아이스크림

해설
• 유중수적형(W/O) : 마가린, 버터
• 수중유적형(O/W) : 우유, 아이스크림, 마요네즈, 생크림

06 각 식품의 보관요령으로 틀린 것은?

① 냉동육은 해동·동결을 반복하지 않도록 한다.
② 건어물은 건조하고 서늘한 곳에 보관한다.
③ 달걀은 깨끗이 씻어 냉장보관한다.
④ 두부는 찬물에 담갔다가 냉장시키거나 찬물에 담가 보관한다.

해설
③ 달걀은 물에 씻으면 오염 물질에 더 취약해진다.

1 ④ 2 ④ 3 ① 4 ③ 5 ② 6 ③ **정답**

07 단백질과 탈취작용의 관계를 고려하여 돼지고기나 생선의 조리 시 생강을 사용하는 가장 적합한 방법은?

① 처음부터 생강을 함께 넣는다.
② 생강을 먼저 끓여낸 후 고기를 넣는다.
③ 고기나 생선이 거의 익은 후에 생강을 넣는다.
④ 생강즙을 내어 물에 혼합한 후 고기를 넣고 끓인다.

해설
생선을 조릴 때 비린내를 제거하기 위해 생강, 술, 설탕, 간장, 파, 마늘 등의 양념을 사용하는데 특히 생강과 술이 탈취효과가 많다. 생강은 끓고 난 후 나중에 넣는 것이 효과적이다.

09 가공치즈(Processed Cheese)의 설명으로 틀린 것은?

① 자연치즈에 유화제를 가하여 가열한 것이다.
② 일반적으로 자연치즈보다 저장성이 크다.
③ 약 85℃에서 살균하여 Pasteurized Cheese 라고도 한다.
④ 가공치즈는 매일 지속적으로 발효가 일어난다.

해설
가공치즈는 우유를 응고하고 발효시켜 만든 치즈지만, 두 가지 이상을 혼합하거나 다른 재료와 혼합하여 유화제와 함께 가공한 치즈를 말한다.

10 우유를 응고시키는 요인과 거리가 먼 것은?

① 가 열
② 당 류
③ 산
④ 레닌(Rennin)

해설
우유를 응고시키는 요인으로는 유기산, 식염, 효소, 타닌, 가열 등이 있다.

08 난황에 들어 있으며, 마요네즈 제조 시 유화제 역할을 하는 성분은?

① 레시틴
② 오브알부민
③ 글로불린
④ 갈락토스

해설
난황에는 레시틴이 함유되어 있고, 레시틴이 유화제의 역할을 한다. 마요네즈, 케이크, 아이스크림을 만들 때 유화제로 이용된다.

11 아이스크림을 만드는 데 필요한 주요 원료와 가장 거리가 먼 것은?

① 유화제
② 지 방
③ 안정제
④ 한 천

해설
아이스크림의 주원료는 물, 당류, 지방이다. 그 외 물과 기름이 잘 섞일 수 있도록 소량의 유화제와 부드러움을 위한 안정제, 점조제가 첨가된다.

정답 7 ③ 8 ① 9 ④ 10 ② 11 ④

12 식중독에 관한 설명으로 틀린 것은?

① 자연독이나 유해물질이 함유된 음식물을 섭취함으로써 생긴다.
② 발열, 구역질, 구토, 설사, 복통 등의 증세가 나타난다.
③ 세균, 곰팡이, 화학물질 등이 원인이다.
④ 대표적인 식중독은 콜레라, 세균성 이질, 장티푸스 등이 있다.

해설
식중독은 비브리오, 살모넬라, 포도상구균 등의 식중독 세균에 노출(부패)된 음식물을 섭취하여 발생하며, 실제로 전체 식중독 중 세균성 식중독이 80% 이상 차지하고 있다.

13 채소를 냉동하기 전 블랜칭(Blanching)하는 이유로 틀린 것은?

① 효소의 불활성화
② 수분감소 방지
③ 산화반응 억제
④ 미생물 번식의 억제

해설
조직의 유연화, 미생물 번식의 억제, 효소의 불활성화, 산화반응 억제 등을 위해 블랜칭(데치기)을 한다.

14 마멀레이드(Marmalade)에 대하여 바르게 설명한 것은?

① 과일즙에 설탕을 넣고 가열 · 농축한 후 냉각시킨 것이다.
② 과일의 과육을 전부 이용하여 점성을 띠게 농축한 것이다.
③ 과일즙에 설탕, 과일의 껍질, 과육의 얇은 조각을 섞어 가열, 농축한 것이다.
④ 과일을 설탕시럽과 같이 가열하여 과일이 연하고 투명한 상태로 된 것이다.

15 어패류의 조리법에 대한 설명으로 옳은 것은?

① 조개류는 높은 온도에서 조리하여 단백질을 급격히 응고시킨다.
② 바닷가재는 껍질이 두꺼우므로 찬물에 넣어 오래 끓여야 한다.
③ 작은 생새우는 강한 불에서 연한 갈색이 될 때까지 삶은 후 배 쪽에 위치한 모래정맥을 제거한다.
④ 생선숙회는 신선한 생선편을 끓는 물에 살짝 데치거나 끓는 물을 생선에 끼얹어 회로 이용한다.

해설
① 조개류는 높은 온도에서 오랫동안 조리하면 단백질이 응고되어 수축되고 질겨진다.
② 바닷가재는 물이 끓은 후에 찜통에 넣고 찐다.
③ 새우는 물에 소금과 식초를 넣고 중간 불에서 분홍빛이 나도록 삶는다.

16 다음 중 식품의 손질방법이 잘못된 것은?

① 해파리를 끓는 물에 오래 삶으면 부드럽게 되고 짠맛이 잘 제거된다.

② 청포묵의 겉면이 굳었을 때는 끓는 물에 담갔다 건져 부드럽게 한다.

③ 양장피는 끓는 물에 삶은 후 찬물에 헹구어 조리한다.

④ 도토리묵에서 떫은맛이 심하게 나면 따뜻한 물에 담가두었다가 사용한다.

해설
① 해파리는 오래 삶으면 질겨진다.

18 기름을 오랫동안 저장하여 산소, 빛, 열에 노출되었을 때 색깔, 맛, 냄새 등이 변하게 되는 현상은?

① 발 효   ② 부 패

③ 산 패   ④ 변 질

해설
식품의 변질
• 부패 : 단백질 식품의 변질(혐기성)
• 변패 : 탄수화물 식품의 변질
• 산패 : 유지 식품의 변질
• 발효 : 미생물의 작용으로 유기산 생성(무해물질)

17 육류를 끓여 국물을 만들 때의 설명으로 가장 적절한 것은?

① 육류를 찬물에 넣어 끓이면 맛성분의 용출이 잘 되어 맛있는 국물을 만든다.

② 육류를 오래 끓이면 근육조직인 젤라틴이 콜라겐으로 용출되어 맛있는 국물을 만든다.

③ 육류를 끓는 물에 넣고 설탕을 넣어 끓이면 맛성분의 용출이 잘 되어 맛있는 국물을 만든다.

④ 육류를 오래 끓이면 질긴 지방조직인 콜라겐이 젤라틴화되어 맛있는 국물을 만든다.

해설
육류는 찬물에 담가 핏물을 뺀 후 찬물에 넣고 끓이면 맛성분이 용출되어 맛있는 국물을 만든다.

19 튀김 시 튀김냄비 내의 기름 온도를 측정하려고 할 때 온도계를 꽂는 위치로 적합한 것은?

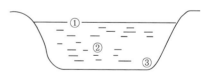

① ①의 위치
② ②의 위치
③ ③의 위치
④ 어느 곳이든 좋다.

해설
온도계를 꽂는 위치에 따라 측정온도가 달라진다. ①의 경우는 낮고 ③으로 갈수록 높아지므로 평균치를 측정할 수 있는 ②의 위치가 가장 적당하다. 다만, 온도계가 냄비의 벽면이나 바닥에 닿지 않도록 해야 한다.

20 튀김음식을 할 때 고려할 사항과 가장 거리가 먼 것은?

① 튀길 식품의 양이 많은 경우 동시에 모두 넣어 1회에 똑같은 조건에서 튀긴다.
② 수분이 많은 식품은 미리 어느 정도 수분을 제거한다.
③ 이물질을 제거하면서 튀긴다.
④ 튀긴 후 과도하게 흡수된 기름은 종이를 사용하여 제거한다.

해설
튀길 식품의 양이 많은 경우 나누어 튀긴다.

21 뜨거워진 공기를 팬(Fan)으로 강제 대류시켜 균일하게 열이 순환되므로 조리시간이 짧고 대량 조리에 적당하나 식품 표면이 건조해지기 쉬운 조리기기는?

① 틸팅튀김팬
② 튀김기
③ 증기솥
④ 컨벡션오븐

해설
컨벡션오븐은 대류열을 이용하므로 열 전달 방식의 오븐에 비해 음식이 골고루 잘 익지만 식품이 건조해지는 현상이 발생할 수 있다.

22 일식 면류 조리에 대한 설명으로 적절하지 않은 것은?

① 메밀국수를 그릇에 담아낼 때는 면발이 촉촉하게 유지될 수 있도록 물기가 빠지지 않는 그릇에 담아낸다.
② 우동은 밀가루를 넓게 펴서 칼로 썰어서 만든 굵은 국수로, 면류의 맛을 향상시키기 위해 생강, 대파 등의 부재료 양념을 사용한다.
③ 라멘은 면과 국물로 이루어진 일본의 대중음식으로, 돼지고기, 파, 삶은 달걀 등 여러 토핑을 얹는다.
④ 소면은 밀가루 반죽을 길게 늘려서 막대기에 면을 감아 당긴 후 가늘게 만드는 국수로, 세면보다 조금 면발이 굵다.

해설
메밀국수(소바)는 메밀가루로 만든 국수를 뜨거운 국물이나 차가운 간장에 무, 파, 고추냉이를 넣고 찍어 먹는 일본 요리이다. 메밀국수의 양념으로 사용되는 쯔유(메밀국수 국물)는 지역에 따라 색, 농도, 맛에 등에 분명한 차이가 있고, 그 성분도 지역별로 차이가 난다. 메밀국수의 그릇은 물기가 빠질 수 있는 받침을 준비하여 담는다.

23 다음 중 유지의 산패도를 나타내는 값으로 짝지어진 것은?

① 비누화가, 아이오딘가
② 아이오딘가, 아세틸가
③ 과산화물가, 비누화가
④ 산가, 과산화물가

해설
유지의 산패 정도를 측정하는 값에는 산가, 과산화물가, TBA가, 카보닐가 등이 있다.

24 간장이나 된장의 착색은 주로 어떤 반응이 관계하는가?

① 아미노-카보닐(Amino-carbonyl) 반응
② 캐러멜(Caramel)화 반응
③ 아스코르브산(Ascorbic Acid) 산화반응
④ 페놀(Phenol) 산화반응

해설
아미노-카보닐 반응은 마이야르 반응이라고도 하며 간장, 된장 등의 비효소적 갈변반응에 해당한다.

25 다음 중 영양소를 공급할 수 없으나 식이섬유소로서 인체에 중요한 기능을 하는 것은?

① 전 분   ② 설 탕
③ 맥아당   ④ 펙 틴

해설
셀룰로스에서 수화된 겔인 펙틴은 갈락토스의 산화물인 갈락투론산이 주성분인 다당류이다. 또, 혈관에 쌓이는 콜레스테롤을 없애 혈관과 혈액을 깨끗하게 유지시키기 때문에 혈압과 혈관계 질환을 막는다.

26 식초를 넣은 물에 레드 캐비지를 담그면 선명한 적색으로 변하는데, 주된 원인 물질은?

① 타 닌   ② 클로로필
③ 멜라닌   ④ 안토시안

해설
안토시안은 산성에서 적색으로 변한다.

27 식품을 삶는 방법에 대한 설명으로 틀린 것은?

① 연근을 엷은 식초물에 삶으면 하얗게 삶아진다.
② 가지를 백반이나 철분이 녹아 있는 물에 삶으면 색이 안정된다.
③ 완두콩은 황산구리를 적당량 넣은 물에 삶으면 푸른빛이 고정된다.
④ 시금치를 저온에서 오래 삶으면 비타민 C의 손실이 적다.

해설
시금치를 저온에서 오래 삶으면 비타민 C의 손실이 많다.

28 향신료와 그 성분이 바르게 된 것은?

① 생강 – 차비신(Chavicine)
② 겨자 – 알리신(Allicin)
③ 후추 – 시니그린(Sinigrin)
④ 고추 – 캡사이신(Capsaicin)

해설
① 생강 : 진저론(Zingerone), 쇼가올(Shogaol)
② 겨자 : 시니그린(Sinigrin)
③ 후추 : 차비신(Chavicine)

29 마요네즈 제조 시 안정된 마요네즈를 형성하는 경우는?

① 기름을 빠르게 많이 넣을 때
② 달걀흰자만 사용할 때
③ 약간 더운 기름을 사용할 때
④ 유화제에 비하여 기름의 양이 많을 때

해설
마요네즈는 수중유적형 식품이므로 더운 기름을 사용하면 안정적이다.

정답 24 ① 25 ④ 26 ④ 27 ④ 28 ④ 29 ③

30 식빵에 버터를 펴서 바를 때처럼 버터에 힘을 가한 후 그 힘을 제거해도 원래 상태로 돌아오지 않고 변형된 상태로 유지되는 성질은?

① 유화성　　　② 가소성
③ 쇼트닝성　　④ 크리밍성

해설
가소성은 고체 형태의 지방에 힘을 주면 움직이는 물체와 같은 성질을 띠고 없애도 변형시킨 모양 그대로 남는 성질을 말한다.

32 다음 자료로 계산한 제조원가는?

- 직접재료비 32,000원
- 직접노무비 68,000원
- 직접경비 10,500원
- 제조간접비 20,000원
- 판매경비 10,000원
- 일반관리비 5,000원

① 130,500원
② 140,500원
③ 145,500원
④ 155,500원

해설
- 직접원가 = 직접재료비 + 직접노무비 + 직접경비
- 제조원가 = 직접원가 + 제조간접비
- 총원가 = 제조원가 + 판매관리비
- 판매원가 = 총원가 + 이익
∴ 32,000원 + 68,000원 + 10,500원 + 20,000원 = 130,500원

31 곰국이나 스톡을 조리하는 방법으로 은근하게 오랫동안 끓이는 조리법은?

① 포 칭　　　② 스티밍
③ 블랜칭　　　④ 시머링

해설
④ 시머링(Simmering) : 85~96℃ 온도에서 은근하게 끓이는 방법
① 포칭(Poaching) : 달걀, 생선, 채소 등을 서서히 끓이며 익히는 방법
② 스티밍(Steaming) : 음식을 찜통에 넣고 수증기열로 익히는 방법
③ 블랜칭(Blanching) : 끓는 물에 재료를 잠깐 넣은 후 꺼내어 찬물에 식히는 방법

33 굵은소금이라고도 하며, 오이지를 담글 때나 김장 배추를 절이는 용도로 사용하는 소금은?

① 천일염　　　② 재제염
③ 정제염　　　④ 꽃소금

해설
굵은소금은 천일염 또는 호렴이라고도 하며 상대적으로 염도가 낮아 절이는 용도로 적합하다.

34 전분의 호정화에 대한 설명으로 적절하지 않은 것은?

① 호정화란 화학적 변화가 일어난 것이다.
② 호화된 전분보다 물에 녹기 쉽다.
③ 전분을 150~190℃에서 물을 붓고 가열할 때 나타나는 변화이다.
④ 호정화되면 덱스트린이 생성된다.

해설
전분을 160℃ 이상에서 수분을 사용하지 않고 가열하면 호정화(덱스트린화)된다. 호정화된 전분은 물에 잘 녹고 소화되기 쉽다(미숫가루, 뻥튀기 등).

36 해조류에서 추출한 성분으로 식품에 점성을 주고 안정제, 유화제로서 널리 이용되는 것은?

① 알긴산(Alginic Acid)
② 펙틴(Pectin)
③ 젤라틴(Gelatin)
④ 이눌린(Inulin)

해설
식품을 유화시키기 위하여 사용하는 식품첨가물인 알긴산은 유화를 안정시키는 효과가 있어 유화안정제라고 부른다.

35 다음 중 조리를 하는 목적으로 적합하지 않은 것은?

① 소화흡수율을 높여 영양효과를 증진
② 식품 자체의 부족한 영양성분을 보충
③ 풍미, 외관을 향상시켜 기호성을 증진
④ 세균 등의 위해요소로부터 안전성 확보

해설
조리의 목적
• 기호성 : 향미와 외관 등을 좋게 하여 기호성을 높인다.
• 안전성 : 유독성분 등의 위해물을 제거하여 위생상 안전하게 한다.
• 영양성 : 소화를 용이하게 하여 영양효율을 높인다.
• 저장성 : 음식의 저장성을 높인다.

37 응급상황 시 취해야 할 행동단계의 순서는?

① 119 신고(Call) → 현장조사(Check) → 처치 및 도움(Care)
② 119 신고(Call) → 처치 및 도움(Care) → 현장조사(Check)
③ 현장조사(Check) → 119 신고(Call) → 처치 및 도움(Care)
④ 처치 및 도움(Care) → 현장조사(Check) → 119 신고(Call)

해설
응급상황 시 행동단계 : 현장조사 → 119 신고 → 처치 및 도움

정답 34 ③ 35 ② 36 ① 37 ③

38 다음 중 식품위생법령상 영업신고 대상 업종이 아닌 것은?

① 위탁급식영업
② 식품냉동·냉장업
③ 즉석판매제조·가공업
④ 양곡가공업 중 도정업

해설

영업신고를 하여야 하는 업종(식품위생법 시행령 제25조 제1항)
특별자치시장·특별자치도지사 또는 시장·군수·구청장에게 신고를 하여야 하는 영업은 다음과 같다.
• 즉석판매제조·가공업
• 식품운반업
• 식품소분·판매업
• 식품냉동·냉장업
• 용기·포장류제조업(자신의 제품을 포장하기 위하여 용기·포장류를 제조하는 경우는 제외)
• 휴게음식점영업, 일반음식점영업, 위탁급식영업 및 제과점영업

39 음식물을 조리, 판매하는 영업으로서 식사와 함께 부수적으로 음주행위가 허용되는 식품접객업은 어느 것인가?

① 휴게음식점
② 단란주점
③ 유흥주점
④ 일반음식점

해설

일반음식점영업(식품위생법 시행령 제21조)
음식류를 조리·판매하는 영업으로서 식사와 함께 부수적으로 음주행위가 허용되는 영업

40 식품위생법령에 명시된 식품위생감시원의 직무가 아닌 것은?

① 과대광고 금지의 위반 여부에 관한 단속
② 조리사, 영양사의 법령 준수사항 이행 여부 확인 및 지도
③ 생산 및 품질관리일지의 작성 및 비치
④ 시설기준의 적합 여부의 확인 및 검사

해설

식품위생감시원의 직무(식품위생법 시행령 제17조)
• 식품 등의 위생적인 취급에 관한 기준의 이행 지도
• 수입·판매 또는 사용 등이 금지된 식품 등의 취급 여부에 관한 단속
• 표시 또는 광고기준의 위반 여부에 관한 단속
• 출입·검사 및 검사에 필요한 식품 등의 수거
• 시설기준의 적합 여부의 확인·검사
• 영업자 및 종업원의 건강진단 및 위생교육의 이행 여부의 확인·지도
• 조리사 및 영양사의 법령 준수사항 이행 여부의 확인·지도
• 행정처분의 이행 여부 확인
• 식품 등의 압류·폐기 등
• 영업소의 폐쇄를 위한 간판 제거 등의 조치
• 그 밖에 영업자의 법령 이행 여부에 관한 확인·지도

41 우리나라 식품위생법의 목적과 가장 거리가 먼 것은?

① 식품으로 인한 위생상의 위해 방지
② 식품영양의 질적 향상 도모
③ 국민 건강의 보호·증진에 이바지
④ 부정식품 제조에 대한 가중처벌

해설

목적(식품위생법 제1조)
이 법은 식품으로 인하여 생기는 위생상의 위해를 방지하고 식품영양의 질적 향상을 도모하며 식품에 관한 올바른 정보를 제공함으로써 국민 건강의 보호·증진에 이바지함을 목적으로 한다.

42 밥 짓기 과정의 설명으로 옳은 것은?

① 쌀을 씻어서 2~3시간 푹 불리면 맛이 좋다.
② 햅쌀은 묵은쌀보다 물을 약간 적게 붓는다.
③ 쌀은 80~90℃에서 호화가 시작된다.
④ 묵은쌀인 경우 쌀 중량의 약 2.5배 정도의 물을 붓는다.

해설
② 햅쌀은 묵은쌀보다 수분함량이 많으므로 물을 약간 적게 붓는다.
① 쌀은 씻어서 여름철에는 30분, 겨울철에는 1시간 정도 불리는 것이 좋다.
③ 쌀은 60~65℃에서 호화가 시작된다.
④ 햅쌀의 경우 쌀 중량의 1.4배의 물을 사용하지만 묵은쌀의 경우 햅쌀보다 약간 많이 붓는다.

43 식품의 조리·가공 시 거품이 발생하여 작업에 지장을 주는 경우 사용하는 식품첨가물은?

① 규소수지(Silicone Resin)
② n-헥산(n-Hexane)
③ 유동파라핀(Liquid Paraffin)
④ 몰포린지방산염

해설
식품 제조 시 거품의 발생을 억제하는 식품첨가물로는 규소수지가 있다. n-헥산은 식품의 어떤 성분을 용해 추출하기 위해 사용되는 첨가물로 추출용제에 속한다.

44 장조림을 했더니 고기가 단단하고 찢어지지 않았다. 그 이유로 적절한 것은?

① 너무 약한 불로 조리했다.
② 간장과 설탕을 처음부터 넣었다.
③ 결합조직이 적은 부위로 조리했다.
④ 조리시간이 너무 길었다.

해설
장조림 고기는 물에 먼저 삶아 익힌 후 간장양념을 넣어 조린다.

45 기생충과 중간숙주의 연결이 틀린 것은?

① 십이지장충 - 모기
② 말라리아 - 사람
③ 폐흡충 - 가재, 게
④ 무구조충 - 소

해설
십이지장충(구충)은 중간숙주가 없는 기생충이고, 모기는 사상충의 중간숙주이다.

46 감염병 중 비말감염과 관계가 먼 것은?

① 백일해
② 디프테리아
③ 발진열
④ 중동호흡기증후군

해설
비말감염
• 환자의 기침이나 재채기에 의한 감염
• 질병 : 디프테리아, 인플루엔자, 성홍열, 백일해, 결핵, 중동호흡기증후군(MERS), 에볼라바이러스병 등

정답 42 ② 43 ① 44 ② 45 ① 46 ③

47 환경위생의 개선으로 발생이 감소되는 감염병과 가장 거리가 먼 것은?

① 장티푸스 　　　② 콜레라
③ 이 질 　　　　④ 인플루엔자

해설
인플루엔자는 병원체에 따른 바이러스성 감염병으로 호흡기 계통을 통해 감염된다.

48 머랭을 만들고자 할 때 설탕 첨가는 어느 단계에 하는 것이 가장 효과적인가?

① 처음 젓기 시작할 때
② 거품이 생기려고 할 때
③ 충분히 거품이 생겼을 때
④ 거품이 없어졌을 때

해설
머랭을 만들 때 설탕은 천연방부제 역할과 좀 더 단단하게 해 주는 역할을 하며, 충분히 거품이 생겼을 때 넣는 것이 효과적이다.

49 버터나 마가린의 계량방법으로 옳은 것은?

① 냉장고에서 꺼내어 계량컵에 눌러 담은 후 윗면을 직선으로 된 칼로 깎아 계량한다.
② 실온에서 부드럽게 하여 계량컵에 담아 계량한다.
③ 실온에서 부드럽게 하여 계량컵에 눌러 담은 후 윗면을 직선으로 된 칼로 깎아 계량한다.
④ 냉장고에서 꺼내어 계량컵의 눈금까지 담아 계량한다.

해설
버터나 마가린을 잴 때는 냉장온도보다 실온일 때 계량컵에 담아 직선으로 깎아 계량한다.

50 밀가루 반죽에 달걀을 넣었을 때의 작용으로 틀린 것은?

① 반죽에 공기를 주입하는 역할을 한다.
② 팽창제의 역할을 해서 용적을 증가시킨다.
③ 단백질 연화작용으로 제품을 연하게 한다.
④ 영양, 조직 등에 도움을 준다.

해설
지방이 제품을 연하게 하는 역할을 한다.

51 식품의 산패에 관한 설명으로 잘못된 것은?

① 식품에 들어 있는 지방질이 산화되는 현상이다.
② 맛과 냄새가 변한다.
③ 유지가 가수분해되어 일어나기도 한다.
④ 부패와 반응기질이 같다.

해설
• 부패 : 단백질 식품이 혐기성 미생물에 의해 분해되어 암모니아를 생성하며 악취를 풍기는 현상
• 산패 : 유지를 대기 중에 오랫동안 방치했을 경우 산성이 되면서 불쾌한 냄새가 나고 맛이 나빠지며 빛깔이 변하는 현상

52 생강을 식초에 절이면 적색으로 변하는데 이 현상에 관계되는 물질은?

① 안토시안 　　　② 세사몰
③ 진저론 　　　　④ 아밀라제

해설
안토시안은 식물체의 열매·잎·꽃 등에 나타나는 수용성 색소이다(붉은색·보라색·푸른색). 검은콩, 검은깨, 복분자, 가지, 포도, 크랜베리, 라즈베리 등에 많이 함유되어 있다.

47 ④　48 ③　49 ③　50 ③　51 ④　52 ① **정답**

53 생선의 훈연 가공에 대한 설명으로 틀린 것은?

① 훈연 특유의 맛과 향을 얻게 된다.
② 연기 성분의 살균작용으로 미생물 증식이 억제된다.
③ 열훈법이 냉훈법보다 제품의 장기 저장이 가능하다.
④ 생선의 건조가 일어난다.

해설
냉훈법은 15~25℃의 저온에서 3~4주일 정도 바람을 쐬어 말리는 방법이다. 15℃ 이하에서는 건조가 어렵고, 30℃ 이상에서는 부패하기 쉽다. 완성했을 때의 수분은 35% 이하이고, 장기 보존이 가능하다. 열훈법은 120~140℃로 가열하여 수분이 많이 남기 때문에 보존성이 낮으며, 맛이 덜하다.

54 식물과 그 유독성분이 잘못 연결된 것은?

① 감자 – 솔라닌(Solanine)
② 청매 – 사일로신(Psilocin)
③ 피마자 – 리신(Ricin)
④ 독미나리 – 시큐톡신(Cicutoxin)

해설
청매의 독성분은 아미그달린이다.

55 비타민의 특성 또는 기능인 것은?

① 에너지로 사용된다.
② 많은 양이 필요하다.
③ 일반적으로 체내에서 합성된다.
④ 체내에서 조절물질로 사용된다.

해설
비타민은 체내의 생리작용을 조절하는 역할을 한다.

56 식품을 구매하는 방법 중 경쟁입찰과 비교하여 수의계약의 장점이 아닌 것은?

① 절차가 간편하다.
② 경쟁이나 입찰이 필요 없다.
③ 저렴한 가격으로 구매할 수 있다.
④ 경비와 인원을 줄일 수 있다.

해설
경쟁입찰일 경우 다른 업체와 비교하여 경쟁을 시켜 계약하는 방식으로 저렴한 가격으로 구매가 가능하지만, 수의계약은 입찰방식이 아닌 한 업자를 선정하여 계약하는 방법으로 경쟁입찰에 비해 저렴한 가격으로 구매하기가 어렵다.

57 식품을 계량하는 방법으로 틀린 것은?

① 밀가루는 부피보다 무게로 계량하는 것이 더 정확하다.
② 흑설탕은 계량 전, 체로 쳐야 한다.
③ 고체 지방은 계량 후 고무주걱으로 잘 긁어 옮긴다.
④ 꿀같이 점성이 있는 것은 계량컵을 이용하여 계량한다.

해설
계량 전, 체로 쳐야 하는 것은 밀가루이다. 흑설탕은 용기에 꼭꼭 눌러 계량한다.

정답 53 ③ 54 ② 55 ④ 56 ③ 57 ②

58 일식 찜 조리 중 달걀찜에 대한 설명으로 틀린 것은?

① 가다랑어포로 다시(국물)를 만들어 사용한다.

② 재료를 찜 그릇에 넣고 고온으로 익힌다.

③ 찜 속 재료는 각각 썰어 양념한다.

④ 완성된 달걀찜은 오리발과 쑥갓을 넣어 마무리한다.

해설
찜을 할 때 온도가 높으면 기포가 생긴다.

59 일식에서 튀김 및 구이요리를 담는 방법으로 틀린 것은?

① 육류나 가금류는 껍질이 위를 향하게 하여 쌓아 올리듯 담는다.

② 곁들임 요리는 구이 앞쪽에 놓고, 양념장은 구이 오른쪽에 놓는다.

③ 토막 낸 생선은 껍질이 밑으로 향하게 한다.

④ 튀김은 되도록 따뜻하게 먹는 요리로, 튀긴 즉시 기름을 흡수할 수 있는 종이를 깔고 담아낸다.

해설
토막 내어 구운 생선은 껍질이 위로 향하게 하고 넓은 쪽이 왼쪽으로 향하게 하여 담아낸다.

60 소고기 덮밥 조리법으로 틀린 것은?

① 덮밥용 양념간장(돈부리 다시)을 만들어 사용한다.

② 고기, 채소, 달걀은 재료 특성에 맞게 조리한다.

③ 달걀은 완전히 익혀 올린다.

④ 김을 구워 잘게 썰어(하리노리) 밥 위에 올린다.

해설
달걀은 부드럽게 반숙으로 올린다.

58 ② 59 ③ 60 ③ 정답

팀에는 내가 없지만 팀의 승리에는 내가 있다.

(Team이란 단어에는 I 자가 없지만 win이란 단어에는 있다.)

There is no "i" in team but there is in win

– 마이클 조던 –

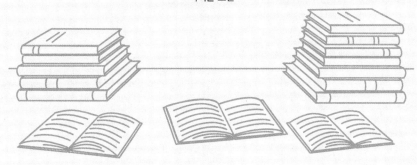

참 / 고 / 문 / 헌

- 나영선, 강병남, 나영아, 김동섭(2008). **올리브향 가득한 이태리요리**. 형설출판사.

- 박병학(2000). **기본 일본요리**. 형설출판사.

- 오혁수, 김홍렬, 김현룡, 송청락, 윤중석(2011). **외식·조리인을 위한 고급 일본요리**. 백산출판사.

- 이면희(2001). **이면희의 중국요리**. 조선일보사.

- 임성빈(2008). **임성빈의 맛있는 프랑스요리**. 굿러닝.

- 장명숙, 윤숙자(2003). **한국음식**. 도서출판 효일.

- 교육부. NCS **학습모듈(양식조리)**. 한국직업능력개발원.

- 교육부. NCS **학습모듈(일식조리)**. 한국직업능력개발원.

- 교육부. NCS **학습모듈(중식조리)**. 한국직업능력개발원.

- 교육부. NCS **학습모듈(한식조리)**. 한국직업능력개발원.

조리기능사 필기 초단기합격

개정14판1쇄 발행	2025년 01월 10일 (인쇄 2024년 11월 26일)	
초 판 발 행	2011년 02월 15일 (인쇄 2010년 12월 24일)	
발 행 인	박영일	
책 임 편 집	이해욱	
편 저	배은자 · 이서영 · 김아현	
편 집 진 행	윤진영 · 김미애	
표 지 디 자 인	권은경 · 길전홍선	
편 집 디 자 인	정경일 · 조준영	
발 행 처	(주)시대고시기획	
출 판 등 록	제10-1521호	
주 소	서울시 마포구 큰우물로 75 [도화동 538 성지 B/D] 9F	
전 화	1600-3600	
팩 스	02-701-8823	
홈 페 이 지	www.sdedu.co.kr	
I S B N	979-11-383-8315-8(13590)	
정 가	21,000원